21 世纪全国高职高专土建立体化系列规划教材

建筑施工技术

主　编　董　伟　黄泽钧　余丹丹
副主编　崔晓明　张　成　薛　艳
　　　　邵元纯　黄煜煜　徐燕丽
参　编　贾宏伟　刘亚萍　姬程飞
　　　　王国霞　曲炳良
主　审　钟汉华　朱保才

北京大学出版社
PEKING UNIVERSITY PRESS

内容简介

本书反映国内外建筑施工的新技术、新工艺、新方法，结合大量工程实例，并结合全国高等学校土建专科高等职业教育专业委员会颁布的“建筑施工技术”教学大纲和国家现行的有关标准及相关专业施工规范。它的主要内容包括：土方工程，地基与基础工程施工，砌筑工程，钢筋混凝土工程，预应力混凝土工程，结构安装工程，防水工程和装饰工程等内容。

本书采用全新体例编写，除附有大量工程案例外，还增加了知识链接、特别提示及应用案例等模块。此外，每章还附有习题供读者练习。通过对本书的学习，读者可以熟悉建筑施工技术基本理论知识，掌握建筑施工工艺和施工方法及质量验收方法，能针对不同的工程实际确定相应的施工方案和技术措施。

本书既可作为高等职业学校建筑工程技术、工程监理、工程造价等土建类专业的教材，也可作为土建类其他层次职业教育相关专业培训教材和土建工程技术人员参考书。

图书在版编目(CIP)数据

建筑施工技术/董伟，黄泽钧，余丹丹主编. —北京：北京大学出版社，2011.9

(21 世纪全国高职高专土建立体化系列规划教材)

ISBN 978-7-301-19499-7

Ⅰ. ①建… Ⅱ. ①董… ②黄… ③余… Ⅲ. ①建筑工程—工程施工—施工技术—高等职业教育—教材 Ⅳ. ①TU74

中国版本图书馆 CIP 数据核字(2011)第 187051 号

书　　名：建筑施工技术
著作责任者：董　伟　黄泽钧　余丹丹　主编
策 划 编 辑：赖　青　王红樱
责 任 编 辑：王红樱
标 准 书 号：ISBN 978-7-301-19499-7/TU・0185
出　版　者：北京大学出版社
地　　址：北京市海淀区成府路 205 号　100871
网　　址：http://www.pup.cn　http://www.pup6.cn
电　　话：邮购部 62752015　发行部 62750672　编辑部 62750667　出版部 62754962
电 子 邮 箱：pup_6@163.com
印　刷　者：三河市博文印刷厂
发　行　者：北京大学出版社
经　销　者：新华书店
787 毫米×1092 毫米　16 开本　22 印张　515 千字
2011 年 9 月第 1 版　2013 年 8 月第 3 次印刷
定　　价：42.00 元

北大版·高职高专土建系列规划教材
专家编审指导委员会

北大版·高职高专土建系列规划教材
专家编审指导委员会专业分委会

建筑工程技术专业分委会

工程管理专业分委会

建筑设计专业分委会

市政工程专业分委会

前　言

本书为北京大学出版社《21世纪全国高职高专土建立体化系列规划教材》之一。本书是为适应21世纪职业技术教育发展需要，按照全国高等学校土建专科高等职业教育专业委员会颁布的“建筑施工技术”教学大纲和国家现行的有关标准及相关专业施工规范编写而成，采用了建筑施工的新技术、新工艺、新方法；其内容的深度和难度按照高等职业教育的特点，重点讲授理论知识在工程实践中的应用，培养高等职业学校学生的职业能力。

本书内容可按照80～100学时安排，推荐学时分配：第1章12～16学时，第2章10～14学时，第3章6～8学时，第4章18～20学时，第5章8～10学时，第6章10～12学时，第7章6～8学时，第8章6～8学时，机动4学时。教师可根据不同的使用专业灵活安排学时，课堂重点讲解每章主要的知识模块，章节中的知识链接、特别提示、应用案例和习题等模块可安排学生课后阅读和练习。

本书突破了已有相关教材的知识框架，注重理论与实践相结合，采用全新体例编写，内容丰富，案例详实，并附有相应的习题供读者选用。

本书由湖北水利水电职业技术学院董伟、黄泽钧、余丹丹担任主编；黑龙江建筑职业技术学院崔晓明，黑龙江农垦科技职业学院张成，湖北水利水电职业技术学院薛艳、邵元纯、黄煜煜、徐燕丽担任副主编；焦作大学土木建筑工程学院贾宏伟，郑州交通职业学院刘亚萍、姬程飞，湖北水利水电职业技术学院王国霞、曲炳良参编；湖北水利水电职业技术学院钟汉华、中建三局第二建设工程有限责任公司朱保才担任主审；董伟、黄泽钧负责统稿。本书具体章节编写分工为：第1章由薛艳和徐燕丽共同编写；第2章由余丹丹和黄泽钧共同编写；第3章由张成编写；第4章由董伟和王国霞共同编写；第5章由姬程飞编写；第6章由贾宏伟和黄煜煜共同编写；第7章由刘亚萍和曲炳良共同编写；第8章由崔晓明和邵元纯共同编写。

本书在编写过程中，参考和引用了国内外大量文献资料，在此谨向原书作者表示衷心感谢。由于编者水平有限，本书难免存在不足和疏漏之处，敬请各位读者批评指正。

编　者

2011年8月

目　　录

第1章

土方工程

教学目标

了解土方工程的施工特点，熟悉土的4种工程性质，并了解其对施工的影响，掌握土的分类和鉴别方法；熟悉土方调配原则，掌握基坑、基槽土方量的计算方法，能够用方格网法正确计算平整场地土方量；了解流沙发生的条件及防止措施，熟悉集水井降水法的施工工艺，掌握轻型井点降水法中的井点布置、施工等内容；熟悉土壁塌方的原因、影响土方边坡的因素和土壁支撑方法，掌握常用土方施工机械的性能、特点、适用范围，能够根据土方工程具体情况合理选择施工机械；正确选择地基回填土的填方土料及填筑压实方法，能分析填土压实的影响因素；掌握土方工程冬期和雨期施工措施；熟悉土方工程施工的质量标准，掌握安全事故的预防措施。

教学要求

能力目标	知识要点	权重
熟悉土的工程性质；掌握土石方的种类和鉴别方法	土石方的种类和鉴别	10%
掌握基坑、基槽、场地平整土方量的计算方法；熟悉土方调配原则	土方工程量的计算	20%
熟悉土方开挖前施工准备工作内容；掌握土壁塌方的原因和土壁支撑方法，针对土方开挖方式正确选择施工机械	土石方施工	30%
了解土料填筑的要求；熟悉压实功、含水量和铺土厚度对填土压实的影响；掌握填土压实方法技术要求	土方的填筑与压实	10%
熟悉集水井降水法；掌握轻型井点布置和施工工艺	基坑排水、降水方法	20%
掌握土方工程冬期和雨期施工措施	土方工程冬、雨期施工	5%
熟悉土方工程施工的质量标准；掌握安全事故的预防措施	安全事故的预防	5%

章节导读

某小区幼儿园为3层框架结构，独立钢筋混凝土基础，基础持力层为粉质黏土层，基础底面进入持力层0.2m深，建筑面积为1500m^2，幼儿园基坑东面、南面为离幼儿园边线1.8～4.0m的砖砌围墙，围墙内墙角为一已铺电缆的电缆沟，电缆沟边离幼儿园0轴边线最近为0.1m。现自然地面标高约12.8m(即-1.3m)，根据地质资料(鉴75孔柱状图)，从-2.1～-1.3m标高范围为碎砖等杂填土，-3.41～-2.21m为耕植土，-5.21～-3.41m为黏土(即2～4层，其岩土层承载力标准值f_k=150kPa，为本工程基础持力层)。

思考：(1) 基坑土方量如何计算？

(2) 基坑是否需要支护？

(3) 如何选择基坑土方开挖方式与机械？

知识链接

土方工程是建筑工程施工的主要环节之一。常见的土方工程有场地平整、基坑(基槽)与管沟开挖、地坪填土、路基填筑及基坑回填等。土方工程施工包括土(石)的挖掘、运输、填筑、平整和压实等主要施工过程，以及排水、降水和土壁支撑等准备工作与辅助工作。土方工程量大，施工条件复杂，施工中受气候条件、工程地质条件和水文地质条件影响很大，因此施工前应针对土方工程的施工特点制定合理的施工方案。

1.1 土的分类及工程性质

1.1.1 土方工程的施工特点

土方工程是一切建筑物施工的先行，也是建筑工程施工中的重要环节之一。它包括场地平整、土方开挖、土方填筑等主要施工过程，也包括施工排、降水和土壁支撑等辅助施工过程。土方工程的施工有如下特点。

1. 工程量大，劳动强度高

大型场地平整工程，土方工程量可达数百万立方米，施工面积达数千平方米；大型基坑的开挖，有的甚至深达20多米，而且施工工期长，任务重，劳动强度高。在组织施工时，为了减轻繁重的体力劳动，提高生产效率，加快施工进度，降低工程成本，应尽可能采用机械化施工。

2. 施工条件复杂

土方工程施工多为露天作业，受气候条件、水文地质条件影响很大，施工中不确定因素较多。因此，施工前必须进行充分的调查研究，做好各项施工准备工作，制定合理的施工方案，确保施工顺利进行，保证工程质量。

3. 受场地影响大

任何建筑物基础都有一定的埋置深度，基坑(槽)的开挖、土方的留置和存放都受到施工场地的影响，特别是城市内施工，场地狭窄，往往由于施工方案不妥，导致周围建筑设施、道路等出现安全问题。因此，施工前必须充分熟悉施工场地情况，了解周围建筑结构形式和地质技术资料，科学规划，制定切实可行的施工方案，确保周围建筑物和道路的安全。

1.1.2 土的分类与鉴别

土的分类方法很多，在土方工程施工中，常根据土体开挖的难易程度将土划分为松软土、普通土、坚土、砂砾坚土、软石、次坚石、坚石、特坚石 8 类。前 4 类属于一般土，后 4 类属于岩石，其分类和鉴别方法见表 1-1。

表 1-1 土的工程分类与现场鉴别方法

土的分类	土 的 名 称	可松性系数		现场鉴别方法
		K_s	K'_s	
一类土(松软土)	砂土；粉土；冲积砂土层；种植土；泥炭(淤泥)	1.08～1.17	1.01～1.03	能用锹、锄头挖掘
二类土(普通土)	粉质黏土；潮湿的黄土；夹有碎石、卵石的砂；种植土；填筑土及粉土混卵(碎)石	1.14～1.28	1.02～1.05	用锹、锄头挖掘，少许用镐翻松
三类土(坚土)	中等密实黏土；重粉质黏土；粗砾石；干黄土及含碎石、卵石的黄土，粉质黏土；压实的填筑土	1.24～1.30	1.04～1.07	用镐，少许用锹、锄头挖掘，部分用撬棍
四类土(砂砾坚土)	坚硬密实的黏土及含碎石、卵石的黏土；粗卵石；密实的黄土；天然级配砂石；软泥灰岩及蛋白石	1.26～1.32	1.06～1.09	整个用镐、撬棍，然后用锹挖掘，部分用楔子及大锤
五类土(软石)	硬质黏土；中等密实的页岩、泥灰岩、白垩土；胶结不紧的砾岩；软的石灰岩	1.30～1.45	1.10～1.20	用镐或撬棍、大锤挖掘，部分使用爆破方法
六类土(次坚石)	泥岩；砂岩；砾岩；坚实的页岩；泥灰岩；密实的石灰岩；风化花岗岩；片麻岩	1.30～1.45	1.10～1.20	用爆破方法开挖，部分用风镐开挖
七类土(坚石)	大理岩；辉绿岩；玢岩；粗、中粒花岗岩；坚实的白云岩、砂岩、砾岩、片麻岩、石灰岩、微风化的安山岩、玄武岩	1.30～1.45	1.10～1.20	用爆破方法开挖
八类土(特坚石)	安山岩；玄武岩；花岗片麻岩、坚实的细粒花岗岩、闪长岩、石英岩、辉长岩、辉绿岩、玢岩	1.45～1.50	1.20～1.30	用爆破方法开挖

土的开挖难易程度直接影响土方工程的施工方案、劳动量的消耗和工程费用。土体越硬，劳动消耗量越大，工程成本越高。正确区分和鉴别土的种类，可以合理地选择施工方法，准确套用定额，计算出土方工程的相关费用。

特别提示

土的种类繁多，其分类方法也很多。例如，按建筑工程地基土分类，可分为黏性土、砂土、碎石土、岩石、人工填土；根据土的工程特性，又可分为特殊性土，如软土、人工填土、黄土、膨胀土、红黏土等。不同的土其物理力学性质不同，只有充分掌握各类土的特性，才能正确选择土方工程施工方法。

1.1.3 土的工程性质

土的工程性质对土方工程施工有着直接影响，也是确定土方工程施工方案所需了解的基本资料。土的常见工程性质有土的含水量、土的质量密度、土的可松性和土的渗透性。

1. 土的含水量

土的含水量是指土中水的质量与固体颗粒质量的百分比。

$$W=\frac{m_1-m_2}{m_2}\times 100\%=\frac{\mathrm{m}_W}{\mathrm{m}_s}\times 100\% \tag{1—1}$$

式中 m_1——含水状态土的质量，kg；

m_2——烘干后土的质量，kg；

$\mathrm{m_w}$——土中水的质量，kg；

$\mathrm{m_s}$——固体颗粒的质量，是指土经温度105℃烘干的质量，kg。

含水量表示土体的干湿程度。含水量在5%以下称为干土；在5%～30%以内称为潮湿土；大于30%称为湿土。土的含水量随气候条件、雨雪和地下水的影响而变化。含水量对于挖土的难易、施工时边坡稳定及回填土的夯实质量都有影响。

2. 土的质量密度

土的质量密度分为天然密度和干密度，表示土体密实程度。

1) 土的天然密度

土的天然密度是指在天然状态下，单位体积土的质量。它与土的密实程度和含水量有关。土的天然密度按下式计算

$$\rho=\frac{m}{V} \tag{1—2}$$

式中 ρ——土的天然密度，kg/m^3；

m——土的总质量，kg；

V——土的体积，m^3。

土的天然密度随着土颗粒的组成、孔隙的多少和含水量的变化而变化，一般黏土的天然密度约为1600～2200kg/m^3，密度越大，土体越硬，挖掘越困难。

2) 土的干密度

土的干密度，是指单位体积土中固体颗粒的质量，计算公式为

$$\rho_\mathrm{d}=\frac{m_\mathrm{s}}{V} \tag{1—3}$$

式中 ρ_d——土的干密度，kg/m^3；

m_s——土的固体颗粒质量，kg；

V——土的总体积，m^3。

在一定程度上，土的干密度反映了土体颗粒排列的紧密程度。土的干密度越大，表示土体越密实。在填土压实时，土经过打夯，质量不变，体积变小，干密度增加，可以通过测定土的干密度来判断土是否达到要求的密实度。

3. 土的可松性

天然土经开挖后，其体积因松散而增大，虽经振动夯实，仍然不能完全复原，土的这种性质称为土的可松性。土的可松性程度用可松性系数表示，即

$$K_s = \frac{V_2}{V_1} \tag{1—4}$$

$$K_s' = \frac{V_3}{V_1} \tag{1—5}$$

式中 K_s、K_s'——土的最初、最终可松性系数；

V_1——土在天然状态下的体积，m^3；

V_2——土挖出后在松散状态下的体积，m^3；

V_3——土经压(夯)实后的体积，m^3。

土的可松性对土方平衡调配、基坑开挖时留弃土方量及运输工具的选择有直接影响。土的最终可松性系数是计算填方所需挖土工程量的主要参数，各类土的可松性系数见表 1-1。

4. 土的渗透性

土的渗透性是指土体被水透过的性能。土的渗透性用渗透系数 K 表示。渗透系数表示单位时间内水穿透土层的能力，以 m/d 或 m/h 表示；它同土的颗粒级配、密实程度等有关，是人工降低地下水位及选择各类井点的主要参数。土的渗透系数见表 1-2。

表 1-2 土的渗透系数参考表

土的名称	渗透系数 K/(m/d)	土的名称	渗透系数 K/(m/d)
黏土	＜0.005	中砂	5.00～20.00
粉质黏土	0.005～0.10	均质中砂	35～50
粉土	0.10～0.50	粗砂	20～50
黄土	0.25～0.50	圆砾石	50～100
粉砂	0.50～1.00	卵石	100～500
细砂	1.00～5.00		

特别提示

土的工程性质对土方工程施工有直接影响，在进行土方工程量计算时，确定运输机具数量要考虑土的可松性；在进行基坑、基槽的开挖确定降水方案时，要考虑土的渗透性。在考虑土方边坡稳定，确定土体压实程度时，要考虑土的密实度，进而考虑到土的天然密度、干密度及含水量。

1.2 土方计算

土方量是土方施工设计和预算的重要依据，因此在施工前必须进行土方量计算。但由于土方工程往往地形复杂，几何形状不规则，要精确计算土方量比较困难。一般是将其假设或划分为一定的几何形体，并采用既能达到一定精度又与实际土方量相近的方法进行计算。

1.2.1 基坑与基槽土方量的计算

1. 基坑土方量

基坑土方量可按立体几何中拟柱体(由两个平行的平面作底的一种多面体)体积公式计算，如图 1.1 所示，即

$$V=\frac{H}{6}(A_1+4A_0+A_2) \tag{1—6}$$

式中 H——基坑深度，m；

A_1、A_2——基坑上、下底的面积，m^2；

A_0——基坑中截面的面积，m^2。

2. 基槽土方量

基槽土方量沿长度方向分段后也可以按照上述方法计算，如图 1.2 所示，即

$$V_1=\frac{L_1}{6}(A_1+4A_0+A_2) \tag{1—7}$$

式中 V_1——第一段的土方量，m^3；

L_1——第一段的长度，m。

将各段土方量相加，即可得到总土方量

$$V=V_1+V_2+\cdots+V_n \tag{1—8}$$

式中 V_1，V_2，…，V_n——各段土方量，m^3。

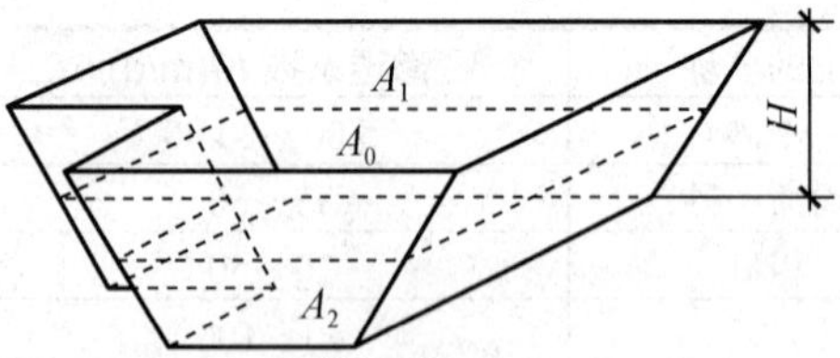

图 1.1 基坑土方量计算

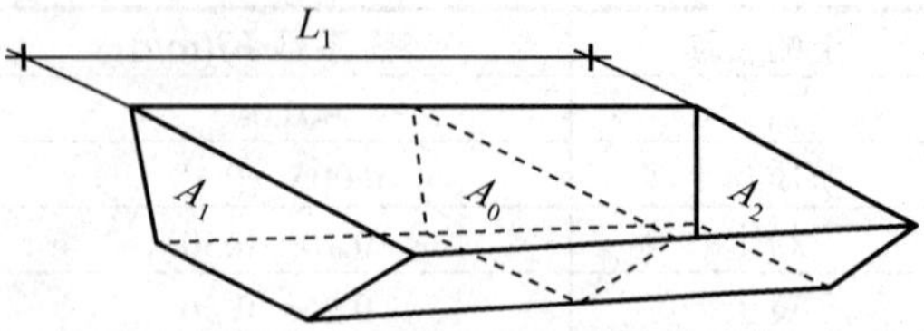

图 1.2 基槽土方量计算

1.2.2 场地平整土方量的计算

知识链接

场地设计标高的确定应考虑：满足生产工艺和运输要求；充分利用地形，尽量做到挖填平衡，以减少土方量；要有一定的排水坡度，满足排水要求；要考虑最高洪水位的影响。

建筑场地平整的平面位置和标高，通常由设计单位在总平面图竖向设计中确定。场地平整通常是挖高填低。计算场地挖方量和填方量，首先要确定场地设计标高，由设计平面的标高和地面的自然标高之差，可以得到场地各点的施工高度(即填、挖高度)，由此可计算场地平整的挖方和填方的工程量。

1. 场地设计标高的确定

场地设计标高是进行场地平整和土方量计算的依据，也是总图规划和竖向设计的依据。合理地确定场地的设计标高，对减少土方量、加快工程进度都有重要的经济意义。如图 1.3

所示，当场地设计标高为 H_0 时，填挖方基本平衡，可将土方移挖作填，就地处理；当设计标高为 H_1 时，填方大大超过挖方，则需从场地外大量取土回填；当设计标高为 H_2 时，挖方大大超过填方，则要向场外大量弃土。因此，在确定场地设计标高时，应结合现场的具体条件，反复进行技术经济比较，选择其中最优的方案。

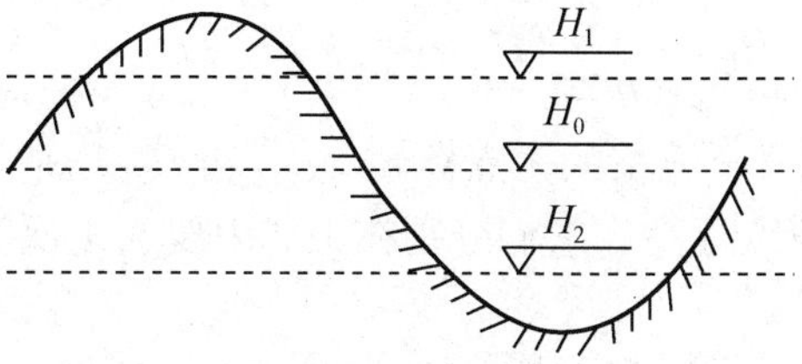

图 1.3　场地不同设计标高的比较

确定场地设计标高时，应考虑：满足生产工艺和运输的要求；充分利用地形(如分区台阶布置)，尽量使挖填方平衡，以减少土方量；要有一定的泄水坡度(≥2‰)，使之能满足排水要求；要考虑最高洪水位的影响。

场地设计标高一般应在设计文件上规定，当设计文件对场地设计标高没有规定时，可按下述步骤来确定场地设计标高。

1) 初步计算场地设计标高(H_0)

初步计算场地设计标高的原则是场内挖填方平衡，即场内挖方总量等于填方总量($\sum V_{挖}=\sum V_{填}$)。

(1) 在具有等高线的地形图上将施工区域划分为边长 a=10～40m 的若干方格，如图 1.4 所示。

(2) 确定各小方格的角点高程。其方法是根据地形图上相邻两等高线的高程，用插入法计算求得；也可用一张透明纸，上面画 6 根等距离的平行线，把该透明纸放到标有方格网的地形图上，将 6 根平行线的最外两根分别对准 A、B 两点，这时 6 根等距离的平行线将 A、B 之间的高差分成 5 等份，于是便可直接读得 C 点的地面标高如图 1.5 所示。

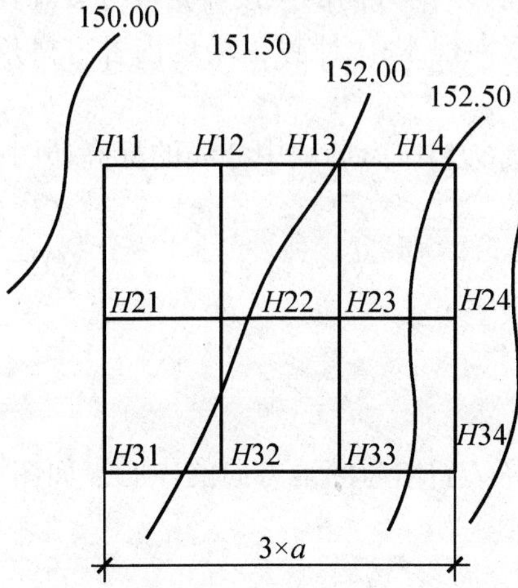

图 1.4　场地设计标高计算图

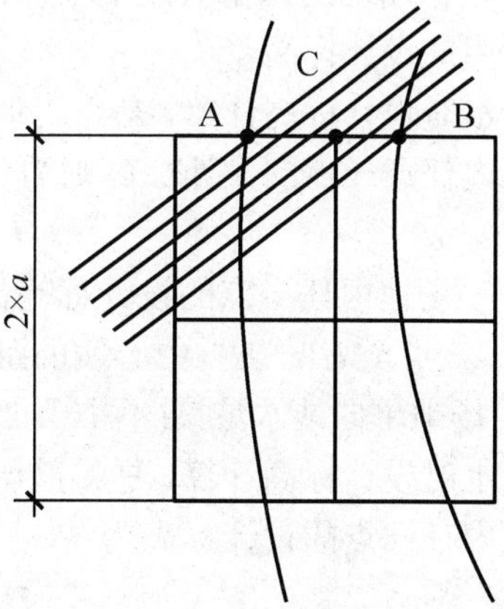

图 1.5　插入法图解

此外，在无地形图或地形不平坦时，可以在地面用木桩打好方格网，然后用仪器直接测出方格网角点标高。

(3) 按填挖方平衡确定设计标高 H_0 为：$na^2H_0=\sum_{i=1}^{n}\left(a^2\frac{H_{i1}+H_{i2}+H_{i3}+H_{i4}}{4}\right)$，即

$$H_0=\frac{1}{4n}\sum_{i=1}^{n}(H_{i1}+H_{i2}+H_{i3}+H_{i4}) \tag{1—9}$$

由图 1.4 可知，H_{11} 是一个方格的角点标高，H_{12} 和 H_{21} 均是两个方格公共的角点标高，H_{22} 则是 4 个方格公共的角点标高，它们分别在上式中要加 1 次、2 次、4 次。因此，上式可改写为

$$H_0=\frac{\sum H_1+2\sum H_2+3\sum H_3+4\sum H_4}{4N} \tag{1—10}$$

式中　N——方格数目；

H_1——1 个方格独有的角点标高，m；

H_2——2 个方格共有的角点标高，m；

H_3——3 个方格共有的角点标高，m；

H_4——4 个方格共有的角点标高，m。

2) 调整场地设计标高

初步确定场地设计标高(H_0)仅为一个理论值，实际上，还需要考虑以下因素以对初步场地设计标高(H_0)值进行调整。

(1) 土的可松性影响。由于具有可松性，会造成填土的多余，需相应的提高设计标高。

(2) 场内挖方和填方的影响。由于场地内大型基坑挖出的土方、修筑路堤填高的土方，以及从经济角度比较将部分挖方就近弃于场外(简称弃土)或将部分填方就近取土于场外(简称借土)等，均会引起挖填土方量的变化，必要时，需重新调整设计标高。

(3) 考虑泄水坡度对设计标高的影响。按调整后的同一设计标高进行场地平整时，整个场地表面均处于同一水平面，但实际上由于排水的要求，场地需有一定泄水坡度。平整场地的表面坡度应符合设计要求，当无设计要求时，排水沟方向的坡度不应小于 2‰。因此，还需要根据场地的泄水坡度的要求(单向泄水或双向泄水)，计算出场地内各方格角点实际施工所用的设计标高。

单向泄水时设计标高计算，是将已调整的设计标高(H'_0)作为场地中心线的标高如图 1.6 所示，场地内任意一点的设计标高则为

$$H_{ij}=H'_0\pm L\cdot i \tag{1—11}$$

式中　H_{ij}——场地内任一点的设计标高，m；

L——该点至 $H''_0-H''_0$ 中心线的距离，m；

i——场地单向泄水坡度(不小于 2‰)。

双向泄水时设计标高计算，是将已调整的设计标高(H'_0)作为场地方向的中心点如图 1.7 所示，场地内任一点的设计标高为

$$H_{ij}=H'_0\pm L_xi_x\pm L_yi_y \tag{1—12}$$

式中　L_x、I_y——该点沿 x–x、y–y 方向距场地中心线的距离，m；

i_x、i_y——该点沿 x–x、y–y 方向的泄水坡度。

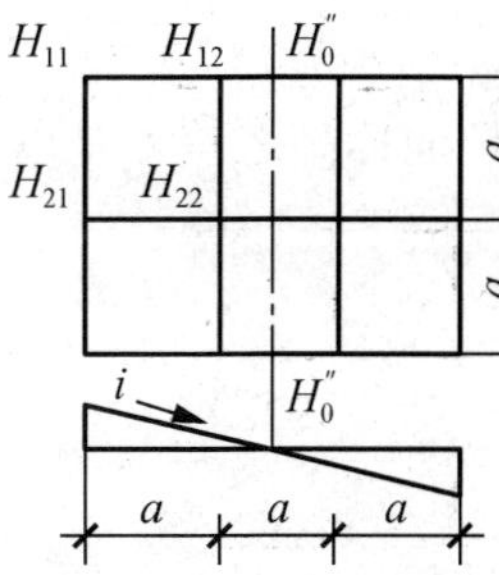

图 1.6　单向泄水坡度场地

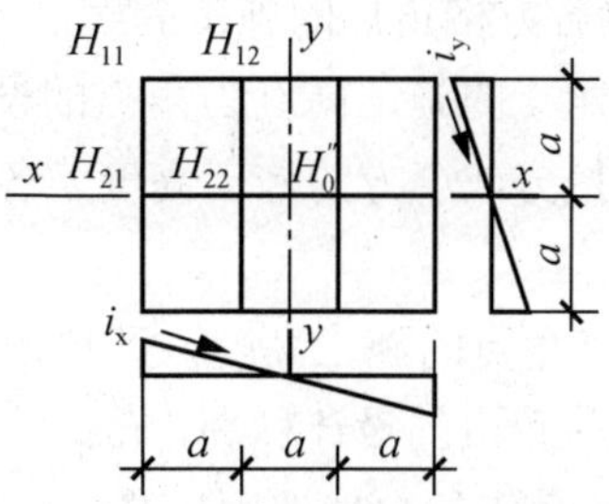

图 1.7　双向泄水坡度场地

2. 场地平整土方量计算

场地平整土方量的计算方法有方格网法和横截面法两种。横截面法是指将要计算的场地划分成若干横截面后，用横截面计算公式逐段计算，最后将逐段计算结果汇总。横截面法计算精度较低，可用于地形起伏变化较大的地区。对于大面积场地的土方量，通常采用方格网法计算。即根据方格网的自然地面标高和实际采用的设计标高，算出相应的角点填挖高度(即施工高度)，然后计算出每一方格的土方量，并算出场地边坡的土方量，这样便可得到整个场地的填、挖土方总量。方格网法精度较高，适用于地形较平坦的地区。本书将主要介绍方格网法。

采用方格网法计算场地平整土方量的步骤有以下几步。

1) 绘制方格网图

由设计单位根据地形图(一般在 1/500 的地形图上)，将建筑场地划分为若干个方格网，方格边长主要取决于地形变化复杂程度，一般取 a=10m、20m、30m、40m 等，通常采用 20m。方格网与测量的纵横坐标网相对应，在各方格角点规定的位置上标注角点的自然地面标高(H)和设计标高(H_n)，如图 1.8 所示。

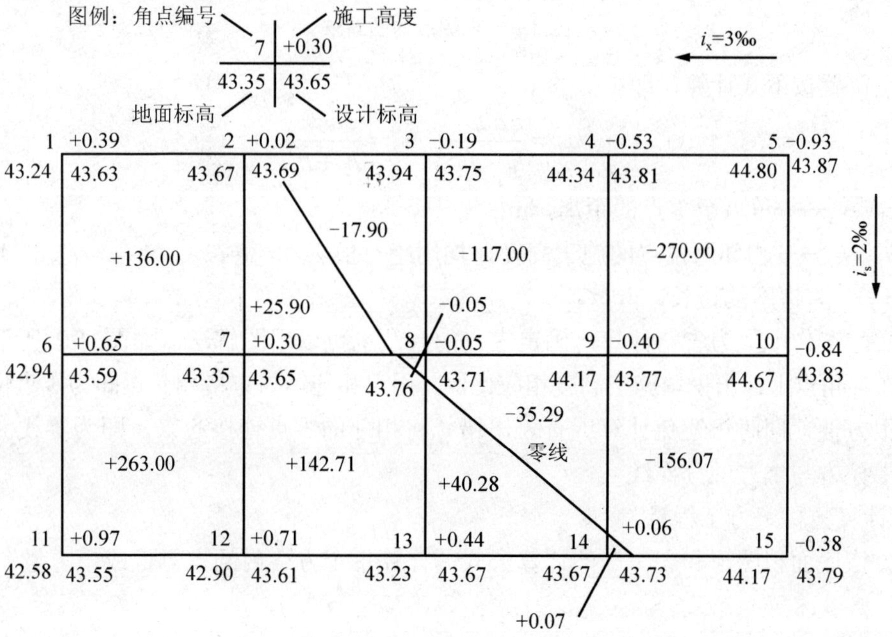

图 1.8　采用方格网法计算施工高度

2) 计算各方格角点的施工高度

各方格角点的施工高度为角点的设计地面标高与自然地面标高之差，是以角点设计标高为基准的挖方或填方的施工高度。各方格角点的施工高度按下式计算

$$h_n = H_n - H \tag{1—13}$$

式中 h_n——角点的施工高度，即填挖高度(以“+”为填，“-”为挖)，m；

H_n——角点的设计标高，m；

H——角点的自然地面标高，m；

n——方格的角点编号(自然数列 1，2，3，…，n)。

3) 计算“零点”并确定零线

当同一方格的 4 个角点的施工高度同号时，该方格内的土方则全部为挖方或填方，如果同一方格中一部分角点的施工高度为“+”；而另一部分为“-”。则此方格中的土方一部分为填方；另一部分为挖方，沿其边线必然有一不挖不填的点，即为“零点”，如图 1.9 所示。

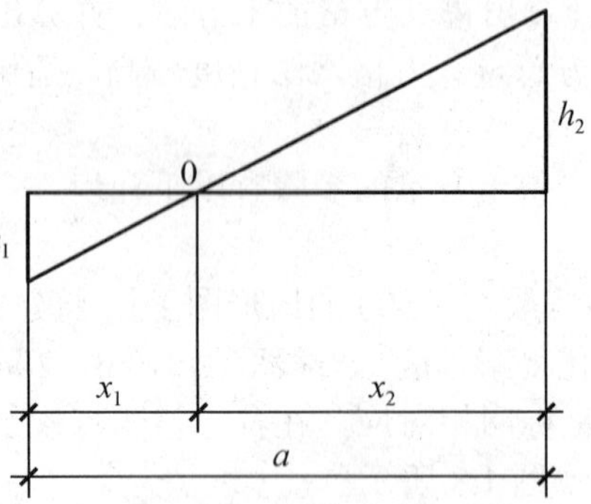

图 1.9　求零点的图解法

零点位置按下式计算，即

$$x_1 = \frac{ah_1}{h_1 + h_2};\quad x_2 = \frac{ah_2}{h_1 + h_2} \tag{1—14}$$

式中 x_1、x_2——角点至零点的距离，m；

h_1、h_2——相邻两角点的施工高度，均用绝对值表示，m；

a——方格网的边长，m。

在实际工作中，为省略计算，确定零点的办法也可以用图解法，如图 1.9 所示。方法是用尺在各角点上标出挖填施工高度相应比例，用尺相连，与方格相交点即为零点位置。这种方法很方便，同时可避免计算或查表出错。将相邻的零点连接起来，即为零线。它是确定方格中挖方与填方的分界线。

4) 计算方格土方工程量

按方格底面积图形和表 1-3 的计算公式，计算每个方格内的挖方量或填方量。

表 1-3 常用方格网点计算公式

项 目	图 式	计算公式
一点填方或挖方(三角形)	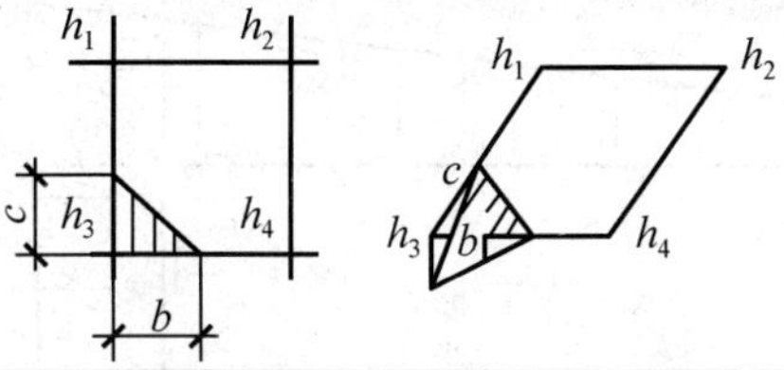	$V=\frac{1}{2}bc\frac{\sum h}{3}=\frac{bch_3}{6}$ 当 $b=a=c$ 时， $V=\frac{a^2h_3}{6}$
二点填方或挖方(梯形)	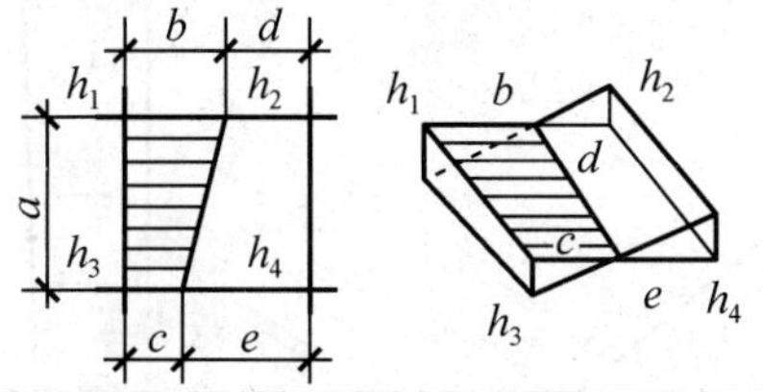	$V_+=\frac{b+c}{2}a\frac{\sum h}{4}=\frac{a}{8}(b+c)(h_1+h_3)$ $V_-=\frac{d+e}{2}a\frac{\sum h}{4}=\frac{a}{8}(d+e)(h_2+h_4)$
三点填方或挖方(五角形)	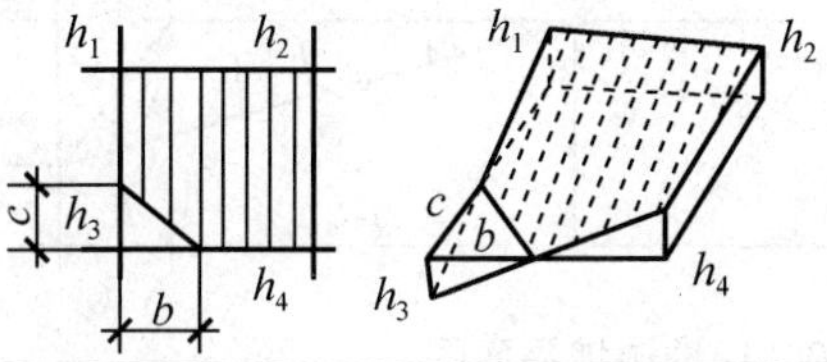	$V=(a^2-\frac{bc}{2})\frac{\sum h}{5}$ $=(a^2-\frac{bc}{2})\frac{h_1+h_2+h_4}{5}$
四点填方或挖方(正方形)	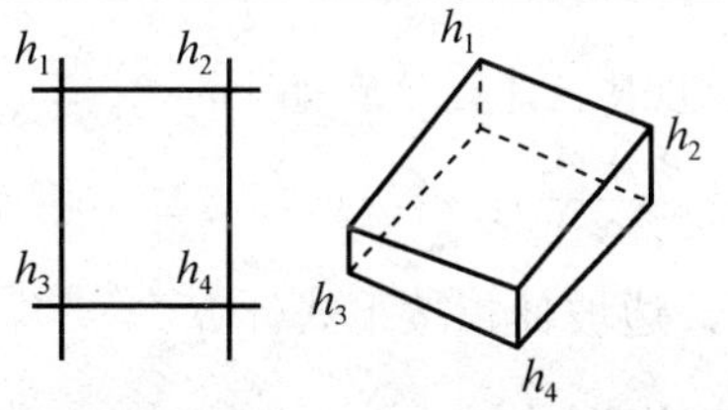	$V=\frac{a^2}{4}\sum h=\frac{a^2}{4}(h_1+h_2+h_3+h_4)$

注：(1) a——方格网的边长，m；b、c——零点到一角的边长，m；h_1、h_2、h_3、h_4——方格网四角点的施工高度，用绝对值代入，m；$\sum h$——填方或挖方施工高度总和，用绝对值代入，m；V——填方或挖方的体积，m^3。

(2) 本表中的计算公式是用各计算图形底面积乘以平均施工高度而得出的。

5) 边坡土方量的计算

场地的挖方区和填方区的边沿都需要做成边坡，以保证挖方土壁和填方区的稳定。边坡的土方量可以划分成两种近似的几何形体进行计算：一种为三角棱锥体；另一种为三角棱柱体。

(1) 三角棱锥体边坡体积。三角棱锥体边坡体积，如图 1.10 中①～③、⑤～⑦所示，计算公式如下。

$$V_1=\frac{1}{3}A_1l_1 \tag{1—15}$$

式中 l_1——三角棱锥体边坡的长度，m；

A_1——三角棱锥体边坡的端面积，m^2；

(2) 三角棱柱体边坡体积。

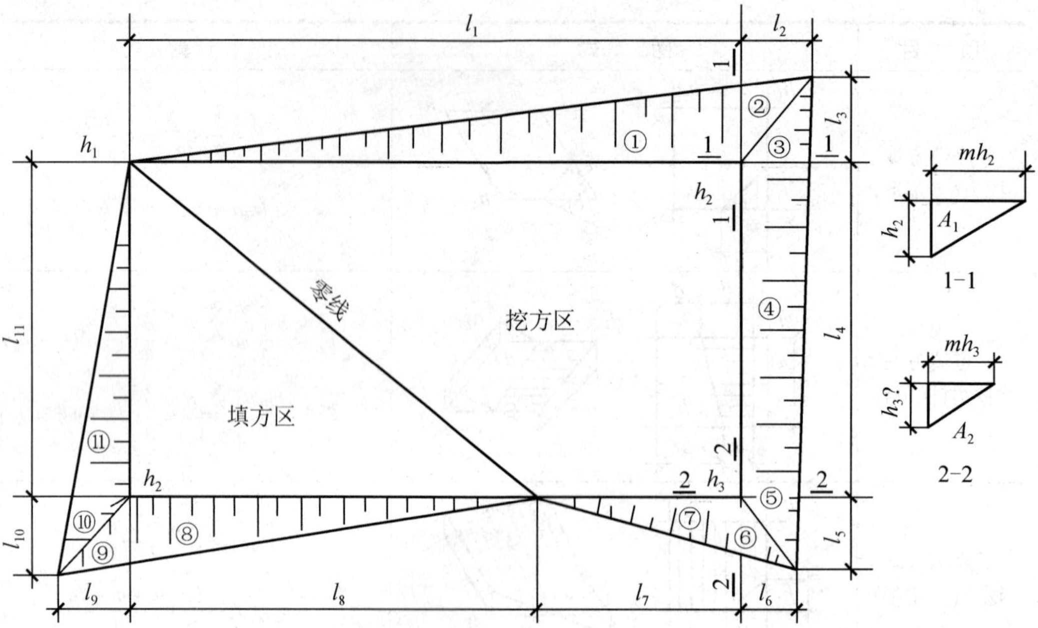

图 1.10　场地边坡平面图

三角棱柱体边坡体积，如图 1.10 所示④中，计算公式如下。

$$V_4 = \frac{A_1 + A_2}{2} l_4 \tag{1—16}$$

在两端横断面面积相差很大的情况下，边坡体积按下式计算。

$$V_4 = \frac{l_4}{6}(A_1 + 4A_0 + A_2) \tag{1—17}$$

式中　l_4——三角棱柱体边坡的长度，m；

A_1、A_2、A_0——三角棱柱体边坡两端及中部横断面面积。

6) 计算土方总量

将挖方区(或填方区)所有方格计算的土方量和边坡土方量汇总，即得到该场地挖方和填方的总土方量。

应用案例 1—1

某建筑施工场地地形图和方格网布置如图 1.11 所示。方格网的边长 a=20m，方格网各角点上的标高分别为地面的设计标高和自然标高，该场地为粉质黏土，为了保证填方区和挖方区边坡稳定性，设计填方区边坡坡度系数为 1.0，挖方区边坡坡度系数为 0.5，试用方格网法计算挖方和填方的总土方量。

解：

1.计算各角点的施工高度

根据方格网各角点的地面设计标高和自然标高，按照公式(1—9)计算得

h_1=251.50−251.40=0.10(m)；h_2=251.44−251.25=0.19(m)；h_3=251.38−250.85=0.53(m)；h_4=251.32−250.60=0.72(m)；h_5=251.56−251.90=-0.34(m)；h_6=251.50−251.60=−0.10(m)；h_7=251.44−251.28=0.16(m)；h_8=251.38−250.95=0.43(m)；h_9=251.62−252.45=−0.83(m)；h_{10}=251.56−252.00=−0.44(m)；h_{11}=251.50−251.70 =−0.20(m)；h_{12}=251.46−251.40=0.06(m)。

各角点施工高度计算结果标注如图 1.12 所示。

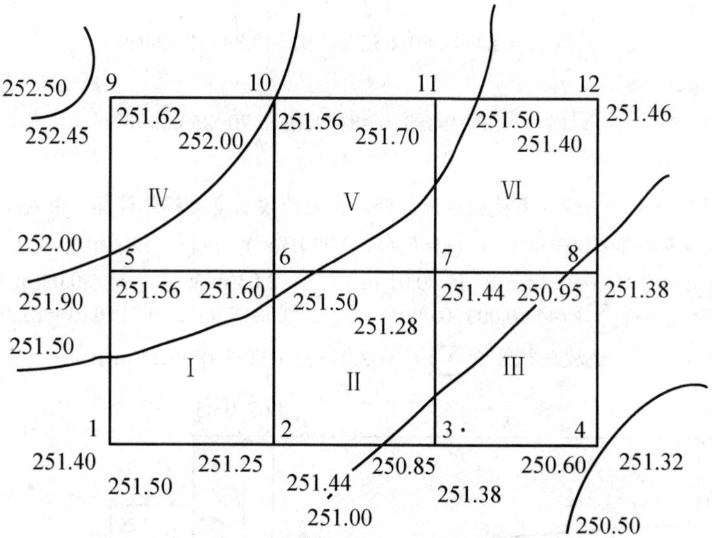

图 1.11　某建筑场地方格网布置图

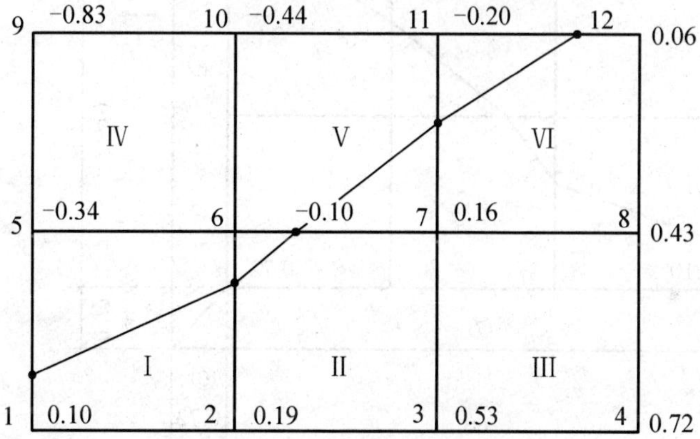

图 1.12　施工高度及零线位置

2. 计算零点位置

由图 1.9 可知，方格网边 1—5、2—6、6—7、7—11、11—12 两端的施工高度符号不同，这说明在这些方格边上有零点存在，由公式(1—10)求得：1—5 线：x_1=4.55(m)；2—6 线：x_1=13.10(m)；6—7 线：x_1=7.69(m)；7—11 线：x_1=8.89(m)；11—12 线：x_1=15.38(m)。

将各零点标于图上，并将相邻的零点连接起来，即得到零线位置，如图 1.9 所示。

3. 计算各方格的土方量

方格Ⅲ、Ⅳ底面为正方形，土方量为

$$V_{Ⅲ}(+)=202/4\times(0.53+0.72+0.16+0.43)=184(m^3)$$
$$V_{Ⅳ}(-)=202/4\times(0.34+0.10+0.83+0.44)=171(m^3)$$

方格Ⅰ底面为两个梯形，土方量为

$$V_{Ⅰ}(+)=20/8\times(4.55+13.10)\times(0.10+0.19)=12.80(m^3)$$
$$V_{Ⅰ}(-)=20/8\times(15.45+6.90)\times(0.34+0.10)=24.59(m^3)$$

方格Ⅱ、Ⅴ、Ⅵ底面为三边形和五边形，土方量为 $V_{Ⅱ}(+)$=65.73(m^3)；$V_{Ⅱ}(-)$=0.88(m^3)；$V_{Ⅴ}(+)$=2.92(m^3)；$V_{Ⅴ}(-)$=51.10(m^3)；$V_{Ⅵ}(+)$=40.89(m^3)；$V_{Ⅵ}(-)$=5.70(m^3)。

方格网总填方量

$$\sum V(+)=184+12.80+65.73+2.92+40.89=306.34(\mathrm{m}^3)$$

方格网总挖方量

$$\sum V(-)=171+24.59+0.88+51.10+5.70=253.26(\mathrm{m}^3)$$

4. 边坡土方量计算

如图 1.13 所示，除④、⑦按三角棱柱体计算外，其余均按三角棱锥体计算，由式(1—11)、式(1—12)、式(1—13)计算可得：$V_{①}(+)=0.003(\mathrm{m}^3)$；$V_{②}(+)=V_{③}(+)=0.0001(\mathrm{m}^3)$；$V_{④}(+)=5.22(\mathrm{m}^3)$；$V_{⑤}(+)=V_{⑥}(+)=0.06(\mathrm{m}^3)$；$V_{⑦}(+)=7.93(\mathrm{m}^3)$；$V_{⑧}(+)=V_{⑨}(+)=0.01(\mathrm{m}^3)$；$V_{⑩}=0.01(\mathrm{m}^3)$；$V_{11}=2.03(\mathrm{m}^3)$；$V_{12}=V_{13}=0.02(\mathrm{m}^3)$；$V_{14}=3.18(\mathrm{m}^3)$。

边坡总填方量 $\sum V(+)=0.003+0.0001+5.22+2\times0.06+7.93+2\times0.01+0.01=13.29(\mathrm{m}^3)$

边坡总挖方量 $\sum V(-)=2.03+2\times0.02+3.18=5.25(\mathrm{m}^3)$

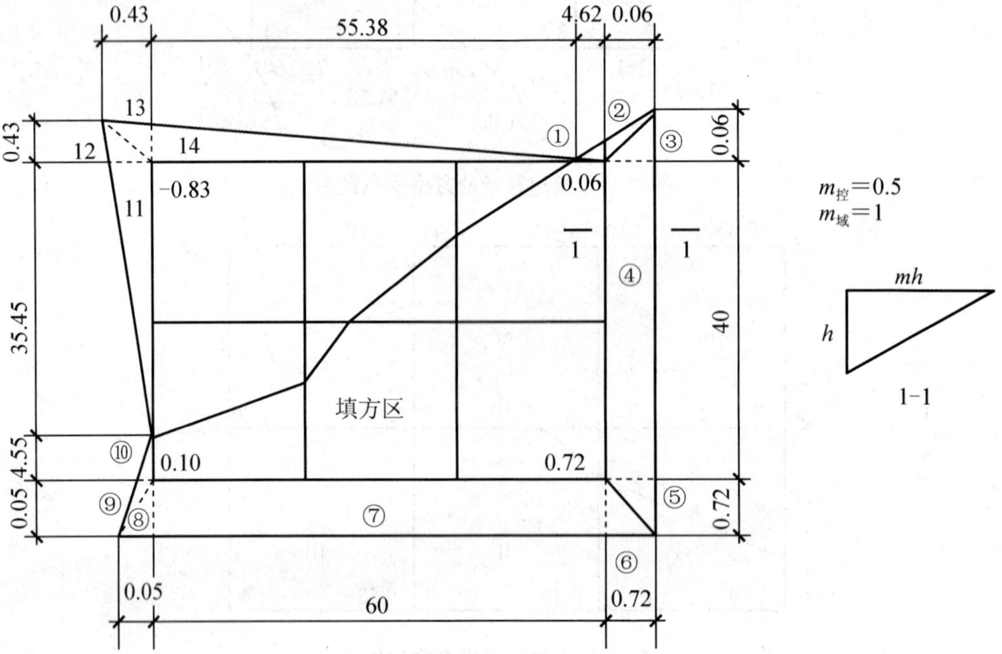

图 1.13 场地边坡平面图

1.2.3 土方调配

土方调配是土方工程施工组织设计(土方规划)中的一个重要内容，在平整场地土方工程量计算完成后进行。编制土方调配方案应根据地形及地理条件，把挖方区和填方区划分成若干个调配区，计算各调配区的土方量，并计算每对挖、填方区之间的平均运距(即挖方区重心至填方区重心的距离)，确定挖方各调配区的土方调配方案，应使土方总运输量最小或土方运输费用最少，而且便于施工，从而可以缩短工期、降低成本。

1. 土方调配原则

(1) 力求达到挖方与填方基本平衡和运距最短，使挖方量与运距的乘积之和最小，即土方运输量或费用最小，降低工程成本。

(2) 近期施工与后期利用相结合。当工程分期分批施工时，先期工程有土方余额应结合后期工程的需求来考虑其利用量与堆放位置，以便就近调配，以避免重复挖运和场地混乱。

(3) 应分区与全场相结合。分区土方的余额或欠额的调配，必须考虑全场土方的调配，不能只顾局部平衡而妨碍全局。

(4) 尽可能与大型建筑物的施工相结合。大型建筑物位于填土区时，应将开挖的部分土体予以保留，待完成基础施工后再进行填土，以避免土方重复挖、填和运输。

(5) 选择适当的调配方向、运输路线，使土方机械和运输车辆的功效得到充分发挥。

总之，进行土方调配时，必须依据现场的具体情况、有关技术资料、工期要求、土方施工方法与运输方法等，综合考虑上述原则，并进行计算比较，选择经济合理的调配方案。

2. 土方调配方案的编制

编制土方调配方案时，应根据施工场地地形及地理条件，将挖方区和填方区划分成若干个调配区，计算各调配区的土方量，并计算每对挖、填方区之间的平均运距(即挖方区重心至填方区重心的距离)，然后确定挖方各调配区的土方调配方案。土方调配的最优方案，应使土方总运输量最小或土方运输费用最少，工期短，成本低，而且便于施工。

调配方案确定后，绘制土方调配图，如图 1.14 所示。在土方调配图上要注明挖填调配区、调配方向、土方数量和每对挖填之间的平均运距。图 1.14 中的土方调配，仅考虑场内挖方和填方的平衡，W 表示挖方，T 表示填方。

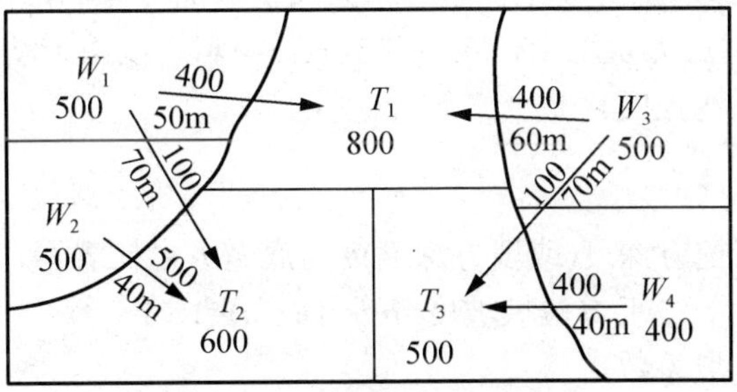

图 1.14 土方调配图

1.3 施工准备与辅助工作

1.3.1 施工准备

土方开挖前需要做好下列准备工作。

1. 学习与审查图纸

施工单位在接到施工图纸后，应组织各专业主要人员对图纸进行学习和综合审查。核对平面尺寸及坑底标高，注意各专业图纸间有无矛盾和差错，熟悉地质水文勘查资料，了解基础形式、工程规模、结构形式、特点、工程量和质量要求，弄清地下管线、构筑物与地基的关系，进行图纸会审，对发现的问题逐条予以解决。

2. 清理场地

清现场地包括拆除施工区域内的房屋、古墓，拆除或改建通信和电力设备、上下水道及其他建筑物，迁移树木，清除含有大量有机物的草皮、耕殖土、河塘淤泥等。

3. 修筑临时设施与道路

施工现场所需临时设施主要包括生产性临时设施和生活性临时设施。生产性临时设施主要包括混凝土搅拌站、各种作业棚、建筑材料堆场及仓库等；生活性临时设施主要包括宿舍、食堂、办公室、厕所等。开工前还应修筑好施工现场内的临时道路，同时做好现场供水、供电、供气等设施。

1.3.2　土方边坡与稳定

土壁的稳定主要是由土体内的摩阻力和黏结力保持的，一旦失去平衡，土壁就会塌方。

1. 造成土壁塌方的原因

根据工程实践调查分析，造成土壁塌方的主要原因有以下几个。

(1) 边坡过陡使土体本身稳定性不够，尤其是在土质差、开挖深度大的坑槽中，常引起塌方。

(2) 雨水、地下水渗入基坑使土体重力增大及抗剪能力降低，是造成塌方的主要原因。

(3) 基坑(槽)边缘附近大量堆土，或停放机具、材料，或由于动荷载的作用使土体产生的剪应力超过土体的抗剪强度。

2. 土方边坡

土方边坡的坡度用挖方深度(或填方深度)h 与底宽 b 之比表示，如图 1.15 所示，即

$$\text{土方边坡坡度}=h/b=1/(b/h)=1:m \tag{1—18}$$

其中 $m=b/h$ 称为边坡系数。

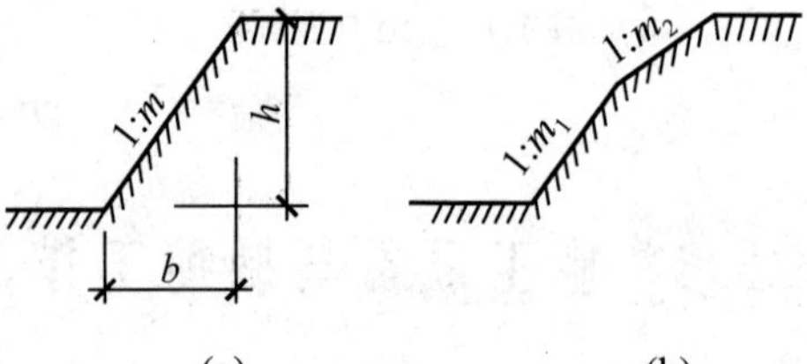

(a)　　　　(b)

图 1.15　土体边坡

(a) 直线形边坡；(b) 折线形边坡

3. 边坡的确定

土方边坡的大小，应根据土质条件、开挖深度、施工方法、边坡留置时间、地下水位及排水情况、边坡上部的各种荷载情况、相邻建筑物的情况等因素综合考虑确定。

(1) 当地质条件良好、土质均匀且地下水位低于基坑(槽)或管沟底面标高，敞露时间不长且挖方深度不超过表 1-4 中的规定时，挖方边坡可做成直壁不加支撑。

表 1-4 直壁挖方的容许深度(不加支撑)

土的类别	挖方深度/m
密实、中密的砂土和碎石类土(充填物为砂土)	1.00
硬塑、可塑的粉土及粉质黏土	1.25
硬塑、可塑的黏土和碎石类土(充填物为黏性土)	1.50
坚硬的黏土	2.00

(2) 对于超过表 1-4 中规定深度的基坑(槽)开挖，根据《建筑地基基础工程施工质量验收规范》(GB 50202—2002)的规定，其临时性边坡坡度应符合表 1-5 中的规定。

表 1-5 临时性挖方边坡坡度值(不加支撑)

土的类别		边坡坡度(高：宽)
砂土(不包括细砂、粉砂)		1：1.50～1：1.25
一般黏性土	坚硬	1：1.00～1：0.75
	硬塑	1：1.25～1：1.00
	软	1：1.50 或更缓
碎石类土	充填坚硬、硬塑黏性土	1：1.00～1：0.50
	充填砂土	1：1.50～1：1.00

注：(1) 设计有要求时，应符合设计标准。

(2) 如采用降水或其他加固措施，可不受本表限制，但应计算复核。

(3) 开挖深度，对软土不应超过4m，对硬土不应超过8m。

(3) 对于使用时间较长，地质条件良好、土质较均匀，挖方深度在 10m 以内不加支撑的边坡坡度应符合表 1-6 中的规定。若实际工程中出现岩石边坡，可按规范规定取值。

表 1-6 土质边坡坡度允许值(不加支撑)

土的类别	密实度或状态	坡度允许值(高：宽)	
		坡高在 5m 以内	坡高为 5～10m
碎石土	密实	1：0.50～1：0.35	1：0.75～1：0.50
	中密	1：0.75～1：0.50	1：1.00～1：0.75
	稍密	1：1.00～1：0.75	1：1.25～1：1.00
黏性土	坚硬	1：1.00～1：0.75	1：1.25～1：1.00
	硬塑	1：1.25～1：1.00	1：1.50～1：1.25

注：(1) 表中碎石土的充填物为坚硬或硬塑状态的黏性土。

(2) 对于砂土或充填物为砂土的碎石土，其边坡坡度允许值均按自然修止角(土的自然修止角是指在某一状态下的土体可以稳定的坡度)确定。

(3) 坡度大小视坡顶荷载情况取值：无荷载时取陡值；有动荷载时取缓值；有静荷载时取中等值。

(4) 非黏性土坡顶不得有振动荷载。

(4) 永久性挖方边坡坡度应按设计要求放坡，当设计无规定时，可按表 1-7 确定。

表 1-7　永久性土工构筑物挖方的边坡坡度

挖土性质	边坡坡度(高：宽)
在天然湿度及层理均匀、不易膨胀的粘土、粉质粘土和砂土(不包括细砂、粉砂)内挖方，深度不超过 3m	1：1.00～1：1.25
土质同上，深度为 3～12m	1：1.50～1：1.25
干燥地区内土质结构未经破坏的干燥黄土及类黄土，深度不超过 12m	1：1.25～1：0.10
在碎石土和泥灰岩土内的挖方，深度不超过 12m，根据土的性质、层理特性和挖方深度确定	1：1.50～1：0.50
在风化岩内的挖土，根据岩石性质、风化程度、层理特性和挖方深度确定	1：1.50～1：0.20
在微风化岩石内的挖方，岩石无裂缝且无倾向挖方坡脚的岩层	1：0.10
在未风化的完整岩石内的挖方	直立的

4. 防止边坡塌方的主要措施

(1) 严格按规范的要求正确留置边坡，放足边坡。在土方开挖过程中，应随时观察边坡土体的变化情况，边挖边检查，每 3m 左右修坡一次；对于较深、较大的基坑开挖，应设置观察点，并对土体的平面位移和沉降变化做好记录，以便及时与设计单位联系，研究相应的补救措施，确保边坡的稳定性。

(2) 基坑(槽)边缘堆置土方、建筑材料，以及有运输工具和机械行驶时，应与基坑(槽)边缘保持一定距离，一般距基坑(槽)上边缘不少于 2m，堆置高度不应超过 1.5m。在垂直的坑壁上，此安全距离还应适当加大。软土地区不宜在基坑边上堆置弃土。

(3) 做好基坑(槽)周围的地面排水和防水工作，严防雨水、施工用水等地面水浸入边坡土体。在雨季施工时，应更加注意检查边坡的稳定性，必要时可加设支撑。

(4) 基坑(槽)开挖后，可采用塑料薄膜覆盖、水泥砂浆抹面、挂网抹面、喷浆、砌石压坡等方法进行边坡坡面防护，防止边坡失稳。

1.3.3　基坑(槽)支撑

当基坑(槽)开挖较深时，由于土质条件差，放坡后土方量过大，甚至影响周围建筑物、城市道路、地下管线，采用放坡开挖无法保证施工安全或由于施工场地狭小无放坡条件时，一般采用支护结构对土壁进行支撑，以保证基坑(槽)的土壁稳定。

基坑(槽)支护结构主要由围护结构和撑锚两部分组成。其主要作用是支撑土壁，同时还兼有不同程度的挡水作用。

基坑(槽)支护结构的类型较多。根据支护结构的受力状态不同可分为横撑式支撑、板桩支护结构(悬臂式、支撑式)、重力式支护结构；根据其工作机理和围护墙的形式可分为以下类型如图 1.16 所示。

水泥土挡墙式主要依靠其本身自重和刚度保护土壁，一般不设支撑，在特殊情况下通过采取措施也可局部加设支撑；横撑、排桩与板墙式，通常由围护墙、支撑(或土层锚杆)及防渗帷幕等组成；土钉支护由密集的土钉群、被加固的原位土体、喷射的混凝土面层等组成。实际工程中常用的几种支护结构类型介绍如下。

- 支护结构
  - 横撑式
  - 水泥土挡墙式
    - 深层搅拌水泥土桩墙
    - 高压旋喷桩墙
  - 排桩与板墙式
    - 板桩式
      - 钢板桩
      - 混凝土板桩
      - 型钢横挡板
    - 排桩式
      - 钢管桩、预制混凝土桩
      - 钻孔灌注桩
      - 挖孔灌注桩
    - 板墙式
      - 现浇地下连续墙
      - 预制装配式地下连续墙
    - 组合式
      - 加筋水泥土桩(SMW工法)
      - 高应力区加筋水泥土墙
  - 边坡稳定式
    - 锚钉墙
    - 土钉支护
  - 逆作拱墙式

图 1.16 支护结构类型

1. 横撑式支撑

横撑式支撑主要用于开挖较窄的沟槽。一般根据其所用挡土板的不同将其分为水平挡土板支撑如图 1.17(a)所示和垂直挡土板支撑如图 1.17(b)所示两类，前者挡土板的布置又分为断续式和连续式两种。横撑式支撑的适用情况见表 1-8。

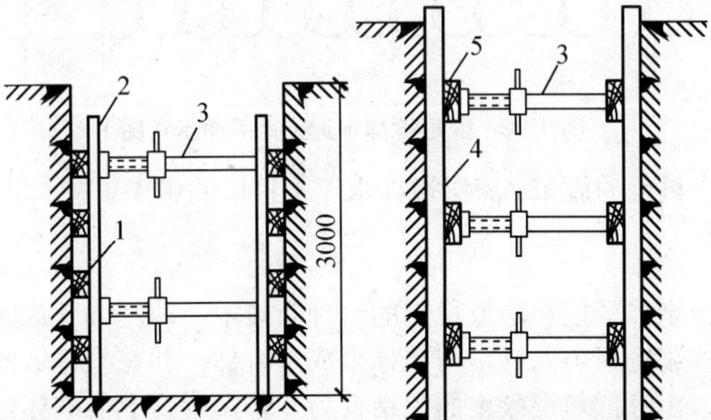

(a) (b)

图 1.17 横撑式支撑

(a) 断续式水平挡土板支撑；(b) 垂直挡土板支撑

1—水平挡土板；2—竖横楞；3—工具式横撑；4—垂直挡土板；5—横楞木

表 1-8 横撑式支撑的适用情况

横撑式支撑的种类		适用范围
水平挡土板	断续式水平挡土板	湿度小的黏性土，挖深≤3m
	连续式水平挡土板	松散、湿度较大的土质，挖深≤5m
垂直挡土板		松散和湿度很大的土质

采用横撑式支撑时，应随挖随撑，支撑要牢固。施工中应经常检查，当有松动、变形等现象时，应及时加固或更换。支撑的拆除应按回填顺序依次进行，多层支撑应自下而上逐层拆除，随拆随填。

2. 深层搅拌水泥土桩墙

深层搅拌水泥土桩墙是通过深层搅拌机就地将水泥浆和土强制搅拌，制成水泥土桩，相互连续搭接形成的水泥土柱状加固体挡墙。其水泥土加固体的渗透系数不大于 10^{-7}cm/s，既能挡土，又能止水防渗，属于重力式支护结构，一般适用于软土地区深度≤7m 的基坑工程。

水泥土墙通常布置成格栅式如图 1.18 所示，相邻桩搭接长宽不小于 200mm，截面置换率(加固土的面积∶水泥土墙的总面积)为 0.6～0.8。墙体的宽度 b 和插入深度 h_d 根据坑深、土层分布及其物理力学性能、周围环境情况、地面荷载等计算确定；当基坑开挖深度 h≤5m 时，可按经验取 $b=(0.6\sim0.8)h$，$h_d=(0.8\sim1.2)h$。

支护结构的水泥土加固体多采用强度等级为 32.5 的普通硅酸盐水泥，水泥掺量通常为 12%～14%(水泥重量与加固土体重量的比值)，水泥浆的水灰比≤0.45，水泥土围护墙的 28d 龄期强度应不低于 0.8MPa，未达到设计强度前不得进行基坑开挖。

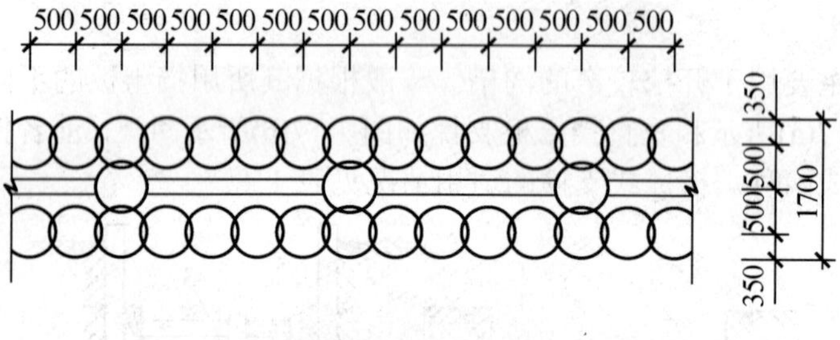

图 1.18 深层搅拌水泥土墙平面示意图

深层搅拌水泥土桩墙的施工。深层搅拌水泥土桩墙的施工工艺、机械设备及施工方法。

3. 土钉支护

土钉支护是用于土体开挖和边坡稳定的一种新技术，即基坑开挖时，逐层在坡面上采用较密排列的钻孔注浆钉或击入钉，与土体形成复合体，并在土钉坡面上设置钢筋网，喷射混凝土，使土体、土钉群与混凝土面板结合为一体，增强土体破坏延性，提高边坡整体稳定性和承受坡顶超载的能力，也称为喷锚支护或土钉墙如图 1.19 所示。

土钉支护主要适用于地下水位以上或经降水后的杂填土、普通黏性土或非松散性的砂土，基坑侧壁安全等级为二、三级，基坑开挖深度为≤12m 的土壁支护，由于其经济、可靠、施工简便、快速，已在我国得到广泛使用。

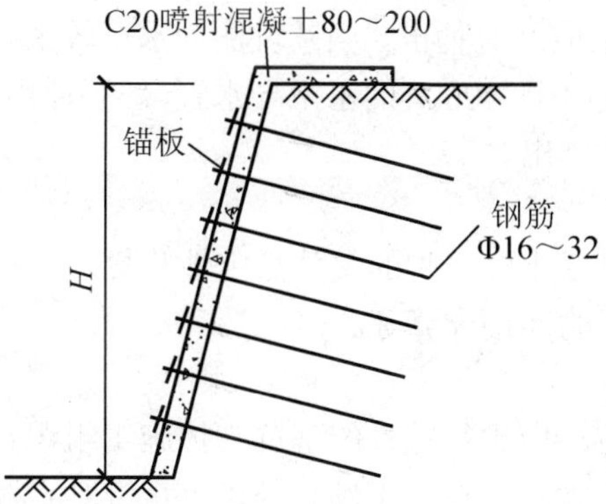

图 1.19　土钉支护

1) 构造要求

除土体外，土钉支护通常由土钉、面层和防水系统 3 部分组成。土钉支护的构造与土体特性、支护面的坡角、支护的功能(如临时或永久使用)，以及环境安全要求等因素有关。

(1) 土钉。土钉的类型很多，一般有钻孔注浆钉、击入钉、注浆击入钉、高压喷射注浆击入钉、气动射入钉等。通常使用钻孔注浆钉，其主要参数如下。

① 土钉钢筋。一般采用直径为 16～32mm 的 HRB335、HRB400 级变形钢筋。

② 土钉长度。一般为基坑开挖深度的 0.5～1.2 倍，顶部土钉长度应不小于 0.8 倍的基坑深度。

③ 土钉间距。土钉的水平和竖向间距宜为 1～2m，沿面层布置的土钉密度不应低于每 $6m^2$ 一根，土钉的竖向间距应与每步开挖深度相对应。

④ 土钉倾角。土钉与水平面的向下夹角宜为 0°～20°。当利用重力向孔中注浆时，倾角≥15°；当上层为软弱土层时，可适当加大倾角。

⑤ 土钉孔径。土钉钻孔直径一般为 70～120mm。

⑥ 注浆材料。强度等级≥M10，宜采用强度≥20MPa 的水泥浆或水泥砂浆。水泥宜采用 32.5 级的普通硅酸盐水泥，水泥浆的水灰比宜为 0.5，水泥砂浆配合比宜为 1∶1～1∶2(重量比)，水灰比宜为 0.38～0.45。

(2) 面层。土钉支护面层主要由钢筋网和喷射混凝土组成，厚度宜为 80～200mm，常用 100mm。

① 钢筋网。一般采用直径为 6～10mm 的 HPB300 钢筋，间距为 150～300mm。当面层厚度大于 120mm 时，宜设置二层钢筋网，上下段钢筋网搭接长度应大于 300mm。

② 混凝土。混凝土强度等级≥C20，3d 龄期强度≥10MPa。其施工配合比应通过试验确定，水泥宜采用 32.5 级的普通硅酸盐水泥，粗骨料最大粒径≤12mm，水灰比≤0.45。

③ 土钉与混凝土面层的连接，宜将土钉做成螺纹端，通过螺母、垫板与面层连接，也可采用短钢筋焊接固定。

④ 土钉支护的混凝土面层通常应插入基坑底面以下 300～400mm，在基坑顶部宜设置宽度为 1～2m 的喷射混凝土护顶。

(3) 排水系统。土钉墙支护宜在排除地下水的条件下施工，应采取的排水措施包括地表排水、支护内部排水以及基坑排水，以避免土体处于饱和状态并减轻作用于面层上的静水压力。基坑顶部四周可做散水排水沟，坑内应设置排水沟和集水坑，并与边壁保留 0.5～

1.0m 的距离，集水坑内积水应及时抽出。当基坑侧壁水压较大时，可在支护面层背部插入长度为 400～600mm、直径不小于 40mm 的水平导水管，外端伸出支护面层，间距 1.5～2.0m，以便将混凝土面层后的积水排出。

2) 土钉支护的计算

土钉支护的计算主要包括土钉支护的整体稳定性验算，土钉计算、喷射混凝土面层的设计计算，以及土钉与面层的连接计算等。

3) 土钉支护的施工

在进行土钉支护施工前，应进行完善的基坑支护施工组织设计，周密安排支护施工与基坑土方开挖、出土等工序关系，在施工场地外确定水准基点和变形观测点，做好地表和地下降排水措施等准备工作。

土钉支护施工通常采用边开挖、边施工的方法，其每段主要施工工序为：基坑开挖、修坡→钻孔→插入土钉钢筋→注浆→绑扎钢筋网、喷射混凝土。

① 基坑开挖、修坡。基坑开挖应严格按照设计要求分层分段进行，在上一层作业面土钉与喷射混凝土面层达到设计强度的 70%以前，不得进行下一层土层的开挖；每层开挖的水平分段长度取决于土壁自稳能力，且与支护施工流程相衔接，一般为 10～20m。对土层地质条件较差的土壁边坡，清坡、休整后，应立即喷上一层薄的砂浆或混凝土，待凝结后再进行下一道工序施工。

② 钻孔。钻孔前，应根据设计要求定出土钉孔位并做出标记及编号。钻孔机具通常采用冲击钻机、螺旋钻机、回转钻机和洛阳铲等。在成孔过程中应由专人做好记录，按土钉编号逐一记载取出的土体特征、成孔质量、事故处理等，如发现土体与设计认定的土质有较大偏差，应及时修改土钉的设计参数。土钉钻孔的质量应符合下列规定：孔距允许偏差，±100mm；孔径允许偏差，±5mm；孔深允许偏差，±30mm；倾角允许偏差，±1°。

成孔后要进行清孔检查，若孔中出现局部渗水、塌孔或掉落松土问题应立即处理。

③ 插入土钉钢筋。插入土钉钢筋前应对土钉钢筋进行调直、除锈、除油处理，并在钢筋上安装对中定位支架(金属或塑料件)，其构造应不妨碍注浆时浆液的自由流动，支架沿钉长的间距可为 2～3m，以保证钢筋处于孔位中心且注浆后其保护层厚度不小于 25mm。

④ 注浆。注浆前要验收土钉钢筋安设质量是否达到设计要求。一般可采用重力、低压(0.4～0.6MPa)或高压(1～2MPa)注浆，水平孔应采用压力注浆。

重力注浆和低压注浆宜采用底部注浆方式，注浆导管底端应插至距孔底 250～500mm 处；重力注浆以满孔为止，但在浆体初凝前应补浆 1～2 次；压力注浆应在孔口或规定位置设置止浆塞，注满后保持压力 3～5min。同时，注浆时要设置排气措施，满足注浆的充盈系数大于 1。

⑤ 绑扎钢筋网、喷射混凝土。绑扎、固定钢筋网应在喷射一层混凝土后铺设。钢筋网片可通过焊接或绑扎牢固固定在边坡上，也可与插入土层中钢筋固定，满足网格尺寸偏差≤10mm，每边搭接长度≥200mm(或一个网格边长)，如为搭接焊则不小于 10 倍的网筋直径，钢筋保护层厚度≥20mm。

喷射混凝土前，应对机械设备、风水管路和电路进行全面检查及试运转。同时，在边坡上垂直打入短钢筋作为标志，以控制喷射混凝土的厚度。

喷射混凝土应分段进行，同一段内的喷射顺序应由下而上，喷头与受喷面保持垂直，距离控制在 0.6～1.0m 的范围内，一次喷射厚度不宜小于 40mm；当面层厚度≥100mm 时，应分二次喷射，每次喷射厚度宜为 50～70mm。

面层喷射混凝土终凝后 2h，可根据当地环境条件，采用喷水、洒水或喷涂养护剂等方法养护，养护时间宜为 3～7d。

1.3.4 降低地下水位

在土方工程施工过程中，当开挖的基坑底面低于地下水位时，地下水会不断渗入坑内，如果没有及时采取降水措施，会恶化施工条件。为了保持基坑干燥，防止由于水的浸泡导致边坡塌方和地基承载力下降，必须做好基坑的排水、降水工作。降低地下水位的方法有集水井降水法和井点降水法。

1. 集水井降水法

集水井降水法是一种设备简单、应用普遍的人工降低地水位的方法。在开挖基坑或沟槽过程中，当基底挖至地下水位以下时，沿坑底周围开挖一定坡度的排水沟，设置集水井，使地下水经排水沟流入井内，然后用水泵抽出坑外，如图 1.20 所示。

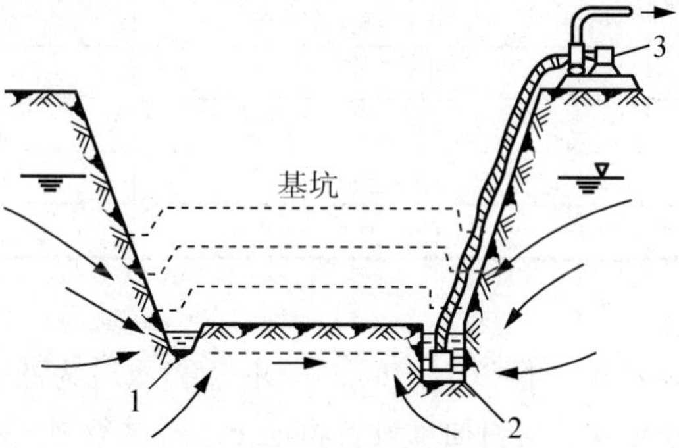

图 1.20 集水井降水法

1—排水沟；2—集水井；3—水泵

集水井应设置在基础范围以外，地下水流的上游。根据地下水量的大小，基坑平面形状及水泵能力，集水井每隔 20～40m 设置一个。集水井的直径或宽度一般为 0.6～0.8m，其深度随着挖土深度的加深而加深，要经常保持低于挖土面 0.7～1m。当基坑挖至设计标高后，集水井底应低于基坑底 1～2m，并铺设碎石滤层，以免抽水时将泥浆抽走，并防止井底土被扰动。

集水井降水法适用于水流较大的粗粒土层的排水、降水，也可用于渗水量较小的黏性土层降水，但不适宜于细砂土和粉砂土层，因为地下水渗出会带走细粒而发生流砂现象。

当基坑开挖深度大、地下水位较高而土质为细砂或粉砂时，如果采用集水井法降水开挖，当挖至地下水位以下时，坑底下面的土会形成流动状态，随地下水一起流动涌入基坑，这种现象称为流砂。发生流砂现象时，土完全丧失承载力，引起基坑边坡塌方，如果附近有建筑物，就会引起地基被掏空而使建筑物下沉、倾斜，甚至倒塌。

如果土层中产生局部流砂现象，应采取减小动水压力的处理措施，使坑底土颗粒稳定，不受水压干扰。如果条件许可，尽量安排枯水期施工，使最高地下水位不高于坑底 0.5m；在水中挖土时，不抽水或减少抽水，保持坑内水压与地下水压基本平衡；采用井点降水法、打板桩法、地下连续墙法，防止流砂产生。

2. 井点降水法

井点降水法是指在基坑开挖前，在基坑四周预先埋设一定数量的滤水管(井)，在基坑开挖前和开挖过程中，利用抽水设备不断地抽出地下水，使地下水位降到坑底以下，直至土方和基础工程施工结束为止。这样，可使基坑挖土始终保持干燥状态，从根本上消除流沙现象。同时，由于土层水分排出，还能使土密实，增加地基承载力，土方边坡也可陡些，从而减少挖方量。

井点降水的方法有轻型井点、电渗井点、喷射井点、管井井点及深井井点等。对于不同类型的井点降水可参考表 1-9 选用合适的方法。

表 1-9　降水类型及适用条件

降水类型	土层渗透系数/(m/d)	降低水位深度/m
单层轻型井点	0.1～50	3～6
多层轻型井点	0.1～50	6～12
喷射井点	0.1～50	8～20
电渗井点	＜0.1	根据选用井点确定
管井井点	20～200	3～5
深井井点	10～250	＞15

1) 轻型井点降水设备

轻型井点是沿基坑四周或一侧以一定间距将井点管(下端为滤管)埋入蓄水层内，井点管上端通过弯联管与总管连接，利用抽水设备将地下水经滤管进入井管，经总管不断抽出，使原有地下水位降至坑底以下，如图 1.21 所示。

图 1.21　轻型井点降水法示意图

1—井点管；2—滤管；3—总管；4—弯联管；5—水泵房；6—原有地下水位线；7—降低后地下水位线

轻型井点设备由管路系统和抽水设备组成。管路系统包括滤管、井点管、弯联管及总管等。滤管为进水设备，如图 1.22 所示。长度一般为 1.0～1.5m，直径为 38～55mm 的无缝钢管，管壁钻有直径 12～18mm 的梅花形滤孔。管壁外包两层滤网，内层为细滤网，采用 3～5 孔/mm^2 黄铜丝布或生丝布，外层为粗滤网，采用 0.8～1 孔/mm^2 铁丝丝布或尼龙布。为使水流通畅，在管壁与滤网间用铁丝或塑料管隔开，滤网外面再绑一层粗铁丝保护网，滤管下面为一铸铁塞头，滤管上端与井点管用螺钉套头连接。井点管为直径 38～51mm、长 5～7m 的钢管。集水总管是直径为 100～127mm 的钢管，每段长 4m，其上装有与井点管连接的端接头，间距 0.8m 或 1.2m。总管与井点管用 90° 弯头或用塑料管连接。抽水设备由真空泵、离心泵和集水箱等组成。

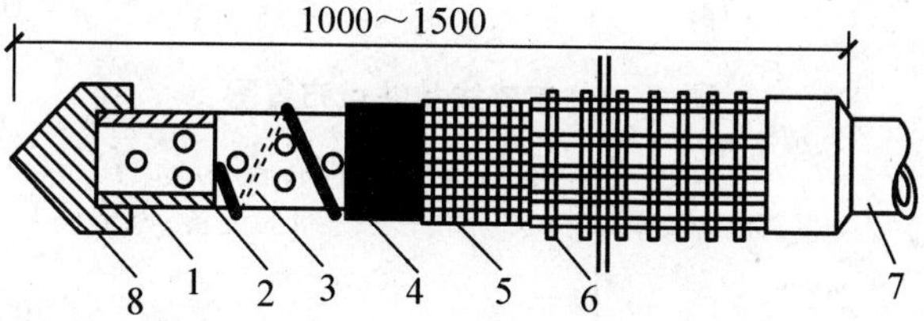

图 1.22　滤管构造

1—钢管；2—管壁上小孔；3—塑料管；4—细滤网；5—粗滤网；
6—粗铁丝保护网；7—井点管；8—铸铁头

2) 轻型井点布置

轻型井点布置根据基坑大小与深度、土质、地下水位高低与流向和降水深度等要求确定。

(1)平面布置。当基坑或沟槽宽度小于 6m 且水位降低深度不超过 5m 时，可采用单排线状井点，布置在地下水流的上游一侧，其两端延伸长度一般以不小于基坑(槽)宽度为宜，如图 1.23 所示。如基坑宽度大于 6m 或土质不良，土的渗透系数较大时，宜采用双排井点。当基坑面积较大时，宜采用环状井点，如图 1.24 所示，为便于挖土机械和运输车辆出入基坑，可不封闭，布置为 U 形环状井点。井点管距离基坑壁一般不宜小于 0.7～1.0m，以防局部发生漏气，井点管间距应根据土质、降水深度、工程性质等决定，一般设置为 0.8～1.6m。

一套抽水设备能带动的总管长度一般为 100～120m。采用多套抽水设备时，井点系统要分段，各段长度要大致相等。

(2) 高程布置。在考虑到抽水设备的水头损坏以后，井点降水深度一般不超过 6m。井点管的埋设深度 H(不包括滤管)按下式计算，如图 1.24(b)所示。

$$H=H_1+h+iL \qquad (1—19)$$

式中　H_1——井点管埋设面至基坑底的距离，m；

h——基坑中心处坑底面(单排井点时，为远离井点一侧坑底边缘)至降低后地下水位的距离，一般为 0.5～1.0m；

i——地下水降落坡度，环状井点为 1/10，单排线状井点为 1/4；

L——井点管至基坑中心的水平距离(单排井点为井点管至基坑另一侧的水平距离)，m。

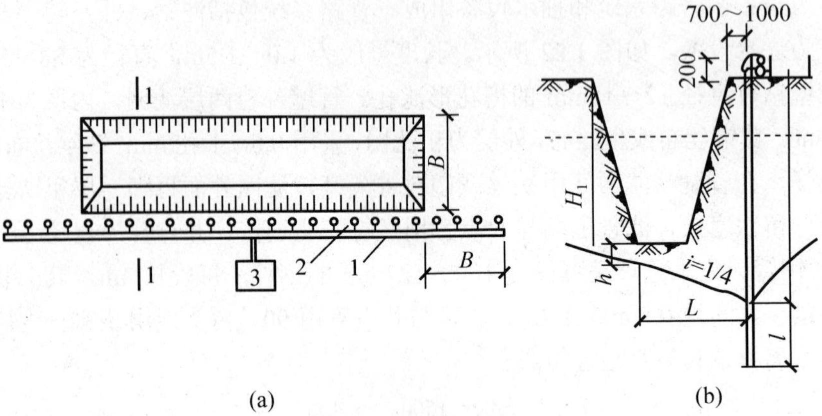

图 1.23　单排线状井点布置图

(a) 平面布置；(b) 高程布置
1—总管；2—井点管；3—抽水设备

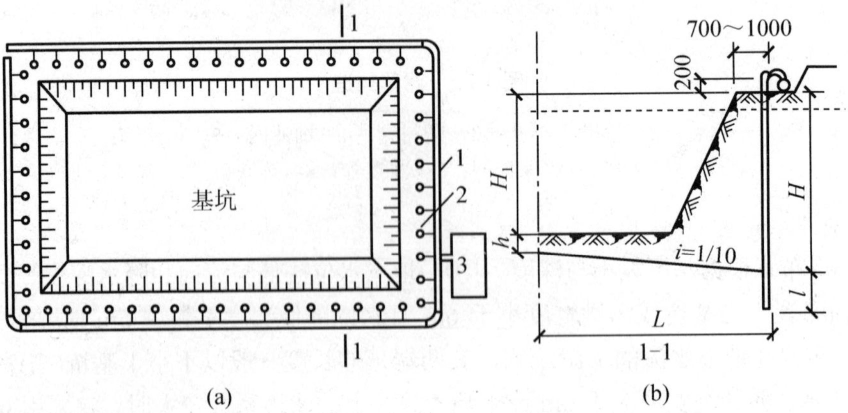

图 1.24　环形井点布置图

(a) 平面布置；(b) 高程布置
1—总管；2—井点管；3—抽水设备

当一级井点系统达不到降水深度要求时，可采用二级井点，即先挖去第一级井点所疏干的土，然后在基坑底部装设第二级井点，使降水深度增加，如图 1.25 所示。

3) 轻型井点降水法的施工

进行轻型井点的安装时先根据降水方案，布设总管，再埋设井点管，然后用弯联管连接井点管与总管，最后安装抽水设备。

井点管的埋设一般用水冲法施工，分为冲孔和埋管两个过程，如图 1.26 所示。冲孔时，利用起重设备将冲管吊起，并插在井点位置上，开动高压水泵将土冲松，冲管边冲边沉。冲孔要垂直，直径一般为 300mm，以保证井管四壁有一定厚度的砂滤层，冲孔深度要比滤管底深 0.5m 左右，以防冲管拔出时部分土颗粒沉于底部而触及滤管。

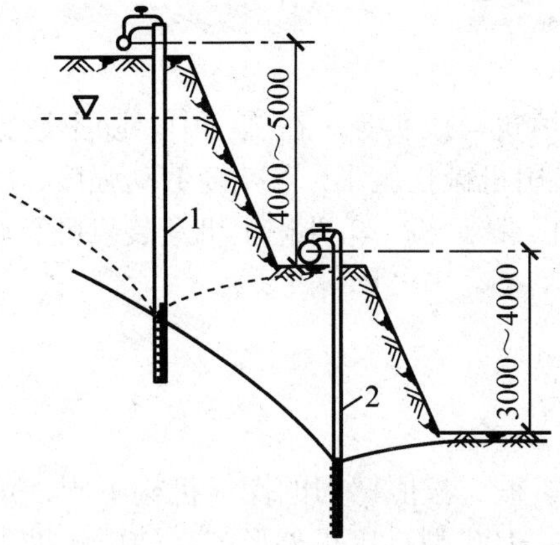

图 1.25 二级井点降水示意图

1—一级井点降水；2—二级井点降水

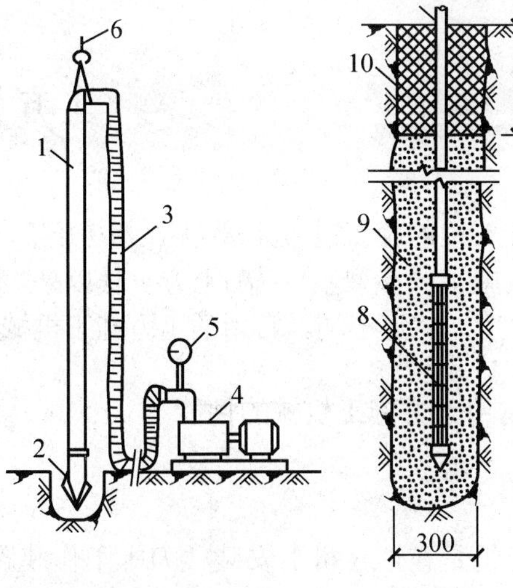

(a) (b)

图 1.26 井点管的埋设

(a)冲孔；(b)埋设

1—冲管；2—冲嘴；3—胶管；4—高压水泵；5—压力表；6—起重机吊钩；7—井点管；8—滤管；9—粗砂；10—黏土封口

井孔冲成后，随即拔出冲管，插入井点管。井点管与井壁间应立即用粗砂灌实，距地面 1.0～1.5m 深处，用黏土填塞密实，防止漏气。

4) 轻型井点使用

轻型井点运行后，应保证连续不断地抽水。如果井点淤塞，一般可以通过听管内水流声响、手摸管壁感到有振动、手触摸管壁有冬暖夏凉的感觉等简便方法检查，发现问题，及时排除隐患，确保施工正常进行。

轻型井点法适用于土壤的渗透系数为 0.1～50m/d 的土层降水，一级轻型井点水位降低深度为 3～6m，二级井点可达 6～9m。

知识链接

轻型井点的计算包括涌水量的计算、井点管数量的计算与井距的确定，抽水设备的选用。

(1) 井点系统涌水量按照水井理论计算。根据井底是否达到不透水层，水井可分为完整井和不完整井。

(2) 井点管数量的确定，需先确定单根井点管的抽水能力，单根井点管的最大抽水量取决于滤管的构造、尺寸和土的渗透系数。

(3) 井距根据排水总管长度计算确定，井距不能太小，否则各井点管彼此干扰，出水量显著减少，一般可取滤管周长的 5～10 倍。

(4) 真空泵按照总管长度选用，水泵按照涌水量大小选用，要求水泵抽水能力应大于井点系统涌水量。

1.4 土方机械化施工

土方工程的施工过程主要包括土方开挖、运输、填筑与压实等。在施工中，除不适宜采用机械施工或小型基坑(槽)土方工程以外，应尽量采用机械化施工，以减轻劳动强度，加快施工进度，缩短工期。常用的土方施工机械有推土机、铲运机、单斗挖土机及装载机等。

1.4.1 常用土方施工机械的性能

1. 推土机

推土机是在拖拉机上安装铲刀等工作装置而成的机械。按照铲刀的操纵机构不同，可将其分为索式和油压式两种。如图 1.27 所示油压式 T_2-100 型推土机外形图，油压式推土机除了可升降推土铲刀外，还可调整铲刀的角度，因此具有更大的灵活性。

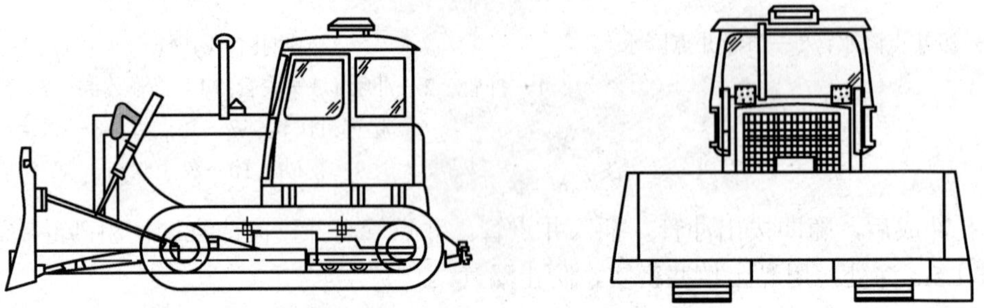

图 1.27 T_2-100 型推土机外形图

1) 推土机的特点及适用范围

推土机能够独立完成推土、运土和卸土工作，具有操纵灵活、运转方便、所需工作面较小、行驶速度快、易于转移、能爬 30° 左右的缓坡以及配合铲运机、挖土机工作等特点，能够推挖Ⅰ～Ⅳ类土，多用于场地清理与平整，开挖或堆筑 1.5m 以内的基坑(槽)、路基、堤坝等。推土机的经济运距宜在 100m 以内，效率最高为 60m。

2) 推土机的作业方法

推土机的生产率主要取决于每次推土体积和铲土、运土、卸土和回转等工作循环时间。铲土时应根据土质情况，尽量以最大切土深度在最短距离(6～10m)内完成。上下坡坡度不得超过 35°，横坡不得超过 10°。为了提高生产率，可采用下坡推土、槽形推土、并列推土、多铲集运、铲刀附加侧板等方法。

2. 铲运机

铲运机由牵引机械和铲斗组成，按行走方式分为自行式和拖式两种如图 1.28 和图 1.29 所示。

1) 铲运机的特点及适用范围

铲运机是一种能够独立完成铲土、运土、卸土、填筑和整平的土方机械，具有操作灵活、行驶速度快、对道路要求低、生产率高等特点，适宜挖运含水量在 27%以下的一、二类土，但不适于在砾石层、冻土地带及沼泽地区使用，当挖运三、四类较坚硬的土时，宜用推土机助铲或用松土机配合松土 0.2～0.4m 厚，常用于坡度在 20° 以内的大面积场地平整、大型基坑(槽)的开挖，以及路基、堤坝的填筑等。铲运机适用的运距在 800m 以内，且运距在 200～350m 时效率最高。

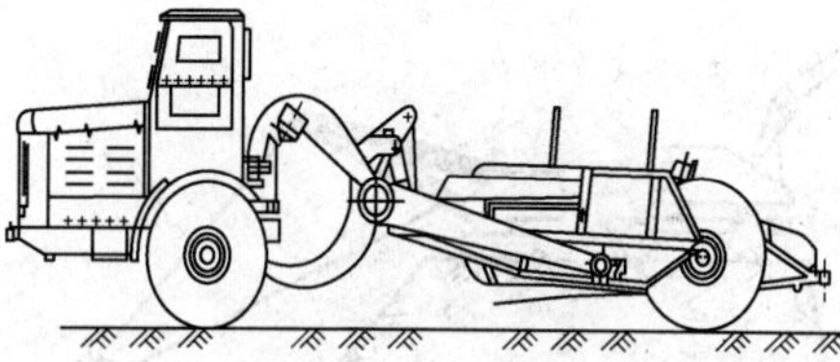

图 1.28　自行式铲运机

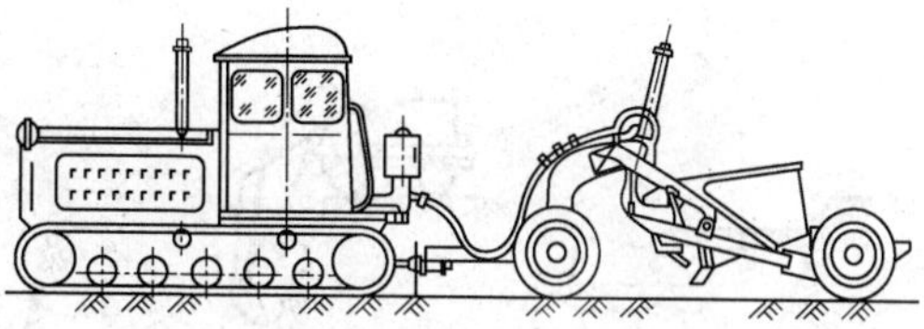

图 1.29　拖式铲运机

2) 铲运机的作业方法

铲运机的基本作业是铲土、运土、卸土 3 个工作行程和 1 个回转行程。在施工中，选定铲斗容量后，应根据工程大小、运距长短、土的性质和地形条件等，选择合理的开行路线和施工方法，以提高其生产率。

(1) 开行路线。它主要有 3 种，即环形路线、大环形路线和“8”字形路线如图 1.30 所示。

① 环形路线如图 1.30(a)、(b)所示。从挖方到填方按环形路线回转，在每一个循环中完成一次铲土和卸土，适用于 100m 以内，填土高 1.5m 内的路堤(堑)及基坑开挖、场地平整等工程。

② 大环形路线如图 1.30(c)所示。当挖土和填土交替，挖填方工作面短，填方不高，且填土区在挖土区的两端时，采用此开行路线可在一个循环中完成两次铲土和卸土。

③“8”字形路线如图 1.30(d)所示。当地段较长或地形起伏较大时，采用此开行路线可在一个循环中完成两次铲土和卸土。此方法可减少转弯次数和空载行程，且在运行中转弯方向不同，可避免机械单侧磨损，多用于开挖管沟、沟边卸土及取土较长(300～500m)的侧向取土、填筑路基、场地平整等工程。

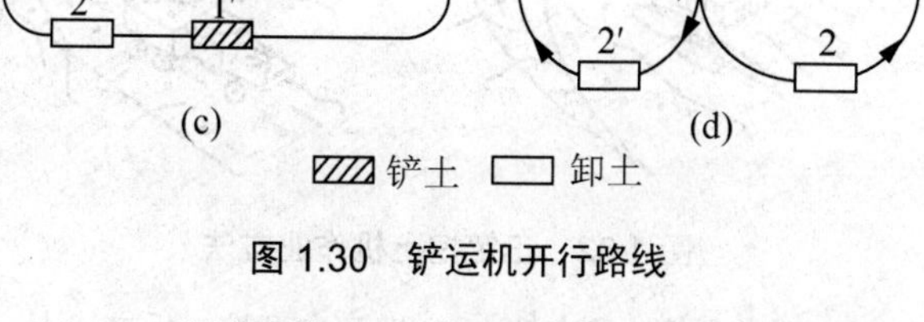

图 1.30　铲运机开行路线

(a)、(b) 环形路线；(c) 大环形路线；(d) 8字形路线

(2) 施工方法。为了提高铲运机的生产率，除了要确定合理的开行路线，还应根据施工条件选择合理的施工方法。常用的施工方法有下坡铲土法、跨铲法、助铲法、交错铲土法等。

(3) 铲运机生产率可参照推土机生产率的计算方法计算。

3. 单斗挖土机

单斗挖土机是土方开挖中常用的一种机械。按其行走装置不同分为履带式和轮胎式两类；按其动力装置不同分为机械传动和液压传动两类；按其工作装置不同分为正铲、反铲、拉铲和抓铲4种如图1.31所示。

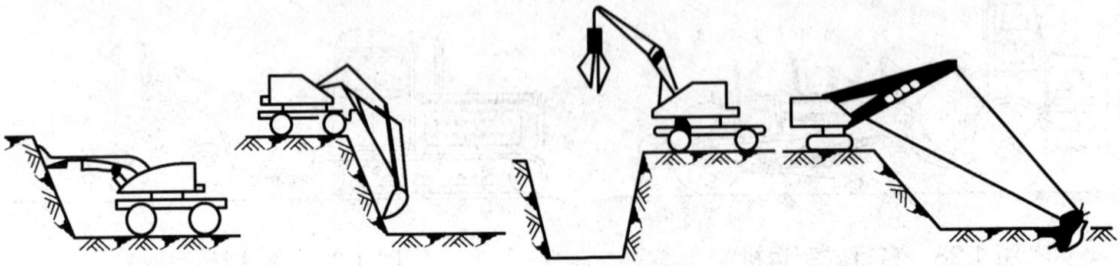

图1.31　单斗挖土机

(a) 正铲挖土机；(b) 反铲挖土机；(c) 拉铲挖土机；(d) 抓铲挖土机

1) 正铲挖土机

(1) 正铲挖土机的特点及适用范围。正铲挖土机的工作特点是“前进向上，强制切土”。其挖土能力大，生产效率高，适用于开挖停机面以上的Ⅰ～Ⅳ类土(含水量≤27%)，一般工作面高度应在1.5m以上，与运输汽车配合可开挖大型干燥基坑及土丘等。

(2) 正铲挖土机的作业方法。根据挖土机的开挖路线与运输汽车的相对位置不同分为正向开挖、侧向卸土和正向开挖、后方卸土两种作业方法。

① 正向开挖、侧向卸土。即挖土机沿前进方向挖土，运输汽车停在侧面装土如图1.32(a)所示。挖土机铲臂卸土回转角度最小(＜90°)，运输汽车行驶方便，生产效率高，应用广泛，多用于开挖工作面较大，深度不大的基坑或边坡。

② 正向开挖、后方卸土。即挖土机沿前进方向挖土，运输汽车停在挖土机后面装土如图1.32b所示。挖土机铲臂卸土回转角度较大(在180°左右)，生产率低，一般用于开挖工作面较小且较深的基坑。

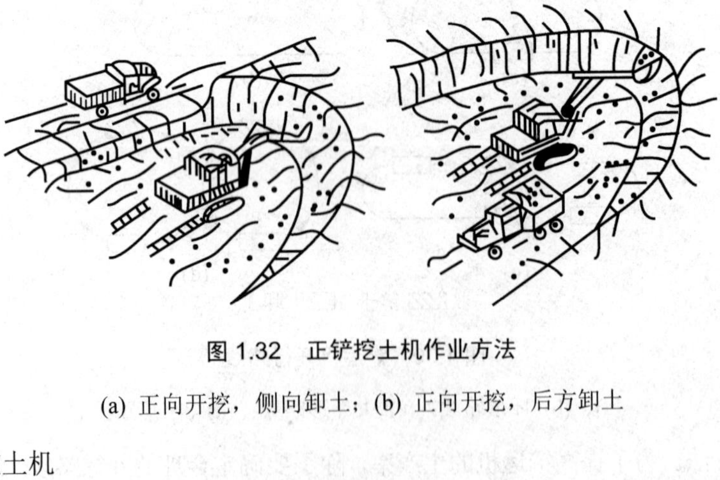

图1.32　正铲挖土机作业方法

(a) 正向开挖，侧向卸土；(b) 正向开挖，后方卸土

2) 反铲挖土机

(1) 反铲挖土机的特点及适用范围。反铲挖土机的工作特点是“后退向下，强制切土”如图1.31b所示。其挖土能力比正铲挖土机小，适用于开挖停机以下含水量较大的Ⅰ～Ⅲ

类土，最大挖土深度为 4～6m(经济合理深度为 1.5～3m)的基坑和沟槽。反铲挖土机可与运输汽车配合施工，也可弃土于坑槽附近。

(2) 反铲挖土机的作业方法。反铲挖土机的作业方法有沟端开挖、沟侧开挖、沟角开挖和多层接力开挖等，一般多采用沟端开挖和沟侧开挖。

① 沟端开挖，即挖土机停在基坑(槽)的端部，后退挖土，向沟一侧弃土或装车运走如图 1.33(a)所示。挖土宽度和深度较大，一般开挖工作面宽度为单面装土时为 1.3*R*(R 为挖土机的回转半径)，双面装土时为 1.7*R*。当基坑(槽)宽度超过 1.7*R* 时，可多次开行开挖或按“Z”字形路线开挖。

② 沟侧开挖，即挖土机停在基坑(槽)的一侧，沿坑槽边移动挖土如图 1.33(b)所示。挖土宽度较小(一般为 0.8*R*)，边坡不易控制，机身稳定性较差，能够弃土于距坑槽较远的地方，多用于开挖土方不需外运的情况。

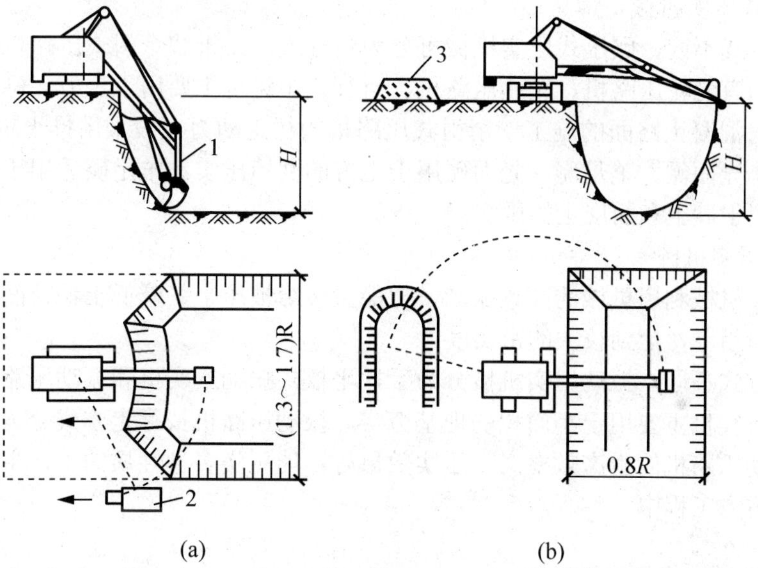

图 1.33 反铲挖土机作业方法

(a) 沟端开挖；(b) 沟侧开挖

1—反铲挖土机；2—自卸汽车；3—弃土堆

3) 拉铲挖土机

拉铲挖土机的工作特点是：“后退向下，自重切土”。其挖土半径和挖土深度较大，但操纵性较差。它适用于开挖停机面以下的Ⅰ～Ⅲ类土，也可进行水下挖土，常用于开挖大型基坑、沟槽，以及大型场地平整，填筑路基、堤坝等。其作业方法与反铲挖土机相似，可沟端开挖或沟侧开挖。

4) 抓铲挖土机

抓铲挖土机的工作特点是：“直上直下，自重切土”。其挖土能力较小，操纵性较差，适用于开挖停机面以下的Ⅰ～Ⅱ类土，常用于开挖土质松软作业面较窄的深基坑、沟槽、沉井等，特别适宜于水下开挖。

4. 装载机

装载机按行走方式分为履带式和轮胎式两种，按工作方式分单斗装载机、链式装载机和轮斗式装载机。土方工程主要使用单斗式装载机，它具有操作灵活、轻便和快速等特点，适用于装卸土方和散料，也可用于松软土的表层剥离、地面平整和场地清理等工作。

5. 压实机械

根据土体压实机理，压实机械可分为冲击式、碾压式和振动压实机械 3 大类。

1) 冲击式压实机械

冲击式压实机械主要有蛙式打夯机和内燃式打夯机两类，蛙式打夯机一般以电为动力。这两种打夯机适用于狭小的场地和沟槽作业，也可用于室内地面的夯实及大型机械无法到达的边角的夯实。

2) 碾压式压实机械

按行走方式不同，碾压式压实机械可分为自行式压路机和牵引式压路机两类。自行式压路机常用的有光轮压路机、轮胎压路机。自行式压路机主要用于土方、砾石、碎石的回填压实及沥青混凝土路面的施工。牵引式压路机的行走动力一般采用推土机(或拖拉机)牵引，常用的有光面碾、羊足碾。光面碾用于土方的回填压实，羊足碾适用于黏性土的回填压实，不能用于砂土和面层土的压实。

3) 振动压实机械

振动压实机械利用机械的高频振动，把能量传给被压土，降低土颗粒间的摩擦力，在压实能量的作用下，达到较大的密实度。

按行走方式不同，振动压实机械分为手扶平板式振动压实机和振动压路机两类。手扶平板式振动压实机主要用于小面积的地基夯实。振动压路机按行走方式分为自行式和牵引式两种。振动压路机的生产效率高，压实效果好，能压实多种性质的土，主要用在工程量大的大型土石方工程中。

1.4.2 土方开挖方式与机械选择

在土方工程施工中合理选择土方机械，充分发挥机械性能，并将各种机械进行配合使用，以加快施工进度，提高施工质量，降低工程成本，具有十分重要的意义。

1. 场地平整

场地平整有土方的开挖、运输、填筑和压实等工序。地势较平坦、含水量适中的大面积平整场地，选用铲运机较适宜；地形起伏较大，挖方、填方量大且集中的平整场地，运距在 1000m 以上时，可选择正铲挖土机配合自卸车进行挖土、运土，在填方区配备推土机平整及压路机碾压施工；挖填方高度不大，运距在 100m 以内时，采用推土机施工，灵活、经济。

2. 基坑开挖

单个基坑和中小型基础基坑，多采用抓铲挖土机和反铲挖土机开挖。抓铲挖土机适用于一、二类土质和较深的基坑，反铲挖土机适于四类以下的土质和深度在 4m 以内的基坑。

3. 基槽、管沟开挖

在地面上开挖具有一定截面、长度的基槽或沟槽，挖大型厂房的柱列基础和管沟，宜采用反铲挖土机挖土。如果从水中取土或开挖土质为淤泥，且坑底较深，则可选择抓铲挖土机挖土。如果土质干燥，槽底开挖不深，基槽长 30m 以上，可采用推土机或铲运机施工。

4. 整片开挖

基坑较浅，开挖面积大，且基坑土干燥，可采用正铲挖土机开挖。若基坑内土体潮湿，含水量较大，则采用拉铲或反铲挖土机作业。

5. 柱基础基坑、条形基础基槽开挖

对于独立柱基础的基坑及小截面条形基础基槽，可采用小型液压轮胎式反铲挖土机配以翻斗车来完成浅基坑(槽)的挖掘和运土。

特别提示

引例中的基坑土方开挖方式与机械选择应考虑基坑开挖深度、基坑土质、基坑周边情况、地下降水措施、运输设备情况、开挖工期、挖土机的特点和综合经济效益等。

1.5 基坑(槽)施工

1.5.1 房屋定位

土方开挖以前，要做好建筑物的定位放线工作。

建筑物定位是将建筑物外轮廓的轴线交点测定到地面上，用木桩标定出来，桩顶钉上的小钉指示点位，这些桩叫做角桩，如图 1.34 所示。然后根据角桩进行细部测试。

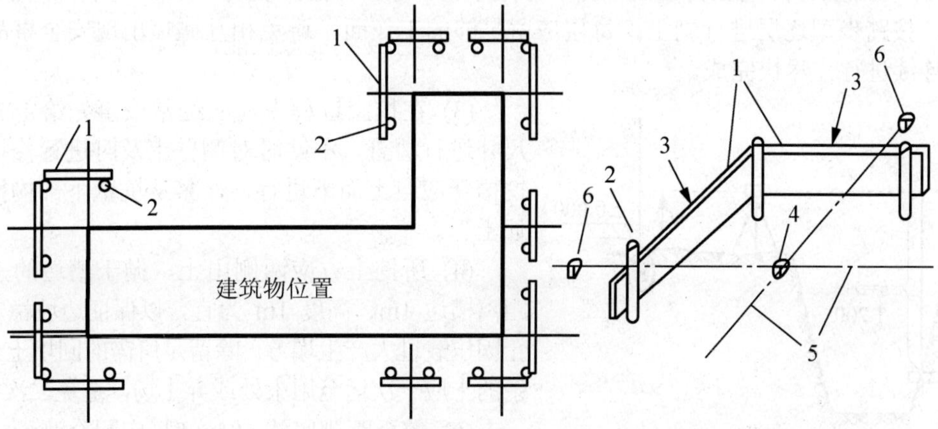

图 1.34 建筑定位

1—龙门板；2—龙门桩；3—轴线钉；4—角桩；5—轴线；6—控制桩

为了方便地恢复各轴线位置，要把主要轴线延长到安全地点并做好标志，称为控制桩。为了便于在开槽后施工的各阶段中确定轴线位置，应把轴线位置引测到龙门板上，用轴线钉标定。龙门板顶部标高一般定在±0.00m，主要是便于施工时控制标高。

1.5.2 房屋放线

房屋放线是根据房屋定位确定的轴线位置，用石灰划出开挖的边线。开挖上口尺寸应根据基础的设计尺寸和埋置深度、土壤类别及地下水情况确定，还要确定是否留工作面和放坡等。

1.5.3 基槽(坑)土方开挖

基槽(坑)开挖时，严禁扰动基层土层，破坏土层结构，降低承载力，要加强测量，以防超挖。控制方法为在距设计基底标高 300～500mm 时，及时用水准仪抄平，打上水平控制桩，以作为挖槽(坑)时控制深度的依据。当开挖不深的基槽(坑)时，可在龙门板顶面拉上线，用尺子直接测量开挖深度；当开挖较深的基坑时，用水准仪引测槽(坑)壁水平桩，一般距槽底 300mm，沿基槽每 3～4m 钉设一个。

使用机械挖土时，为防止超挖，可在设计标高以上保留 200～300mm 土层不挖，而改用人工挖土。

基础土方的开挖方法有人工挖方和机械挖方两种，应根据基础特点、规模、形式、深度以及土质情况和地下水位，结合施工场地条件确定。一般大中型工程基坑土方量大，宜于使用土方机械施工，配合少量人工清槽；小型工程基槽窄，土方量小，宜采用人工或人工配合小型挖土机施工。

1. 人工开挖

(1) 在基础土方开挖之前，应检查龙门板、轴承线桩有无位移现象，并根据设计图纸校核基础灰线的位置、尺寸、龙门板标高等是否符合要求。

(2) 基础土方开挖应自上而下分步分层下挖，每步开挖深度约 30cm，每层深度以 60cm 为宜，按踏步型逐层进行剥土；每层应留足够的工作面，避免相互碰撞出现安全事故；开挖应连续进行，尽快完成。

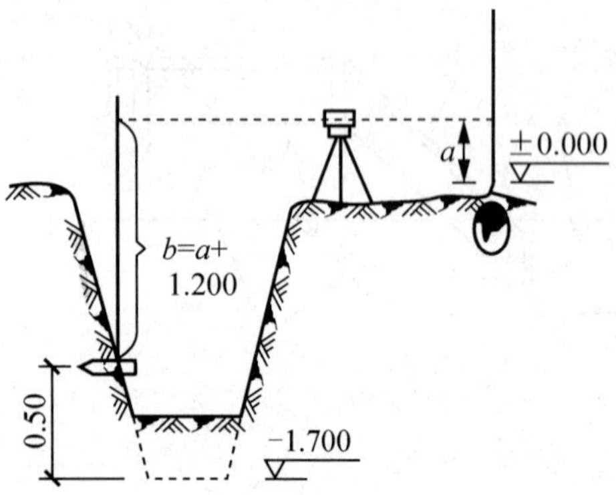

图 1.35 基槽底部抄平示意图

(3) 在挖土过程中，应经常按事先给定的坑槽尺寸进行检查，不够时对侧壁土及时进行修挖，修挖槽帮应自上而下进行，严禁从坑壁下部掏挖“神仙土”。

(4) 所挖土方应两侧出土，抛于槽边的土方以距离槽边 1m、高度 1m 为宜，以保证边坡稳定，防止因压载过大产生塌方。除留足所需的回填土外，多余的土应一次运至用土处或弃土场，避免二次搬运。

(5) 挖至距槽底约 50cm 时，应配合测量放线人员抄出距槽底 50cm 平线，沿槽边每隔 3～4m 钉水平标高小木桩如图 1.35 所示。应随时依此检查槽底标高，不得低于标高。如个别处超挖，应用与基土相同的土料填补，并夯实到要求的密实度，或用碎石类土填补，并仔细夯实。如在重要部位超挖时，可用低强度等级的混凝土填补。

(6) 如挖方后不能立即进行下一工序或在冬、雨期挖方，应在槽底标高以上保留 15～30cm 不挖，待下道工序开始前再挖。冬期挖方每天下班前应挖一步虚土并盖草帘等保温，尤其是挖到槽底标高时，地基土不准受冻。

2. 机械挖方

1) 点式开挖

厂房的柱基或中小型设备基础坑，因挖土量不大，基坑坡度小，机械只能在地面上作业，一般多采用抓铲挖土机和反铲挖土机。抓铲挖土机能挖一、二类土和较深的基坑；反铲挖土机适于挖四类以下土和深度在 4m 以内的基坑。

2) 线式开挖

大型厂房的柱列基础和管沟基槽截面宽度较小，有一定长度，适于机械在地面上作业，一般多采用反铲挖土机。如基槽较浅，又有一定的宽度，土质干燥时也可采用推土机直接下到槽中作业，但基槽需有一定长度并设上下坡道。

3) 面式开挖

当有地下室的房屋基础、箱形和筏式基础、设备与柱基础密集，采取整片开挖方式时，除了可以用推土机、铲运机进行场地平整和开挖表层外，多采用正铲挖土机、反铲挖土机或拉铲挖土机开挖。用正铲挖土机工效高，但需有上下坡道，以便运输工具驶入坑内，还要求土质干燥；反铲和拉铲挖土机可在坑上开挖，运输工具可不驶入坑内，坑内土潮湿也可以作业，但工效比正铲低。

1.6 填土与压实

在土方填筑前，应对基底进行处理，清除基底上的垃圾、草皮、树根等杂物，排除坑穴中的积水、淤泥等。当填方基底为耕植土或松土时，应将基底压实后进行填土。

1.6.1 填土的要求

填土土料应符合设计要求，以保证填方的强度和稳定性，通常应选择强度高、压缩性小、水稳定性好的土料。当设计无要求时，应符合以下规定。

(1) 碎石类土、砂土和爆破石碴(粒径≤每层铺土厚度的 2/3)，可作为表层下的填料。

(2) 含水量符合压实要求的黏性土，可作为各层填料。

(3) 淤泥和淤泥质土，一般不能用做填料，但在软土地区，经过处理含水量符合要求的，可用于填方中的次要部分。

对于有机物含量大于 8%或水溶性硫酸盐含量大于 5%的土，以及耕植土、冻土、杂填土等均不能用做填土使用，但无压实要求的填方则不受限制。

1.6.2 填土的方法

填土可采用人工填土和机械填土方式，一般要求如下。

(1) 填土应尽量采用同类土填筑，并严格控制土的含水量在最优含水量范围内，以提高压实效果。

(2) 填土应从场地最低处开始分层填筑，每层铺土厚度应根据压实机具及土的种类而定。当采用不同类土填筑时，应将透水性较大的土层置于透水性较小的土层之下，以避免在填方区形成水囊。

(3) 坡地填土，应做好接槎，挖成 1∶2 阶梯形(一般阶高 0.5m，阶宽 1.0m)分层填筑，分段填筑时每层接缝处应做成大于 1∶1.5 的斜坡，以防填土横移。

1.6.3 填土的压实方法

填土的压实方法一般有碾压、夯实、振动压实以及利用运土工具压实。对于大面积填土工程，多采用碾压和利用运土工具压实。对于较小面积的填土工程，则宜用夯实机具进行压实。

1. 碾压法

碾压法是利用机械滚轮的压力压实土壤，使之达到所需的密实度。碾压机械有平碾、羊足碾和气胎碾。

平碾又称为光碾压路机如图 1.36 所示，是一种以内燃机为动力的自行式压路机。按重量等级可分为轻型(30～50kN)、中型(60～90kN)和重型(100～140kN)3 种，适于压实砂类土和黏性土，适用的土类范围较广。轻型平碾压实土层的厚度不大，但土层上部变得较密实，当用轻型平碾初碾后，再用重型平碾碾压松土，就会取得较好的效果。如直接用重型平碾碾压松土，则由于强烈的起伏现象，其碾压效果较差。

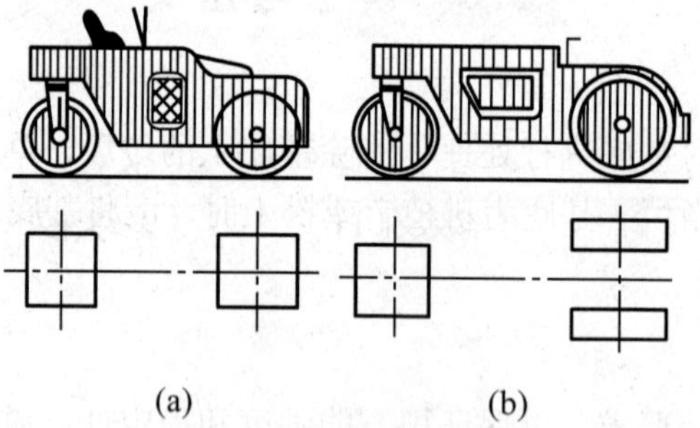

图 1.36 光碾压路机

(a) 两轴两轮；(b) 两轴三轮

羊足碾如图 1.37 和图 1.38 所示。一般无动力，靠拖拉机牵引，有单筒、双筒两种。根据碾压要求，又可以将其分为空筒、装砂和注水 3 种。羊足碾虽然与土接触面积小，但对单位面积的压力比较大，土的压实效果好。羊足碾只能用来压实黏性土。

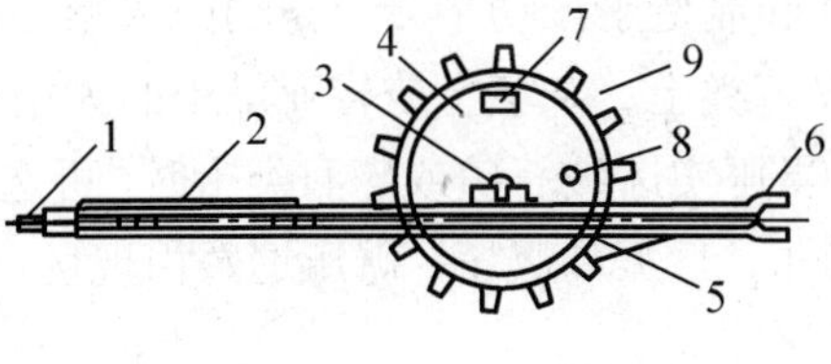

图 1.37 单筒羊足碾构造示意图

1—前拉头；2—机架；3—轴承座；4—碾筒；5—铲刀；
6—后拉头；7—装砂口；8—水口；9—羊足头

图 1.38 羊足碾

气胎碾又称为轮胎压路机如图 1.39 所示，它的前后轮分别密排着 4 个、5 个轮胎，既是行驶轮，也是碾压轮。由于轮胎弹性大，在压实过程中，土与轮胎都会发生变形，而随着几遍碾压后铺土密实度的提高，沉陷量逐渐减少，因而轮胎与土的接触面积逐渐缩小，但接触应力逐渐增大，最后使土料得到压实。由于在工作时是弹性体，其压力均匀，填土质量较好。

碾压法主要用于大面积的填土，如场地平整、路基、堤坝等工程。

用碾压法压实填土时，铺土应均匀一致，碾压遍数要一样，碾压方向应从填土区的两边逐渐压向中心，每次碾压应有 15～20cm 的重叠；碾压机械开行速度不宜过快，一般平碾不应超过 2km/h，羊足碾控制在 3km/h 之内，否则会影响压实效果。

2. 夯实法

夯实法是利用夯锤自由下落的冲击力来夯实土壤的，主要用在小面积的回填土或作业面受到限制的环境下。夯实法分为人工夯实和机械夯实两种。人工夯实所用的工具有木夯、石夯等；常用的夯实机械有夯锤、内燃夯土机、蛙式打夯机和利用挖土机或起重机装上夯板后的夯土机等，其中蛙式打夯机如图 1.40 所示轻巧灵活，构造简单，在小型土方工程中应用最广。

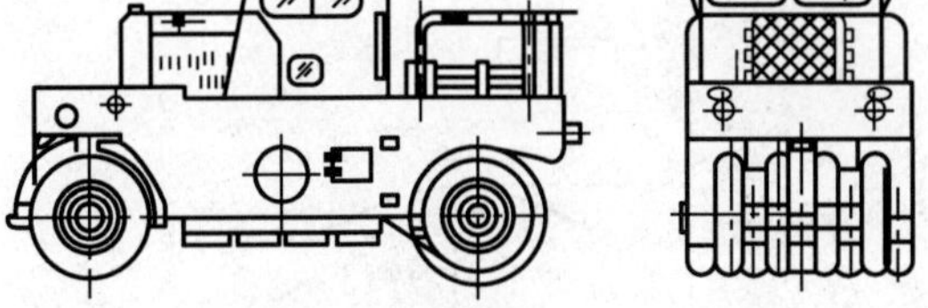

图 1.39 轮胎压路机

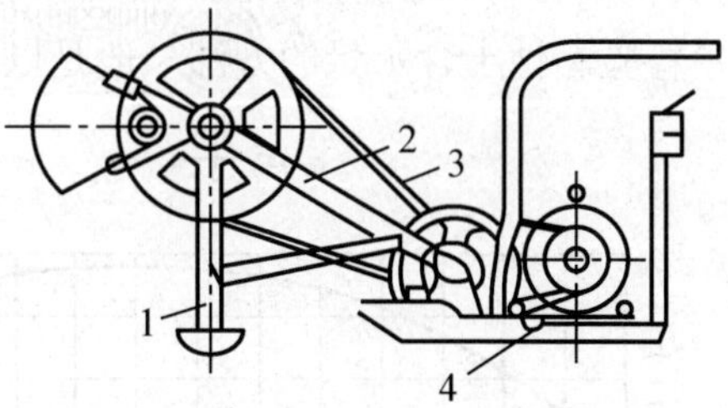

图 1.40 蛙式打夯机

1—夯头；2—夯架；3—三角胶带；4—底盘

3. 振动压实法

振动压实法是将振动压实机放在土层表面，借助振动机构使压实机振动土颗粒，使土的颗粒发生相对位移而达到紧密状态，用这种方法振实非黏性土效果较好。

近年来，将碾压和振动法结合起来而设计和制造了振动平碾、振动凸块碾等新型压实机械。振动平碾适用于填料为爆破碎石碴、碎石类土、杂填土或轻亚黏土的大型填方；振动凸块碾则适用于亚黏土或黏土的大型填方。当压实爆破石碴或碎石类土时，可选用重 8～15t 的振动平碾，铺土厚度为 0.6～1.5m，先静压，后振动碾压，碾压遍数由现场试验确定，一般为 6～8 遍。

1.6.4 填土压实的影响因素

填土压实的质量与许多因素有关，其中主要影响因素有压实功、土的含水量以及每层铺土厚度。

1. 压实功的影响

填土压实后的密实度与压实机械在其上所施加的功有一定的关系。土的密度与压实功的关系如图 1.41 所示。当土的含水量一定，在开始压实时，土的密度急剧增加，待到接近土的最大密实度时，虽然压实功增加许多，但土的密度则变化甚小，在实际施工中，对于砂土只需碾压或夯击 2～3 遍，对粉土只需 3～4 遍，对粉质黏土或黏土只需 5～6 遍。此外，松土不宜用重型碾压机械直接滚压，否则土层有强烈起伏现象，效率不高。如果先用轻碾压实，再用重碾压实就会取得较好的效果。

2. 含水量的影响

在同一压实功条件下，填土的含水量对压实质量有直接影响。较为干燥的土，由于颗粒之间的摩阻力较大，因而不易压实。当含水量超过一定限度时，土颗粒之间孔隙由水填充而呈饱和状态，也不能压实。当土的含水量适当时，水起润滑作用，土颗粒之间的摩阻力减小，压实效果好。每种土都有其最佳含水量。土在这种含水量的条件下，使用同样的压实功进行压实，所得到的密度最大，如图 1.42 所示，不同土有不同的最佳含水量，如砂土为 8%～12%、黏土为 19%～23%、粉质黏土为 12%～15%、粉土为 15%～22%。在工地简单检验黏性土含水量的方法一般是以手握成团落地开花为宜。

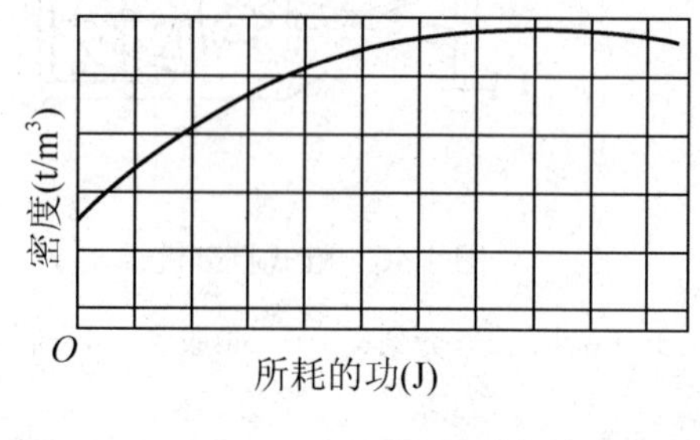

图 1.41　土的密度与压实功的关系示意图

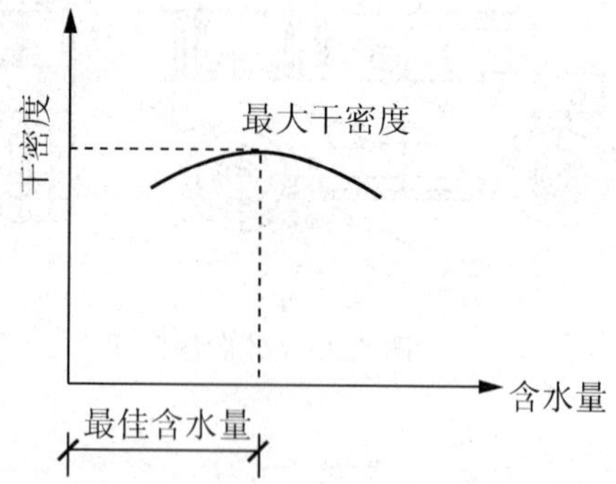

图 1.42　土的干密度与含水量的关系

为了保证填土在压实过程中处于最佳含水量状态，当土过湿时，应予翻松晾干，也可掺入同类干土或吸水性土料，当土过干时，则应预先洒水润湿。

3. 铺土厚度的影响

土在压实功的作用下，其应力随深度增加而逐渐减小，如图 1.43 所示，其影响深度与压实机械、土的性质和含水量等有关。铺土厚度应小于压实机械压土时的作用深度，但其中还有最优土层厚度的问题，铺得过厚，要压很多遍才能达到规定的密实度。铺得过薄，则也要增加机械的总压实遍数。最优的铺土厚度应能使土方压实而机械的功耗最小。可按照表 1-10 选用。

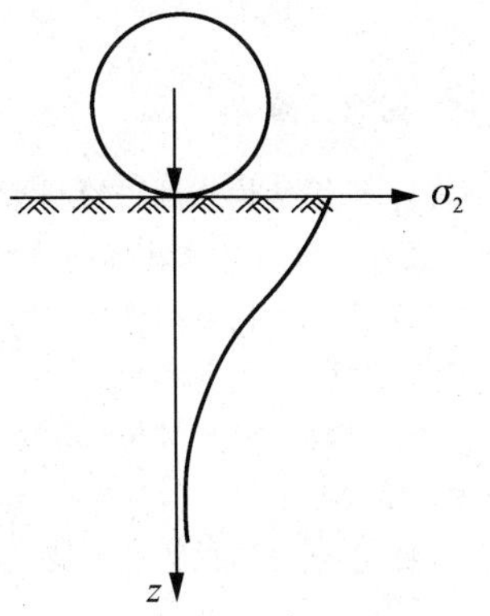

图 1.43 压实作用沿深度变化

表 1-10 每层铺土厚度与压实遍数

压实机具	每层铺土厚度/mm	每层压实遍数/遍
平碾	250～300	6～8
振动压实机	250～350	3～4
柴油打夯机	200～250	3～4
人工打夯	<200	3～4

上述 3 个方面因素相互影响。为了保证压实质量，提高压实机械生产效率，应根据土质和压实机械在施工现场进行压实试验，以确定达到规定密实度所需的压实遍数、铺土厚度及最优含水量。

1.6.5 填土质量检查

填土压实后必须具有一定的密实度，以避免建筑物的不均匀沉陷。填土密实度以设计规定的控制干密度 ρ_d 或规定压实系数 λ_c 作为检查标准。

土的最大干密度 ρ_{dmax} 由试验室击实试验或计算求得，再根据规范规定的压实系数 λ_c，即可算出填土控制干密度 ρ_d 值。填土压实后的实际干密度应有 90%以上符合设计要求，其余 10%的最低值与设计值的差不得大于 0.08g/cm^3，且应分散，不得集中。

检查压实后的实际干密度通常采用环刀法取样。填土工程质量检验标准见表 1-11。

表 1-11 填土工程质量检验标准

项目	序号	检查项目	允许偏差或允许值					检查方法
			柱基基坑基槽	场地平整		管沟	地(路)面基础层	
				人工	机械			
主控项目	1	标高	−50	±30	±50	−50	−50	水准仪
	2	分层压实系数	设计要求					按规定或直观检查
一般项目	1	回填土料	设计要求					取样检查或直观检查
	2	分层厚度及含水量	设计要求					水准仪及抽样检查
	3	表面平整度	20	20	30	20	20	用靠尺或水准仪

知识链接

(1) 根据结构基础图绘制基坑开挖基底标高图，经审核无误方可使用。在土方开挖过程中，特别是临近基底时，应随时注意标高的控制。

(2) 基坑开挖后尽量减少对基土的扰动，当基础不能及时施工时，应预留 30cm 土层不挖，待基础施工时再开挖。

(3) 开挖时应严格按施工方案规定的顺序进行，先从低处开挖，分层分段，依次进行，形成一定坡度，以利于排水。

(4) 基底的开挖宽度和坡度，除考虑结构尺寸外，应根据施工实际要求增加工作面宽度。

特别提示

填土压实影响因素很多，压实功、土的含水量和每层铺土厚度相互影响，必须正确分析三者的关系，提高土的压实质量。其次还要考虑土体种类、使用要求、机械设备等情况综合分析确定，防止以偏概全。

1.7 冬季和雨期施工

1.7.1 土方工程的冬季施工

冬季施工，是指室外日平均气温降低到 5℃或 5℃以下，或者最低气温降低到 0℃或 0℃以下时，用一般的施工方法难以达到预期的目的，必须采取特殊的措施进行施工的方法。土方工程冬期施工造价高，功效低，一般应在入冬前完成。如果必须在冬季施工，应根据本地区气候、土质和冻结情况，并结合施工条件进行技术比较后确定施工方法。

1. 地基土的保温防冻

土在冬季由于受冻变得坚硬，挖掘困难。土的冻结有其自然规律，在整个冬季，土层的冻结厚度(冻结深度)可参见《建筑施工手册》，其中未列出的地区，在地面无雪和草皮覆盖的条件下全年标准冻结深度 Z_0 可按下式计算

$$Z_0 = 0.28\sqrt{\sum T_m + 7} - 0.5 \quad (1—20)$$

式中 $\sum T_m$ ——低于0℃的月平均气温的累计值(取连续10年以上的平均值)，以正号代入。

土方工程冬季施工应采取防冻措施，常用的方法有松土防冻法、覆盖雪防冻法和隔热材料防冻法等。

(1) 松土防冻法。入冬期，在挖土的地表层先翻松 25～40cm 厚表层土并耙平，其宽度应不小于土冻结深度的两倍与基底宽之和。在翻松的土中，有许多充满空气的孔隙，以降低土层的导热性，达到防冻的目的。

(2) 覆盖雪防冻法。降雪量较大的地区，可利用较厚的雪层覆盖作保温层，防止地基土冻结。对于大面积的土方工程，可在地面上与风主导方向垂直的方向设置篱笆、栅栏或雪堤(高度为 0.5～1.0m，其间距 10～15m)，人工积雪防冻。对于面积较小的基槽(坑)土方

工程，在土冻结前，可以在地面上挖积雪沟(深30～50cm)，并随即用雪将沟填满，以防止未挖土层冻结。

(3) 隔热材料防冻法。面积较小的基槽(坑)的地基土防冻，可在土层表面直接覆盖炉渣、锯末、草垫、树叶等保温材料，其宽度为土层冻结深度的两倍与基槽宽度之和。

2. 冻土的融化

冻结土的开挖比较困难，可用外加热能融化后挖掘。这种方式只能在面积不大的工程上采用，费用较高。

(1) 烘烤法。这种方法适用于面积较小、冻土不深、燃料充足的地区，常用锯末、谷壳和刨花等作为燃料。在冻土上铺上杂草、木柴等引火材料，然后撒上锯末，上面压数厘米的土，让它不起火苗地燃烧，250mm厚的锯末经一夜燃烧可熔化冻土300mm左右，开挖时分层分段进行。

(2) 蒸汽熔化法。当热源充足、工程量较小时，可采用蒸汽熔化法。把带有喷气孔的钢管插入预先钻好的冻土孔中，通蒸汽熔化。

3. 冻土的开挖

冻土的开挖方法有人工法开挖、机械法开挖、爆破法开挖3种。

(1) 人工法开挖。人工开挖冻土适用开挖面积较小和场地狭窄，不具备其他方法进行土方破碎开挖的情况。开挖时一般用大铁锤和铁楔子劈冻土。

(2) 机械法开挖。机械法开挖适用于大面积的冻土开挖。破土机械，根据冻土层的厚度和工程量大小来选用。当冻土层厚度小于0.25m时，可直接用铲运机、推土机、挖土机挖掘开挖；当冻土层厚度为0.6～1.0m时，用打桩机将楔形劈块按一定顺序打入冻土层，劈裂破碎冻土，或用起重设备将重3～4t的尖底锤吊至5～6m高时，脱钩自由落下，击碎冻土层(击碎厚度可达1～2m)，然后用斗容量大的挖土机进行挖掘。

(3) 爆破法开挖。爆破法开挖适用面积较大，冻土层较厚的土方工程。采用打炮眼、填药的爆破方法将冻土破碎后，用机械挖掘施工。

4. 冬季回填土施工

由于冻结土块坚硬且不易破碎，回填过程中又不易被压实，待温度回升、土层解冻后会造成较大的沉降。为保证冬季回填土的工程质量，冬季回填土必须按照施工及验收规范的规定组织施工。

冬季填方前，要清除基底的冰雪和保温材料，排除积水，挖除冻块或淤泥。对于基础和地面工程范围内的回填土，冻土块的含量不得超过回填土总体积的15%，且冻土块的粒径应小于15cm。填方宜连续进行，且应采取有效的保温防冻措施，以免地基土或已填土受冻。填方时，每层的虚铺厚度应比常温施工时减少20%～25%。填方的上层应用未冻的、不冻胀或透水性好的土料填筑。

1.7.2 土方工程的雨期施工

在雨期进行土方工程，施工难度大，对土的性质、工程质量及安全问题等方面影响较大。因此土方工程雨期施工应有保证工程质量和安全的技术措施；对于重要或特殊的土方工程应尽量在雨季前完成。

土方工程雨期施工的措施主要有以下几种。

(1) 编制施工组织计划时，要根据雨期施工的特点，提前或延后安排不宜在雨期施工的分项工程，对必须在雨期施工的工程制定有效的措施。

(2) 合理组织施工。晴天抓紧室外工作，雨天安排室内工作，尽量缩小雨天室外作业时间和工作面。

(3) 雨期开挖基槽(坑)或管沟时，应注意边坡稳定。必要时可放缓边坡坡度或设置支撑。施工时应加强对边坡和支撑的检查。为防止边坡被雨水冲塌，可在边坡上加钉钢丝网片，并喷上 50mm 的细雨石混凝土。

(4) 雨期施工的工作面不宜过大，应逐段、逐征分期完成。基础挖到标高后，及时验收并浇筑混凝土垫层，如基坑(槽)开挖后，不能及时进行下道工序时，应留保护层。对膨胀土地基及回填土要有防雨措施。

(5) 为防止基坑浸泡，开挖时要在坑内做好排水沟、集水井。位于地下的池子和地下室，施工时应考虑周到。如预先考虑不周，浇筑混凝土后，遇有大雨时，容易造成池子和地下室上浮的事故。

1.8 土方工程的质量标准及安全技术

1.8.1 土方工程质量验收内容

1. 场地平整挖填方工程的验收内容

(1) 平整区域的坐标、高程和平整度。
(2) 挖填方区的中心位置、断面尺寸和标高。
(3) 边坡坡度要求及边坡的稳定。
(4) 泄水坡度，水沟的位置、断面尺寸和标高。
(5) 填方压实情况和填土的密实度。
(6) 隐蔽工程记录。

2. 基槽的验收内容

(1) 基槽(坑)的轴线位置、宽度。
(2) 基槽(坑)底面的标高。
(3) 基槽(坑)和管沟底的土质情况及处理。
(4) 槽(坑)壁的边坡坡度。
(5) 槽(坑)、管沟的回填情况和密实度。

1.8.2 质量标准

1. 一般规定

(1) 土方工程施工前应进行挖、填方的平衡计算，综合考虑工程结构形式、基坑深度、地质条件、周围环境、拟定的施工方法、施工工期和地面荷载等资料，确定基坑开挖方案。

(2) 在挖方前，应做好地面排水和降低地下水位工作。

(3) 平整场地的表面坡度应符合设计要求，当设计无要求时，排水沟方向的坡度不应小于2‰。平整后的场地表面应逐点检查。检查点为每100～400m^{2}取1点，但不应少于10点；长度、宽度和边坡均为每20m取1点，每边不应少于1点。

(4) 基坑开挖应尽量防止扰动地基土。当人工挖土时，应预留150～300mm厚的土不挖，待下一道工序开始前再挖至设计标高；当采用机械开挖时，应保留土层厚度200～300mm由人工开挖。当土方工程挖方较深时，施工单位应采取措施，防止基坑底部土的隆起并避免危害周边环境。

(5) 土方工程施工，应经常测量和校核其平面位置、水平标高和边坡坡度。平面控制桩和水准控制点应采取可靠的保护措施，定期复测和检查。土方不应堆在基坑边缘。

(6) 基坑开挖后，应及时清底、验槽，减少暴露时间，防止暴晒和雨水冲刷破坏地基土的原状结构，在雨季和冬季施工还应遵守国家现行有关标准。

2. 土方开挖质量验收

(1) 土方开挖前应检查定位放线、排水和降水系统，合理安排土方运输路线及弃土场。

(2) 施工过程中应检查平面位置、水平标高、边坡坡度、压实度、排水及降水系统，并随时观测周围的环境变化。

(3) 土方开挖工程的质量检验标准应符合表1-12中的规定。

表1-12 土方开挖工程的质量检验标准 单位：mm

<table>
<tr><th rowspan="3">项</th><th rowspan="3">序</th><th rowspan="3">项目</th><th colspan="5">允许偏差或允许值</th><th rowspan="3">检查方法</th></tr>
<tr><th rowspan="2">柱基基坑基槽</th><th colspan="2">挖方场地平整</th><th rowspan="2">管沟</th><th rowspan="2">地(路)面基层</th></tr>
<tr><th>人工</th><th>机械</th></tr>
<tr><td rowspan="3">主控项目</td><td>1</td><td>标高</td><td>−50</td><td>±30</td><td>±50</td><td>−50</td><td>−50</td><td>水准仪</td></tr>
<tr><td>2</td><td>长度、宽度(由设计中线向两边量)</td><td>+200
−50</td><td>+300
−100</td><td>+500
−150</td><td>+100</td><td>—</td><td>经纬仪，用钢尺量</td></tr>
<tr><td>3</td><td>边坡</td><td colspan="5">设计要求</td><td>观察或用坡度尺检查</td></tr>
<tr><td rowspan="2">一般项目</td><td>1</td><td>表面平整度</td><td>20</td><td>20</td><td>50</td><td>20</td><td>20</td><td>用2m靠尺和楔形尺检查</td></tr>
<tr><td>2</td><td>基底土性</td><td colspan="5">设计要求</td><td>观察或土样分析</td></tr>
</table>

注：地(路)面基层的偏差只适用于直接在挖、填方上做地(路)面的基层。

3. 土方回填质量验收

(1) 土方回填前应清除基底杂物和积水，验收基底标高。松土上的填方应在压实后进行。

(2) 对填方土料应按设计要求验收后方可填土。

(3) 填土施工过程中应检查排水措施，并控制每层铺土厚度、含水量和压实程度。

(4) 填土施工后，应检查标高、边坡坡度、压实程度等。检验标准应符合表1-13中的规定。

表 1-13　填土工程质量检验标准　　单位：mm

项	序	项目	允许偏差或允许值					检查方法
			柱基基坑基槽	挖方场地平整		管沟	地(路)面基层	
				人工	机械			
主控项目	1	标高	−50	±30	±50	−50	−50	水准仪
	2	分层压实系数	设计要求					按规定方法
一般项目	1	回填土料	设计要求					取样检查或直观鉴别
	2	分层厚度及含水量	设计要求					水准仪及抽样检查
	3	表面平整度	20	20	30	20	20	用靠尺或水准仪

(1) 柱基、基坑、基槽和管沟基底的土质，必须符合设计要求，并严禁扰动。

(2) 填方的基底处理必须符合设计要求或施工规范的规定。

(3) 填方施工时，必须按规定分层夯压密实。取样测定压实后的干密度，90%以上符合设计要求，其余10%的最低值与设计值的差不应大于0.08g/cm^3，且不应集中。

(4) 土方工程的外形尺寸与允许偏差和质量检验方法应符合有关规定。

1.8.3　安全技术

(1) 施工前，应对施工区域内存在的各种影响施工的障碍物，如建筑物、道路、沟渠、管线、防空洞、旧基础、坟墓、树木等均应进行拆除、清理或迁移，并在施工前妥善处理，确保施工安全。

(2) 大型土方和开挖较深的基坑工程，施工前要认真研究整个施工区域和施工场地内的工程地质和水文资料、邻近建筑物或构筑物的质量和分布状况、挖土和弃土要求、施工环境及气候条件等，编制专项施工组织设计(方案)，制定有针对性的安全技术措施，严禁盲目施工。

(3) 山区施工，应事先了解当地地形地貌、地质构造、地层岩性、水文地质等，如因土石方施工可能产生滑坡时，应采取可靠的安全技术措施。在陡峻山坡脚下施工，应事先检查山坡坡面情况，如有危岩、孤石、崩塌体、古滑坡体等不稳定迹象时，应妥善处理后，才能施工。

(4) 施工机械进入施工现场所经过的道路、桥梁和卸车设备等，应事先做好检查和必要的加宽、加固工作。开工前应做好施工场地内机械运行的道路，开辟适当的工作面，以保证安全施工。

(5) 土方开挖前，应会同有关单位对附近已有建筑物或构筑物、道路、管线等进行检查和鉴定，对可能受开挖和降水影响的邻近建(构)筑物、管线，应制定相应的安全技术措施，并在整个施工期间，加强监测其沉降和位移、开裂等情况，发现问题应与设计或建设单位协商采取防护措施，并及时处理。相邻基坑深浅不等时，一般应按先深后浅的顺序施工，否则应分析后施工的深坑对先施工的浅坑可能产生的危害，并采取必要的保护措施。

(6) 基坑开挖工程应验算边坡或基坑的稳定性，并注意由于土体内应力场变化和淤泥土的塑性流动而导致周围土体向基坑开挖方向发生位移，使基坑邻近建筑物等产生相应的位移和下沉。验算时应考虑地面堆载、地表积水和邻近建筑物的影响等不利因素，决定是否需要支护，选择合理的支护形式。在基坑开挖期间应加强监测。

(7) 在饱和黏性土、粉土的施工现场不得边打桩边开挖基坑，应待桩全部打完并间歇一段时间后再开挖，以免影响边坡或基坑的稳定性并防止开挖基坑可能引起的基坑内外的桩产生过大的位移、倾斜或断裂。

(8) 基坑开挖后应及时修筑基础，不得长期暴露。基础施工完毕，应抓紧基坑的回填工作。回填基坑时，必须事先清除基坑中不符合回填要求的杂物。在相对的两侧或四周同时均匀进行，并且分层夯实。

(9) 基坑开挖深度超过9m(或地下室超过2层)或深度虽未超过9m但地质条件和周围环境复杂时，在施工过程中要加强监测，施工方案必须由单位总工程师审定，报企业上一级主管。

(10) 基坑深度超过14m、地下室为3层或3层以上，地质条件和周围特别复杂及工程影响重大时，有关设计和施工方案，施工单位要协同建设单位组织评审后，报市建设行政主管部门备案。

(11) 夜间施工时，应合理安排施工项目，防止挖方超挖或铺填超厚。施工现场应根据需要安设照明设施，在危险地段应设置红灯警示。

(12) 土方工程、基坑工程在施工过程中，如发现有文物、古迹遗址或化石等，应立即保护现场和报请有关部门处理。

(13) 挖土方前要认真检查周围环境，不能在危险岩石或建筑物下面进行作业。

(14) 人工开挖时，两人操作间距应保持2～3m，并应自上而下挖掘，严禁采用掏洞的挖掘操作方法。

(15) 上下坑沟应先挖好阶梯或设木梯，不应踩踏土壁及其支撑。

(16) 用挖土机施工时，在挖土机的工作范围内不得有人进行其他工作，多台机械开挖，挖土机间距大于10m，挖土要自上而下逐层进行，严禁先挖坡脚的危险作业。

(17) 基坑开挖应严格按要求放坡，操作时应随时注意边坡的稳定情况，如发现有裂纹或部分塌落现象，要及时进行支撑或改缓放坡，并注意支撑的稳固和边坡的变化。

(18) 机械挖土，多台阶同时开挖土方时，应验算边坡的稳定，根据规定和验算确定挖土机离边坡的安全距离。

(19) 深基坑四周设防护栏杆，人员上下要有专用的爬梯。

本章小结

本章主要介绍了土方工程的分类和施工特点，土的分类和工程性质；土方量的计算方法；土方边坡的形式和确定方法，土壁支护的类型、适用范围和常用土壁支护的构造与施工方法；产生流沙的原因分析与防治措施和降水的类型与方法，轻型井点降水的设计与施工方法；土方施工机械的工作特点、适用范围、作业方法和选择，土方填筑与压实的方法，填土土料的要求，填土压实的影响因素及质量检查方法，以及土方工程的质量验收和安全技术要求。通过学习，应满足以下学习目标。

(1) 了解土方工程的施工特点，土的分类与工程性质；熟悉土方工程的分类及特征，以及土的工程性质对土方施工有何影响；掌握土方工程量的计算方法。

(2) 了解土方边坡和土壁支护的基本形式，以及排水与降水的基本类型；熟悉土方边坡的确定方法及影响因素，能够对造成边坡塌方和产生流沙的原因进行分析，并采取有效的防治措施；重点掌握土壁支护的构造要求和施工方法，轻型井点降水的设计与施工方法。

(3) 熟悉土方施工机械的性能、适用范围、作业方法，能够根据工程情况初步选择施工机械；掌握土方填土土料的选用要求，填土与压实方法及质量检查方法，针对填土压实的主要影响因素，能够确定合理的填土压实方案。

(4) 了解土方工程的质量验收和安全技术要求。

习题

1. 土的可松性对土方施工有何影响？

2. 基坑及基槽土方量如何计算？

3. 试述采用方格网法计算场地平整土方量的步骤和方法。

4. 试述采用断面法计算场地平整土方量的步骤和方法。

5. 什么是边坡系数？影响边坡稳定的因素有哪些？

6. 人工降低地下水位的方法有哪些？适用范围如何？

7. 单斗挖土机有哪几种类型？其工作特点和适用范围如何？正铲、反铲挖土机的开挖方式有哪几种？如何选择？

8. 填土压实有哪几种方法？各有什么特点？影响填土压实的主要因素有哪些？

9. 什么是土的最佳含水量？土的含水量和控制干密度对填土压实质量有何影响？

10. 土方工程冬期施工有哪些防冻措施？雨期施工应注意哪些问题？

11. 某基坑底长 85m，宽 60m，深 8m，工作宽度 0.5m，四边放坡，边坡系数为 0.5 时，试计算土方开挖工程量。

12. 某建筑场地方格网如图 1.44 所示，方格网边长为 40m，试用方格网法计算场地总挖方量和填方量。当填方区和挖方区的边坡系数均为 0.5 时，试计算场地边坡挖填、土方量。

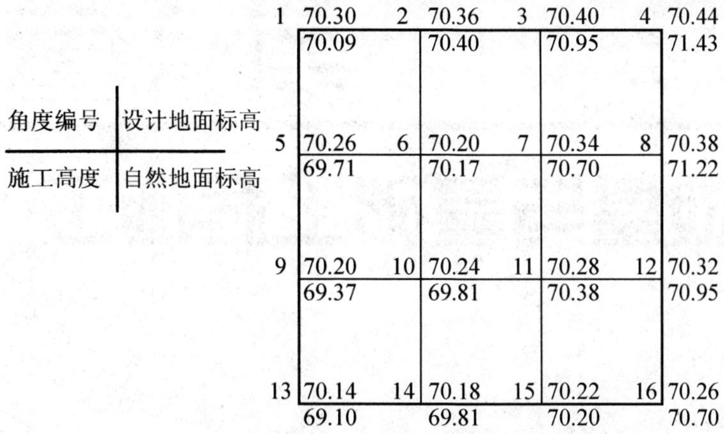

图 1.44 建筑场地方格网示意图

第2章

地基与基础工程施工

教学目标

通过对地基加固与处理方法、浅基础及桩基础的施工方法、施工要求的介绍，熟悉地基处理的一般方法，掌握高压旋喷地基、深层搅拌地基施工；掌握钢筋混凝土预制桩的制作、运输、起吊、堆放等施工要求；掌握钻孔灌注桩、套管成孔灌注桩的施工工艺与施工要求及施工中常见问题的预防和处理方法；了解桩基础工程质量检查标准。

教学要求

能 力 目 标	知 识 要 点	权重
(1) 能正确选择地基加固处理的方法 (2) 能了解地基处理的施工质量验收标准	地基处理方法的选择及其适用范围	20%
(1) 能组织砖基础的砌筑施工 (2) 能掌握钢筋混凝土浅基础的施工	(1) 砖基础的砌筑法及要求 (2) 钢筋混凝土基础的施工法及要求	35%
(1) 能掌握预制钢筋混凝土桩施工方法、施工方案 (2) 能掌握灌注桩施工方法、施工方案 (3) 能熟悉其他形式深基础	(1) 预制钢筋混凝土桩施工方法及要求 (2) 灌注桩施工方法及要求	40%
能了解地基基础的施工质量验收标准	地基处理与桩基工程施工质量验收标准	5%

章节导读

基础通常是指埋藏在地面以下建筑物的下部结构，按其埋置深度及施工方法将基础分为浅基础和深基础，而地基则是指承受由基础传来荷载的地层(土层或岩层)。

地基与基础是整个建筑工程中的一个重要组成部分，它的好坏关系到建筑物的安全、经济和正常使用。实践证明，一些建筑事故大多与地基、基础有关，例如被称为“中国比萨斜塔”的苏州虎丘塔的倾斜事故。

虎丘塔

虎丘塔建于公元 959～961 年，7 级八角形砖塔，塔底直径 13.66m，高 47.5m，1961 年被国务院列为全国重点文物保护单位。虎丘塔地基为人工地基，由大块石组成，块石最大直径达 1000mm。人工块石填土层厚 1～2m，西南薄，东北厚。下为粉质黏土，呈可塑至软塑状态，也是西南薄，东北厚。底部即为风化岩石和基岩。塔底层直径 13.66m 范围内，覆盖层厚度西南为 2.8m，东北为 5.8m，厚度相差 3.0m，由于地基土压缩层厚度不均及砖砌体偏心受压等原因，造成该塔向东北方向倾斜。1956～1957 年间对上部结构进行修缮，但使塔重增加了 2000kN，加速了塔体的不均匀倾斜。1957 年，塔顶位移为 1.7m，到 1980 年发展到 2.31m，高于规范允许值 8 倍多。

其处理办法为在塔四周建造一圈桩排式地下连续墙并对塔周围与塔基进行钻孔注浆和打设树根桩加固塔身，获得成功。

还有加拿大特朗斯康谷仓的失稳破坏、上海展览中心地基下沉等工程事故均由不良地基引起的，良好的地基一般具有较高的强度和较低的压缩性，一些软弱地基工程性质较差，往往需要进行地基加固处理，才能满足强度与变形的要求。

2.1 地基加固处理的方法

引例

某海滨城市一所大学教师公寓 5 层，场地表层为中密粉土；第二层为松散的细砂，厚 1.6m；第三层即淤泥土，厚 2.6m；第四层为密实卵石，厚 2.1m；第五层为基岩。地基中存在一层淤泥质土，饱和松散，含有大量海相贝壳，具有较强的触变性，振动析水现象明显，标准贯入锤击数 N=1.6，其中两次为零击，按常规必须打桩，但打桩费用很高，所以要进行地基处理，采用什么方案既安全又经济呢？

引例

2008 年，由中国中铁股份有限公司负责施工的杭州地铁一号线萧山湘湖站发生地铁施工塌方事故，导致萧山湘湖风情大道 75m 路面坍塌，并下陷 15m，人员伤亡惨重。事故车站所处的场地主要为软流塑地层，地质稳定性很差。事故调查专家组，初步得出的原因有三点：其一是杭州的土质特殊，含水的土质流失性强；其二是事故坍塌所在地来往车流量大，给基坑西面的承重墙带来太大冲击；其三是当年10月份杭州的持续性降雨过程使得地底沙土地流动性进一步加大，一旦土体受到施工扰动，再加上雨水的作用，容易变成流体状。这种软流塑地层有几个施工难点：自稳能力极差；土体含水量高，地下水极易流失，易引起地层收缩固结；地面沉降难以控制，过大容易引起地面、管线甚至建筑的开裂，影响正常交通和生活。由此可见，该种地基处理上的难度之大。下面就介绍一下常用的地基处理加固的方法以及措施。

2.1.1 地基处理的方法

当建筑物的地基存在着强度不足、压缩性过大或不均匀时，为保证建筑物的安全与正常使用，有时必须考虑对地基进行人工处理。随着我国经济建设的发展和科学技术的进步，高层建筑物和重型结构物不断修建，对地基的强度和变形要求越来越高。因此，地基处理运用也就越来越广泛。

1. 地基处理的目的与意义

在软弱地基上建造工程，可能会发生以下问题：沉降或差异沉降特大、大范围地基沉降、地基剪切破坏、承载力不足、地基液化、地基渗漏、管涌等一系列问题。地基处理的目的，就是针对这些问题，采取适当的措施来改善地基条件，这些措施主要包括以下5个方面。

(1) 改善剪切特性。地基的剪切破坏以及在土压力作用下的稳定性，取决于地基土的抗剪强度。因此为了防止剪切破坏以及减轻土压力，需要采取一定措施以增加地基土的抗剪强度。另外，防止侧向流动(塑性流动)产生的剪切变性，也是改善剪切特性的目的之一。

(2) 改善压缩特性。这需要研究采取措施以提高地基土的压缩模量，借以减少地基土的沉降。

(3) 改善透水特性。由于在地下水的运动中所出现的问题，因此，需要研究采取何种措施使地基土变成不透水或减轻其水压力。

(4) 改善动力特性。地震时饱和松散粉细砂(包括一部分粉土)将会产生液化。为此，需要研究采取何种措施防止地基土液化，并改善其振动特性以提高地基的抗振性能。

(5) 改善特殊土的不良地基特性。这主要是消除或减少黄土的湿陷性和膨胀土的胀缩性等特殊土的不良地基的特性。

2. 地基处理方法分类

我国各地自然地理环境不同，土质各异，地基条件区域性较强，地基处理方法也多样。表2-1是按照地基原理将处理方法进行分类的，在选择地基处理方案时，应考虑上部结构、基础和地基的共同作用，并经过技术经济比较，选用地基处理方案或加强上部结构和处理地基相结合的方案。

表 2-1 地基处理方法分类

编号	分类	处理方法	原理及作用	适用范围
1	碾压及夯实	重锤夯实，机械碾压，振动压实，强夯(动力固结)	利用压实原理，通过机械碾压夯击，把表层地基土压实，强夯则利用强大的夯击能，在地基中产生强烈的冲击波和动应力，迫使土动力固结密实	适用于碎石土、砂土、粉土、低饱和度的黏性土、杂填土等，对饱和黏性土应慎重采用
2	换土垫层	砂石垫层，素土垫层，灰土垫层，矿渣垫层	以砂石、素土、灰土和矿渣等强度较高的材料、置换地基表层软弱土，提高持力层的承载力，扩散应力，减少沉降量	适用于处理暗沟、暗塘等软弱土地基
3	排水固结	天然地基预压，砂井预压，塑料排水带预压，真空预压，降水预压	在地基中增设竖向排水体，加速地基的固结和强度增长，提高地基的稳定性，加速沉降发展，使基础沉降提前完成	适用于处理饱和软弱土层，对于渗透性极低的泥炭土，必须慎重对待
4	振密挤密	振冲挤密，灰土挤密桩，砂桩，石灰桩，爆破挤密	采用一定的技术措施，通过振动或挤密，使土体的孔隙减少，强度提高，必要时，在振动挤密的过程中，回填砂、砾石、灰土、素土等，与地基土组成复合地基，从而提高地基的承载力，减少沉降量	适用于处理松砂、粉土、杂填土及湿陷性黄土
5	置换及拌入	振冲置换，深层搅拌，高压喷射注浆，石灰桩等	采用专门的技术措施，以砂、碎石等置换软弱土地基中部分软弱土，或在部分软弱土地基中掺入水泥、石灰或砂浆等形成加固体，与未处理部分土组成复合地基，从而提高地基承载力，减少沉降量	黏性土、冲填土、粉砂、细砂等。振冲置换法对于不排水抗剪强度小于 20kPa 时慎用
6	加筋	土工合成材料加筋，锚固，树根桩，加筋土	在地基或土体中埋设强度较大的土工合成材料、钢片等加筋材料，使地基或土体能承受抗拉力，防止断裂，保持整体性，提高刚度，改变地基土体的应力场和应变场，从而提高地基的承载力，改善变形特性	软弱土地基，填土及陡坡填土、砂土
7	其他	灌浆，冻结，托换技术，纠偏技术	通过独特的技术措施处理软弱土地基	根据实际情况确定

2.1.2 高压喷射地基施工

1. 加固地基原理

高压喷射注浆法就是利用钻机把带有喷嘴的注浆管钻入(或置入)至土层预定的深度，以 20～40MPa 的压力把浆液或水从喷嘴中喷射出来，形成喷射流冲击破坏土层及预定形状的空间。当能量大、速度快和脉动状的喷射流的动压力大于土层结构强度时，土颗粒便从土层中剥落下来，一部分细粒土随浆液或水冒出地面，其余土颗粒在射流的冲击力、离心力和重力等作用下，与浆液搅拌混合，并按一定的浆土比例和质量大小，有规律地重新排列。这样注入的浆液将冲下的部分土混合凝结成加固体，从而达到加固土体的目的。它具有增大地基强度、提高地基承载力、止水防渗、减少支挡结构物的土压力、防止砂土液化和降低土的含水量等多种功能。其施工顺序如图 2.1 所示。

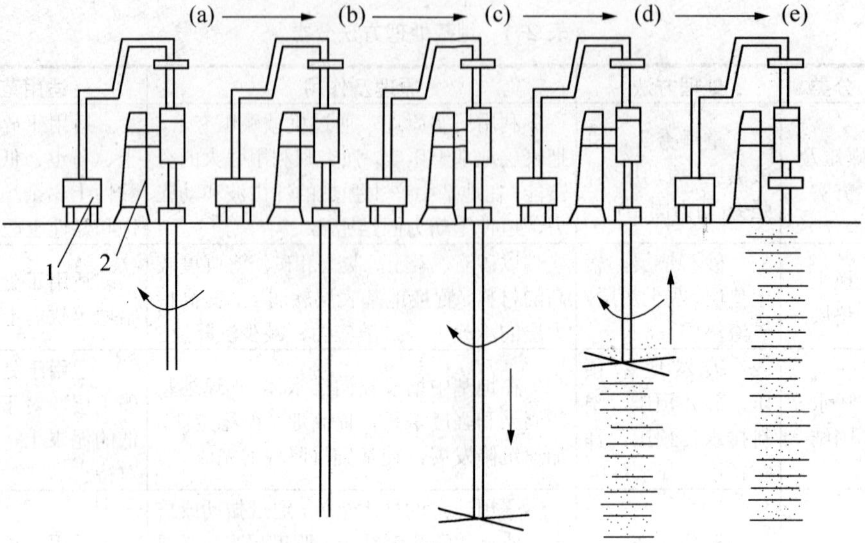

图 2.1 旋喷法施工顺序示意图

(a) 开始钻进；(b) 钻进结束；(c) 高压旋喷开始；(d) 边旋转边提升；(e) 喷射完毕，桩体形成
1—超高压水力泵；2—钻机

特别提示

高压喷射注浆法的注浆形式分为旋转喷射注浆(旋喷)、定向注浆喷射(定喷)和在某一角度范围内摆动喷射注浆(摆喷)3 种。旋喷注浆形成的水泥土加固体呈圆柱状，称为旋喷桩。

高压喷射注浆法的适用范围：淤泥、淤泥质土、黏性土、粉土、黄土、砂土、人工填土和碎石等地基。当土中含有较多的大粒径块石、坚硬黏性土、大量植物根茎或有过多的有机质时，应根据现场实验结果确定其适用程度。

2. 高压喷射注浆法的施工工艺

高压喷射注浆法的施工工艺流程如图 2.2 所示。

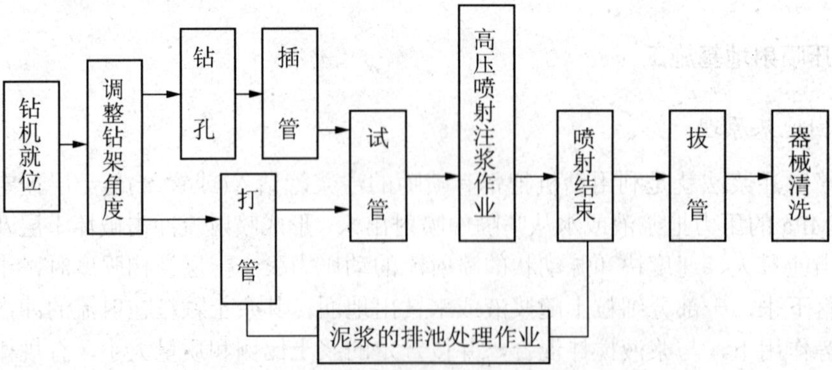

图 2.2 高压喷射注浆法的施工工艺流程

(1) 钻机就位。钻机需平置于牢固坚实的地方，钻杆(注浆管)对准孔位中心，偏差不超

过 10cm，打斜管时需按设计调整钻架角度。

(2) 钻孔下管或打管。钻孔的目的是将注浆管顺利置入预定位置，可先钻孔后下管，亦可直接打管，在下(打)管过程中，需防止管外泥沙或管内水泥浆小块堵塞喷嘴。

(3) 试管。当注浆管置入土层预定深度后应用清水试压，若注浆设备和高压管路安全正常，则可搅拌制作水泥浆开始高压注浆作业。

(4) 高压注浆作业。浆液的材料、种类和配合比，要视加固对象而定，在一般情况下，水泥浆的水灰比为 1∶1～0.5，如用以改善灌注桩桩身质量，则应减小水灰比或采用化学浆。高压射浆自上而下连续进行，注意检查浆液初凝时间、注浆流量、风量、压力、旋转和提升速度等参数，应符合设计要求。喷射压力高即射流能量大，加固长度大，效果好，若提升速度和旋转速度适当降低则加固长度随之增加，在射浆过程中参数可随土质不同改变，若参数不变，则容易使浆量增大。

(5) 喷浆结束与拔管。喷浆由下而上至设计高度后，拔出喷浆管，喷浆即告结束，拔浆液填入注浆孔中，多余的清除掉，但需防止浆液凝固时产生收缩的影响，拔管要及时，切不可久留孔中，否则浆液凝固后不能拔出。

(6) 浆液冲洗。当喷浆结束后，立即清洗高压泵、输浆管路、注浆管及喷头。

2.1.3 深层搅拌地基施工

特别提示

深层搅拌法(也称湿法)是水泥土搅拌法的一种，水泥土搅拌法还包括粉体喷搅法(简称干法)。深层搅拌法是使用水泥浆作为固化剂的水泥土搅拌法，而粉体喷搅法是以干水泥粉或石灰粉作为固化剂的水泥土搅拌法。

水泥土搅拌法是以水泥作为固化剂的主剂，通过特制的搅拌机械边钻边往软土中喷射浆液或雾状粉体，在地基深处将软土和固化剂(浆液或粉体)强制搅拌，使喷入软土中的固化剂与软土充分拌和在一起，利用固化剂和软土之间产生的一系列物理化学反应，形成抗压强度比天然土强度高得多，并具有整体性、水稳定性和一定强度的水泥加固土桩柱体，由若干根这类加固土桩柱体和桩间土构成复合地基，从而达到提高地基的承载力和增大变形模量的目的。

深层搅拌法是用于加固饱和黏性土地基的一种新技术。

1. 特点和适用范围

深层搅拌法加固软土，具有如下特点。

(1) 深层搅拌法由于将固化剂和原地基软土就地搅拌混合，最大限度地利用了原土。

(2) 施工过程时无振动、无噪声、无污染。

(3) 深层搅拌法施工时对土无侧向挤压，因而对周围既有建筑物的影响很小。

(4) 按照不同地基土性质及工程设计要求，合理选择固化剂及其配方，设计比较灵活。

(5) 土体加固后重度基本不变，对软弱下卧层不致产生附加沉降。

(6) 根据上部结构的需要，可灵活地采用柱状、壁状、格栅状和块状等加固体，这些加固体与天然地基形成复合地基，共同承担建筑物的荷载。

(7) 可有效地提高地基承载力。

(8) 施工工期较短，造价低廉，效益显著。

2. 施工工艺与施工要点

1) 施工工艺

深层搅拌法的施工工艺流程如图 2.3 所示，施工示意图如图 2.4 所示。

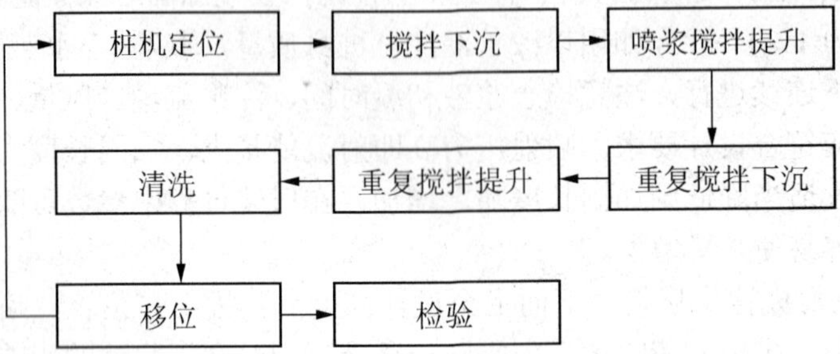

图 2.3 深层搅拌法的施工工艺流程

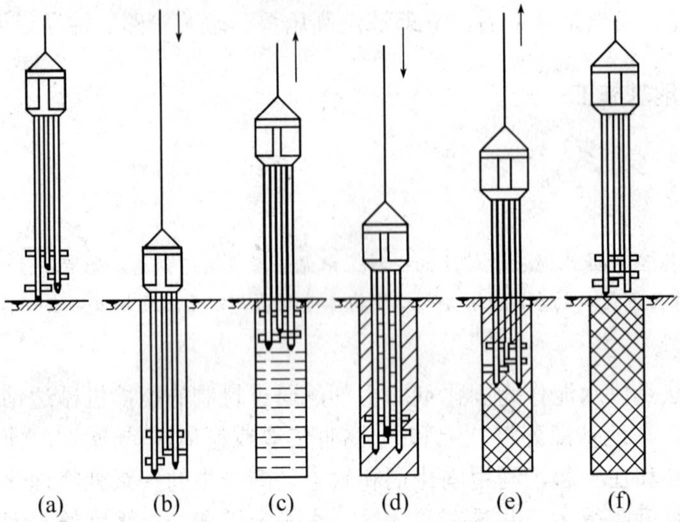

图 2.4 深层搅拌法施工示意图

(a) 定位下沉；(b) 沉入到设计深度；(c) 喷浆搅拌提升；(d) 原位重复搅拌下沉；
(e) 重复搅拌提升；(f) 搅拌完毕形成加固体

2) 操作工艺

(1) 桩机定位。利用起重机或开动绞车将桩机移动到指定桩位。为保证桩位准确，必须使用定位卡，桩位偏差不大于 50mm，导向架和搅拌轴应与地面垂直，垂直度的偏差不应超过 1.5%。

(2) 搅拌下沉。当冷却水循环正常后，启动搅拌机电机，使搅拌机沿导向架切土搅拌下沉，下沉速度由电动机的电流表监控；同时按预定配比拌制水泥浆，并将其倒入集料斗备喷。

(3) 喷浆搅拌提升。搅拌机下沉到设计深度后，开启灰浆泵，使水泥浆连续自动喷入地基，并保持出口压力为 0.4～0.6MPa，搅拌机边旋转边喷浆边按已确定的速度提升，直至设计要求的桩顶标高。搅拌头如被软黏土包裹时，应及时清除。

(4) 重复搅拌下沉。为使土中的水泥浆与土充分搅拌均匀，再次将搅拌机边旋转边沉入土中，直到设计深度。

(5) 重复搅拌提升。将搅拌机边旋转边提升，再次至设计要求的桩顶标高，并上升至地面，制桩完毕。

(6) 清洗。向已排空的集料斗注入适量清水，开启灰浆泵清洗管道，直至基本干净，同时将黏附于搅拌头上的土清洗干净。

(7) 移位。重复上述步骤(1)～(6)，进行下根桩施工。

3) 注意事项

(1) 所使用的水泥浆应过筛，制备好的浆液不得离析，泵送必须连续。

(2) 喷浆量及搅拌深度必须采用经国家计量部门认证的检测仪器自动记录。

(3) 当水泥浆液到达出浆口后，应喷浆搅拌 30s，在水泥浆与桩端土充分搅拌后，再开始提升搅拌头。

(4) 施工时因故停浆，应将搅拌头下沉至停浆点以下 0.5m 处，待恢复供浆时再喷浆搅拌提升。

知识链接

粉体喷搅法(干法)的施工工艺如下。

①桩机就位：根据设计，确定加固桩体的位置，使搅拌轴保持垂直，并使搅拌钻头对准桩位，将水泥装入小灰罐，利用压缩空气将水泥粉输入大灰罐待用。②搅拌下沉：启动粉喷搅拌钻头，钻头边正方向旋转边钻进。为了不堵塞喷射口，此时并不喷射固化粉体材料，而是开动空压机，在灌入时喷射压缩空气。这样做可使钻进顺利，负载扭矩小。随着钻进，准备加固的土体在原位受到搅动。下钻的速度可根据土质的软硬分别使用快慢挡，必要时还可冲水下沉。③钻进结束：搅拌钻进至设计标高或层位时停止向下钻进。④提升喷粉搅拌：启动搅拌钻头和粉体发送器，使搅拌钻头一边反向旋转，一边提升，同时通过粉体发送器将固化粉体材料喷入被搅动的土体中，使土体和粉体固化料进行充分拌和。在边喷粉边反向旋转提升的过程中，利用钻头反转时叶片向下的压力可将搅拌水泥土压实。⑤提升结束：将搅拌钻头提升距地面 30～50cm(或高出设计桩顶 50cm 左右)时，关闭粉体发送器，停止喷射粉体材料，以防粉体溢出地面，即完成该桩的施工，移位于下一根桩。

2.1.4 其他地基加固方法

1. 预压法

预压法是在建筑物建造前，对地基土进行预压，使土体中的水排出，逐渐固结，地基发生沉降，同时强度逐步提高的方法。预压法包括堆载预压法、真空预压法等。预压法适用于淤泥质土、淤泥和冲填土等饱和黏性土地基。

(1) 堆载预压法。在建筑物施工前，通过在拟建场地上预先堆置重物，进行堆载预压，以达到地基土固结沉降基本完成，通过地基土的固结以提高地基承载力。预压荷载一般等于建筑物的荷载，为了加速压缩过程，预压荷载也可比建筑物的重量大，称为超载预压。

堆载预压可分为塑料排水板或砂井地基堆载预压如图 2.5 所示和天然地基堆载预压。

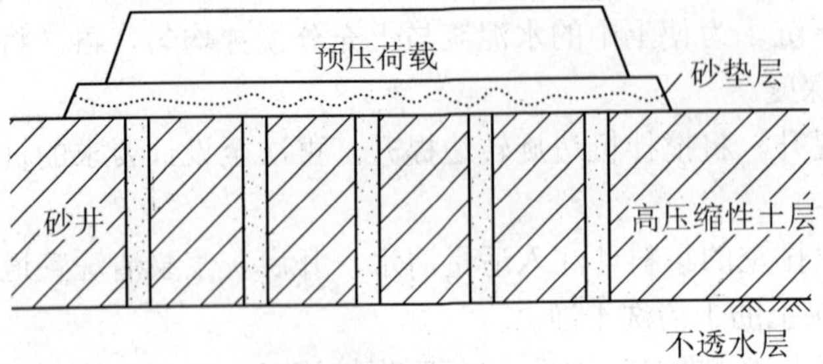

图 2.5 砂井堆载预压法

(2)真空预压法。通过在需要加固的软土地基上铺设砂垫层，并设置竖向排水通道(砂井、塑料排水板)，再在其上覆盖不透气的薄膜形成一密封层使之与大气隔绝，然后用真空泵抽气，使排水通道保持较高的真空度，在土的孔隙水中产生负的孔隙水压力，孔隙水逐渐被吸出，从而使土体达到固结。该法的施工要点是：先设置竖向排水系统，埋设水平分布的滤管，砂垫层上的密封膜采用 2～3 层的聚氯乙稀薄膜，按先后顺序同时铺设。面积大时宜分区预压；做好真空度、地面沉降量，深层沉降、水平位移等观测；预压结束后，应清除砂槽和腐殖土层，应注意对周边环境的影响如图 2.6 所示。该法适用于饱和均质黏性土及含薄层砂夹层的黏性土，特别适用于超软土地基的加固。

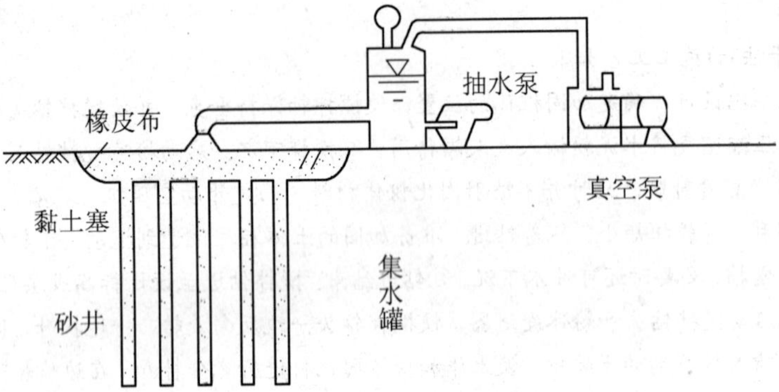

图 2.6 真空预压法示意图

2. 强夯法

强夯法是利用近 10t 或数 10t 多的重锤从近 10m 或数 10m 的高处自由落下，对土进行强力夯击并反复多次，从而达到提高地基土的强度并降低其压缩性的处理目的。强夯法的作用机理是用很大的冲击能(一般为 500～800kJ)，使土体中出现冲击波和很大的应力，迫使土中空隙压缩，土体局部液化，夯击点周围产生裂隙形成良好的排水通道，使土中的空隙水(气)顺利溢出，土体迅速固结，从而降低此深度范围内土体的压缩性，提高地基承载力。同时，强夯技术可显著减少地基上的不均匀性，降低地基差异沉降。

强夯法适用于碎石土、砂土、低饱和度的粉土和黏性土、湿陷性黄土、杂填土和素填土等地基，对于软土地基，一般来说处理效果不显著。

强夯法施工可按下列步骤进行。

(1) 清理并平整施工场地。

(2) 标出第一遍夯点位置，并测量场地高程。

(3) 起重机就位，使夯锤对准夯点位置。

(4) 测量夯前锤顶高程。

(5) 将夯锤起吊到预定高度，待夯锤脱钩自由下落后，放下吊钩，测量锤顶高程以计算夯沉量。若发现因坑底倾斜而造成夯锤歪斜时，应及时将坑底整平。

(6) 重复步骤(5)，按设计规定的夯击次数及控制收锤标准，完成一个夯点的夯击。

(7) 换夯点重复步骤(3)～(6)，直至完成第一遍全部夯点的夯击。

(8) 用推土机将夯坑填平，并测量场地高程。

(9) 在规定的间隔时间后，按上述步骤逐次完成全部夯击遍数，最后用低能量满夯，把场地表层松土夯实，并测量场地高程。

特别提示

强夯法具有施工简单、费用低廉和效果显著等优点，但噪声和振动较大，不宜在建筑物密集的地区使用。

知识链接

我国强夯法的发展较快，已具备夯击能量达 12000kN·m 的强夯设备。与国外相当能量级的强夯设备相比，它具有设备简单(俗称以小马拉大车)、投资少、易于装备、便于推广等优点，因此更适合我国国情。目前，在我国使用强夯法相当广泛，不仅用以加固松散的土层(如砂性土、黄土及填土等)，也用以处理软弱土层(如淤泥及淤泥质土等)，即所谓的“置换法”。与其他各类地基加固方法相比，强夯法往往具有工效高、效果好、省材料、造价低等多方面的优点。此外，在高填方及“围海造地”等一类土方处理工程中，它还在技术、经济及工期等多方面具有无可比拟乃至不可替代的作用。如贵阳龙洞堡机场跑道，最大填方高度达 42m，经与分层碾压等多种方案进行试验比较，最后还是以采用强夯法为最佳。又如大连石油化工厂、威海电厂及珠海机场等工程需要填海造地，也是采用强夯法加固抛(或堆)填土石方的，均取得了良好的技术经济效益。

3. 振冲法

振冲地基，又称振冲桩复合地基，是以起重机吊起振冲器，启动潜水电机带动偏心块，使振冲器产生高频振动，同时开动水泵，通过喷嘴喷射高压才成孔，然后分批填以砂石骨料形成一根根桩体，桩体与原地基构成复合地以提高地基的承载力，减少地基的沉降和沉降差的一种快速、经济有效的加固方法。该法具有技术可靠，机具设备简单，操作技术易于掌握，施工简便，省三材，加固速度快，地基承载力高等特点。

其施工要点如下。

(1) 施工前应先在现场进行振冲试验，以确定成孔合适的水压、水量、成孔速度、填料方法、达到土体密实时的密实电流值、填料量和留振时间。

(2) 振冲前，应按设计图定出冲孔中心位置并编号。

(3) 启动水泵和振冲器，使振冲器以 1～2m/min 的速度徐徐沉入土中。每沉入 0.5～1.0m，宜留振 5～10s 进行扩孔，待孔内泥浆溢出时再继续沉入。当下沉达到设计深度时，振冲器应在孔底适当停留并减小射水压力，以便排除泥浆进行清孔。如此往复 1～2 次，使孔内泥浆变稀，排泥清孔 1～2min 后，将振冲器提出孔口。

(4) 填料和振密方法，一般采取成孔后，将振冲器提出孔口，从孔口往下填料，然后再下降振冲器至填料中进行振密如图 2.7 所示，待密实电流达到规定的数值，将振冲器提出孔口，如此自下而上反复进行直至孔口，成桩操作即告完成。

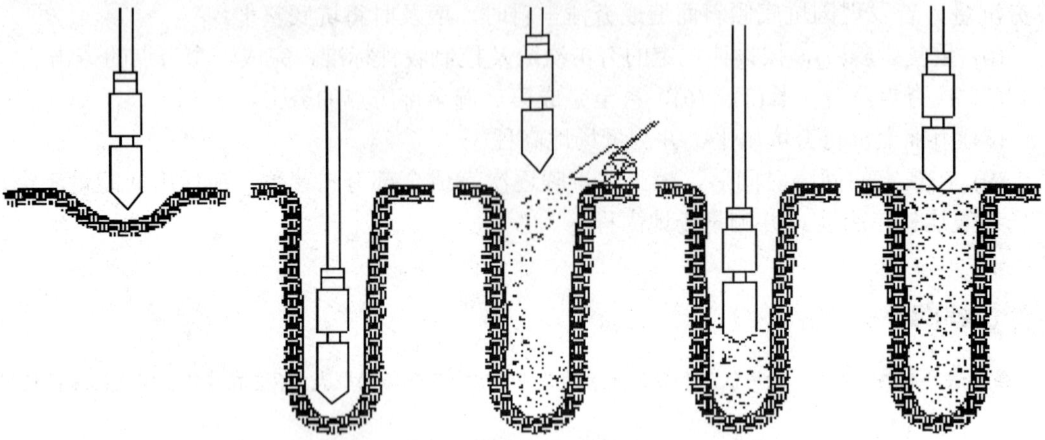

(a)　(b)　(c)　(d)　(e)

图 2.7　振冲法制桩施工工艺

(a) 定位；(b) 振冲下沉；(c) 加填料；(d) 振密；(e) 成桩

(5) 振冲桩施工时桩顶部约 1m 范围内的桩体密实度难以保证，一般应予挖除，另做地基，或用振动碾压使之压实。

4. 挤密法

利用挤密或振动在软弱土层中挤土成孔，从侧向将土挤密，然后向孔内回填碎石、砂、灰土、土等材料，形成碎石桩、砂桩、石灰桩等，与桩间土一起组成复合地基，从而提高地基承载力，减少沉降量，这是深层加密处理的一种方法。深层挤密法主要有砂石桩法、石灰桩法、土或灰土挤密法等。

(1) 砂石桩可采用振动成桩法或锤击成桩法施工，桩径一般为 300～800mm. 桩长不宜小于 4m，桩体材料可以用碎石、卵石、角砾、圆砾、沙砾、粗砂、中砂或石屑等，桩顶部宜铺设一层厚度为 300～500mm 的砂石垫层。此法适用于挤密松散砂土、粉土、黏性土、素填土、杂填土等地基。

(2) 石灰桩的施工可以采用洛阳铲或机械成孔，成孔后填入生石灰块或同时在生石灰中掺入适量的水硬性掺和料(如粉煤灰、火山灰、炉渣等)。成孔直径常用 300～400mm，桩长一般不宜超过 6～8mm。石灰桩法用于处理饱和黏性土、淤泥、淤泥质土、素填土和杂填土等地基。

(3) 土或灰土挤密桩可选用沉管(振动、锤击)、冲击或爆破等方法成孔，成孔后将孔底夯实，然后用素土或灰土在最佳含水量状态下分层回填夯实，待挤密桩施工结束后，将表层挤松的土挖除或分层夯压密实。桩孔直径宜为 300～450mm，桩顶标高以上应设置 300～500mm 厚的 2∶8 灰土垫层。此法适用于处理地下水位以上的湿陷性黄土、素填土和杂填土等地基，可处理的地基深度为 5～15mm。

5. 换土垫层法

换土垫层法也称换填法，是将在基础底面以下处理范围内的软弱土层部分或全部挖去，然后分层换填密度大、强度高、水稳定性好的砂、碎石或灰土等材料及其他性能稳定和无侵蚀性的材料，并碾压、夯实或振实至要求的密实度为止。

换土垫层按其回填材料的不同可分为砂垫层、碎石垫层、素土垫层、灰土垫层、矿渣垫层、粉煤灰垫层等。垫层的作用是提高浅基础下地基的承载力，满足地基稳定要求；减少沉降量；加速软弱土层的排水结固；防止持力层的冻胀或液化。

目前国内常用的垫层施工方法，主要有机械碾压法、重锤夯实法和振动压实(平板振动)法。

1) 机械碾压法

机械碾压法是采用压路机、推土机、羊足碾或其他压实机械来压实地基土。施工时先将拟建建筑物范围一定深度内的软弱土挖去，开挖的深度和宽度应根据换土垫层设计的具体要求确定，然后在基坑底部碾压，再将砂石、素土或灰土等垫层材料分层铺垫在基坑内，逐层压实。

2) 重锤夯实法

重锤夯实法是用起重机械将夯锤提升到一定高度，然后自由落锤，不断重复夯击以加固地基。重锤夯实法一般适用于地下水位距地表 0.8m 以上，有效夯实深度内土的饱和度小于并接近 0.6 时。当夯击振动对邻近建筑物或设备产生有害影响时不得采用重锤夯实。

特别提示

采用重锤夯实法施工时，应控制土的最优含水量，使土粒间有适当的水分滑润，夯击时易于互相滑动挤压密实；同时应防止土的含水量过大，避免夯击成“橡皮土”。

3) 平板振动法

平板振动法是利用振动压实机来压实非黏性土或黏粒含量少、透水性较好的松散杂填土地基的方法。

2.1.5 地基处理施工质量检验标准

1. 一般要求

(1) 建筑物地基的施工应具备下述资料：①岩土工程勘察资料；②临近建筑物和地下设施类型、分布及结构质量情况；③工程设计图纸、设计要求及需达到的标准，检验手段。

(2) 砂、石子、水泥、钢材、石灰、粉煤灰等原材料的质量、检验项目、批量和检验方法，应符合国家现行标准的规定。

(3) 地基施工结束宜在一个间歇期后，进行质量验收，间歇期由设计确定。

(4) 地基加固工程，应在正式施工前进行试验段施工，论证设定的施工参数及加固效果。为验证加固效果所进行的载荷试验，其施加载荷应不低于设计载荷的 2 倍。

(5) 竣工后的地基强度或承载力必须达到设计要求的标准。检验的数量，每单位工程不应少于 3 点；$1000m^2$ 以上工程，每 $100m^2$ 至少应有 1 点；$3000m^2$ 以上工程，每 $300m^2$

至少应有 1 点。每一独立基础下至少应有 1 点，基槽每 20m 应有 1 点。

(6) 对复合地基承载力检验，数量为总数的 0.5%～1%，且不应少于 3 处。有单桩强度检验要求时，数量为总数的 0.5%～1%，且不应少于 3 根。

2. 高压喷射注浆地基

施工前应检查水泥、外掺剂等的质量，桩位、压力表、流量表的精度和灵敏度，高压喷射设备的性能等。施工中应检查施工参数(压力、水泥浆量、提升速度、旋转速度等)及施工程序。桩体质量及承载力检验应在施工结束后 28d 进行。高压喷射注浆地基质量检验标准应符合表 2-2 的规定。

表 2-2 高压喷射注浆地基质量检验标准

项	序	检查项目	允许偏差或允许值		检查方法
			单位	数值	
主控项目	1	水泥及外掺剂质量	符合出厂要求		查产品合格证书或抽样送检
	2	水泥用量	设计要求		查看流量表及水泥浆水灰比
	3	桩体强度或完整性检验	设计要求		按规定方法
	4	地基承载力	设计要求		按规定方法
一般项目	1	钻孔位置	mm	≤50	用钢尺量
	2	钻孔垂直度	%	≤1.5	经纬仪测钻杆或实测
	3	孔深	mm	±200	用钢尺量
	4	注浆压力	按设定参数指标		查看压力表
	5	桩体搭接	mm	＞200	用钢尺量
	6	桩体直径	mm	≤50	开挖后用钢尺量

3. 深层搅拌桩地基

施工前应检查水泥及外掺剂的质量、桩位、搅拌机工作性能及各种计量设备完好程度(主要是水泥浆流量计及其他计量装置)。施工中应检查机头提升速度、水泥浆或水泥注入量、搅拌桩的长度及标高。水泥土搅拌桩地基质量检验标准应符合表 2-3 的规定。

表 2-3 水泥土搅拌桩地基质量检验标准

项	序	检查项目	允许偏差或允许值		检查方法
			单位	数值	
主控项目	1	水泥及外渗剂质量	设计要求		查产品合格证书或抽样送检
	2	水泥用量	参数指标		查看流量计
	3	桩体强度	设计要求		按规定办法
	4	地基承载力	设计要求		按规定办法
一般项目	1	机头提升速度	m/min	≤0.5	量机头上升距离及时间
	2	桩底标高	mm	±200	测机头深度
	3	桩顶标高	mm	200 −50	水准仪(最上部 500mm 不计入)
	4	桩位偏差	mm	＜50	用钢尺量
	5	桩径	mm	＜0.04D	用钢尺量，D 为桩径

2.2 浅基础施工

引例

和平街群英河桥施工中因地质问题，桥墩地基成“水井”。原设计方案中，桥墩桩基为 27m 深，可由于施工人员开挖到 13m 时，桩基内出现大量地下水并有坍塌现象发生，无法继续向下开挖。洛阳设计单位根据实际状况出具的新设计方案，改变了桥墩桩基深度，维持当前的 13m 深度。

桥墩桩基变浅的同时，要扩大浅基础。所谓扩大浅基础，就是在大桥东西各 5 根共 10 根桥墩周围，采用混凝土加固，制成距离地面 3m 高的底座，以此来增加桥的安全性。

通常浅基础是指是指基础埋深一般不超过 5m，且能用一般方法施工的基础。它施工简单、比较经济。

2.2.1 浅基础的类型

浅基础，根据使用材料性能不同，可分为无筋扩展基础(刚性基础)和扩展基础(柔性基础)。

无筋扩展基础又称刚性基础，一般由砖、石、素混凝土、灰土和三合土等材料建造的墙下条型基础，或柱下独立基础。其特点是抗压强度高，而抗拉、抗弯、抗剪性能差，适用于 6 层和 6 层以下的民用建筑和轻型工业厂房。无筋扩展基础的截面尺寸有矩形、阶梯形和锥形等，墙下及柱下基础截面形式如图 2.8 所示。为保证无筋扩展基础内的拉应力及剪应力不超过基础的允许抗拉、抗剪强度，一般基础的刚性角及台阶宽高比应满足设计及施工规范要求。

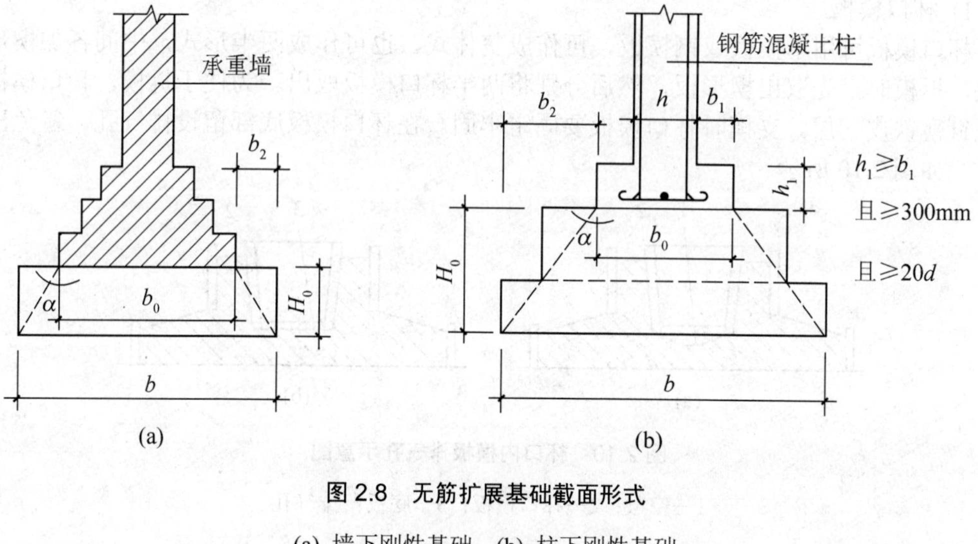

图 2.8　无筋扩展基础截面形式

(a) 墙下刚性基础；(b) 柱下刚性基础

b—基础底面宽度；b_0—基础顶面的墙体宽度或柱脚宽度；H_0—基础高度；b_2—基础台阶宽度

扩展基础一般均为钢筋混凝土基础，按构造形式不同又可分为条形基础(包括墙下条形基础与柱下独立基础)、杯口基础、筏式基础、箱形基础等。

1. 砌石基础

在石料丰富的地区，可因地制宜利用本地资源优势，做成砌石基础。基础采用的石料分毛石和料石两种，一般建筑采用毛石较多，价格低廉，施工简单。毛石分为乱毛石和平毛石。用水泥砂浆采用铺浆法砌筑。灰缝厚度为 20～30mm。毛石应分匹卧砌，上下错缝内外搭接，砌第一层石块时，基底要坐浆。石块大面向下，基础最上一层石块，宜选用较大平面较好的石块砌筑，如图 2.9 所示。

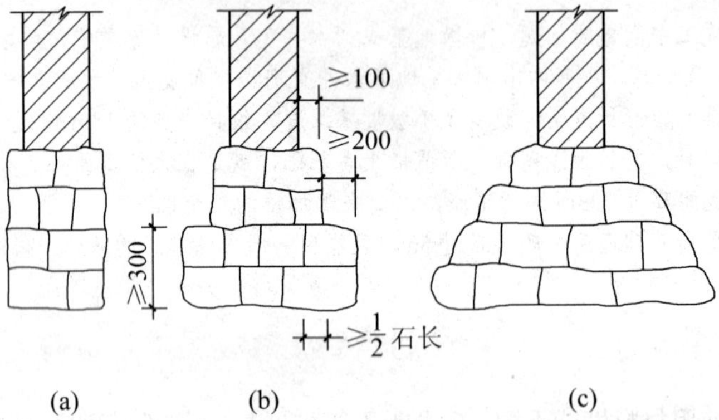

图 2.9　砌石基础

(a) 矩形；(b) 阶梯形；(c) 梯形

2. 杯口基础

杯口基础常用于装配式钢筋混凝土柱的基础，形式有一般杯口基础、双杯口基础、高杯口基础等。

1) 杯口模板

杯口模板可用木模板或钢模板，可作成整体式，也可作成两半形式，中间各加楔形板一块，拆模时，先取出楔形板，然后分别将两半杯口模板取出。为便于拆模，杯口模板外可包钉薄铁皮一层。支模时杯口模板要固定牢固。在杯口模板底部留设排气孔，避免出现空鼓，如图 2.10 所示。

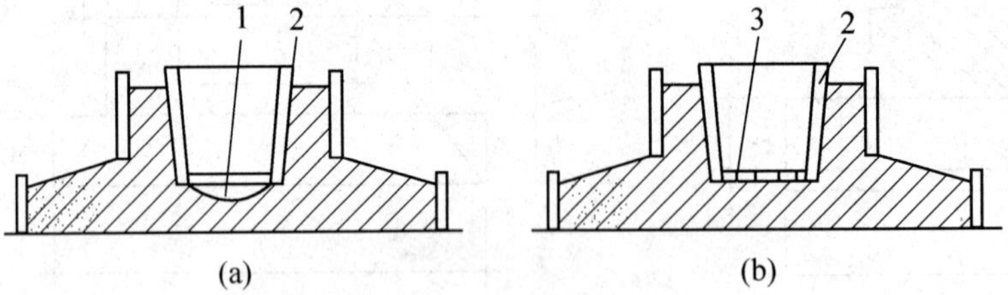

图 2.10　杯口内模板排气孔示意图

1—空鼓；2—杯口模板；3—底板留排气孔

2) 混凝土浇筑

混凝土要先浇筑至杯底标高，方可安装杯口内模板，以保证杯底标高准确，一般在杯底均留有 50mm 厚的细石混凝土找平层，在浇筑基础混凝土时，要仔细控制标高。

3. 筏式基础

筏形基础是由整板式钢筋混凝土板(平板式)或由钢筋混凝土底板、梁整体(梁板式)两种类型组成，适用于有地下室或地基承载能力较低而上部荷载较大的基础，筏形基础在外形和构造上如倒置的钢筋混凝土楼盖，分为梁板式和平板式两类，如图 2.11 所示。

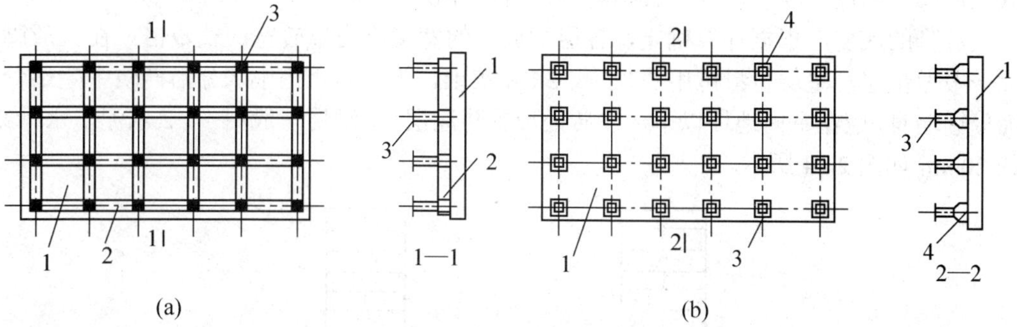

图 2.11 筏形基础

(a) 梁板式；(b) 平板式
1—底板；2—梁；3—柱；4—支墩

施工要点如下。

(1) 根据地质勘探和水文资料，地下水位较高时，应采用降低水位的措施，使地下水位降低至基底以下不少于 500mm；保证在无水情况下，进行基坑开挖和钢筋混凝土筏体施工。

(2) 根据筏体基础结构情况、施工条件等确定施工方案。

(3) 加强养护。混凝土筏形基础施工完毕后，表面应加以覆盖和洒水养护，以保证混凝土的质量。

4. 箱型基础

箱形基础是由钢筋混凝土底板、顶板和纵横内外隔墙组成的整体空间结构。这种基础具有很大的整体刚，中空部分可作为地下室，与实体相比可减小基底压力。箱形基础较适用于地基软弱、平面形状简单的高层建筑，如图 2.12 所示。

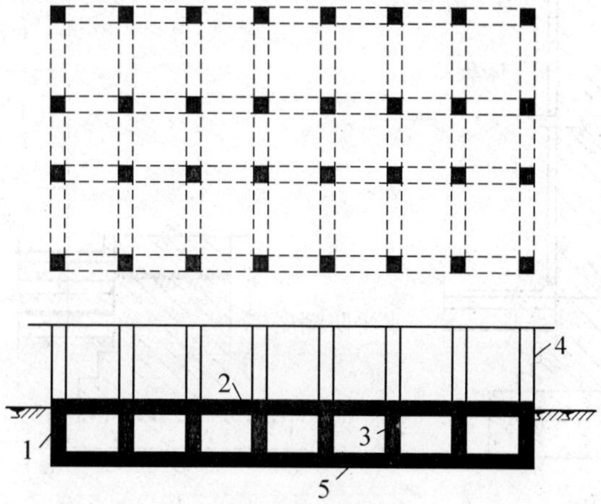

图 2.12 箱型基础

1—外墙；2—顶板；3—内墙；4—上部结构；5—底板

2.2.2 砖基础施工

砖基础用普通烧结砖与水泥砂浆砌成。砖基础砌成的台阶形状称为“大放脚”，有等高式和不等高式两种如图 2.13 所示。等高式大放脚是两皮一收，两边各收进 1/4 砖长；不等高式大放脚是两皮一收与一皮一收相间隔，两边各收进 1/4 砖长。

大放脚的底宽应根据计算确定，各层大放脚的宽度应为半砖宽的整数倍。在大放脚的下面一般做垫层。垫层材料可用 3∶7 或 2∶8 灰土。为了防止土中水分沿砖块中毛细管上升而侵蚀墙身，应在室内地坪以下一皮砖处设置防潮层。防潮层一般用 1∶2 水泥防水砂浆，厚约 20mm 如图 2.14 所示。

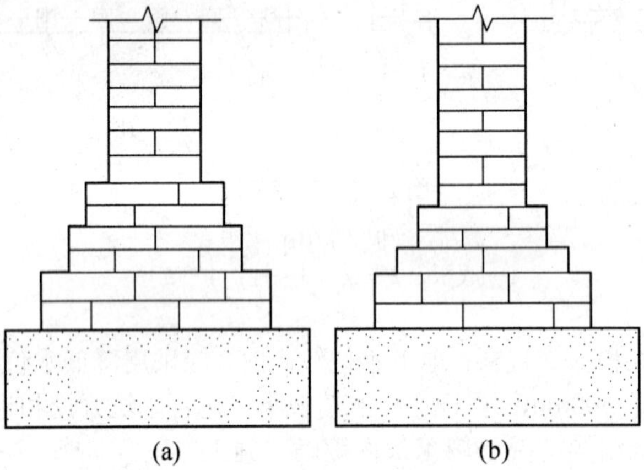

图 2.13　砖基础大放脚形式

(a) 等高式；(b) 不等高式

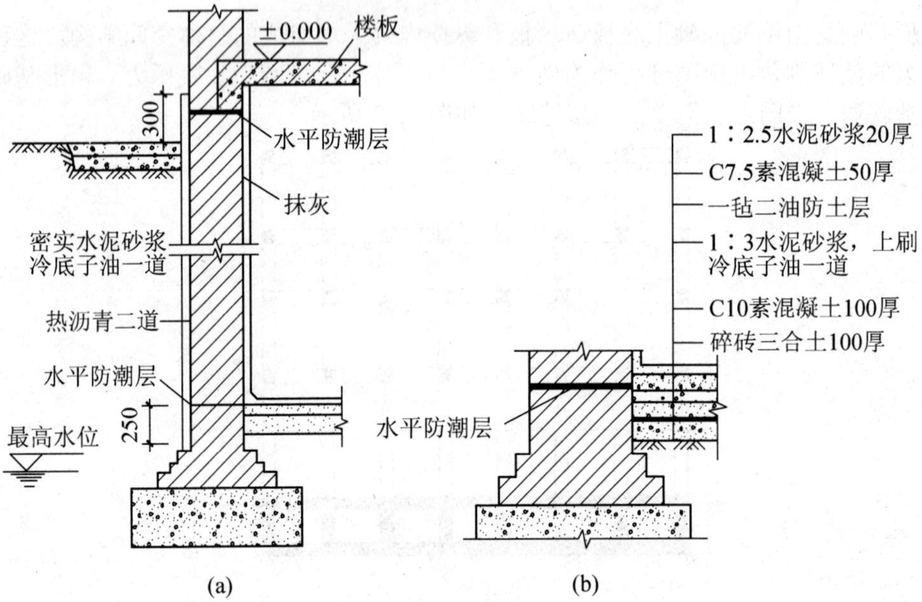

图 2.14　防潮层设置

(a) 墙身防潮；(b) 地坪防潮

砖基础施工注意以下几点。

(1) 基槽(坑)开挖，应设置好龙门桩及龙门板，标明基础、墙身和轴线的位置。

(2) 大放脚的形式。当地基承载力大于 150kPa 时，采用等高式大放脚，即两皮一收；否则应采用不等高式大放脚，即两皮一收与一皮一收相间隔，基础底宽应根据计算而定。

(3) 砖基础若不在同一深度，则应先由底往上砌筑。在高低台阶接头处，下面台阶要砌一定长度(一般不小于基础扩大部分的高度)的实砌体，砌到上面后与上面的砖一起退台。

(4) 砖基础接槎应留成斜槎，如因条件限制留成直槎时，应按规范要求设置拉结筋。

2.2.3 钢筋混凝土基础施工

墙下或柱下钢筋混凝土条形基础较为常见，工程中柱下基础底面形状很多情况是矩形的，称作柱下独立基础，它只不过是条形基础的一种特殊形式，其构造如图 2.15 和图 2.16 所示。条形基础的抗弯和抗剪性能良好，可在竖向荷载较大、地基承载力不高的情况下采用，因为高度不受台阶宽高比的限制，故适宜于在“宽基浅埋”的场合下使用，其横断面一般呈倒 T 型。

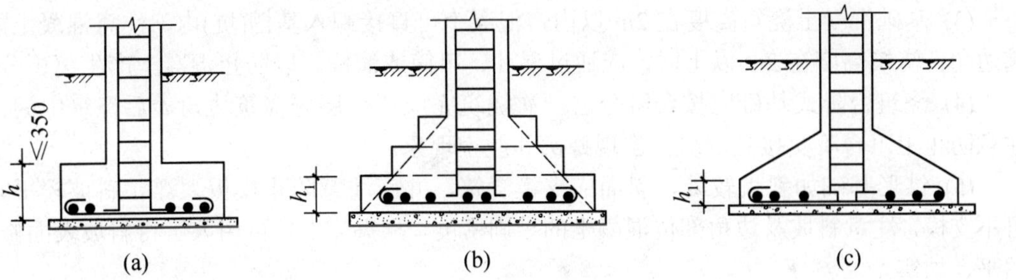

图 2.15　柱下混凝土独立基础

(a)、(b) 阶梯形；(c) 锥形

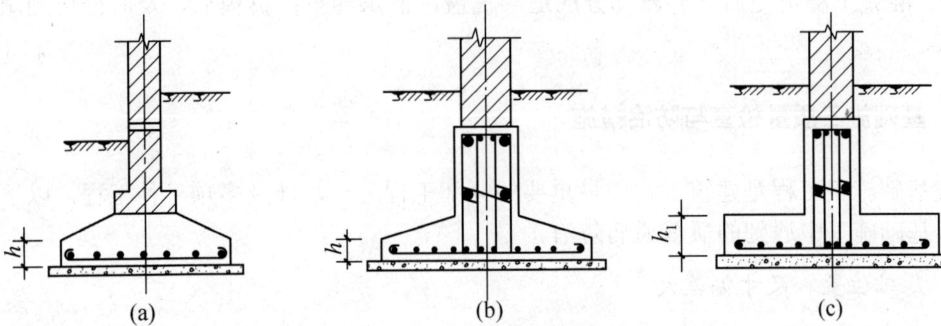

图 2.16　墙下混凝土条形基础

(a) 板式；(b)、(c) 梁板结合式

1. 构造要求

(1) 垫层厚度一般为 100mm，混凝土强度等级为 C10，基础混凝土强度等级不宜低于 C15。

(2) 底板受力钢筋的最小直径不宜小于 8mm，间距不宜大于 200mm。当有垫层时钢筋保护层的厚度不宜小于 35mm，无垫层时不宜小于 70mm。

(3) 插筋的数目与直径应和柱内纵向受力钢筋相同。插筋的锚固及柱的纵向受力钢筋的搭接长度，按国家现行设计规范的规定执行。

2. 工艺流程

基槽清理、验槽→混凝土垫层浇筑、养护→抄平、放线→基础底板钢筋绑扎、支模板→相关专业施工(如避雷接地施工)→钢筋、模板质量检查，清理→基础混凝土浇筑→混凝土养护→拆模。

3. 施工注意要点

(1) 基槽(坑)应进行验槽，局部软弱土层应挖去，用灰土或砂砾分层回填夯实至基底相平，并将基槽(坑)内清除干净。

(2) 如地基土质良好，且无地下水基槽(坑)第一阶可利用原槽(坑)浇筑，但应保证尺寸正确，砂浆不流失。上部台阶应支模浇筑，模板支撑要牢固，缝隙孔洞要堵严，木模应浇水湿润。

(3) 基础混凝土浇筑高度在 2m 以内，混凝土可直接卸入基槽(坑)内，注意混凝土能充满边角；浇筑高度在 2m 以上时，应通过漏斗、串筒或溜槽，以防止混凝土产生离析分层。

(4) 浇筑台阶式基础应按台阶分层一次浇筑完成，每层先浇筑边角，后浇筑中间，应注意防止上下台阶交接处混凝土出现蜂窝和脱空现象。

(5) 锥形基础如斜坡较陡，斜面应支模浇筑，并应注意防止模板上浮。斜坡较平时，可不支模，注意斜坡及边角部位混凝土的导固密度，振捣完后，再用人工将斜坡表面修正、拍平、拍实。

(6) 当基槽(坑)因土质不一挖成阶梯形式时，先从最低处浇筑，按每阶高度，其各边搭接长度不应小于 500mm。

(7) 混凝土浇筑完后，外露部分应适当覆盖，洒水养护；拆模后，及时分层回填土方并夯实。

2.2.4 基础施工质量检查与防治措施

浅基础施工工程是建筑工程中最重要的分部工程之一，涉及多项工种工程，以下介绍部分浅基础施工中遇到的质量通病防治。

1. 基础位置、尺寸偏差大

1) 现象

(1) 基础轴线或中心线偏离设计位置。

(2) 毛石基础、混凝土基础等平面尺寸误差过大。

2) 预防措施

选用尺寸合适的毛石砌筑基础的各步台阶，尤其是最底下的一层毛石，以确保基础尺寸准确。混凝土基础应在检查模板尺寸、位置无误后，方可浇筑。

3) 治理方法

(1) 轴线偏差过大，可能导致地基或桩基偏心受力，留下隐患。因此发现基础位置偏差太大时，必须请设计等有关方面协商处理。

(2) 基础尺寸减小后，造成地基应力提高，地基变形加大，由此造成上部建筑开裂等问题屡见不鲜。当基础尺寸严重偏小时，应约请有关方面研究采取加固补强措施。

砖石、混凝土基础尺寸、位置允许偏差及检验方法见表2-4、表2-5。

表2-4 基础尺寸、位置允许偏差及检验方法

项次	项目	允许偏差/mm				检验方法
		砖	毛石	毛料石	粗料石	
1	轴线位置偏移	10	20		15	用经纬仪或拉线和钢尺检查
2	基础顶面标高	±15	±25		±15	用水平仪和钢尺检查
3	砌体厚度	—	+30 −0	+30 −0	+15 −0	钢尺检查

表2-5 混凝土基础尺寸、位置允许偏差及检验方法

项次	项目	允许偏差/mm		检验方法
		独立基础	其他基础	
1	轴线位移	10	15	钢尺检查
2	截面尺寸	+8，−5		钢尺检查

2. 基础标高偏差过大

1) 现象

基础顶面标高不在同一水平面，其偏差明显超过施工规范的规定，这将影响上层墙体标高。此类通病在砖、石基础中较常见。

2) 预防措施

(1) 基础施工前应校核标志板(龙门板)标高，发现偏差应及时修正。

(2) 砌体施工应设置皮数杆，并应根据设计要求、块材规格和灰缝厚度在皮数杆上标明皮数及竖向构造的变化部位。

(3) 基础垫层(基层)施工时，应准确控制其顶面标高，宜在允许的负偏差范围内。

(4) 砌筑基础前，应对基层标高普查一遍，局部凹洼处，可用细石混凝土垫平。

3) 治理方法

基础顶面标高偏差过大时，应用细石混凝土找平后再砌墙，并以找平后的顶面标高为准设置皮数杆。

3. 毛石基础根部不实

1) 现象

毛石基础第一层毛石未坐实、挤紧。

2) 防治措施

(1) 基础砌筑前应认真验槽。若发现地基不良，应会同有关部门处理，并办理隐检记录。

(2) 第一皮砌体应选用较大的平毛石砌筑，砌前应坐浆，并将石块大面向下。

(3) 砌筑时毛石应平铺卧砌，毛石长面与基础长度方向垂直(即顶砌)，互相交叉紧密排好，接着灌入五分之二较稀的砂浆，然后用小石块将毛石之间的缝隙填实，用手锤敲打密实，再将其余空隙灌满砂浆。

4. 石砌基础组砌形式不良

1) 现象

毛石基础不分皮砌筑，同皮内的石块内外不搭砌，上下皮石块不错缝，台阶形基础错台处不搭砌。

2) 防治措施

(1) 毛石基础的第一皮及转角处、交接处和洞口处，应用较大的平毛石砌筑，大面朝下，放平放稳。

(2) 毛石基础应分皮卧砌，各皮石块间应利用自然形状经敲打修整使能与先砌石块基本吻合，搭砌紧密；应上下错缝，内外搭砌，不得采用外面侧立石块中间填心的砌筑方法。

(3) 毛石基础各皮必须设置拉结石。拉结石应均匀分布，相互错开，其一般间距为 2m 左右。

(4) 阶梯形毛石基础，上级阶梯的石块应至少压砌下级阶梯的 1/2，相邻阶梯的毛石应相互错缝搭砌。

(5) 毛石与毛石之间不得直接接触，应留 20～35mm 的灰缝，灰缝较小(≤30mm)时，可用砂浆填满；灰缝较大(＞30mm)时，应选用小石块加砂浆填塞密实，不准使用成堆的碎石填塞。

5. 混凝土基础外观缺陷

1) 现象

(1) 基础中心线错位。

(2) 基础平面尺寸、台阶形基础台阶宽和高的尺寸偏差过大。

(3) 带形基础上口宽度不准，基础顶面的边线不直；下口陷入混凝土内；拆模后上段混凝土有缺损，侧面有蜂窝、麻面；底部支模不牢。

(4) 杯形基础的杯口模板位移；芯模上浮或芯模不易拆除。

2) 防治措施

(1) 在确认测量放线标记和数据正确无误后，方可以此为据，安装模板。模板安装中，要准确地挂线和拉线，以保证模板垂直度和上口平直。

(2) 模板及支撑应有足够的强度和刚度，支撑的支点应坚实可靠。

(3) 上段模板应支承在预先横插圆钢或预制混凝土垫块上；也可用临时木支撑将上部侧模支撑牢靠，并保持标高、尺寸准确。

(4) 发现混凝土由上段模板下翻上来时，应及时铲除、抹平，防止模板下口被卡住。

(5) 模板支撑支承在土上时，下面应垫木板，以扩大支承面。模板长向接头处应加拼条，使板面平整，连接牢固。

(6) 杯基芯模板应刨光直拼，表面涂隔离剂，底部钻几个小孔，以利排气(水)。

(7) 浇筑混凝土时，两侧或四周应均匀下料并振捣。脚手板不得搁在模板上。

2.3 桩基础施工

章节导读

当地基浅层土质不良，采用浅基础无法满足结构物对地基强度、变形和稳定性方面的要求时，往往需要采用深基础。桩基础是一种历史悠久而应用广泛的深基础形式之一，它不仅可作为建筑物的基础形式，而且还可应用于软弱地基的加固和作为地下支挡结构物。

桩基础简称桩基，是由基桩(沉入土中的单桩)和连接于基桩桩顶的承台共同组成如图 2.17 所示。桩基础的作用是将上部结构的荷载，传递到深部较坚硬的、压缩性较小、承载力较大的土层或岩层上；或使软弱土层受挤压，提高地基土的密实度和承载力；以保证建筑物的稳定性，减少地基沉降。

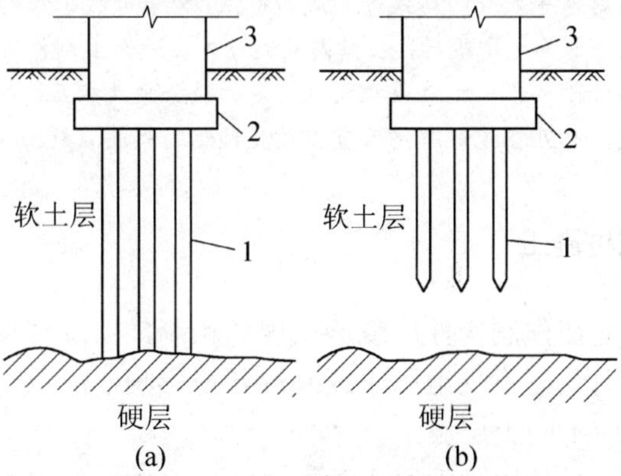

图 2.17　端承桩与摩擦桩示意图

(a) 端承桩；(b) 摩擦桩

1—桩；2—承台；3—上部结构

按桩的传力方式不同，将桩基分为端承桩和摩擦桩。端承桩就是穿过软土层并将建筑物的荷载直接传递给坚硬土层的桩。摩擦桩是将桩沉至软弱土层一定深度，用以挤密软弱土层，提高土层的密实度和承载能力，上部结构的荷载主要由桩身侧面与土之间的摩擦力承受，桩间阻力也承受少量的荷载。按桩的施工方法不同，有预制桩和灌注桩两类。预制桩是在工厂或施工现场用不同的建筑材料制成的各种形状的桩，然后用打桩设备将预制好的桩沉入地基土中。灌注桩是在设计桩位上先成孔，然后放入钢筋骨架，再浇筑混凝土而成的桩。灌注桩按成孔的方法不同，分为泥浆护壁成孔灌注桩、干作业钻孔灌注桩、人工挖孔灌注桩、沉管灌注桩等。

引例

有关文献资料表明，在人类有历史记载以前，就已经在地基土条件不良的河谷及洪积地区采用桩基础来建造房屋；在许多不同文化时期的初期，都可以找到桩基础的房屋。1982 年在智利发掘的文化遗址所见到的桩，距今大约有 12000～14000 年。根据历史文物遗址的发掘揭示，我国最早的桩基础距今大约有 7000 多年，是在浙江宁波附近的河姆渡，作为古代干阑式木结构建筑的基础是有圆木桩、方木桩和板桩组成的桩基础。圆木桩直径在 6～8cm 之间，板桩厚 2.4～4.0cm，宽 10～50cm，木桩均系下部削尖，入土深度最深达 115 cm。这是最早的桩的雏形。桩基础用于桥梁，历史也极为悠久。据《水经注》记载，公元前 532 年在今山西汾水上建成的 30 墩柱木柱梁桥，即为桩柱式桥墩。我国秦代的渭桥、隋朝的郑州超化寺、五代的杭州湾大海堤、南京的石头城和上海的龙华塔等，都是我国古代桩基础的典范。

近代随着工业技术和工程建设的发展，桩的类型和成桩工艺、桩的设计理论和设计方法、桩的承载力与桩体结构的检测技术等诸方面均有迅速的发展，使桩与桩基础的应用更为广泛，更具有生命力。

知识链接

常见的深基础除了桩基础外还有沉井和地下连续墙等基础形式。

沉井是用钢筋混凝土等材料制成的井筒状结构物，一般分节制作。施工时，先在场地上整平地面铺设砂垫层，设支承枕木，制作第一节沉井，然后在井筒内挖土(或水力吸泥)，使沉井失去支承下沉，边挖边排边下沉，再逐节接长井筒。当井筒下沉达设计标高后，用素混凝土封底，最后浇注钢筋混凝土底板，构成地下结构物，或在井筒内用素混凝土或砂砾石填充，构成深基础。

地下连续墙是在地面上用抓斗式或回转式等的成槽机械，沿着开挖工程的周边，在泥浆护壁的情况下开挖一条狭长的深槽，形成一个单元槽段后，在槽内放大预先在地面上制作好的钢筋笼，然后用导管法浇灌混凝土，完成一个单元的墙段，各单元墙段之间以特定的接头方式相互连接，形成一条地下连续墙壁。随着地下连续墙技术的发展，也可在挖好深槽后直接放置预制的钢筋混凝土或预应力混凝土墙板。

2.3.1 钢筋混凝土预制桩施工

钢筋混凝土预制桩是在预制构件厂或施工现场预制，用沉桩设备在设计位置上将其沉入土中，其特点是坚固耐久，不受地下水或潮湿环境影响，能承受较大荷载，施工机械化程度高，进度快，能适应不同土层施工。

目前最常用的预制桩是预应力混凝土管桩。它是一种细长的空心等截面预制混凝土构件，是在工厂经先张预应力、离心成型、高压蒸养等工艺生产而成。

知识链接

管桩直径多为 400～600mm，壁厚 80～100mm，每节长度 8～10m，用法兰连接，桩的接头不宜超过 4 个，下节桩底端可设桩尖，也可以是开口的。

钢筋混凝土预制桩施工前，应根据施工图设计要求、桩的类型、成孔过程对土的挤压情况、地质探测和试桩等资料，制定施工方案。一般的施工程序如图 2.18 所示。

1. 打桩前的准备

桩基础工程在施工前，应根据工程规模的大小和复杂程度，编制整个分部工程施工组织设计或施工方案。沉桩前，现场准备工作的内容有平整场地、抄平放线、铺设水电管网、沉桩机械设备的进场和安装以及桩的供应等。

1) 场地平整

施工场地应平整、坚实(坡度不大于 10%)，必要时宜铺设道路，经压路机碾压密实，场地四周应设置排水措施。

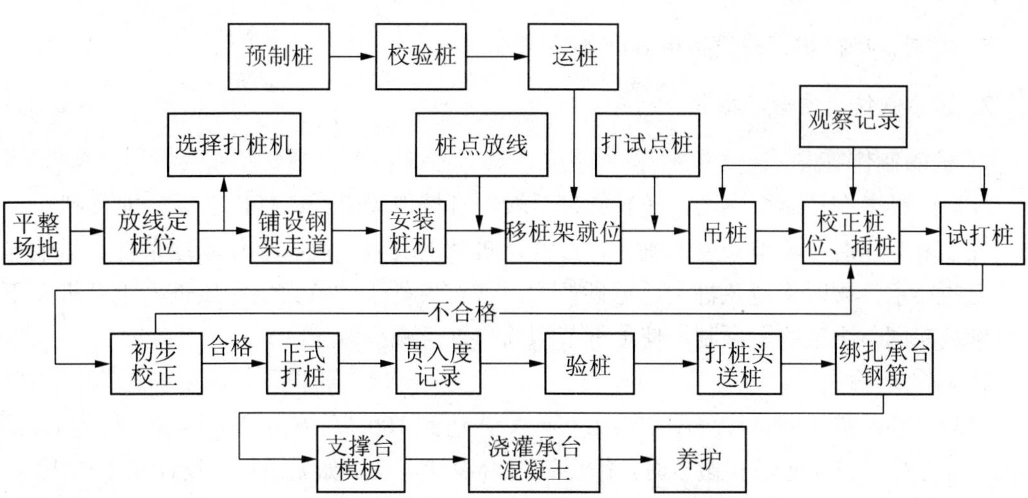

图 2.18　钢筋混凝土预制桩施工流程图

2) 抄平放线定桩位

依据施工图设计要求，把桩基定位轴线桩的位置在施工现场准确地测定出来，并作出明显的标志(用小木桩或洒白石灰点标出桩位，或设置龙门板拉线法确定桩位)。在打桩现场附近设置 2～4 个水准点，用以抄平场地和作为检查桩入土深度的依据。桩基轴线的定位点及水准点，应设置在不受打桩影响的地方。

3) 进行打桩试验

施工前应作数量不少于 2 根桩的打桩工艺试验，用以了解桩的沉入时间、最终沉入度、持力层的强度、桩的承载力以及施工过程中可能出现的各种问题和反常情况等，以便检验所选的打桩设备和施工工艺，确定是否符合设计要求。

4) 确定打桩顺序

打桩顺序直接影响到桩基础的质量和施工速度，应根据桩的密集程度(桩距大小)、桩的规格、长短、桩的设计标高、工作面布置、工期要求等综合考虑，合理确定打桩顺序。根据桩的密集程度，打桩顺序一般分为逐排打设、自中部向四周打设和由中间向两侧打设 3 种，如图 2.19 所示。

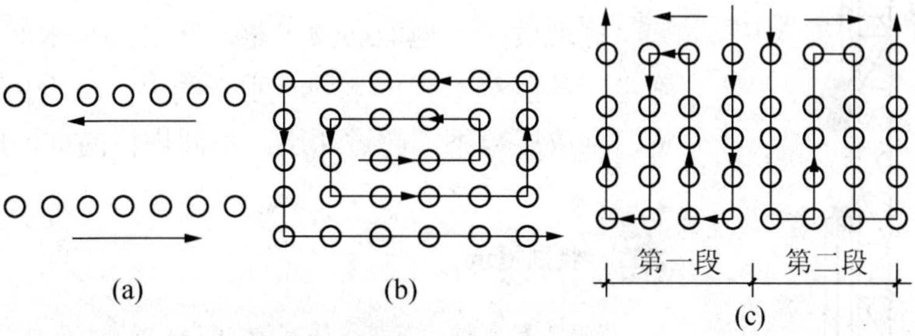

图 2.19　打桩顺序

(a) 逐排打设；(b) 自中部向四周打设；(c) 由中间向两侧打设

根据基础的设计标高和桩的规格，宜按先深后浅、先大后小、先长后短的顺序进行打桩。但一侧毗邻建筑物时，由毗邻建筑物处向另一方向施打。

5) 桩帽、垫衬和打桩设备机具准备

2. 桩的制作、运输、堆放

1) 桩的制作

较短的桩多在预制厂生产，较长的桩一般在打桩现场附近或打桩现场就地预制。

桩分节制作时，单节长度的确定，应满足桩架的有效高度、制作场地条件、运输与装卸能力的要求，同时应避免桩尖接近硬持力层或桩尖处于硬持力层中接桩，上节桩和下节桩应尽量在同一纵轴线上预制，使上下节钢筋和桩身减少偏差。

2) 桩的运输

混凝土预制桩达到设计强度 70%方可起吊，达到 100%后方可进行运输。如提前吊运，必须验算合格。桩在起吊和搬运时，吊点应符合设计规定，如无吊环，设计又未作规定时，绑扎点的数量及位置按桩长而定，应符合起吊弯矩最小的原则，如 2.20 所示位置捆绑。钢丝绳与桩之间应加衬垫，以免损坏棱角。起吊时应平稳提升，吊点同时离地，如要长距离运输，可采用平板拖车或轻轨平板车。

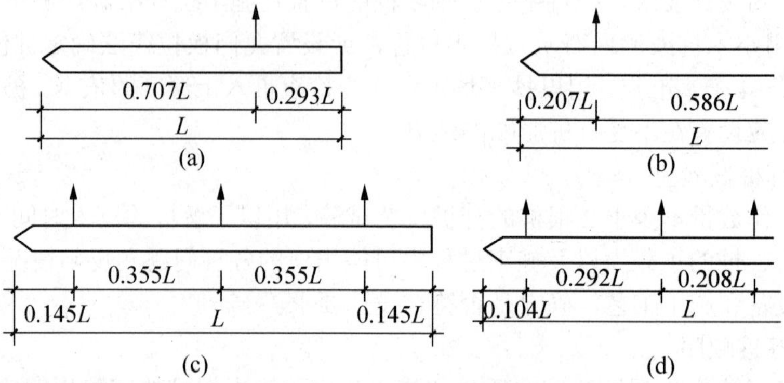

图 2.20　吊点的合理位置

(a) 1个吊点；(b) 2个吊点；(c) 3个吊点；(d) 4个吊点

3) 桩的堆放

桩堆放时，地面必须平整、坚实，垫木间距应根据吊点确定，各层垫木应位于同一垂直线上，最下层垫木应适当加宽，堆放层数不宜超过 4 层。不同规格的桩，应分别堆放。

特别提示

混凝土预制桩的沉桩方法有锤击沉桩、静力压桩、振动沉桩等。

3. 锤击沉桩施工

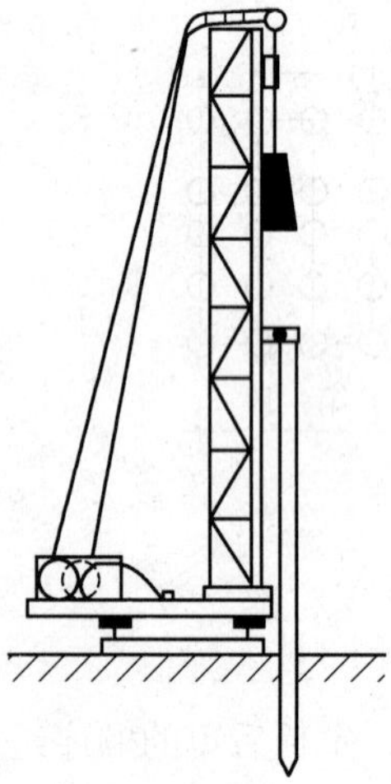

图 2.21　打入桩施工示意图

锤击沉桩也称打入桩如图 2.21 所示，是利用桩锤下落产生的冲击能量将桩沉入土中，锤击沉桩是混凝土预制桩最常用的沉桩方法。该法施工速度快，机械化程度高，适应范围广，现场文明程度高，但施工时有噪声和振动，对于城市中心和夜间施工有所限制。

1) 打桩设备及选择

打桩所用的机具设备主要包括桩锤、桩架及动力装置。

(1) 桩锤是把桩打入土中的主要机具，有落锤、汽锤(单动汽锤和双动汽锤)、柴油桩锤、振动桩锤等。

(2) 桩架是支持桩身和桩锤，在打桩过程中引导桩的方向及维持桩的稳定，并保证桩锤沿着所要求方向冲击桩体的设备。桩架一般由底盘、导向杆、起吊设备、撑杆等组成。

(3) 打桩机械的动力装置是根据所选桩锤而定的，主要有卷扬机、锅炉、空气压缩机等。当采用空气锤时，应配备空气压缩机；当选用蒸汽锤时，则要配备蒸汽锅炉和卷扬机。

2) 打桩工艺

(1) 吊桩就位。按既定的打桩顺序，先将桩架移动至桩位处并用缆风绳拉牢，然后将桩运至桩架下，利用桩架上的滑轮组，由卷扬机提升桩。当桩提升至直立状态后，即可将桩送入桩架的龙门导管内，同时把桩尖准确地安放到桩位上，并与桩架导管相连接，以保证打桩过程中不发生倾斜或移动。桩就位后，为了防止击碎桩顶，在桩锤与桩帽、桩帽与桩之间应放上硬木、粗草纸或麻袋等桩垫作为缓冲层，桩帽与桩顶四周应留 5～10mm 的间隙，然后进行检查，使桩身、桩帽和桩锤在同一轴线上即可开始打桩。

(2) 打桩。打桩时采用“重锤低击”可取得良好效果，这是因为这样桩锤对桩头的冲击小，回弹也小，桩头不易损坏，大部分能量都用于克服桩身与土的摩阻力和桩尖阻力上，桩就能较快地沉入土中。打入桩施工示意图如图 2.21 所示。

初打时地层软，沉降量较大，宜低锤轻打，随着沉桩加深(1～2m)，速度减慢，再酌情增加起锤高度，要控制锤击应力。打桩时应观察桩锤回弹情况，如经常回弹较大时则说明桩锤太轻，不能使桩下沉，应及时更换。至于桩锤的落距以多大为宜，根据实践经验，在一般情况下，单动汽锤以 0.6m 左右为宜，柴油锤不超过 1.5m，落锤不超过 1.0m 为宜。

在打桩过程中，如突然出现桩锤回弹、贯入度突增、锤击时桩弯曲、倾斜、颤动、桩顶破坏加剧等情况，则表明桩身可能已破坏。

打桩最后阶段，沉降太小时，要避免硬打，如难沉下，要检查桩垫、桩帽是否适宜，需要时可更换或补充软垫。

(3) 接桩。预制桩施工中，由于受到场地、运输及桩机设备等的限制，而将长桩分为多节进行制作。混凝土预制方桩接头数量不宜超过 2 个，预应力管桩接头不宜超过 4 个。接桩时要注意新接桩节与原桩节的轴线一致。目前预制桩的接桩工艺主要有硫黄胶泥浆锚法、电焊接桩和法兰螺栓接桩等 3 种。前一种适用于软弱土层，后两种适用于各类土层。

(4) 打入末节桩体。

① 送桩。设计要求送桩时，送桩的中心线应与桩身吻合一致方能进行送桩。送桩下端宜设置桩垫，要求厚薄均匀。若桩顶不平可用麻袋或厚纸垫平。送桩留下的桩孔应立即回填密实。

② 截桩。在打完各种预制桩开挖基坑时，按设计要求的桩顶标高将桩头多余的部分截去。截桩头时不能破坏桩身，要保证桩身的主筋伸入承台，长度应符合设计要求。当桩顶标高在设计标高以下时，在桩位上挖成喇叭口，凿掉桩头混凝土，剥出主筋并焊接接长至设计要求长度，与承台钢筋绑扎在一起，用桩身同强度等级的混凝土与承台一起浇筑接长桩身，如图 2.22 所示。

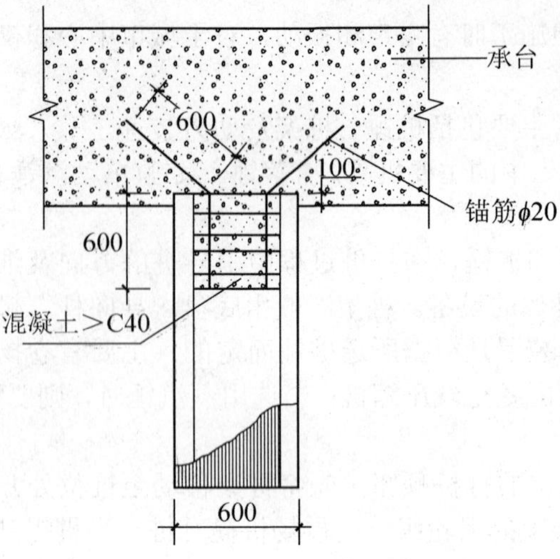

图 2.22 桩头处理

4. 静力压桩施工

静力压桩是在软土地基上，利用静力压桩机或液压压桩机用无振动的静力压力(自重和配重)将预制桩压入土中的一种新工艺。静力压桩已在我国沿海软土地基上较为广范地采用，与普通的打桩和振动沉桩相比，压桩可以消除噪声和振动的公害，故特别适用于医院和有防震要求部门附近的施工。

静力压桩机如图 2.23 所示，它的工作原理是：通过安置在压桩机上的卷扬机的牵引，由钢丝绳、滑轮及压梁，将整个桩机的自重力(800～1500kN)反压在桩顶上，以克服桩身下沉时与土的摩擦力，迫使预制桩下沉。桩架高度 10～40m，压入桩长度已达 37m，桩断面为 400mm×400mm～500mm×500mm。

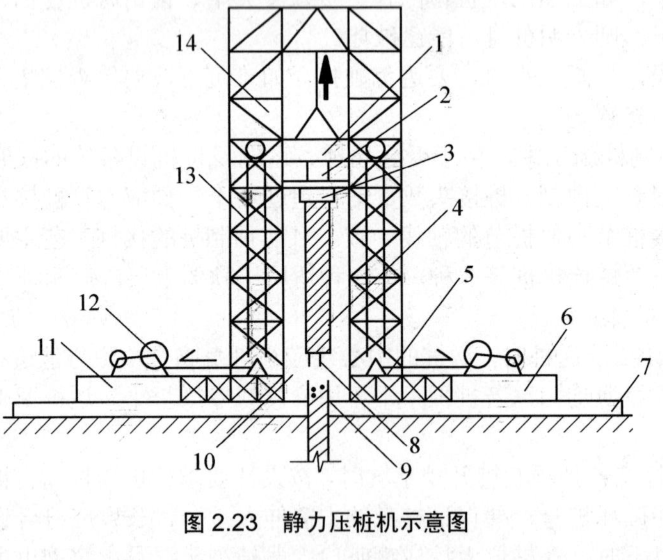

图 2.23 静力压桩机示意图

1—活动压梁；2—油压表；3—桩帽；4—上段桩；5—加重物仓；6—底盘；7—轨道；8—上段接桩锚筋；9—下段桩；10—桩架；11—底盘；12—卷扬机；13—加压钢绳滑轮组；14—桩架导向笼

特别提示

近年引进 WYJ-200 型和 WYJ-400 型压桩机，是液压操纵的先进设备，静压力有 2000kN 和 4000kN 两种，单根预制桩长度可达 20m。

压桩施工，一般情况下都采取分段压入，逐段接长的方法。接桩的方法目前有 3 种：焊接法、法兰接法和浆锚法。

焊接法接桩如图 2.24 所示，必须对准下节桩并垂直无误后，用点焊将拼接角钢连接固定，再次检查位置正确后则进行焊接。施焊时，应两人同时对角对称地进行，以防止节点变形不匀而引起桩身歪斜。焊缝要连续饱满。

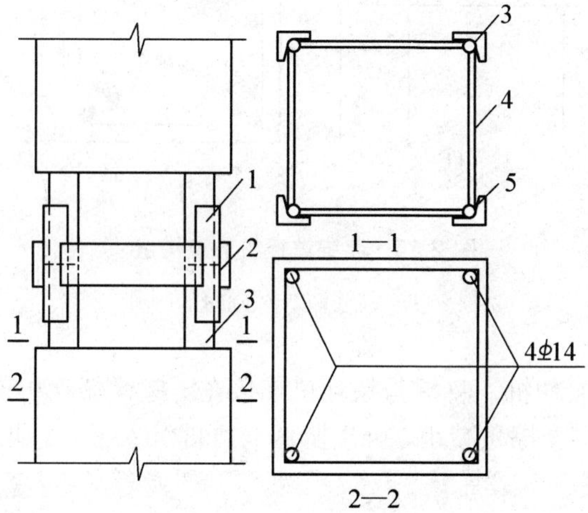

图 2.24　焊接法接桩节点构造

浆锚法接桩如图 2.25 所示，首先将上节桩对准下节桩，使四根锚筋插入锚筋孔中(直径为锚筋直径的 2.5 倍)，下落压梁并套住桩顶，然后将桩和压梁同时上升约 200mm(以四根锚筋不脱离锚筋孔为度)。此时，安设好施工夹箍(施工夹箍：由四块木板，内侧用人造革包裹 40mm 厚的树脂海绵块而成)，将溶化的硫磺胶泥注满锚筋孔内和接头平面上，然后将上节桩和压梁同时下落，当硫磺胶泥冷却并拆除施工夹箍后，即可继续加荷施压。

为保证接桩质量，应做到：锚筋应刷净并调直；锚筋孔内应有完好螺纹，无积水、杂物和油污；接桩时接点的平面和锚筋孔内应灌满胶泥；灌注时间不得超过 2min；灌注后停歇时间应符合有关规定。

5. 其他沉桩方法

1) 水冲沉桩法

水冲沉桩法是锤击沉桩的一种辅助方法。它是利用高压水流经过桩侧面或空心管内部的射水管冲击桩尖附近土层，便于锤击沉桩。一般是边冲水边打桩，当沉桩至最后 1～2m 时停止冲水，用锤击至规定标高。水冲法适用于砂土和碎石土，有时对于特别长的预制桩，单靠锤击有一定的困难时，也可用水冲法辅助之。

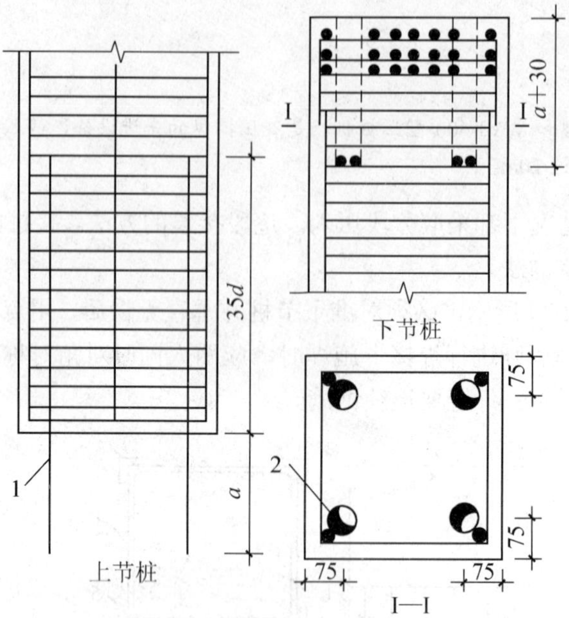

图 2.25　浆锚法接桩节点构造

1—锚筋；2—锚筋孔

2) 振动沉桩法

振动沉桩法是利用振动机，将桩与振动机连接在一起，振动机产生的振动力通过桩身使土体振动，使土体的内摩擦角减小、强度降低而将桩沉入土中。此法在砂土中效率最高。

2.3.2　灌注桩施工

混凝土灌注桩是直接在施工现场桩位上成孔，然后在孔内安装钢筋笼，浇筑混凝土成桩。与预制桩相比，灌注桩具有不受地层变化限制，不需要接桩和截桩，节约钢材、振动小、噪声小等特点，但施工工艺复杂，影响质量的因素多。灌注桩按成孔方法分为钻孔灌注桩、人工挖孔灌注桩、沉管灌注桩等。

1. 灌注桩施工准备工作

1) 确定成孔施工顺序

(1) 对土没有挤密作用的钻孔灌注桩和干作业成孔灌注桩，应结合施工现场条件，按桩机移动的原则确定成孔顺序。

(2) 对土有挤密作用和振动影响的冲孔灌注桩、沉管灌注桩等，为保证邻桩不受影响造成事故，一般可结合现场施工条件确定成孔顺序：间隔 1 个或 2 个桩位成孔；在邻桩混凝土初凝前或终凝后成孔；5 根以上单桩组成的群桩基础，中间的桩先成孔，外围的桩后成孔。

(3) 人工挖孔桩当桩净距小于 2 倍直径且小于 2.5m 时，桩应采用间隔开挖；排桩跳挖的最小净距不得小于 4.5m，孔深不宜大于 40m。

2) 桩孔结构的控制

(1) 桩孔直径的偏差应符合规范规定，在施工中，如桩孔直径偏小，则不能满足设计要求(桩承载力不够)；如直径偏大，则使工程成本增加，影响经济效益。

(2) 桩孔深度应根据桩型来确定控制标准。对桩孔的深度，一般先以钻杆和钻具粗挖，再以标准测量绳吊铊测量。

(3) 护筒的位置主要取决于地层的稳定情况和地下水位的位置。

3) 钢筋笼的制作

制作钢筋笼，可采用专用工具，人工制作。首先计算主筋长度并下料，弯制加强箍和缠绕筋，然后焊制钢筋笼。制作钢筋笼时，要求主筋环向均匀布置，箍筋的直径及间距、主筋的保护层、加强箍的间距等均应符合设计规定。钢筋笼在运输，吊装过程中，要防止钢筋扭曲变形。吊放入孔内时，应对准孔位慢放，严禁高起猛落，强行下放，防止倾斜、弯折或碰撞孔壁，为防止钢筋笼上浮，可采用叉杆对称地点焊在孔口护筒上。

4) 混凝土的配制

混凝土强度等级不应低于 C15，水下浇筑混凝土不应低于 C20。所用粗、细骨科必须符合有关要求。混凝土坍落度的要求是：用导管水下灌注混凝土宜为 160～220mm，非水下直接灌注的混凝土宜为 80～100mm，非水下素混凝土宜为 60～80mm。

5) 混凝土的灌注

桩孔检查合格后，应尽快灌注混凝土。灌注混凝土时，桩顶灌注标高应超过桩顶设计标高的半米以上。灌注时环境温度低于 0℃，混凝土应采取保温措施。

2. 钻孔灌注桩

钻孔灌注桩是指利用钻孔机械钻出桩孔，并在孔中浇筑混凝土(或先在孔中吊放钢筋笼)而成的桩。根据钻孔机械的钻头是否在土壤的含水层中施工，钻孔灌注桩又分为泥浆护壁成孔和干作业成孔两种施工方法。

1) 泥浆护壁成孔灌注桩

泥浆护壁成孔是利用原土自然造浆或人工造浆浆液进行护壁，通过循环泥浆将被钻头切下的土块携带排出孔外成孔，然后安装绑扎好的钢筋笼，导管法水下灌注混凝土沉桩。此法对于不论地下水高低的土层都适用，但在岩溶发育地区慎用。

泥浆护壁成孔灌注桩施工工艺流程如图 2.26 所示。

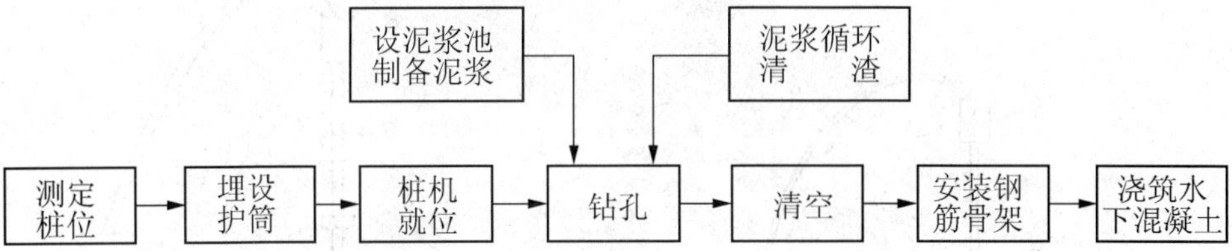

图 2.26 泥浆护壁成孔灌注桩工艺流程图

(1) 埋设护筒。护筒是用 4～8mm 厚钢板制成的圆筒，其内径应大于钻头直径 100mm，其上部宜开设 1～2 个溢浆孔如图 2.27 所示。

护筒的作用是固定桩孔位置，防止地面水流入，保护孔口，增高桩孔内水压力，防止塌孔和成孔时引导钻头方向。

埋设护筒时，先挖去桩孔处地表土，将护筒埋入土中，保证其位置准确、稳定。护筒中心与桩位中心的偏差不得大于 50mm，护筒与坑壁之间用黏土填实，以防漏水。护筒的埋设深度，在黏土中不宜小于 1.0m，在砂土中不宜小于 1.5m。护筒顶面应高于地面 0.4～0.6m，并应保持孔内泥浆面高出地下水位 1m 以上，在受水位涨落影响时，泥浆面应高出最高水位 1.5m 以上。

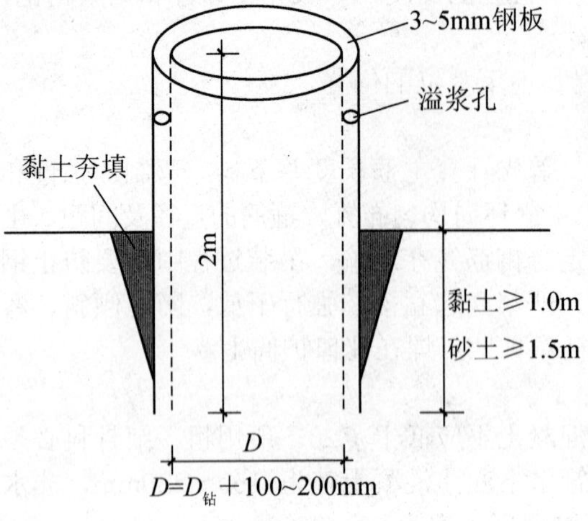

图 2.27　护筒埋设示意图

(2) 制备泥浆。泥浆组成为水、黏土、化学处理剂和一些惰性物质。泥浆在桩孔内吸附在孔壁上，将土壁上孔隙填渗密实，避免孔内壁漏水，保持护筒内水压稳定，并具有较强的黏结力，可以稳固土壁、防止塌孔；通过循环泥浆可将切削碎的泥石碴屑悬浮后排出，起到携砂、排土的作用。同时，泥浆还可对钻头有冷却和润滑作用，保证钻头和钻具保持冷却和在孔内顺利起落。

制备泥浆方法：在黏性土中成孔时可在孔中注入清水，钻机旋转时，切削土屑与水旋伴，用原土造浆。在其他土中成孔时，泥浆制备应选用高塑性黏土或膨润土。

2) 成孔。泥浆护壁成孔灌注桩成孔方法按成孔机械分类有钻机成孔(回转钻机成孔、潜水钻机成孔、冲击钻机成孔)和冲抓锥成孔，其中以钻机成孔应用最多。

(1) 回转钻机成孔。回转钻机是由动力装置带动钻机回转装置转动，再由其带动带有钻头的钻杆移动，由钻头切削土层，适用于地下水位较高的软、硬土层，如淤泥、黏性土、砂土、软质岩层。

回转钻机钻孔方式根据泥浆循环方式的不同，分为正循环回转钻机成孔和反循环回转钻机成孔。正循环回转钻机成孔的工艺如图 2.28 所示。由空心钻杆内部通入泥浆或高压水，从钻杆底部喷出，携带钻下的土渣沿孔壁向上流动，由孔口将土渣带出流入泥浆池。反循环回转钻机成孔的工艺如图 2.29 所示。泥浆带渣流动的方向与正循环回转钻机成孔的情形相反。反循环工艺的泥浆上流的速度较高，能携带较大的土渣。

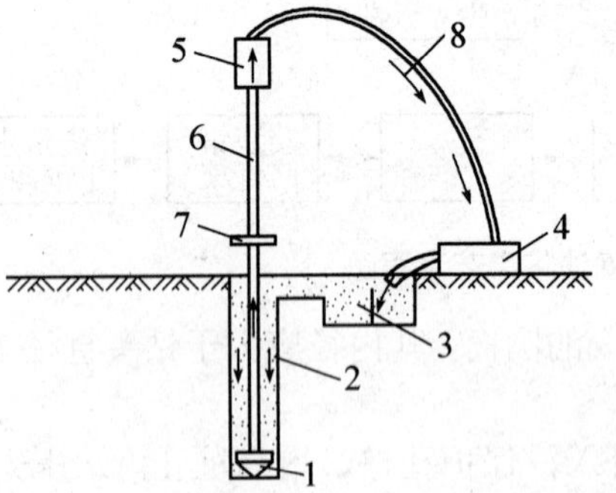

图 2.28　正循环回转钻机成孔工艺原理图

1—钻头；2—泥浆循环方向；3—沉淀池；
4—泥浆池；5—泥浆泵；6—水龙头；
7—钻杆；8—钻机回转装置

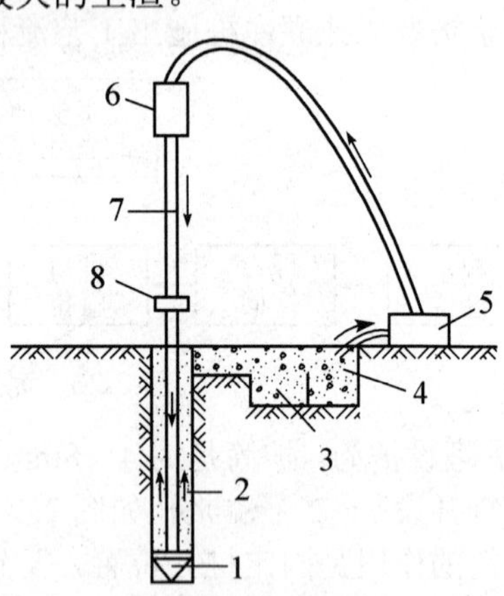

图 2.29　反循环回转钻机成孔工艺原理图

1—钻头；2—新泥浆流向；3—沉淀池；
4—砂石泵；5—水龙头；6—钻杆；
7—钻机回转装置；8—混合液流向

(2) 潜水钻机成孔。潜水钻机钻孔示意图如图 2.30 所示。潜水钻机是一种将动力、变速机构、钻头连在一起加以密封，潜入水中工作的一种体积小而轻的钻机。这种钻机的钻头有多种形式，以适应不同桩径和不同土层的需要，钻头可带有合金刀齿，靠电机带动刀齿旋转切削土层或岩层。钻头靠桩架悬吊吊杆定位，钻孔时钻杆不旋转，仅钻头部分放置切削下来的泥渣通过泥浆循环排出孔外。

(3) 冲击钻机成孔。冲击钻机通过机架、卷扬机把带刃的重钻头(冲击锤)提高到一定高度，靠自由下落的冲击力切削破碎岩层或冲击土层成孔如图 2.31 所示。部分碎渣和泥浆挤压进孔壁，大部分碎渣用掏渣筒掏出。此法设备简单，操作方便，对于有孤石的砂卵石岩、坚质岩、岩层均可成孔。

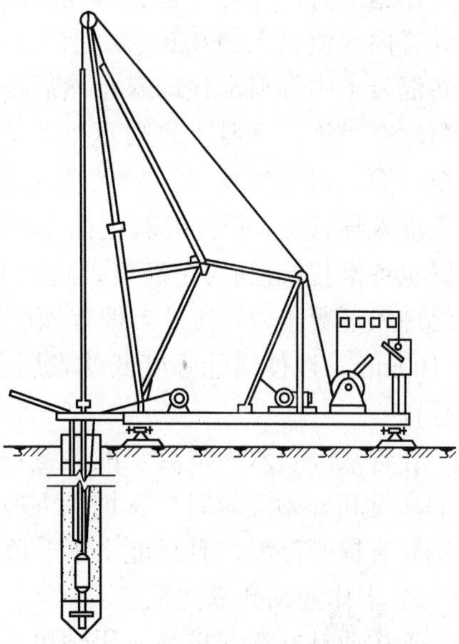

图 2.30　潜水钻机钻孔示意图

3) 清孔。成孔后，即进行验孔和清孔。验孔是用探测器检查桩位、直径、深度和孔道情况；清孔即清除孔底沉渣、淤泥浮土，以减少桩基的沉降量，提高承载能力。

4) 水下浇筑混凝土。在灌注桩、地下连续墙等基础工程中，常要直接在水下浇筑混凝土。其方法是利用导管输送混凝土并使之与环境水隔离，依靠管中混凝土的自重，使管口周围的混凝土在已浇筑的混凝土内部流动、扩散，以完成混凝土的浇筑工作，如图 2.32 所示。

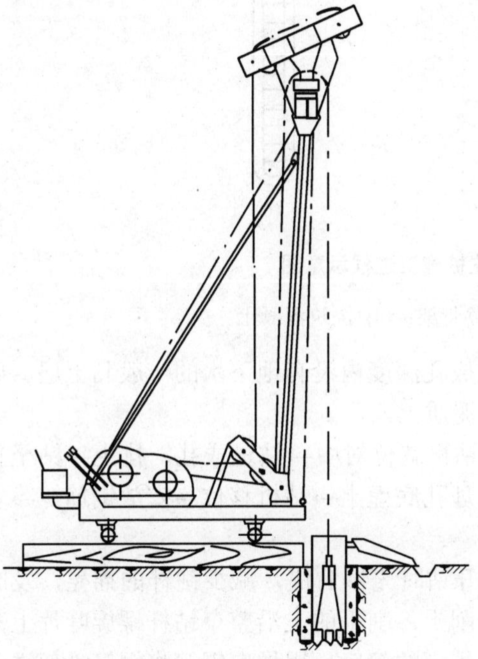

图 2.31　简易冲击钻孔机示意图

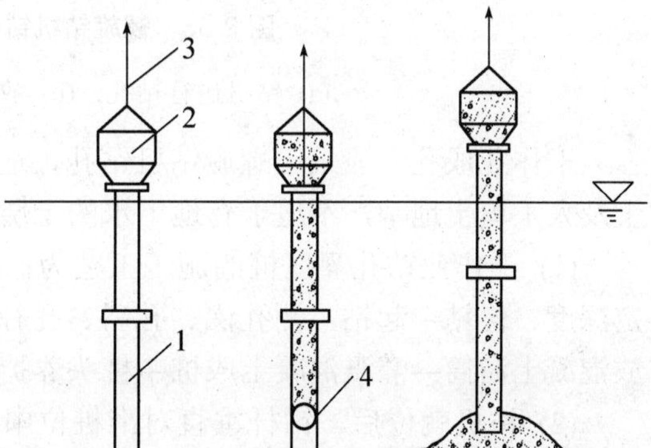

图 2.32　导管法浇筑水下混凝土示意图

1—导管；2—承料漏斗；3—提升机具；4—球塞

在施工时，先将导管放入孔中(其下部距离底面约 100mm)，用麻绳或铅丝将球塞悬吊在导管内水位以上的 0.2m(塞顶铺 2～3 层稍大于导管内径的水泥纸袋，再散铺一些干水泥，以防混凝土中骨料卡住球塞)，然后浇入混凝土，当球塞以上导管和承料漏斗装满混凝土后，剪断球塞吊绳，混凝土靠自重推动球塞下落，冲向基底，并向四周扩散。球塞冲出导管，浮至水面，可重复使用。冲入基底的混凝土将管口包住，形成混凝土堆，同时不断地将混凝土浇入导管中，管外混凝土面不断被管内的混凝土挤压上升。随着管外混凝土面的上升，导管也逐渐提高(到一定高度，可将导管顶段拆下)，但不能提升过快，必须保证导管下端始终埋入混凝土内，其最大埋置深度不宜超过 5m。混凝土浇筑的最终高程应高于设计标高约 100mm，以便清除强度低的表层混凝土(清除应在混凝土强度达到 2～2.5N/mm^2 后方可进行)。

导管法浇筑水下混凝土的关键：一是保证混凝土的供应量应大于导管内混凝土必须保持的高度和开始浇筑时导管埋入混凝土堆内必须的埋置深度所要求的混凝土量；二是严格控制导管提升高度，且只能上下升降，不能左右移动，以避免造成管内返水事故。

5) 干作业钻孔灌注桩

干作业钻孔灌注桩是先用钻机在桩位处进行钻孔，然后在桩孔内放入钢筋骨架，再灌筑混凝土而成桩。其施工过程如图 2.33 所示。

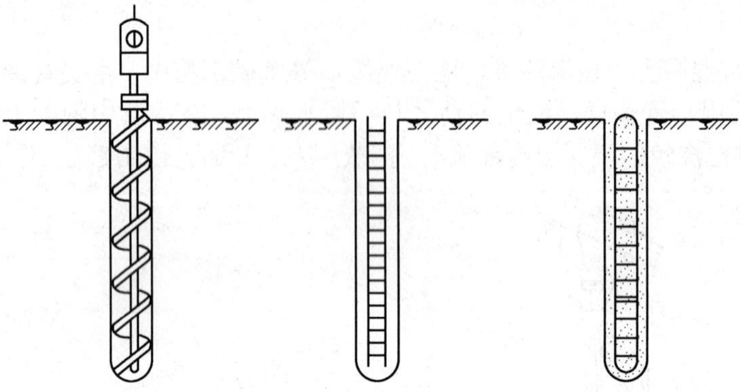

(a)　　(b)　　(c)

图 2.33　螺旋钻机钻孔灌注桩施工过程示意图

(a) 钻机进行钻孔；(b) 放入钢筋骨架；(c) 浇筑混凝土

干作业成孔一般采用螺旋钻机钻孔，适用于成孔深度内没有地下水的一般黏土层、砂土及人工填土地基，不适于有地下水的土层和淤泥质土。

(1) 干作业钻孔灌注桩的施工工艺为：螺旋钻机就位对中→钻进成孔、排土→钻至预定深度、停钻→起钻，测孔深、孔斜、孔径→清理孔底虚土→钻机移位→安放钢筋笼→安放混凝土溜筒→灌溉混凝土成桩→桩头养护。

(2) 钻机就位后，钻杆垂直对准桩位中心，开钻时先慢后快，减少钻杆的摇晃，及时纠正钻孔的偏斜或位移。钻孔时，螺旋刀片旋转削土，削下的土沿整个钻杆螺旋叶片上升而涌出孔外，钻杆可逐节接长直至钻到设计要求规定的深度，用导向钢筋将钢筋骨架送入孔内，同时防止泥土杂物掉进孔内。钢筋骨架就位后，应立即灌注混凝土，以防塌孔。灌注时，应分层浇筑、分层捣实，每层厚度为 50～60cm。

知识链接

贝诺特(Benoto)灌注桩施工法为全套管施工法。该法利用摇动装置的摇动(或回转装置的回转)使钢套管与土层间的摩阻力大大减少，边摇动(或边回转)边压入，同时利用冲抓斗挖掘取土，直至套管下到桩端持力层为止。挖掘完毕后立即进行挖掘深度的测定，并确认桩端持力层，然后清除虚土。成孔后将钢筋笼放入，接着将导管竖立在钻孔中心，最后灌注混凝土成桩。贝诺特法实质上是冲抓斗跟管钻进法。

贝特诺灌注桩由于环保效果好(噪声低、振动小、无泥浆污染与排放)、施工现场文明，在海内外广泛采用，我国香港地区此类桩型的市场份额约占45%，昆明、温州及北京地区10多个工地已成功地采用此类桩型。

3. 人工挖孔灌注桩

人工挖孔灌注桩是采用人工挖掘方法成孔，然后放置钢筋笼，浇筑混凝土而成的桩基础。其施工特点是设备简单；无噪声、无振动、不污染环境，对施工现场周围原有建筑物的影响小；施工速度快，可按施工进度要求决定同时开挖桩孔的数量，必要时各桩孔可同时施工；土层情况明确，可直接观察到地质变化，桩底沉渣能清除干净，施工质量可靠。尤其当高层建筑选用大直径的灌注桩，而施工现场又在狭窄的市区时，采用人工挖孔比机械挖孔具有更大的适应性。但其缺点是人工耗量大，开挖效率低，安全操作条件差等。

施工时，为确保挖土成孔施工安全，必须考虑预防孔壁坍塌和流沙现象发生的措施。因此，施工前应根据地质水文资料，拟定出合理的护壁措施和降排水方案，护壁方法很多，可以采用现浇混凝土护壁、沉井护壁、喷射混凝土护壁等。

1) 现浇混凝土护壁

现浇混凝土护壁法施工即分段开挖、分段浇筑混凝土护壁，既能防止孔壁坍塌，又能起到防水作用。现浇混凝土护壁施工工艺流程图如图2.34所示。

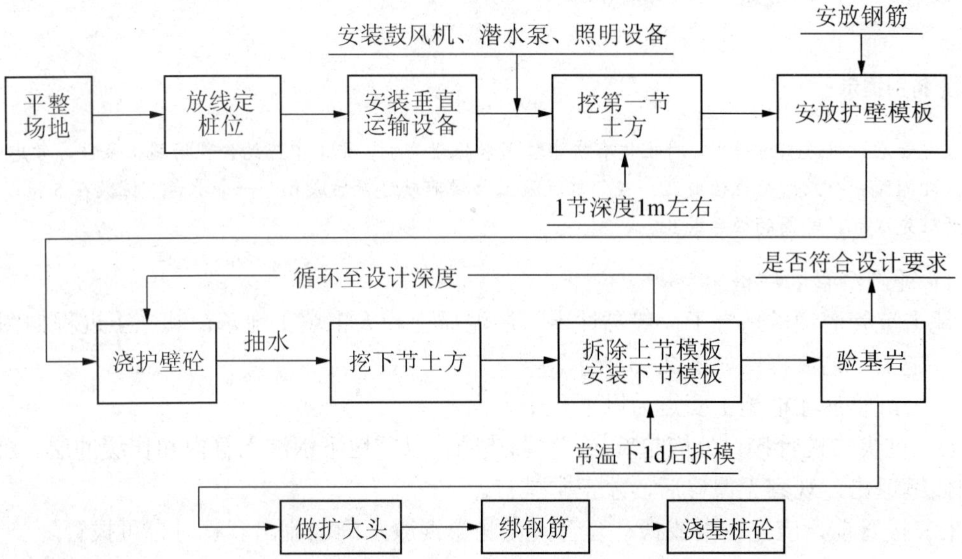

图2.34 现浇混凝土护壁施工工艺流程图

桩孔采取分段开挖，每段高度取决于土壁直立状态的能力，一般0.5～1.0m为一施工段，开挖井孔直径为设计桩径加混凝土护壁厚度。

护壁施工段，即支设护壁内模板(工具式活动钢模板)后浇筑混凝土，模板的高度取决于开挖土方施工段的高度，一般为 1m，由 4～8 块活动钢模板组合而成，支成有锥度的内模。内模支设后，吊放用角钢和钢板制成的两半圆形合成的操作平台入桩孔内，置于内模板顶部，以放置料具和浇筑混凝土操作之用。混凝土的强度一般不低于 C15，浇筑混凝土时要注意振捣密实。

当护壁混凝土强度达到 1MPa(常温下约 24h)可拆除模板，开挖下段的土方，再支模浇筑护壁混凝土，如此循环，直至挖到设计要求的深度。

当桩孔挖到设计深度，并检查孔底土质是否已达到设计要求后，再在孔底挖成扩大头。待桩孔全部成型后，用潜水泵抽出孔底的积水，然后立即浇筑混凝土。当混凝土浇筑至钢筋笼的底面设计标高时，再吊入钢筋笼就位，并继续浇筑桩身混凝土而形成桩基。

2) 沉井护壁

当桩径较大，挖掘深度大，地质复杂，土质差(松软弱土层)，且地下水位高时，应采用沉井护壁法挖孔施工。

沉井护壁施工是先在桩位上制作钢筋混凝土井筒，井筒下捣制钢筋混凝土刃脚，然后在筒内挖土掏空，井筒靠其自重或附加荷载来克服筒壁与土体之间的摩擦阻力，边挖边沉，使其垂直地下沉到设计要求深度。

4. 沉管灌注桩

沉管灌注桩是利用锤击打桩设备或振动沉桩设备，将带有钢筋混凝土的桩尖(或钢板靴)或带有活瓣式桩靴的钢管沉入土中(钢管直径应与桩的设计尺寸一致)造成桩孔，然后放入钢筋骨架并浇筑混凝土，随之拔出套管，利用拔管时的振动将混凝土捣实，便形成所需要的灌注桩。利用锤击沉桩设备沉管、拔管成桩，称为锤击沉管灌注桩；利用振动器振动沉管、拔管成桩，称为振动沉管灌注桩。

特别提示

在沉管灌注桩施工过程中，对土体有挤密作用和振动影响，施工中应结合现场施工条件，考虑成孔的顺序。即间隔一个或两个桩位成孔；在邻桩混凝土初凝前或终凝后成孔；一个承台下桩数在 5 根以上者，中间的桩先成孔，外围的桩后成孔。

1) 锤击沉管灌注桩

锤击沉管灌注桩适宜于一般黏性土、淤泥质土和人工填土地基，其施工过程如图 2.35 所示。施工工艺流程图如图 2.36 所示。

锤击沉管灌注桩施工要点为以下几个方面。

(1) 桩尖与桩管接口处应垫麻(或草绳)垫圈，以防地下水渗入管内和作缓冲层。沉管时先用低锤锤击，观察无偏移后，才正常施打。

(2) 拔管前，应先锤击或振动套管，在测得混凝土确已流出套管时方可拔管。

(3) 桩管内混凝土尽量填满，拔管时要均匀，保持连续密锤轻击，并控制拔管速度，一般土层以不大于 1m/min 为宜，软弱土层及软硬土层交界处，应控制在 0.8m/min 以内为宜。

(4) 在管底未拔到桩顶设计标高前，倒打或轻击不得中断，注意使管内的混凝土保持略高于地面，并保持到全管拔出为止。

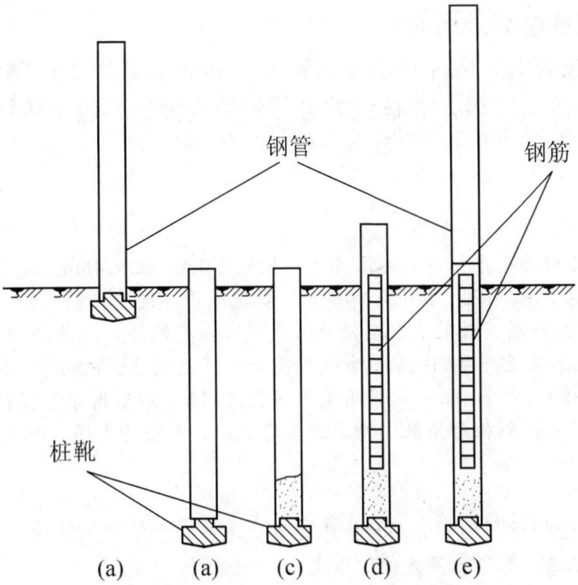

图 2.35 锤击沉管灌注桩施工过程

(a) 就位；(b) 沉钢管；(c) 开始灌注混凝土；(d) 下钢筋骨架继续浇筑混凝土；(e) 拔管成型

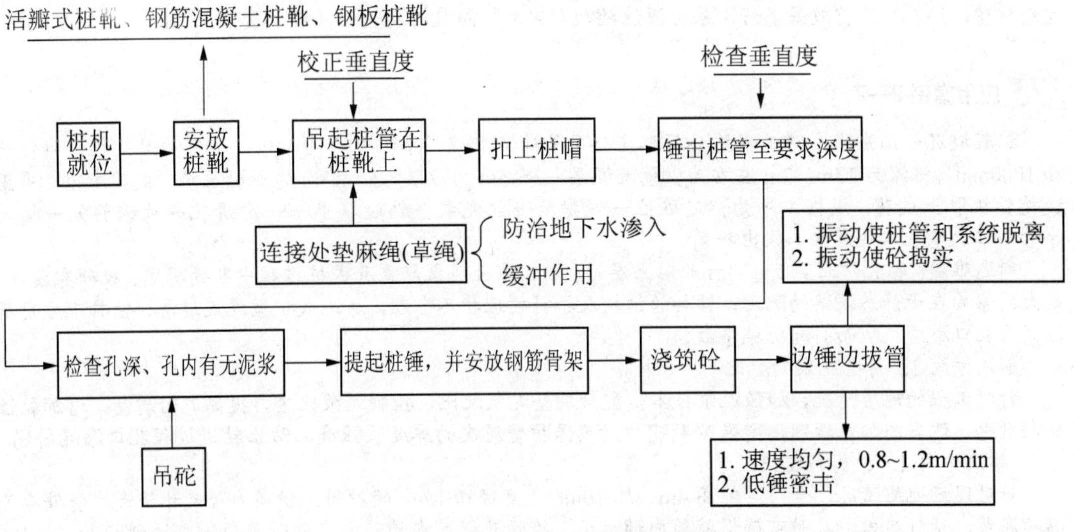

图 2.36 锤击沉管施工工艺流程图

(5) 桩的中心距在 5 倍桩管外径以内或小于 2m 时，均应跳打施工；中间空出的桩须待邻桩混凝土达到设计强度的 50%以后，方可施打。

2) 振动沉管灌注桩

振动沉管灌注桩采用激振器或振动冲击沉管。其施工过程为以下几个方面。

(1) 桩机就位。将桩尖活瓣合拢对准桩位中心，利用振动器及桩管自重，把桩尖压入土中。

(2) 沉管。开动振动箱，桩管即在强迫振动下迅速沉入土中。沉管过程中，应经常探测管内有无水或泥浆，如发现水、泥浆较多，应拔出桩管，用砂回填桩孔后方可重新沉管。

(3) 上料。桩管沉到设计标高后停止振动，放入钢筋笼，再上料斗将混凝土灌入桩管内，一般应灌满桩管或略高于地面。

(4) 拔管。开始拔管时，应先启动振动箱 8～10min，并用吊铊测得桩尖活瓣确已张开，混凝土确已从桩管中流出以后，卷扬机方可开始抽拔桩管，边振边拔。拔管速度应控制在 1.5m/min 以内。

应用案例 2—1

工程概况：某工程某桩为深水桩基，水深 40m，桩径 2.0m，桩长 46m。覆盖层薄，淤泥层 8m，粉细砂 3m，卵石层 6m，其余为强风化、弱风化辉绿岩。钻进采用单绳冲击钻，护筒直径 2.3m，总长 49m，入土 8.5m，未能穿透粉细砂层。改孔成孔后清空时发现孔内有流沙，无法清理干净，而且不断沉积，多时有 6m 多厚，孔内外无水头差，用测绳测的护筒外有一处直径约 3m 的漏斗，最深处有 6m。判断为护筒脚处发生穿孔事故。初步解决方案：第一次采用黄土将孔内回填，然后用导管将护筒外漏斗用水下砼灌注，待其有一点强度后再次冲孔，到位后清孔。结果还是有流沙，无法清干净，沉淀厚 3m 多，没法进入下一步工序。

钻机队建议如下。

① 将护筒跟进，穿透粉砂层到卵石层后能跟进多少进多少，然后再钻进。分析后认为不可行，护筒外已浇筑砼，肯定无法跟进，操作也不方便，否定。

② 重新加工 2.1m 直径小护筒，从大护筒内跟进到孔底，操作起来也很麻烦，且工期较长，成本高昂。否定。

最终解决方案：提出用矿渣或碎石将孔内回填到护筒下约 4m 的位置，灌注水下砼至护筒脚以上 1m 处，待砼凝固后 24h，开始慢慢钻进，钻进时用优质泥浆护壁。用此方案实施后，成功封堵住透孔，泥浆重新护壁，终孔后清空效果很好，基桩灌注砼顺利完成，而且时间最短，成本最低。

应用案例 2—2

工程概况：山东省公路工程总公司枣庄公司承建某工程，总桩量为 24 根，桩型为灌注桩，桩径为 Φ 1000mm，桩深为 13m。2m 左右为少量淤泥层，2～5m 为沙层，5～13m 为亚黏土层。成孔工艺：采用旋挖钻机取土成孔；成桩工序为：定桩位→埋护筒→注泥浆→钻进取土→一次清孔→放钢筋笼→插入导管→二次清孔→砼灌注→拔出护筒。

所遇难题：钻孔作业至 5～13m 亚黏土层时，桩孔缩径现象严重及成桩过程中孔的坍塌。经研究发现，最大的影响在于静态泥浆的配比、钻具的结构及护筒的埋护不合理，易造成护壁泥皮过薄、钻具下方负压过高及孔口渗透，从而引起坍塌事故。

解决方向 1：静态泥浆的配比

针对工程的地质情况，加强泥浆技术，重新调整泥浆配比，控制泥浆比重，提高泥粉质量，增加黏性及润滑感，适当添加处理剂，增强絮凝能力，确保护壁泥皮的厚度及强度，防止钻进过程孔口渗漏坍塌。

解决方向 2：护筒的埋护

针对现场地质情况，专门定制高 4m、厚 10mm、直径 Φ 1.4m 的护筒。护筒内径尺寸较大，能储存足够的泥浆，钻杆提出桩孔时可确保护筒内的水压，维护孔壁泥皮的稳定，同时单边铡隙达到 200mm，可有效避免回转斗升降过程碰撞、刮拉护筒，保护孔口的稳固。

解决方向 3：回转斗的结构改进

将回转斗盛料桶改为圆锥式，侧壁加焊导流槽，以有利于在桩孔内的导向及泥浆的导流，减小桩孔内的负压。施工表明，改进后的回转斗在提升过程中，液压系统压力明显降低，桩身的缩孔、坍塌现象有所缓减，具有良好的使用效果。

解决方向 4：钻机的钻进控制

钻进过程中回转斗的底盘斗门必须保证处于关闭状态，以防止回转斗内砂土或黏土落入护壁泥浆中，破坏泥浆的配比。每个工作循环严格控制钻进尺度，避免埋钻事故，同时应适当控制回转斗的提升速度。施工表明，桩径 Φ 1000mm，升降速度宜保持在 0.75～0.85m/s，提升速度过快，泥浆在回转斗与孔壁之间高速流过，冲刷孔壁，破坏泥皮，对孔壁的稳定不利，容易引起坍塌。

施工总结：施工中影响桩孔坍塌的因素很多，最重要的是如何因地制宜，有效针对不同的地质情况，制定相应的施工工艺，以确保钻进成孔的顺利进行，避免施工事故的发生。

2.3.3 桩基工程的质量检查与安全技术

1. 一般规定

(1) 桩位的放样允许偏差如下：群桩是 20mm；单排桩是 10mm。

(2) 桩基工程的桩位验收，除设计有规定外，应按下述要求进行。

① 当桩顶设计标高与施工场地标高相同时，或桩基施工结束后有可能对桩位进行检查时，桩基工程的验收应在施工结束后进行。

② 当桩顶设计标高低于施工场地标高，送桩后无法对桩位进行检验时，对打入桩可在每根桩桩顶沉至场地标高时，进行中间验收，待全部桩施工结束，承台或底板开挖到设计标高后，再做最终验收。对灌注桩可对护筒位置做中间验收。

(3) 预制桩的桩位偏差，必须符合表 2-6 的规定。斜桩倾斜度的偏差不得大于倾斜角(倾斜角为桩的纵向中心线与铅垂线间夹角)正切值的 15%。

表 2-6 预制桩桩位的允许偏差

单位：mm

项	项目	允许偏差	项	项目	允许偏差
1	盖有基础梁的桩 (1) 垂直基础梁的中心线 (2) 沿基础梁的中心线	$100+0.01H$ $150+0.01H$	3	桩数为 4～16 根桩基中的桩	1/2 桩径或边长
2	桩数为 1～3 根桩基中的桩	100	4	桩数大于 16 根桩基中的桩： (1) 最外边的桩 (2) 中间桩	1/3 桩径或边长 1/2 桩径或边长

注：H为位工现场地面标高与桩顶设计标高的距离。

(4) 灌注桩的桩位偏差必须符合表 2-7 的规定，桩顶标高至少要比设计标高高出 0.5m，桩底清孔质量按不同的成桩工艺有不同的要求，应按相应要求执行。每浇注 $50m^3$ 必须有 1 组试件，小于 $50m^3$ 的桩，每根桩必须有 1 组试件。

表 2-7 灌注桩平面位置和垂直度的允许偏差

序号	成孔方法		桩径允许偏差/mm	垂直度允许偏差/mm	桩位允许偏差/mm	
					1～3 根、单排桩基垂直于中心线方向和群桩基础的边桩	条形桩及沿中心线方向和群桩基础中间桩
1	泥浆护壁钻孔桩	D≤1000mm	±50	＜1	D/6，且不大于 100	D/4，且大于 150
		D＞1000mm	±50		$100+0.01H$	$150+0.01H$
2	套管成孔灌注桩	D≤500mm	−20	＜1	70	150
		D＞500mm			100	150
3	干成孔灌注桩		−20	＜1	70	150
4	人工挖孔桩	混凝土护壁	+50	＜0.5	50	150
		钢套管护壁	+50	＜1	100	200

注：(1) 桩径允许偏差的负值是指个别断面。

(2) 采用复打、反插法施工的桩，其桩径允许偏差不受上表限制。

(3) H为施工现场地面标高与桩顶设计标高的距离，D为设计桩径。

(5) 工程桩应进行承载力检验。对于地基基础设计等级为甲级或地质条件复杂，成桩质量可靠性低的灌注桩，应采用静载荷试验的方法进行检验，检验桩数不应少于总数的 1%，且不应少于 3 根，当总桩数少于 50 根时，不应少于 2 根。

(6) 桩身质量应进行检验。对设计等级为甲级或地质条件复杂，成检质量可靠性低的灌注桩，抽检数量不应少于总数的 30%，且不应少于 20 根；其他桩基工程的抽检数量不应少于总数的 20%，且不应少于 10 根；对混凝土预制桩及地下水位以上且终孔后经过核验的灌注桩，检验数量不应少于总桩数的 10%，且不得少于 10 根。每个柱子承台下不得少于 1 根。

(7) 对砂、石子、钢材、水泥等原材料的质量、检验项目、批量和检验方法，应符合国家现行标准的规定。

2. 混凝土预制桩

(1) 桩在现场预制时，应对原材料、钢筋骨架、混凝土强度进行检查；采用工厂生产的成品桩时，桩进场后应进行外观及尺寸检查。检验标准见表 2-8。

表 2-8　预制桩钢筋骨架质量检验标准

单位：mm

项目	序号	检查项目	允许偏差或允计值	检验方法	项目	序号	检查项目	允许偏差或允许值	检验方法
主控项目	1	主筋距桩顶距离	±5	用钢尺量	一般项目	1	主筋间距	±5	用钢尺量
	2	多节桩锚固钢筋位置	5	用钢尺量		2	桩尖中心线	10	用钢尺量
	3	多节桩预埋件	±3	用钢尺量		3	箍筋间距	±20	用钢尺量
	4	主筋保护层厚度	±5	用钢尺量		4	桩顶钢筋网片	±10	用钢尺量
						5	多节桩锚固钢筋长度	±10	用钢尺量

(2) 施工中应对桩体垂直度、沉桩情况、桩顶完整状况、接桩质量等进行检查，对电焊接桩，重要工程应做 10%的焊缝探伤检查。

(3) 施工结束后，应对承载力及桩体质量做检验。

(4) 对长桩或总锤击数超过 500 击的锤击桩，应符合桩体强度及 28d 龄期的两项条件才能锤击。

(5) 钢筋混凝土预制桩的质量检验标准应符合表 2-9 的规定。

表 2-9　钢筋混凝土预制桩的质量检验标准

项目	序号	检查项目	允许偏差或允许值		检验方法
			单位	数值	
主控项目	1	桩体质量检验	按基桩检测技术规范		按基桩检测技术规范
	2	桩位偏差	见表 2-8		用钢尺量
	3	承载力	按基桩检测技术规范		按基桩检测技术规范
一般项目	1	砂、石、水泥、钢材等原材料(现场预制时)	符合设计要求		查出厂质保文件或抽样送检
	2	混凝土配合比及强度(现场预制时)	符合设计要求		检查称量及查试块记录
	3	成品桩外形	表面平整，颜色均匀、掉角深度小于 10mm，蜂窝面积小于总面积 0.5%		直观
	4	成品桩裂缝(收缩裂缝或起吊、装运、堆放引起的裂缝)	深度小于 10mm，宽度小于 0.25mm，横向裂缝不超过边长的一半		裂缝测定仪，该项在地下水有侵蚀地区及锤击超过 500 击的长桩不适用

续表

项目	序号	检查项目	允许偏差或允许值		检验方法
			单位	数值	
一般项目	5	成品桩尺寸：横截面边长	mm	±5	用钢尺量
		桩顶对角线差	mm	<10	用钢尺量
		桩尖中心线	mm	<10	用钢尺量
		桩身弯曲矢高		<l/1000	用钢尺量，l为桩长
		桩顶平整度	mm	<2	用水平尺量
	6	电焊接桩：焊接质量	设计要求		设计要求
		电焊结束后停歇时间	min	>1.0	秒表测定
		上下节平面偏差	mm	<10	用钢尺量
		节点弯曲矢高		<l/1000	用钢尺量，l为桩长
	7	硫磺胶泥接桩：胶泥浇注时间	min	<2	秒表测定
		浇注后停歇时间	min	>7	秒表测定
	8	桩顶标高	mm	±50	水准仪
	9	停锤标准	设计要求		现场实测或查沉桩记录

3. 混凝土灌注桩

(1) 施工前应对水泥、砂、石子(如现场搅拌)、钢材等原材料进行检查，对施工组织设计中制定的施工顺序、监测手段(包括仪器、方法)也应检查。

(2) 施工中应对成孔、清渣、放置钢筋笼、灌注混凝土等进行全过程检查，人工挖孔桩尚应复验孔底持力层土(岩)性。嵌岩桩必须有桩端持力层的岩性报告。

(3) 施工结束后，应检查混凝土强度，并应做桩体质量及承载力的检验。

(4) 混凝土灌注桩的质量检验标准应符合表2-10、表2-11的规定。

(5) 人工挖孔桩、嵌岩桩的质量检验也应按本要求执行。

表2-10 混凝土灌注桩钢筋笼质量检验标准　　单位：mm

项目	序号	检查项目	允许偏差或允许值	检验方法	项目	序号	检查项目	允许偏差或允许值	检验方法
主控项目	1	主筋间距	±10	用钢尺量	一般项目	1	钢筋材质检验	设计要求	抽样送检
	2	长度	±100	用钢尺量		2	箍筋间距	±20	用钢尺量
						3	直径	±10	用钢尺量

表2-11 混凝土灌注桩质量检验标准

项目	序号	检查项目	允许偏差或允许值		检验方法
			单位	数值	
主控项目	1	孔深	mm	+300	只深不浅，用重锤测，或测钻杆、套管长度，嵌岩桩应确保进入设计要求的嵌岩深度
	2	桩体质量检验	按基桩检测技术规范，如钻芯取样，大直径嵌岩桩应钻至桩尖下500mm		按基桩检测技术规范
	3	混凝土强度	设计要求		试件报告或钻芯取样送检
	4	承载力	按基桩检测技术规范		按基桩检测技术规范

续表

项目	序号	检查项目	允许偏差或允许值		检验方法
			单位	数值	
一般项目	1	垂直度	见表 2-9		测套管或钻杆，或用超声波检测，干施工时吊垂球
	2	桩径	见表 2-9		井径仪或超声波检测，干施工时用钢尺量，人工挖孔桩不包括内衬厚度
	3	泥浆相对密度(粘土或砂性土中)	1.15～1.20		用比重计测，清孔后在距孔底500mm 处取样
	4	泥浆面标高(高于地下水位)	m	0.5～1.0	目测
	5	沉渣厚度： 端成桩 摩擦桩	 mm mm	 ≤50 ≤150	用沉渣仪或重锤测量
	6	混凝土坍落度： 水下灌注 干施工	 mm mm	 160～220 70～100	坍落度仪
	7	钢筋笼安装深度	mm	±100	用钢尺量
	8	混凝土充盈系数	>1		检查每根桩的实际灌注量
	9	桩顶标高	mm mm	+30 -50	水准仪，需扣除桩顶浮浆层及劣质桩体

4. 桩基础工程安全技术

(1) 桩基础工程施工区域，应实行封闭式管理，进入现场的各类施工人员，必须接受安全教育，严格按操作规程施工，服从指挥，坚守岗位，集中精力操作。

(2) 按不同类型桩的施工特点，针对不安全因素，制定可靠的安全措施，严格实施。

(3) 对施工危险区域和机具(冲击、锤击桩机，人工挖掘成孔的周围，桩架下)，要加强巡视检查，对于有险情或异常情况时，应立即停止施工并及时报告，待有关人员查明原因，排除险情或加固处理后，方能继续施工。

(4) 打桩过程中可能引起停机面土体挤压隆起或沉陷，打桩机械及桩架应随时调整，保持稳定，防止意外事故发生。

(5) 加强机械设备的维护管理，机电设备应有防漏电装置。

本 章 小 结

本章主要学习了地基处理方法、砖基础、钢筋混凝土浅基础、钢筋混凝土预制桩基础、灌注桩基础等施工及要求，通过学习，能够满足学习目标的要求。

1. 当建筑物的地基存在着强度不足、压缩性过大或不均匀时，须考虑对地基进行人工处理，应熟悉地基加固与处理的一般方法。

2. 应掌握高压喷射地基、深层搅拌地基施工的流程。

3. 浅基础是指是指基础埋深一般不超过 5m，且能用一般方法施工的基础。它施工简单、比较经济。浅基础，根据使用材料性能不同可分为无筋扩展基础(刚性基础)和扩展基础(柔性基础)。应了解浅基础的类型，包括：由砖、石、素混凝土、灰土和三合土等材料建造的墙下条型基础，或柱下独立基础；钢筋混凝土基础、杯口基础、筏式基础、箱形基础等。

4. 应掌握砖基础施工工艺流程。

5. 应掌握钢筋混凝土条形基础施工工艺流程。

6. 应了解基础施工时通病的防治办法。

7. 应掌握钢筋混凝土预制桩的施工工艺和质量要求。

8. 应掌握泥浆护壁成孔灌注桩、干作业钻孔灌注桩、人工挖孔灌注桩的施工工艺与要求。

9. 应了解地下连续墙、沉井等其他深基础。

10. 应了解桩基础施工质量检查内容。

11. 会对桩基础施工过程中遇到的问题进行分析。

习　题

1. 地基加固的方法有哪些？
2. 试述强夯法的夯实步骤。
3. 试述高压喷射注浆地基的施工质量验收标准。
4. 试述浅基础的类型。
5. 砖基础施工的注意事项有哪些？
6. 试述干作业钻孔灌注桩的施工工艺。
7. 锤击沉桩法的特点有哪些？
8. 灌注桩成孔方法有哪些？
9. 试述泥浆护壁成孔灌注桩回转钻机钻孔方式正循环与反循环的区别。
10. 桩基础工程安全技术的内容有哪些？

第3章

砌筑工程

教学目标

了解脚手架的作用、类型及适用条件；掌握钢管扣件式脚手架、碗扣式脚手架的组成构造和搭设技术要求；熟悉其他脚手架的构造与技术要求。了解砌筑材料的种类与技术要求；熟悉砖砌体的组砌形式；掌握砖砌体的施工工艺与技术要求；熟悉砌块砌体的施工工艺；掌握砌块砌体的构造与施工技术要求；掌握砌体工程的冬季和雨季施工技术措施；熟悉砌筑工程的施工质量验收与安全技术要求。

教学要求

能力目标	知识要点	权重
了解脚手架的分类，掌握钢管扣件式、碗扣式脚手架的构造要求，熟悉搭设工艺要求及安全技术规程。了解其他类型脚手架的适用情况	脚手架工程的相关知识、搭设流程、升降机理、适用范围	15%
掌握垂直运输设施的种类及适用范围	建筑业常用垂直运输设施的相关知识	10%
掌握砖砌体的材料要求、组砌形式、构造要求、施工工艺	建筑材料、砖砌体施工工艺	20%
掌握中小型砌块砌体的组砌形式、构造要求、施工工艺	新型砌筑材料及施工方法	25%
掌握砌体工程的冬雨季施工要求及措施	建筑工程冬季施工技术措施	15%
了解砌体工程施工质量验收的标准与安全技术措施	建筑施工质量验收规范，建筑施工安全技术规程	15%

章节导读

砌体结构是指各种采用天然或人工块材，通过砂浆黏结所建造的结构物，主要包括石砌块结构、砖砌块结构、混凝土砌块结构等。根据砌体的用材，在我国砌体结构还常常被称为砖石结构。建筑物很少采用纯粹的砌体结构。由砌体作为承重墙，钢筋混凝土或钢、木材作为楼盖或屋盖的建筑物称为混合结构或砖混结构。

砌体结构是人类最早采用的建筑结构形式。早期的人类利用石砌体构筑居所和公共建筑物，如距今已近5000年的埃及大金字塔，公元70～82年间建成的罗马大斗兽场，以及我国隋代建成的赵州桥等，距今大约3000年前烧结砖就在我国出现了。勤劳、智慧的我国古代人民利用砖创造了一系列砌体结构的建筑瑰宝，如举世瞩目的万里长城、建于隋朝的南京灵谷寺无梁殿等。水泥的出现，使砌体结构的承载力大大提高，砌体结构由此步入了现代建筑结构体系，多层的混合结构曾一度成为居民住宅、办公楼建筑的主体，在全世界涌现出了一批10层左右的混合结构。

由于砌体结构具有抗压强度高、抗拉强度低的特点，长期以来砌体结构多用做砖混建筑物的基础、墙、柱等承重或围护构件，采用砌体拱可以建造桥、涵洞以及建筑物的屋盖和过梁，可以建造挡土墙，可以建造高度不大于60m的烟囱和竖筒壳结构。

随着科学技术的发展，结构设计理论的演变与完善，新型砌体材料及新型砌体结构形式的不断涌现，砌体结构的适用领域也不断地拓宽。古老的砌体结构形式并没有随着时间的推移而消亡，而是通过自身的不断完善发挥着更大的作用，从而也带动着砌筑工程技术不断地发展、更新和完善。

3.1 脚手架工程

脚手架是为建筑施工而搭设的上料、堆料、施工作业、安全防护、垂直和水平运输用的临时结构架。在主体结构施工、构件(设备)安装施工、建筑装饰装修以及高层建筑施工中，均需根据其各自的施工特点搭设与之相适应的脚手架，以便于施工人员进行施工操作、堆放必要的材料及少量的水平运输。它随建筑物的不断变高而逐层搭设，工程完工后又逐层拆除。

1. 脚手架的基本要求

建筑施工脚手架应满足施工的安全要求、使用要求和装拆要求，具体要求如下。

(1) 有足够的坚固性和稳定性，以保证施工期间在规定荷载作用及气候条件作用下，不变形、不失稳。

(2) 有足够的宽度和步架高度。脚手架的搭设宽度一般为1.5～2m，步架高度为1.2～1.4m，以保证施工操作、堆放材料和运输要求。

(3) 构造规范和传力明确。要注意支撑布置与连接，以确保脚手架的稳定性，做到构造规范、工作可靠和传力明确，必要时应验算架面荷载。

(4) 搭设在稳固地基(或支撑物)上。有稳固的地基，可避免脚手架在荷载的作用下产生不均匀或过大的沉降所引起的倾覆。

(5) 有足够多的连墙件。脚手架须与建筑物主体牢固连接，可利用建筑物主体整体刚度来保持脚手架的稳定性。

(6) 搭设和拆除简便。脚手架应构造简单、便于搭设、拆除和搬运，能多次周转使用。

2. 脚手架的分类

脚手架形式多样，通常有以下几种分类方法。按其作用不同分有施工用脚手架、装修用脚手架和支撑用脚手架；按其搭设位置不同有外脚手架和里脚手架；按其材料不同有金属脚手架、木脚手架和竹脚手架；按其构造形式不同有多立杆式、悬挑式、悬挂式、悬吊式、桥式、升降式及工具式脚手架等。

3.1.1 钢管扣件式脚手架

1. 多立杆式脚手架的构造

多立杆式脚手架搭设在建筑物的外部，可用于外墙砌筑，也可用于外墙装饰与外墙保温。多立杆式脚手架按所用的材料分为木脚手架、竹脚手架、钢管扣件式脚手架。

钢管扣件式脚手架是目前在建筑工地使用最为广泛的一种脚手架。其主要优点为：搭设拆除方便、搭设灵活、适应性强；坚固耐用、周转次数多；可用做模板支架、上料平台或栈桥等。

钢管扣件式脚手架由钢管杆件、扣件、底座和脚手板等组成，如图 3.1 所示。

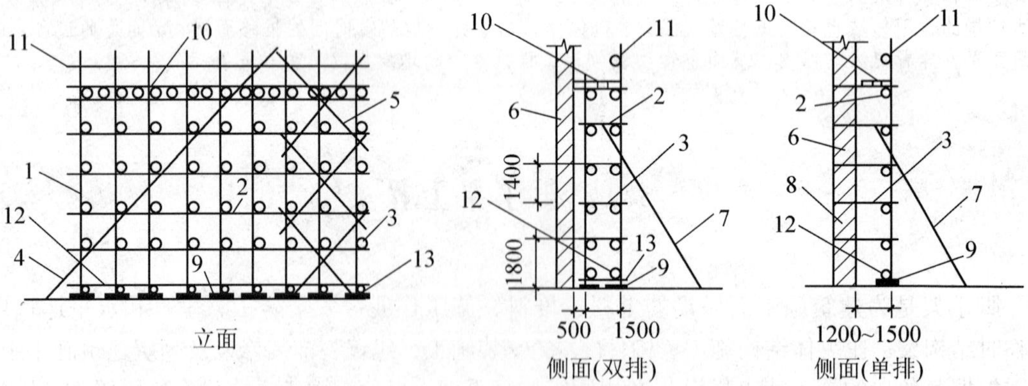

图 3.1 多立杆扣件式钢管脚手架基本构造

1—立杆；2—大横杆；3—小横杆；4—斜撑；5—剪刀撑；6—墙体；7—抛撑；8—砖墙；9—底座；10—脚手板；11—防护栏杆；12—纵向扫地大横杆；13—横向扫地小横杆

1) 底座

设于立杆下部底部的垫座，用以增大立杆底部面积和传递脚手架荷载，如图 3.2 所示。底座下可设垫板，进一步增大传力面积，防止不均匀下沉的发生。

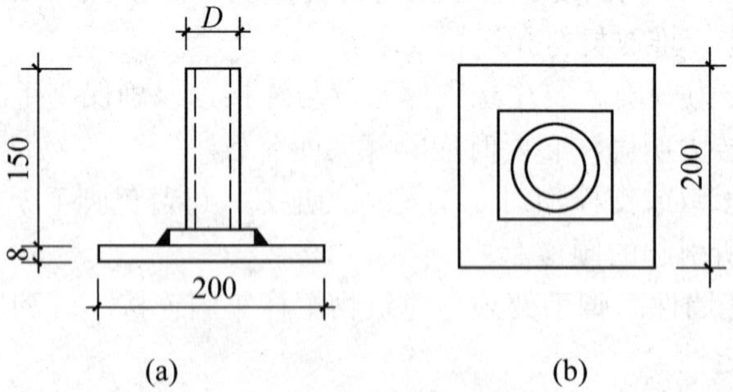

图 3.2 脚手架底座

(a) 内插式；(b) 外套式

2) 扣件

采用螺栓紧固的扣接连接件称为扣件。扣件式钢管脚手架应采用可锻铸铁制作的扣件，材质应符合现行国家标准《钢管脚手架扣件》(GB-15831)的规定，用于杆件与杆件间的连接，其基本形式有 3 种，如图 3.3 所示。旋转扣件如图 3.3(a)所示用于平行或斜交杆件之间的连接。直角扣件如图 3.3(b)所示用于垂直交叉杆件之间的连接。对接扣件如图 3.3(c)所示用于杆件的对接连接。脚手架采用的扣件在螺栓拧紧扭矩达 65N·m 时不得发生破坏。

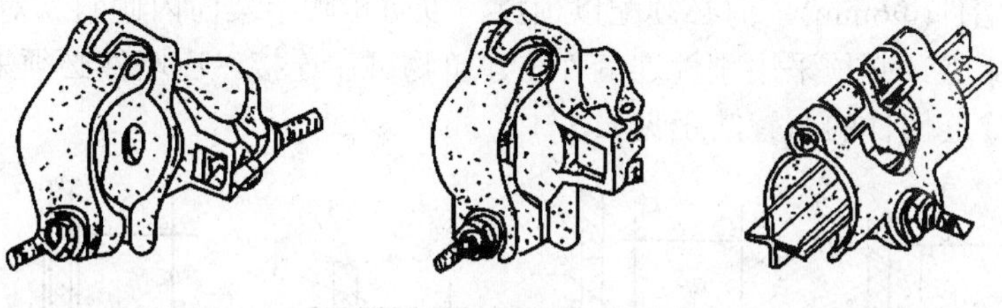

(a) (b) (c)

图 3.3 扣件形式

(a) 旋转扣件；(b) 直角扣件；(c) 对接扣件

3) 立杆

脚手架中垂直于水平面的竖向杆件称为立杆。双排脚手架中离开墙体一侧的立杆(或单排立杆)称为外立杆；靠近墙体一侧的立杆称为内立杆。立杆一般为Φ48mm×3.5mm 的焊接钢管，长度为 4～6.5m。每根立杆底部应设置底座或垫板。脚手架必须设置纵、横向扫地杆。纵向扫地杆应采用直角扣件固定在距底座上皮不大于 200mm 处的立杆上。横向扫地杆也应采用直角扣件固定在紧靠纵向扫地杆下方的立杆上。当立杆基础不在同一高度时，必须将高处的纵向扫地杆向低处延长 2 跨与立杆固定，高低差不应大于 1m。靠边坡上方的立杆轴线到边坡的距离不应小于 500mm。立杆接长除顶层顶步外，其余各层必须采用对接扣件连接，以防止偏心矩。相邻两根立杆的对接扣件应错开一步，其错开的垂直距离不应小于 500mm。

对接接头应尽量靠近立杆、纵向水平杆和横向水平杆的交点。偏离该节点的距离宜小于步距的 1/3，并靠近连墙件。

4) 纵向水平杆

沿脚手架纵向设置的水平杆称为纵向水平杆。纵向水平杆宜设置在立杆的内侧。其长度应不小于 3 跨；纵向水平杆接长宜采用对接扣件，两根相邻纵向水平杆的接头不宜设在同步或同跨内；不同步或不同跨的两个相邻接头在水平方向错开的距离不应小于 500mm；各接头中心至最近主接点的距离不宜大于纵距的 1/3。

5) 横向水平杆

沿脚手架横向设置的水平杆称为横向水平杆，其长度为 2.1～2.3m。在主节点处必须设置一根横向水平杆，用直角扣件扣接且严禁拆除。作业层上非主节点处的横向水平杆，宜根据支承脚手板的需要等间距设置，最大间距不应大于纵距的 1/2。当采用冲压脚手板、木脚手板、竹串片脚手板时，双排脚手架的横向水平杆两端均应采用直角扣件固定在纵向水平杆上，单排脚手架的横向水平杆的一端应用直角扣件固定在纵向水平杆上，另一端应插入墙内，插入长度不应小于 180mm。

6) 连墙件

为防止脚手架内倾外仰，必须按规范要求设置连墙件。连墙件的材质应符合现行国家标准《碳素结构钢》(GB/T 700—2006)中 Q235—A 级钢的规定。连墙件的强度、稳定性和连接强度应符合国家标准《冷弯薄壁型钢结构技术规范》（GB 50018-2002）、《钢结构设计规范》（GB 50017-2003）、《混凝土结构设计规范》（GB 50010-2010）等的规定。

24m 以下的单排及双排脚手架，一般采用刚性连墙件，如图 3.4 所示，也可采用如图 3.5 所示的柔性连墙件(Φ6mm)，但必须配以顶撑，以防止脚手架向内倾斜。对于高度在 24m 以上的双排脚手架，必须采用刚性连墙件与建筑物可靠连接。连墙件必须采用可承受拉力和压力的构造。连墙件的布置间距见表 3-1。

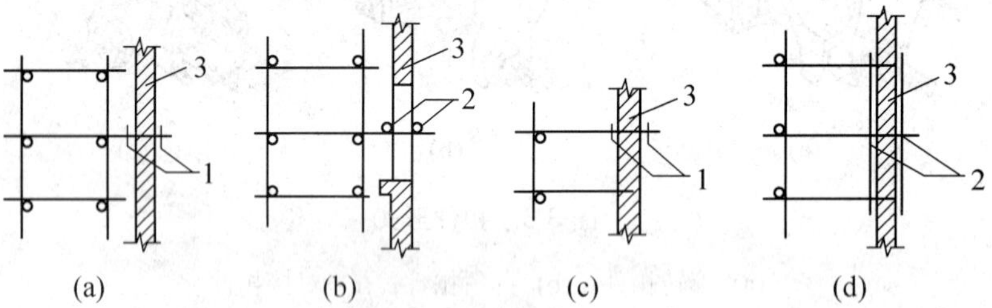

图 3.4　连墙件刚性做法

1—扣件；2—短钢管；3—墙体

(a)、(b)双排；(c)、(d)单排

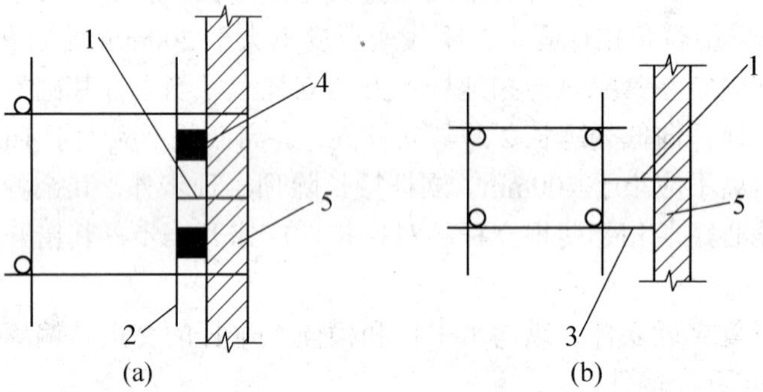

图 3.5　连墙件柔性做法

1—拉结铅丝；2—短钢管；3—顶墙横杆；4—木楔；5—墙体

表 3-1　连墙件布置最大间距

脚手架类型	脚手架高度/m	竖向间距	水平间距	每根连墙件覆盖面积/m^2
双排	≤50	$3h$	$3l$	≤40
	>60	$2h$	$3l$	≤27
单排	≤24	$3h$	$3l$	≤40

注：h—步距；l—纵距。

7) 水平斜拉杆

水平斜拉杆是设在有连墙杆的脚手架内、外排立杆间的步架平面内的“之”字形斜杆，可增强脚手架的横向刚度。

特别提示

水平斜拉杆的位置是在大横杆和小横杆交叉所确立的步架平面内，因此在图 3.1 中无法体现。

8) 剪刀撑

为保证脚手架的整体刚度和稳度，双排脚手架应设剪刀撑与横向斜撑，单排脚手架应设剪刀撑。高度在 24m 以下时的单、双排脚手架，均必须在外侧立面的两端各设置一道剪刀撑，并应由底至顶连续设置。高度在 24m 以上的双排脚手架，应在外侧立面整个长度和高度上连续设置剪刀撑。每道剪刀撑宽度不应小于 4 跨，且不应小于 6m，斜杆与地面的倾角宜在 45°～60°。架体中部应每隔 12～15m 搭设一副剪刀撑。

特别提示

剪刀撑斜杆的接长宜采用搭接。剪刀撑应用旋转扣件固定在与之相交的横向水平杆的伸出端或立杆上，旋转扣件中心至主节点的距离不宜大于 150mm。

9) 抛撑

当脚手架刚开始搭设时，由于连墙件还未设置，为确保脚手架的稳定性，应每间隔几跨(多为 6 跨)设置一根抛撑，即用一根斜钢管，一端用旋转扣件连接在立杆上；另一端斜撑在地面上，起支撑的作用，直至连墙件安装稳定后，方可根据情况拆除。

10) 脚手板

脚手板能搭设成施工作业层。作业层脚手板应铺满、铺稳，离开墙面 120～150mm。脚手板应设置在三根横向水平杆上。当脚手板的长度小于 2m 时，可采用两根横向水平杆支撑，但应将脚手板两端与其可靠固定，严防倾翻。脚手板平铺对接时，接头处必须设两根横向水平杆，脚手板外伸长度应取 130～150mm，两块脚手板外伸长度的和不应大于 300 mm；脚手板搭接铺设时，接头必须支在横向水平杆上，搭接长度应大于 200mm，其伸出横向水平杆的长度应不小于 100mm，如图 3.6 所示。

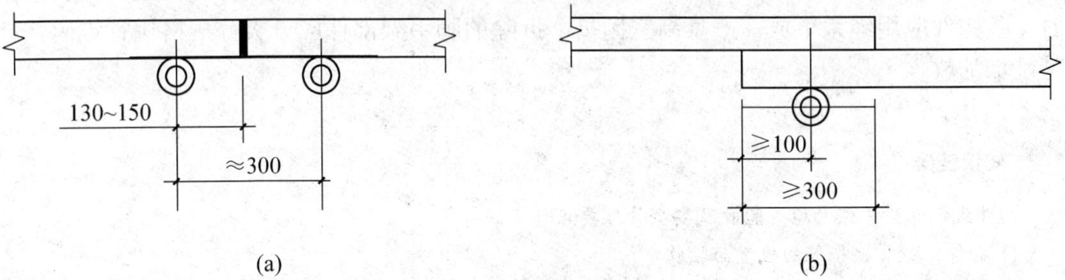

图 3.6 脚手板搭设示意图

(a) 平铺对接；(b) 搭接备铺设

11) 防护栏杆

在脚手架上部应搭设高度不小于 1m 的防护栏杆，其下部还应设置挡脚板，以保证高空施工作业人员的安全。

2. 多立杆式脚手架的施工工艺与要求

1) 工艺流程

钢管脚手架搭设程序：摆放扫地纵向水平杆→逐根树立立杆，随即与扫地杆扣紧→搭设扫地横向水平杆，并与立杆或纵向水平杆扣紧→搭设第 1 步纵向水平杆，并与立杆扣紧→搭设第 1 步横向水平杆→第 2 步纵向水平杆→第 2 步横向水平杆→搭设临时抛撑→搭第 3 步、第 4 步的纵向水平杆和横向水平杆→固定连墙件→接长立杆→搭设剪刀撑→铺脚手板→搭设防护栏杆。

2) 搭设要点

搭设脚手架的地基须平整坚实，并有可靠的排水措施，防止积水浸泡地基引起不均匀沉陷，对高层建筑应进行基础强度验算。脚手架应按其施工组织设计进行搭设，并注意搭设顺序。脚手架立杆下端应设底座或垫板(垫木)，并应准确地放在定位线。在搭设第 1 节立杆时，为保持其稳定性，应按构造要求每 6 跨设一根抛撑。脚手架搭设至连墙件构造层时，应马上装设连墙件，以保证所搭脚手架的安全。

特别提示

双排脚手架的横向水平杆内侧一端，应离开砌体至少 100mm 作为砌体装饰抹灰的操作空间。脚手架杆件相交时，外伸的长度不得小于 100mm，以防杆件变形造成的滑脱。搭设脚手架所用的各种扣件必须扣牢拧紧，不得有松动现象发生，一般扭矩为 40～60kN·m。从顶层作业层的脚手板往下计，宜每隔 12m 满铺一层脚手板，以增大其整体稳定性。

3) 拆除要点

在拆除扣件式钢管脚手架时，应掌握以下要点：脚手架的拆除顺序是自上而下，后搭设者先拆，先搭设者后拆。拆除作业必须由上而下逐层进行，严禁上下同时作业。连墙件必须随脚手架逐层拆除，严禁先将连墙件整层或数层拆除后再拆脚手架。分段拆除高差不应大于两步，若高差大于两步，应增设连墙件加固。当脚手架拆至下部最后一根长立杆的高度(约 6.5m)时，应先在适当位置搭设临时抛撑加固后，再拆除连墙件。高空拆卸脚手架时，各构件应用绳系下放，严禁高空抛扔。拆除的脚手架部件应分类分规格进行堆码，严禁乱堆乱放。

知识链接

扣件式钢管脚手架的检查验收及安全管理要点如下。

1) 扣件式钢管脚手架的检查与验收

脚手架及其地基基础应在下列阶段进行检查验收：基础完工后及脚手架搭设前；在作业层上施加荷载前；每搭设完 10～13m 高度后；达到设计高度后；遇有 6 级以上大风与大雨后；寒冷地区开冻后；停用超过 1 个月。

进行脚手架检查、验收时应以下列技术文件为依据：施工组织设计及变更文件；技术交底文件。

在脚手架使用中，应定期检查下列项目：杆件的设置和连接，连墙件支撑、门洞桁架等的构造是否符合要求；地基是否积水，底座是否松动，立杆是否悬空；扣件螺栓是否松动；高度在 24m 以上的脚手架，其立杆的沉降与垂直度的偏差是否超过规范规定；安全防护措施是否符合要求；是否超载；安装后的扣件螺栓是否应采用扭力扳手检查是否，抽样方法应按随机分布原则进行；抽样检查数目与质量判定标准应按规范的规定确定；不合格的必须重新拧紧，直至合格为止。

2) 扣件式钢管脚手架安全管理要点

在使用扣件式钢管脚手架时，为保证使用安全必须注意以下要点：在脚手架使用期间，严禁拆除主节点处的纵、横水平杆，纵、横向扫地杆；不得在脚手架基础及其邻近处进行挖掘作业，否则应采取安全措施，并报主管部门批准；临街搭设脚手架时，外侧应有防坠物伤人的防护措施；在脚手架上进行电、气焊作业时，必须有防火措施和专人看守；工地临时用电线路的架设及脚手架接地、避雷措施等，应按现行行业标准《施工现场临时用电安全技术规范》(JGJ/ 46—2005)的有关规定执行；搭拆脚手架时，地面应设围栏和警戒标志，并派专人看守，严禁非操作人员入内；扣件式钢管脚手架上的荷载不应超过 2.7kN/m^2(堆砖时，只允许单行侧摆 3 层)；脚手架搭设人员必须是按国家标准《特种作业人员安全技术考核管理规则》(GB 5036—1985)考核合格的专业架子工；搭设脚手架人员必须戴安全帽、系安全带、穿防滑鞋；作业层上的施工荷载应符合设计要求，不得超载；不得将模板支架、缆风绳、泵管和砂浆输送管等固定在脚手架上；严禁悬挂起重设备；当有 6 级及 6 级以上大风和雾、雨、雪天气时应停止脚手架的搭设与拆除；雨、雪后上架作业应有防滑措施，并应扫除积雪；应经常检查钢管脚手架的使用情况，发现问题应及时处理。

3.1.2 碗扣式脚手架

碗扣式钢管脚手架又称为多功能碗扣型脚手架。其基本构造和搭设要求与钢管扣件式脚手架类似，不同之处在于其杆件接头处采用碗扣连接。由于碗扣是固定在钢管上的，构件全部轴向连接，力学性能好，组成的脚手架整体性好，也不存在扣件丢失问题。

1. 碗扣式钢管脚手架的构造

碗扣式钢管脚手架由钢管立杆、横杆、碗扣接头等组成，其杆件节点处采用碗扣承插连接。碗扣接头由上、下碗扣及横杆接头、限位销等组成如图 3.7 所示。

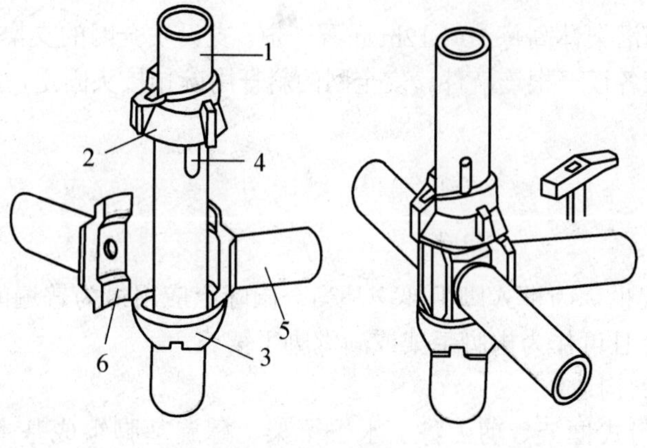

(a) (b)

图 3.7 碗扣接头

(a) 连接前；(b) 连接后

1—立杆；2—上碗扣；3—下碗扣；4—限位销；5—横杆；6—横杆接头

碗扣式钢管脚手架的基本构造和搭设要求与扣件式钢管脚手架类似，不同之处主要在于碗扣接头。碗扣式接头可以同时连接 4 根横杆，横杆可相互垂直也可组成其他角度，因而可以搭设各种形式，如曲线形的脚手架。碗扣式立杆纵距 a 为 1.2～2.4m，可根据脚手架荷载选用，立杆横距 b 为 1.2m。搭设时将上碗扣提起并对准限位销，然后将横杆接头插入下碗扣，再放下上碗扣并旋转扣紧，并用小锤轻击，即完成接点的连接。

2. 碗扣式钢管脚手架的施工工艺及要点

1) 碗扣式脚手架搭设技术要点

立杆横距为 1.2m，纵距为 1.2m、1.5m、1.8m、2.4m，步距为 1.8m、2.4m，双排碗扣式脚手架的构造如图 3.8 所示；曲线形搭设时，曲率半径不得小于 2.4m。直角交叉处双排碗扣式脚手架宜采用直接拼接法或直角撑法。

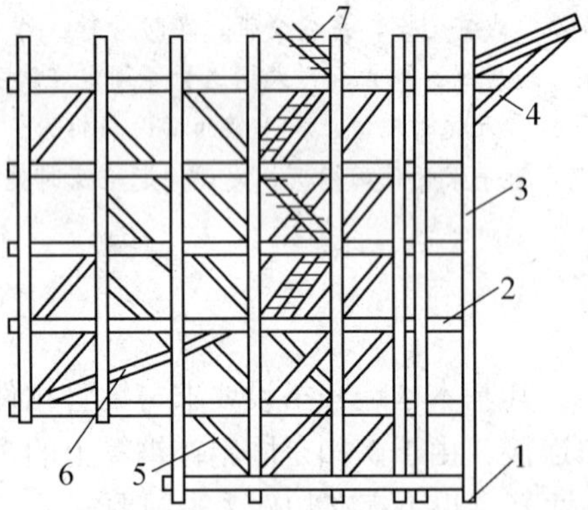

图 3.8 双排碗扣式脚手架的构造

1—底座；2—横杆；3—立杆；4—安全网支架；5—斜杆；6—斜脚手板；7—梯子

2) 斜杆搭设技术要点

碗扣式脚手架在搭设时，斜杆应与架子网格的尺寸相适应，并尽量与脚手架的节点相连；当脚手架高度低于 30m 时，斜杆的架设密度应为整架面积的 1/4～1/2；架高超过 30m 时，斜杆的架设密度为整架面积的 1/3～1/2；斜杆必须对称布置，且应分布均匀，以确保脚手架的稳定性。

3) 连墙件布设要点

单排架体按每 3 根立柱和 3 个步距设一个连接点；双排架体每 30～40m^2 设一个连接点；架体高度大于 30m 时，其底部的连接点应适当加密。

4) 安全网搭设要点

水平外伸安全网沿架体高每 10～12m 布置一道。支设安全网的支架安装在外立杆上，支架上、下连接部位应各设一根连墙件。安全网的斜杆用碗扣接头固定，拉杆采用螺栓扣件。

3.1.3 其他脚手架

1. 门式脚手架

门式钢管脚手架也称为框式脚手架，是当今国际上应用最为普遍的脚手架之一。它不仅可作为外脚手架，且可作为内脚手架或满堂脚手架。

1) 门式脚手架的构造

门式脚手架由门式框架、剪刀撑、水平梁架、螺旋基脚组成基本单元，将基本单元如图 3.9 所示相互连接并增加梯子、栏杆及脚手板等即形成脚手架如图 3.10 所示。

2) 门式脚手架的施工工艺

门式脚手架是一种由工厂生产、现场搭设的脚手架，一般只要根据产品目录所列的使用荷载和搭设规定进行施工即可，不必再进行验算。如果实际使用情况与规定有出入，应采取相应的加固措施或进行验算。其施工荷载一般为均布荷载 1.8kN/m^2，或作用于脚手板跨中的集中荷载 2kN。

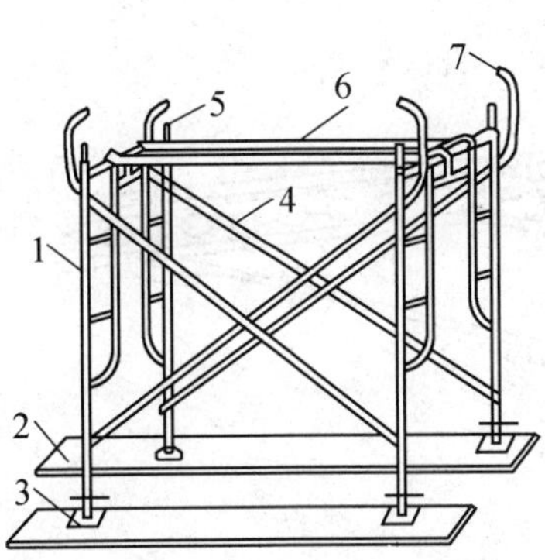

图 3.9 门式组合脚手架的基本单元

1—门架；2—平板；3—螺旋基脚；4—剪刀撑；
5—连接棒；6—水平梁架；7—锁臂

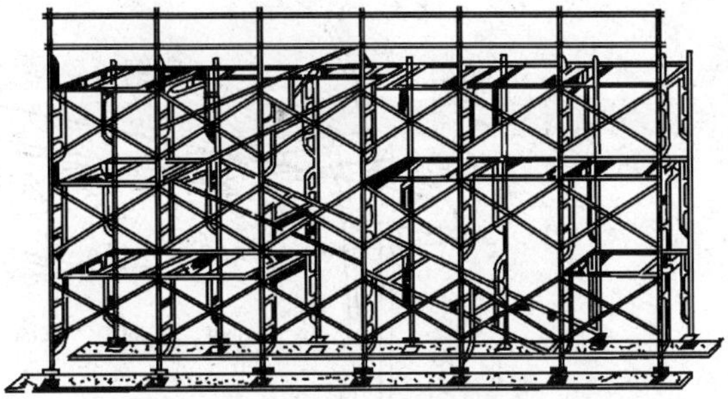

图 3.10 整片门式脚手架

门式脚手架的地基应有足够的承载力。地基必须夯实找平，并严格控制第一步门式框架顶面的标高(竖向误差不大于 5mm)，并应逐片校正门式框架的垂直度和水平度，以确保整体刚度，在门式框架之间必须设置剪刀撑和水平梁架(或脚手板)。

(1) 搭设程序及搭设技术要点。

① 搭设程序。铺放垫木(板)→拉线，放底座→从一端起立门架并随装剪刀撑→装设水平梁架(脚手板)→装设梯子→装设连墙杆，如此逐层向上安装→装设加强整体刚度的长剪刀撑→装设顶部栏杆。

② 搭设技术要点。夯实并抄平、铺设可调底座；高层门架垂直度偏差不得超过 2mm。水平度偏差不得超过 5mm。门架顶部和底部用纵向杆和扫地杆固定；门架之间须设置剪刀撑和水平锁架(脚手板)；整片脚手架前 3 层每层设置一道水平加固杆，3 层以上则每 3 层设置一道加固杆；架子外侧应设置长剪刀撑(Φ48mm 脚手钢管，长 6～8m)，其高度和宽度为 3 个或 4 个步距和架距，与地面成 45°～60°角，相邻长剪刀撑相隔 3～5 个架距，并沿架体全高设置；用连墙管(器)将脚手架与建筑物连接稳固，连墙点间距为纵向 6m、横向 8m。

(2) 门式脚手架使用要点。门式脚手架的搭设高度一般不超过 45m，采取一定加固措施后可达 80m 左右；作用在架体上施工均布荷载一般为 1.86kN/m^2，而作用在脚手板上集中荷载不超过 2.0kN。

(3) 门式脚手架拆除要点。门式脚手架的拆除应从上至下进行；应将拆散的部件捆绑后，用垂直吊运设备吊运至地面，严禁高空抛扔；拆下的门式脚手部件应分类集中堆码，以便复用。

2. 悬吊式脚手架

悬吊式脚手架也称为吊篮，主要用于建筑外墙装饰装修。它是将架子(吊篮)的悬挂点固定在建筑物顶部悬挑出来的结构上，通过设在每个架子上的简易提升机械和钢丝绳，使吊篮升降，以满足施工要求。吊篮一般可分为手动吊篮和电动吊篮两大类，目前我国多采用手动吊篮。

1) 手动吊篮的基本构造

手动吊篮由支撑设施(建筑物顶部悬挑梁或桁架)、吊篮绳(钢丝绳或钢筋链杆)、安全绳、手扳葫芦(或倒链)和吊架组成，如图 3.11 所示。

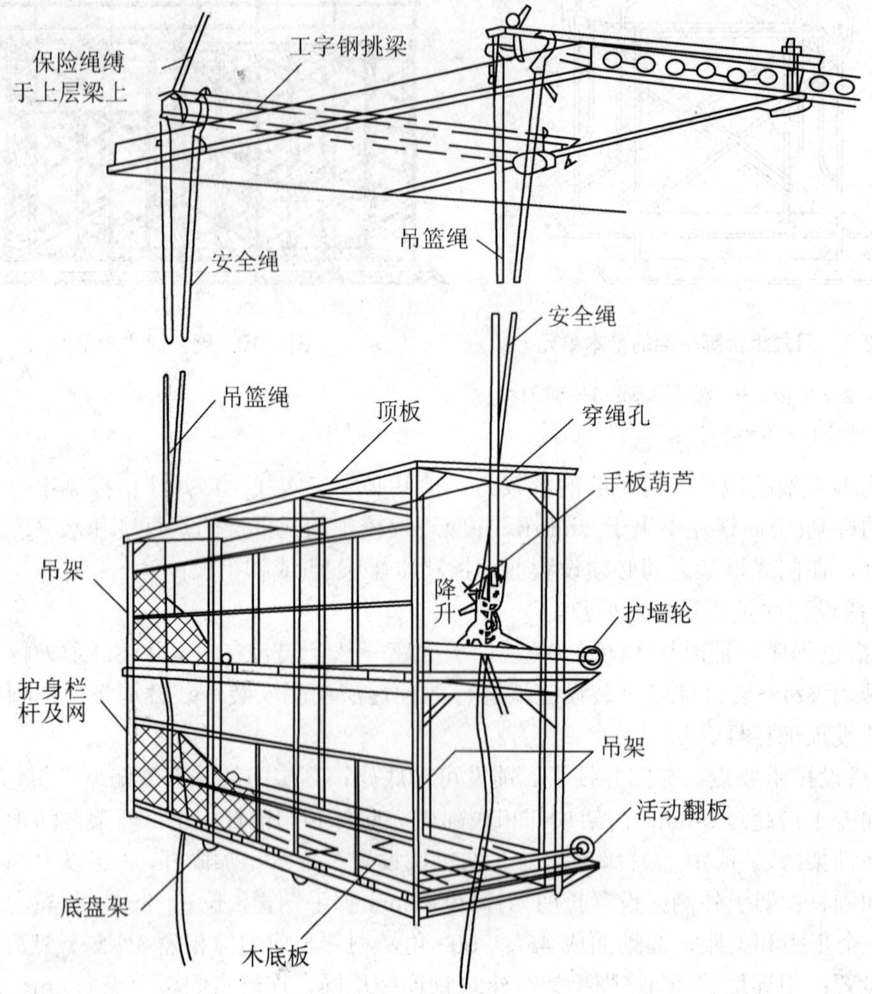

图 3.11 双层作业的手动提升式吊篮示意图

2) 搭设要求

(1) 吊篮的最大长度不宜超过 8.0m，宽度一般为 0.8～1.0m，高度不宜超过两层。吊篮平台必须设有防滑措施和 100～150mm 高的挡脚板，吊篮内侧防护栏杆高度不得低于 0.8m，其他各侧防护栏杆高度不得低于 1.1m，挡脚板不低于 0.18m。吊篮顶部必须设防护棚，外侧面与两端面用密目网封严。

(2) 吊篮的挑梁必须按设计规定与建筑结构固定牢靠，挑梁挑出长度应保证悬挂吊篮的钢丝绳(或钢筋链杆)垂直地面。挑梁之间应用纵向水平杆连接成整体，以保证挑梁结构的稳定。

(3) 吊篮必须设置安全保护装置，具体要求如下。

① 吊篮必须装有上下限位开关，并以吊篮平台自身去触动。

② 每根安全钢丝绳上必须装有不能自动复位的安全锁。

③ 吊篮上必须有防倾斜装置，并应设置超载保护装置。

3. 悬挑式脚手架

悬挑式脚手架又称为挑脚手架，是利用建筑结构外边缘向外伸出的悬挑结构来支撑脚手架的全部或部分荷载的，多用于高层建筑的外脚手架。悬挑式脚手架的悬挑支撑结构必须具有足够的强度、刚度和稳定性，并能将脚手架的荷载传递给建筑结构。

1) 基本构造

悬挑式脚手架主要由悬挑支撑结构和脚手架组成部件构成，悬挑支撑结构以上部分的脚手架与一般外脚手架相同。悬挑式脚手架的高度(或分段高度)不得超过 25m。

悬挑支撑结构一般有斜拉式(即用钢丝绳斜拉住水平型钢挑梁的斜拉式结构)、下撑式(即用型钢焊接制作的三角桁架下撑式结构)两种形式如图 3.12 所示。

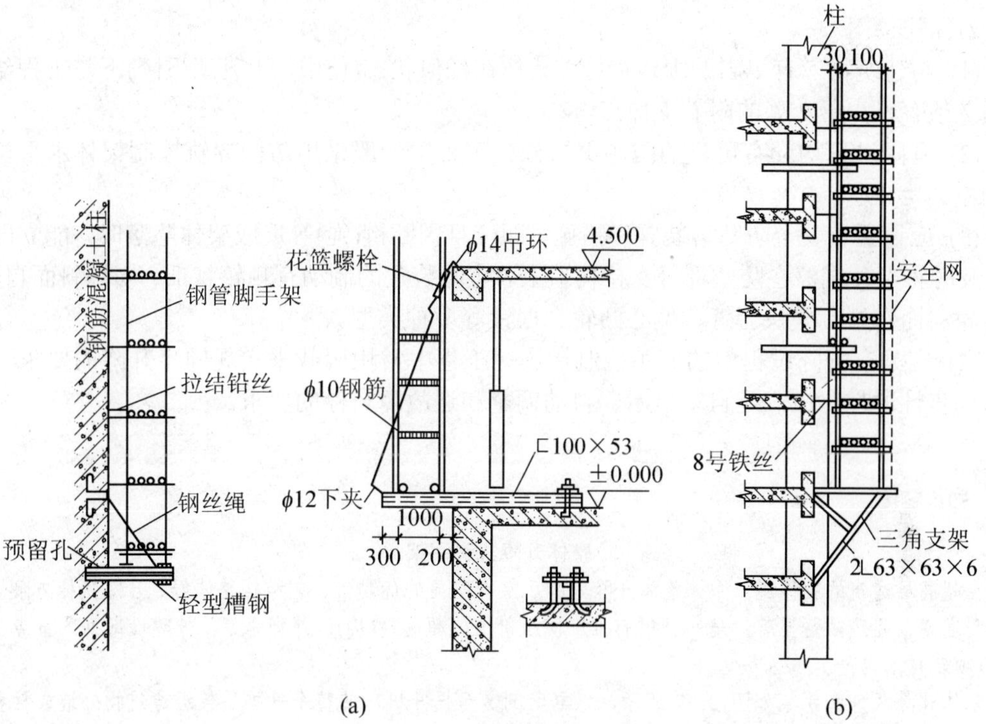

图 3.12 悬挑支撑结构

(a) 斜拉式；(b) 下撑式

2) 搭设要求

(1) 斜拉式支撑结构可在楼板上预埋钢筋环，外伸钢梁(工字钢、槽钢等)插入钢筋环内固定，或将钢梁一端埋置在墙体结构的混凝土内。外伸钢梁另一端加钢丝绳斜拉，钢丝绳固定到预埋在建筑物内的吊环上。

(2) 下撑式支撑结构可将钢梁一端埋置在墙体结构的混凝土内；另一端利用钢管或角钢制作的斜杆连接，斜杆下端焊接到混凝土结构中的预埋钢板上。当结构中的钢筋过密，挑梁无法埋入时，可采用预埋件，将挑梁与预埋件焊接。

(3) 上部脚手架立杆与支撑结构应有可靠的定位连接措施，以确保上部脚手架的稳定。上部脚手架的搭设要求同一般外脚手架。

4. 附着升降式脚手架

附着升降式脚手架又称为爬升式脚手架，是指搭设一定高度并附着于工程结构上，依靠自身的升降设备和装置，随工程结构施工逐层爬升，并能实现下降作业的外脚手架。这种脚手架适用于高层现浇钢筋混凝土结构的施工。

1) 基本构造与分类

附着升降式脚手架主要由架体、附着支撑、提升机构和设备、安全装置和控制系统 4 个基本部分构成。

附着升降式脚手架按其支撑方式可分为套框(管)式、导轨式、导座式、挑轨式、套轨式、吊套式和吊轨式等，按升降方式不同可分为单跨(片)升降式、整体升降式和互爬升降式等。

2) 搭设要求

(1) 与建筑物应有牢固的固定措施。架体在任何状态(使用，上升或下降)下与工程结构之间必须有不少于 2 处的附着支撑点。

(2) 升降过程均应有可靠的防倾覆措施。工程中一般采用防倾导轨控制架体水平位移和倾覆。

(3) 应设置有安全防坠落装置和措施。即一旦因断链(绳)等造成架体坠落时，能立即启动，及时将架体制停在防坠杆等支持构造上。防坠装置的制动有棘轮棘爪、楔块斜面自锁、摩擦轮斜面自锁、楔块套管、偏心凸轮、摆针等多种类型。

(4) 应具有升降过程中的同步控制措施。工程中常用限载来实现同步升降的要求，对升降同步性的控制应满足自动显示、自动调整和遇故障自停的要求。

知识链接

整体升降式脚手架

在超高层建筑的主体施工中，整体升降式脚手架有明显的优越性，它结构整体好、升降快捷方便、机械化程度高、经济效益显著，是一种很有推广使用价值的超高建(构)筑外脚手架，被建设部列入重点推广的 10 项新技术之一。

整体升降式外脚手架如图 3.13 所示，以电动倒链为提升机，使整个外脚手架沿建筑物外墙或柱整体向上爬升。搭设高度依建筑物施工层的层高而定，一般取建筑物标准层 4 个层高加 1 步安全栏的高度作为架体的总高度。脚手架为双排，宽以 0.8～1m 为宜，里排杆离建筑物净距 0.4～0.6m。脚手架的横杆和立杆间距都不宜超过 1.8m，可将 1 个标准层高分为 2 步架，以此步距为基数确定架体横、立杆的间距。

进行架体设计时可将架子沿建筑物外围分成若干单元，每个单元的宽度参考建筑物的开间而定，一般在 5～9m 之间。具体操作如下。

1) 施工前的准备

按平面图先确定承力架及电动倒链挑梁安装的位置和个数，在相应位置上的混凝土墙或梁内预埋螺栓或预留螺栓孔。各层的预留螺栓或预留孔位置要求上下相一致，误差不超过 10mm。

加工制作型钢承力架、挑梁、斜拉杆，准备电动倒链、钢丝绳、脚手管、扣件、安全网、木板等材料。

因整体升降式脚手架的高度一般为 4 个施工层层高，在进行建筑物施工时，由于建筑物的最下几层层高往往与标准层不一致，且平面形状也往往与标准层不同，所以一般在建筑物主体施工到 3～5 层时开始安装整体脚手架。进行下面几层施工时往往要先搭设落地外脚手架。

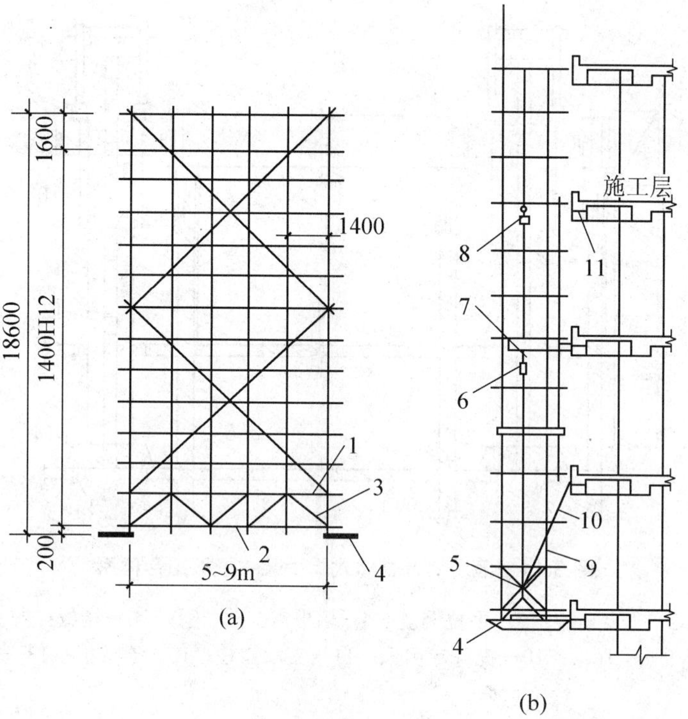

图 3.13 整体升降式脚手架

(a) 立面图；(b) 侧面图

1—上弦杆；2—下弦杆；3—承力桁架；4—承力架；5—斜撑；
6—电动倒链；7—挑梁；8—倒链；9—花篮螺栓；10—拉杆；11—螺栓

2) 安装

先安装承力架，承力架内侧用 M25～M30 的螺栓与混凝土边梁固定，承力架外侧用斜拉杆与上层边梁拉结固定，用斜拉杆中部的花篮螺栓将承力架调平；再在承力架上面搭设架子，安装承力架上的立杆；然后搭设下面的承力桁架。再逐步搭设整个架体，随搭随设置拉结点，并设斜撑。在比承力架高 2 层的位置安装工字钢挑梁，挑梁与混凝土边梁的连接方法与承力架相同，电动倒链挂在挑梁下，并将电动倒链的吊钩挂在承力架的花篮挑梁上，在架体上每个层高满铺厚木板，架体外面挂安全网。

3) 爬升

短暂开动电动倒链，将电动倒链与承力架之间的吊链拉紧，使其处在初始受力状态。松开架体与建筑物的固定拉结点。松开承力架与建筑物相连的螺栓和斜拉杆，开动电动倒链开始爬升，在爬升过程中应随时观察架子的同步情况，如发现不同步应及时停机进行调整。爬升到位后，先安装承力架与混凝土边梁的紧固螺栓，并将承力架的斜拉杆与上层边梁固定，然后安装架体上部与建筑物的各拉结点。待检查符合安全要求后，可开始使用脚手架，进行上一层的主体施工。在新一层主体施工期间，将电动倒链及其挑梁摘下，用滑轮或手动倒链转至上一层重新安装，为下一层爬升做准备。

4) 下降

与爬升操作顺序相反，利用电动倒链顺着爬升用的墙体预留孔倒行，脚手架即可逐层下降，同时把留在墙面上的预留孔修补完毕，最后脚手架返回地面。

5) 拆除

爬架的拆除应从上至下进行，首先拆除前要清理脚手架上的杂物；其次拆除架体、承力架；最后再拆除与主体结构的锚固装置。在拆除过程中应注意安全，严禁高空抛扔。

另外还有一种液压提升整体式的脚手架—模板组合体系如图 3.14 所示，它通过设在建(构)筑内部的支撑立柱及立柱顶部的平台桁架，利用液压设备完成脚手架的升降，同时也可升降建筑的模板。

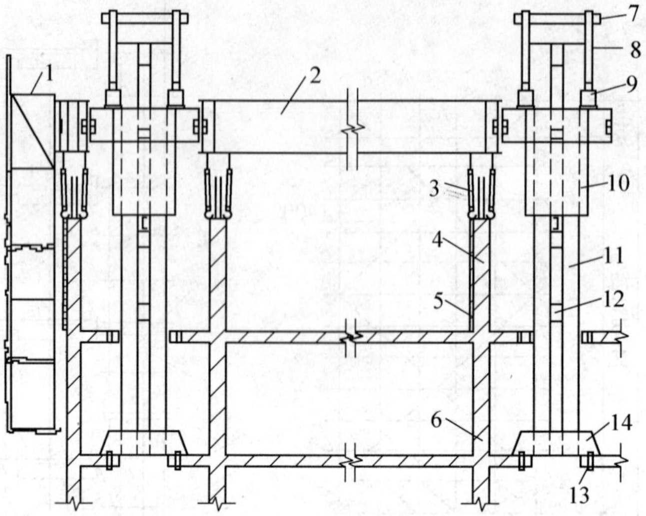

图 3.14　液压提升整体式脚手架—模板组合体系

1—吊脚手；2—平台桁架；3—手拉倒链；4—墙板；5—大模板；6—楼板；7—支承挑架；8—提升支承杆；9—千斤顶；10—提升导向架；11—支承立柱；12—连接板；13—螺栓；14—底座

5. 里脚手架

里脚手架又称为内墙脚手架，是沿室内墙面搭设的脚手架，它可用于内外墙砌筑和室内装修施工。当前楼层的砌筑或装修作业完成后，即将其转移到上一层楼面，进行新一层的施工作业。里脚手架用料少，装拆较频繁，要求轻便灵活，装拆方便，其结构形式有折叠式、支柱式和门架式。

3.1.4　脚手架的安全技术

(1) 脚手架搭设人员必须经国家《特种作业人员安全技术考核管理规则》考核合格和体检合格后方可持证上岗。

(2) 搭拆脚手架前，应做好安全技术交底。经常对职工进行安全技术教育，一旦发现安全技术问题应立即解决。搭拆时，应按《高处作业安全技术规范》的有关规定执行，且地面应设围栏和警戒标志，并派专人看守，严禁非操作人员入内。

(3) 采用新技术、新工艺、新设备时，必须制定相应的安全技术措施，经有关部门批准后方可执行。

(4) 外脚手架外侧应满挂安全防护立网。从 2 层楼面起设水平安全网，往上每隔 3～4 层设一道，同时再设一道随施工层安全网。安全网生根要牢固，绷紧、圈拼要严密。

(5) 工地临时用电线路的架设及脚手架接地、避雷措施等应符合规范规定。

(6) 严禁任意拆除杆件和危及架子的作业。

(7) 脚手架使用注意事项。

① 应设置专门的安全扶梯、爬梯或斜道供操作人员上下，否则必须设置室外电梯。

② 严格控制各种脚手架上的施工荷载，不得在脚手架上堆放模板、钢筋等物件和利用脚手架吊运重物。

③ 严禁在脚手架上拉结缆风绳，固定、架设混凝土输送泵和泵管、起重拔杆和起重设备等。

④ 支模时的支撑禁止与脚手架相连，运转料的平台严禁传力于架上。

⑤ 在脚手架上同时进行多层作业时，应设置可靠的防护棚，以防上层坠物伤人。

⑥ 临街或人行通道的脚手架外侧，应有严密的防护措施，以防坠物伤人。

⑦ 定期并及时清除脚手架上的建筑垃圾，清理时不得抛扔。

⑧ 遇有立杆沉陷或悬空、连接松动、架子歪斜、脚手板上结冰等情况时，应及时处理。在上述问题未解决前应停止使用脚手架。

⑨ 脚手架使用中应定期检查下列项目：杆件的设置和连接，连墙件、支撑、门洞桁架等的构造和设置是否符合要求；扣件螺栓是否松动；地基是否积水，底座是否松动；提升设备有无损伤，橡胶电缆有无破损。

⑩ 操作人员应严格遵守劳动纪律，服从领导和安检人员的指挥，且工作中要思想集中和精心操作。现场安全员有权制止违章指挥和违章作业，遇有险情应立即停止施工作业，并立即向工程项目领导报告以求及时处理。

⑪ 遇有6级及以上大风、大雾、大雨、大雪时应暂停在脚手架上作业；雨雪后上架作业前应先清除积雪并做好防滑措施。

3.2 垂直运输设施

垂直运输设施指担负垂直运送材料和施工人员上下的机械设备和设施。在砌筑工程中不仅要运输大量的砖(或砌块)、砂浆，而且还要运输脚手架、脚手板和各种预制构件；不仅有垂直运输，而且有地面和楼面的水平运输。其中垂直运输是影响砌筑工程施工速度的重要因素。

目前砌筑工程采用的垂直运输设施有井架、龙门架、塔式起重机和建筑施工电梯等，本节主要介绍塔式起重机和建筑施工电梯。

3.2.1 塔式起重机

塔式起重机的起重臂安装在塔身顶部且可作360°回转。它具有较高的起重高度、工作幅度和起重能力，速度快、生产效率高，且机械运转安全可靠，使用和装拆方便，因此被广泛地用于多层和高层的工业与民用建筑的结构安装。塔式起重机按起重能力可分为轻型塔式起重机，起重量为0.5～3t，一般用于6层以下的民用建筑施工；中型塔式起重机，起重量为3～15t，适用于一般工业建筑与民用建筑施工；重型塔式起重机，起重量为20～40t，一般用于重工业厂房的施工和高炉等设备的吊装。

由于塔式起重机具有提升、回转和水平运输的功能，且生产效率高，在吊运长、大、重的物料时有明显的优势，故在可能的条件下宜优先采用。

塔式起重机的布置应保证其起重高度与起重量满足工程的需求，同时起重臂的工作范围应尽可能地覆盖整个建筑，以使材料运输切实到位。此外，主材料的堆放、搅拌站的出料口等均应尽可能地布置在起重机工作半径之内。

塔式起重机一般分为固定式、附着式、行走式、爬升式等几种，如图 3.15 所示。

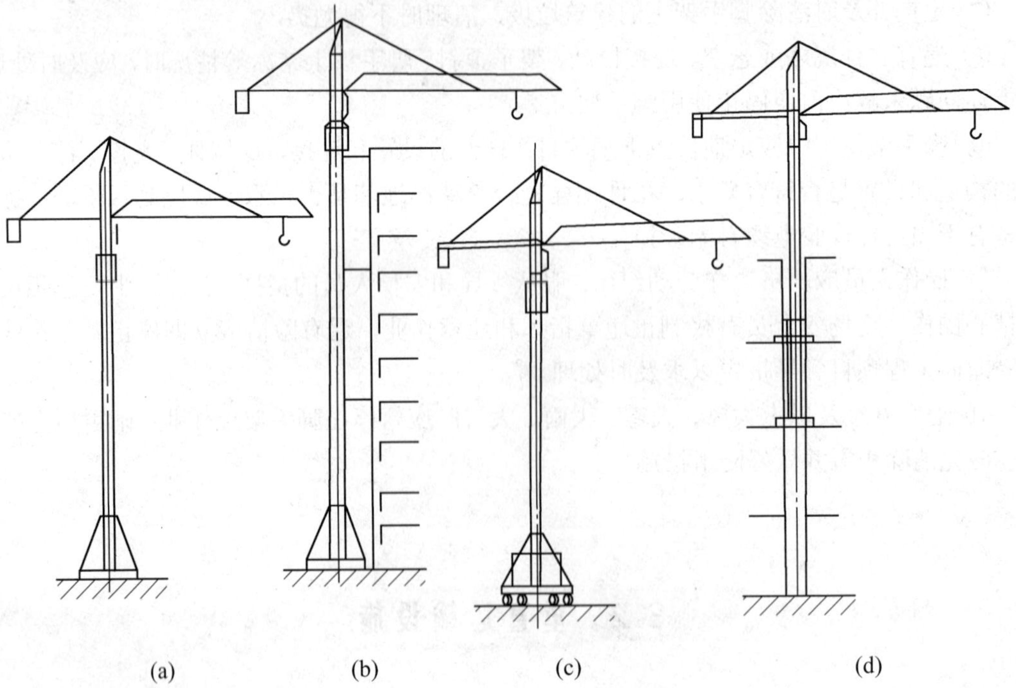

图 3.15 各种类型的塔式起重机

(a) 固定式；(b) 附着式；(c) 行走式；(d) 爬升式

塔式起重机的选用要综合考虑建筑物的高度；建筑物的结构类型；构件的尺寸和重量；施工进度、施工流水段的划分和工程量；现场的平面布置和周围环境条件等各种情况。同时要兼顾装、拆塔式起重机的场地和建筑结构满足塔架锚固、爬升的要求。

首先，根据施工对象确定所要求的参数，包括幅度(又称为回转半径)起重量、起重力矩和吊钩高度等，然后根据塔式起重机的技术性能选定塔式起重机的型号。

其次，根据施工进度、施工流水段的划分及工程量和所需吊次、现场的平面布置，确定塔式起重机的配量台数、安装位置及轨道基础的走向等。

根据施工经验，16 层及其以下的高层建筑采用轨道式塔式起重机最为经济；25 层以上的高层建筑宜选用附着式塔式起重机或爬升式塔式起重机。

选用塔式起重机时应注意以下事项。

(1) 在确定塔式起重机形式及高度时，应考虑塔身锚固点与建筑物相对应的位置以及塔式起重机平衡臂是否影响臂架正常回转等问题。

(2) 在多台塔式起重机作业条件下，应处理好相邻塔式起重机塔身高度差，以防止两塔碰撞，应使彼此工作互不干扰。

(3) 在考虑塔式起重机如何安装的同时，应考虑塔式起重机的顶升、接高、锚固以及完工后的落塔、拆运等事项，如起重臂和平衡臂是否落在建筑物上、辅机停车位置及作业条件、场内运输道路有无阻碍等。

(4) 在安装塔式起重机时，应保证顶升套架的安装位置(即塔架引进平台或引进轨道应与臂架同向)及锚固环的安装位置正确无误。

(5) 应注意外脚手架的支搭形式与挑出建筑物的距离，以免与下回转塔式起重机转台尾部回转时发生矛盾。

3.2.2 施工电梯

施工电梯又称为外用施工电梯，是一种安装于建筑物外部，供运送施工人员和建筑器材用的垂直提升机械。采用施工电梯运送施工人员上下楼层，可节省工时，减轻工人体力消耗，提高劳动生产率。因此，施工电梯被认为是高层建筑施工不可缺少的关键设备之一。

1. 施工电梯的分类

施工电梯一般分为齿轮齿条驱动电梯和绳轮驱动电梯两类。

(1) 齿轮齿条驱动施工电梯。齿轮齿条驱动施工电梯由塔架(又称为立柱，包括基础节、标准节、塔顶天轮架节)吊厢、地面停机站、驱动机组、安全装置、电控柜站、门机电联锁盒、电缆、电缆接受筒、平衡重、安装小吊杆等组成，如图 3.21 所示。塔架由钢管焊接格构式矩形断面标准节组成，标准节之间采用套柱螺栓连接。其特点是：刚度好，安装迅速；电机、减速机、驱动齿轮、控制柜等均装设在吊厢内，检查、维修、保养方便；采用高效能的锥鼓式限速装置，当吊厢下降速度超过 0.65m/s 时，吊厢会自动制动，从而保证不发生坠落事故；可与建筑物拉结，并随建筑物施工进度而自升接高，升运高度可达 100～150m。

齿轮齿条驱动施工电梯按吊厢数量分为单吊厢式和双吊厢式，吊厢尺寸一般为 3m×1.3m×2.7m。按承载能力分为两级：一级载重量为 1000kg 或乘员 11～12 人，另一级载重量为 2000kg 或乘员 24 人。

(2) 绳轮驱动施工电梯。绳轮驱动施工电梯是近年来开发的新产品，由三角形断面钢管塔架、底座、单吊厢、卷扬机、绳轮系统及安全装置等组成，如图 3.22 所示。其特点是结构轻巧，构造简单，用钢量少，造价低，能自升接高。吊厢平面尺寸为 2.5m×1.3m，可载货 1000kg 或乘员 8～10 人。

2. 施工电梯的选择

高层建筑外用施工电梯的机型应根据建筑体型、建筑面积、运输总重、工期要求、造价等选择。从节约施工机械费用出发，对 20 层以下的高层建筑工程，宜使用绳轮驱动施工电梯；25 层特别是 30 层以上的高层建筑应选用齿轮齿条驱动施工电梯。根据施工经验，一台单吊厢式齿轮齿条驱动施工电梯的服务面积约为20000～40000m^2，参考此数据，高层建筑工地配置施工电梯应尽可能选用双吊厢式。

3.3 砖砌体施工

3.3.1 砌筑材料准备

1. *砌筑砂浆*

砂浆的作用是填充砖石之间的空隙，并将其黏结成一个整体，使荷载均匀地从上层砖石传至下层砖石。

1) 砂浆组成与种类

砂浆是由胶结材料、细骨料及水组成的混合物。砂浆中常用的胶结材料有水泥、石灰等。细骨料以天然砂使用最多，有时也可以用细的炉渣等代替。此外还可以加入有塑化作用的掺和料。按照组成成分不同，砂浆可分为水泥砂浆、石灰砂浆和混合砂浆等几种。

2) 砂浆原材料的选择

(1) 水泥。水泥的强度等级应根据设计要求进行选择。水泥砂浆采用的水泥，其强度等级不宜大于32.5级；混合砂浆采用的水泥，其强度等级不宜大于42.5级。

(2) 砂。砂宜用中砂，其中毛石砌体宜用粗砂。砂的含泥量：对水泥砂浆和强度等级不小于M5的混合砂浆不应超过5%；强度等级小于M5的混合砂浆不应超过10%。

(3) 石灰膏。生石灰熟化成石灰膏时，应用孔径不大于3mm×3mm的网过滤，熟化时间不得少于7d；磨细生石灰粉的熟化时间不得小于2d。沉淀池中储存的石灰膏应采取防止干燥、冻结和污染的措施，配制水泥石灰砂浆时，不得采用脱水硬化的石灰膏。

(4) 黏土膏。采用黏土或粉质黏土制备黏土膏时，宜用搅拌机加水搅拌，通过孔径不大于3mm×3mm的网过筛。用比色法鉴定黏土中的有机物含量时应浅于标准色。

(5) 电石膏。制作电石膏的电石渣应用孔径不大于3mm×3mm的网过滤，检验时应加热至70℃并保持20min，没有乙炔气味后方可使用。

(6) 粉煤灰。粉煤灰的品质指标应符合要求。

(7) 磨细生石灰粉。磨细生石灰粉的品质指标应符合要求。

(8) 水。水质应符合现行行业标准《混凝土拌和用水标准》(JGJ 63—2006)的规定。

(9) 外加剂。凡在砂浆中掺入有机塑化剂、早强剂、缓凝剂、防冻剂等，应经检验和试配符合要求后，方可使用。有机塑化剂应有砌体强度的形式检验报告。

3) 砂浆的制备与使用

水泥砂浆及顶拌砌筑砂浆的强度等级可分为M5、M7.5、M10、M15、M20、M25、M30；水泥混合砂浆的强度等级可分为M5、M7.5、M10、M15。

砌筑砂浆应具有良好的和易性，和易性良好的砂浆不易产生分层离析现象，砂浆的和易性包括流动性和保水性两方面。

砂浆的流动性用砂浆的稠度来表示，稠度是砂浆在自重和外力作用下流动的性能。稠度可以用施工操作经验来掌握，也可以用砂浆稠度测定仪来试验确定。不同种类的砂浆稠度见表 3-2。

表 3-2　各种砌体砂浆稠度参考值 mm

单位：mm

项次	砌体种类	施工稠度
1	烧结普通砖砌体、粉煤灰砖砌体	70~90
2	混凝土砖砌体、普通混凝土小型空心砌块砌体、灰砂砖砌体	50~70
3	烧结多孔砖砌体、烧结空心砖砌体、轻集料混凝土小型空心砌块砌体、蒸压加气混凝土砌块砌体	60~80
4	石砌体	30~50

砂浆的保水性用砂浆的分层度来表示，分层度是衡量砂浆经运输、停放等，其保水能力降低的性能指标，即分层度越大，砂浆失水越快，其施工性能越差。因此，为保证砌体灰缝饱满度、块材与砂浆间的黏结和砌体强度，砌筑砂浆的分层度不得大于 30mm。

砂浆的使用，应随拌随用。如出现泌水现象，砌筑前应进行第二次拌和。水泥砂浆和水泥混合砂浆必须分别在拌成后 3h 和 4h 内用完。如施工期间的最高气温超过 30℃，必须在拌成后 2h 和 3h 用完。这样规定主要是考虑了水泥的硬化和初凝问题。施工中如用水泥砂浆代换水泥混合砂浆时，应按《砌体结构设计规范》的相应规定执行，不得随意代替。

特别提示

对所用的砂浆应作强度检验。制作试块的砂浆，应在现场取样，每一楼层或 250m^3 砌体中的各种强度等级的砂浆，每台搅拌机应至少检查一次，每次至少留一组试块(每组 6 块)，其标准养护 28d 的抗压强度应满足设计要求。

2. 砖、砌块、石材

1) 砖

砖要按规定及时进场，按砖的强度等级、外观、几何尺寸进行验收，并应检查出厂合格证，用于清水墙、柱表面的砖，应边角整齐，色泽均匀。在常温下，黏土砖应在砌筑前 1～2d 浇水润湿，以免在砌筑时由于砖吸收砂浆中的大量水分，使砂浆流动性降低，砌筑困难，影响砂浆的黏结强度。但也要注意不能将砖浇的过湿，以水浸入砖内 10～15mm 为宜。过湿过干都会影响施工速度和施工质量。如因天气酷热，砖面水分蒸发过快，操作时揉压困难，也可在脚手架上进行第二次浇水。

砖有烧结普通砖、烧结多孔砖、烧结空心砖、蒸压灰砂空心砖、蒸压粉煤灰砖等。

(1) 烧结普通砖。烧结普通砖为实心砖，是以黏土、页岩、煤矸石或粉煤灰为主要原料，经压制、焙烧而成的。按原料不同，可将其分为烧结黏土砖、烧结页岩砖、烧结煤矸石砖和烧结粉煤灰砖。

烧结普通砖的外形为直角六面体，其公称尺寸为：长 240mm、宽 115mm、高 53mm。

根据抗压强度分为 MU30、MU25、MU20、MU15、MU10 这 5 个强度等级。

(2) 烧结多孔砖。烧结多孔砖使用的原料与生产工艺与烧结普通砖基本相同，其孔洞率不小于 25%。砖的外形为直角六面体，其长度、宽度及高度尺寸(mm)应符合 290、240、190、180 和 175、140、115、90 的要求。

根据抗压强度分为 MU30、MU25、MU20、MU15、MUI0 这 5 个强度等级。

(3) 烧结空心砖。烧结空心砖的烧制、外形、尺寸要求与烧结多孔砖一致，在与砂浆的接合面上应设有增加结合力的深度在 1mm 以上的凹线槽。

根据抗压强度分为 MU5、MU3、MU2 这 3 个强度等级。

(4) 蒸压灰砂空心砖。蒸压灰砂空心砖以石英砂和石灰为主要原料，压制成型，经压力釜蒸汽养护而制成的孔洞率大于 15%的空心砖。

其外形规格与烧结普通砖一致，根据抗压强度分为 MU25、MU20、MU15、MU10、MU7.5 这 5 个强度等级。

(5) 蒸压粉煤灰砖。蒸压粉煤灰砖以粉煤灰为主要原料，掺配适量的石灰、石膏或其他碱性激发剂，再加入一定数量的炉渣作为骨料蒸压制成的砖。

其外形规格与烧结普通砖一致，根据抗压强度、抗折强度分为 MU20、MU15、MU10、MU7.5 这 4 个强度等级。

2) 砌块

砌块一般以混凝土或工业废料作为原料制成实心或空心的块材。它具有自重轻、机械化和工业化程度高、施工速度快、生产工艺和施工方法简单且可大量利用工业废料等优点，因此，用砌块代替普通黏土砖是墙体改进的重要途径。

砌块按形状分为实心砌块和空心砌块两种。按制作原料分为粉煤灰、加气混凝土、混凝土、硅酸盐、石膏砌块等数种；按规格来分有小型砌块、中型砌块和大型砌块。砌块高度在 115～380mm 的称为小型砌块；高度在 380～980mm 的称为中型砌块；高度大于 980mm 的称为大型砌块。常用的有普通混凝土小型空心砌块、轻集料混凝土小型空心砌块、蒸压加气混凝土砌块、粉煤灰砌块。

(1) 普通混凝土小型空心砌块。普通混凝土小型空心砌块以水泥、砂、碎石或卵石加水预制而成。其主规格尺寸为 390mm×190mm×190mm，有两个方形孔，空心率不小于 25%。

根据抗压强度分为 MU20、MU15、MU10、MU7.5、MU5、MU3.5 这 6 个强度等级。

(2) 轻集料混凝土小型空心砌块。轻集料混凝土小型空心砌块以水泥、砂、轻集料加水预制而成。其主规格尺寸为 390mm×190mm×190mm。按其孔的排数分为单排孔、双排孔、三排孔和四排孔共 4 类。

根据抗压强度分为 MU10、MU7.5、MU5、MU3.5、MU2.5、MUI.5 这 6 个强度等级。

(3) 蒸压加气混凝土砌块。蒸压加气混凝土砌块以水泥、矿渣、砂、石灰等为主要原料，加入发气剂，经搅拌成型、蒸压养护而成的实心砌块。其主规格尺寸为 600mm×250mm×250mm。

根据抗压强度分为 A10、A7.5、A5、A3.5、A2.5、A2、Al 这 7 个强度等级。

(4) 粉煤灰砌块。粉煤灰砌块以粉煤灰、石灰、石膏和轻集料为原料，加水搅拌，振动成型，蒸汽养护而成的密实砌块。其主规格尺寸为 880mm×380mm×240mm，880mm×430mm×240mm。砌块端面应加灌浆槽，坐浆面宜设抗剪槽。

根据抗压强度分为 MU13、MUI0 两个强度等级。

3) 石材

砌筑用石有毛石和料石两类。所选石材应质地坚实，无风化剥落和裂纹，用于清水墙、柱表面的石材应色泽均匀。石材表面的泥垢、水锈等杂质，砌筑前应清除干净，以利于砂浆和块石黏接。毛石分为乱毛石和平毛石。乱毛石是指形状不规则的石块；平毛石是指形状不规则，但有两个平面大致平行的石块。毛石应呈块状，其中部厚度不宜小于 150mm。料石按其加工面的平整程度分为细料石、粗料石和毛料石 3 种。料石的宽度、厚度均不宜小于 200mm，长度不宜大于厚度的 4 倍。根据抗压强度可将其分为 MU100、MU80、MU60、MU50、MU40、MU30、MU20、MU15、MU10 这 9 个强度等级。

特别提示

砌体工程所用的材料在施工中应有产品的合格证书、产品性能检测报告、块材、水泥、钢筋、外加剂等应该有材料主要性能的进场复验报告。

3.3.2 砖砌体施工

1. 施工前的准备

砖砌体施工的准备工作内容包括下述几方面。

第一，砖的品种和强度等级必须符合设计要求，并力求规格一致。

第二，用于清水墙、柱表面的砖应严格挑选，保持边角整齐、色泽均匀。

第三，砌筑前，普通砖和空心砖应提前浇水湿润，含水率宜为 10%～15%；灰砂砖、粉煤灰砖含水率宜为 5%～8%。

第四，砌筑砂浆的品种、强度等级必须符合设计要求，砂浆的稠度应符合表 3-2 中的规定。

2. 砖砌体的组砌形式

1) 一顺一丁

一顺一丁组砌方式是：丁砌层与顺砌层相互交替组砌，相邻两皮砖竖缝均相互交错 1/4 砖长，故砌体中无任何通缝，而且丁砖数量多，能增强砌体横向拉结力如图 3.16 所示。但顺砌层在拐角和丁字墙处必须使用 3/4 砖长的砖。此种组砌方法效率较高，但当砖的规格参差不齐时，竖缝就难以对齐，适用于砌一砖、一砖半及二砖墙。

2) 三顺一丁

三顺一丁组砌方式是三皮全部顺砖层与一皮全部丁砖层间隔砌成，上下层顺砖层间竖缝错开 1/2 砖长，上下皮顺砖与丁砖间的竖缝错开 1/4 砖长如图 3.17 所示。这种砌法因顺砖较多效率较高，但是由于在三皮连续的顺砖层内无横向拉结的丁砖，使墙体的横向拉结减弱，整体性降低，适用于砌一砖、一砖半墙。

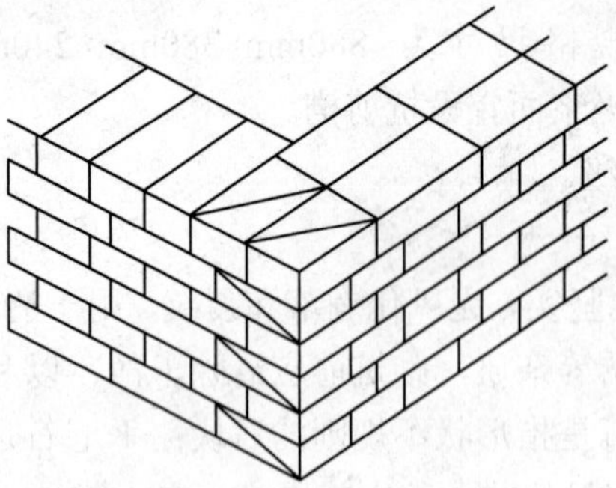

图 3.16 一顺一丁组砌方式

图 3.17 三顺一丁组砌方式

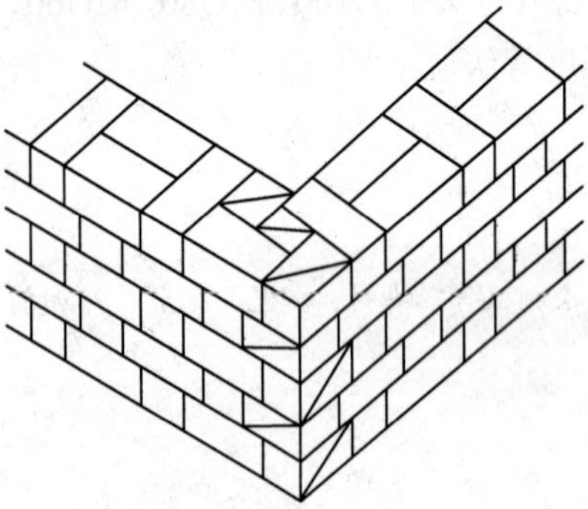

图 3.18 梅花丁组砌方式

3) 梅花丁

梅花丁组砌方式是每层中丁砖与顺砖相隔、上皮丁砖坐中于下皮顺砖，上下层砖竖缝相互错开四分之一砖长如图 3.18 所示。这种砌法内外竖缝每皮都能错开，故整体性较好，灰缝整齐，比较美观，但砌筑效率较低，适用于砌一砖及一砖半墙。

4) 二平一侧

二平一侧是两皮平砖与一皮侧砖的顺砖相隔砌成。当墙厚 180mm 时，平砖均为顺砖。上下皮竖缝相互错开 1/2 砖长，平砖与侧砖之间的竖缝也错开 1/2 砖长；当墙厚为 300mm 时，平砖层为一顺一丁法，上下皮之间错开 1/4 砖长，顺砖与侧砖之间竖缝错开 1/2 砖长，丁砖与侧砖之间竖缝错开 1/4 砖长如图 3.19 所示。

通过此种砌法，可以实现用烧结普通砖砌 180mm 墙和 300mm 墙。

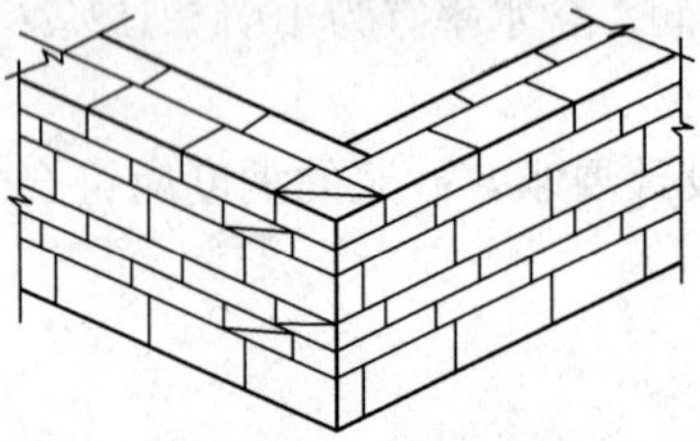

(a)

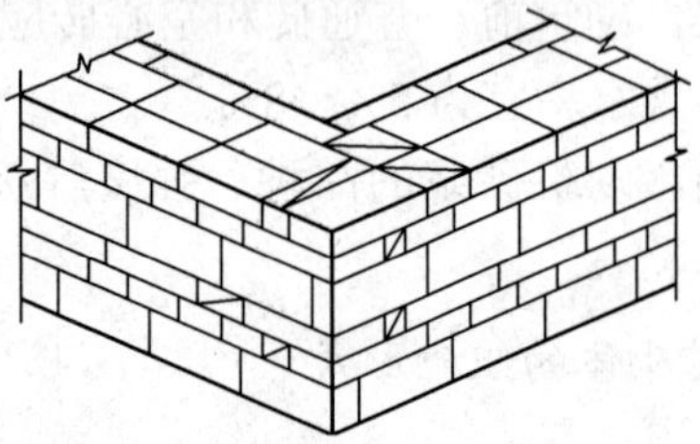

(b)

图 3.19 二平一侧砌法

5) 全顺

全顺即全部用顺砖砌筑，上下皮间竖缝相互错开 1/2 砖长如图 3.20 所示，这种砌法仅用于砌半砖墙。

6) 全丁

全丁即每皮全部用丁砖砌筑，上下皮间竖缝互相错开 1/4 砖长，此种砌法多用于圆形建筑物，如水塔、烟囱、水池等如图 3.21 所示。

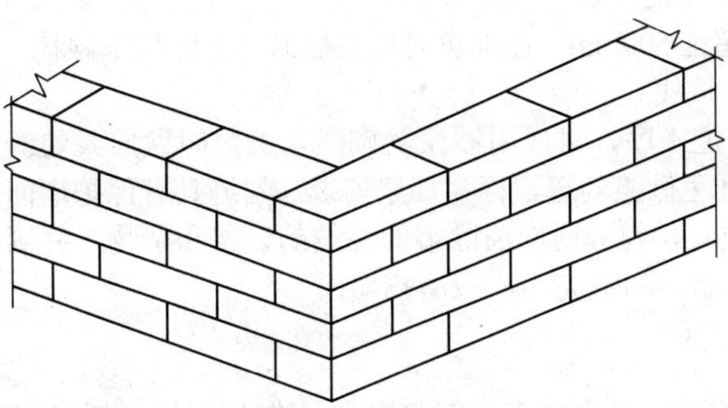

图 3.20　全顺砌法

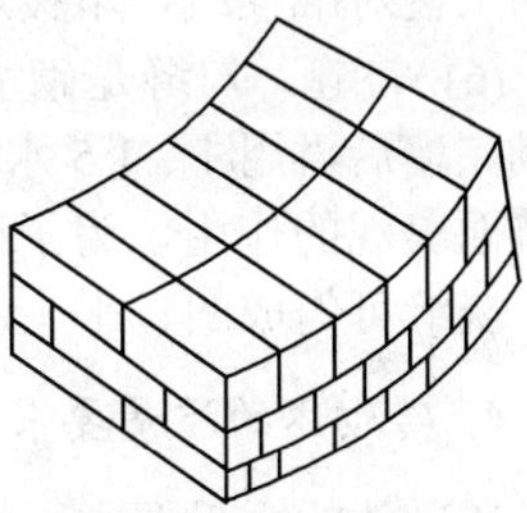

图 3.21　全丁砌法

3. *砖墙的砌筑工艺*

砖墙的砌筑一般有抄平、放线、摆砖样、立皮数杆、盘角、挂线、砌筑、勾缝、清理等工序。

(1) 抄平放线。砌筑完基础或每一楼层后，应校核砌体的轴线和标高。

砌墙前先在基础面上按标准的水准点定出各层标高，并用 1∶3 水泥砂浆或 C10 细石混凝土找平，然后根据龙门板上标志的轴线，弹出墙身轴线、边线及门窗洞口位置。2 楼以上墙的轴线可以用经纬仪或垂球将轴线引测上去。

(2) 摆砖样(干砖撂底)。按选定的组砌方法，在墙基顶面放线位置用干砖试摆砖样，目的是为了校对所放出的墨线在门窗洞口、附墙垛等处是否符合砖的模数，以尽可能减少砍砖，提高砌砖效率，并使砌体灰缝均匀，组砌得当。一般在房屋外纵墙方向摆顺砖，在山墙方向摆丁砖，摆砖由一个大角摆到另一个大角，砖与砖间留 10mm 缝隙。

(3) 立皮数杆。皮数杆是一种方木标志杆如图 3.22 所示，上面画有每皮砖及灰缝的厚度，门窗口、过梁、楼板、梁底等的标高位置。砌筑时用来控制墙体竖向尺寸及各部位构件的竖向标高，并保证灰缝厚度的均匀性。

皮数杆一般设置在房屋的四大角以及纵横墙的交接处，如墙面过长时，应大约每隔 10～15m 立一根。皮数杆需用水平仪统一竖立，使皮数杆上的±0.00 与建筑物的±0.00 相吻合，之后就可以向上接皮数杆。

(4) 盘角、挂线。砌墙是先从墙角开始，即在墙角部位根据皮数杆先砌若干皮砖，谓之盘角，作为挂线的依据。墙角也是控制墙面横平竖直的主要依据，所以要求墙角必须双向垂直。

墙角砌好后，即可挂线如图 3.22 所示，作为砌筑中间墙体的依据，以保证墙面平整，一般一砖墙可用单面挂线，一砖半以上厚度墙体则应用双面挂线。

(5) 砌筑。为保证砌筑质量要求，一般采用“三一砌砖法”，即一块砖、一铲灰、一揉压，并随手将挤出的砂浆刮去的砌筑方法。这种砌筑法的优点是灰缝容易饱满，黏结力好，墙面整洁。当选择铺浆法砌筑时铺浆长度不得超过 750mm；施工

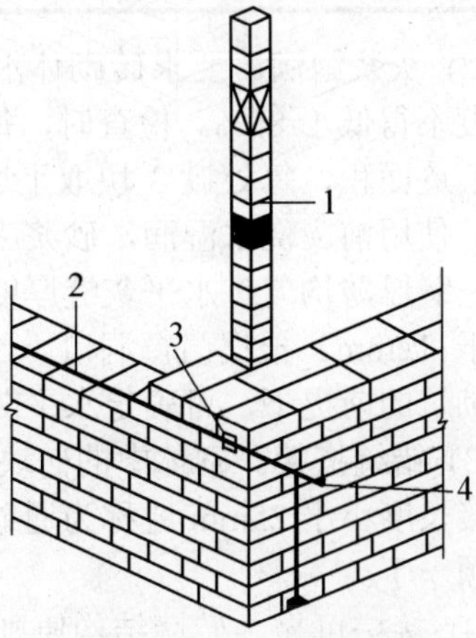

图 3.22　皮数杆示意图

1—皮数杆；2—准线；3—竹片；4—圆铁钉

期间气温超过 30℃时，铺浆长度不超过 500mm。在砌筑时还要做到“上跟线下跟棱”，使砖的上棱对准挂线，下棱对准墙体的棱线。

(6) 勾缝。勾缝是砌墙的最后一道工序，可以用砂浆随砌随勾缝，叫做原浆勾缝；也可砌完墙后再用 1∶1.5 水泥砂浆或加色砂浆勾缝，称为加浆勾缝。勾缝具有保护墙面和增加墙面美观的作用，为了确保勾缝质量，勾缝前应清除墙面黏结的砂浆和杂物，并洒水润湿。灰缝可勾成凹、平、斜或凸等形状。勾缝完后，应清扫墙面。

4. *砖砌体的质量要求*

砖砌体的质量要求可概括为 16 个字：横平竖直、灰浆饱满、错缝搭接、接槎可靠。

(1) 横平竖直。要求砌体灰缝应横平竖直，上下对齐，无游丁走卒，具体允许偏差见表 3-3，所以砌筑时必须立皮数杆、挂线砌筑，并应随时用吊线、直尺检查和校正墙面的平整度和竖向垂直度。

表 3-3　砖砌体尺寸、位置的允许偏差及检验

<table>
<tr><th>项次</th><th colspan="3">项目</th><th>允许偏差/mm</th><th>检验方法</th><th>抽检数量</th></tr>
<tr><td>1</td><td colspan="3">轴线位置</td><td>10</td><td>用经纬仪和尺或用其他测量仪器检查</td><td>承重墙、柱全数检查</td></tr>
<tr><td>2</td><td colspan="3">基础、墙、柱顶面标高</td><td>±15</td><td>用水平仪和尺检查</td><td>不应少于 5 处</td></tr>
<tr><td rowspan="3">3</td><td rowspan="3">墙面垂直度</td><td colspan="2">每层</td><td>5</td><td>用 2m 托线板检查</td><td>不应少于 5 处</td></tr>
<tr><td rowspan="2">全高</td><td>≤10m</td><td>10</td><td rowspan="2">用经纬仪、吊线和尺或用其他测量仪器检查</td><td rowspan="2">外墙全部阳角</td></tr>
<tr><td>>10m</td><td>20</td></tr>
<tr><td rowspan="2">4</td><td rowspan="2" colspan="2">表面平整度</td><td>清水墙、柱</td><td>5</td><td rowspan="2">用 2m 靠尺和楔形塞尺检查</td><td rowspan="2">不应少于 5 处</td></tr>
<tr><td>混水墙、柱</td><td>8</td></tr>
<tr><td rowspan="2">5</td><td rowspan="2" colspan="2">水平灰缝平直度</td><td>清水墙</td><td>7</td><td rowspan="2">拉 5m 线和尺检查</td><td rowspan="2">不应少于 5 处</td></tr>
<tr><td>混水墙</td><td>10</td></tr>
<tr><td>6</td><td colspan="3">门窗洞口高、宽（后塞口）</td><td>±10</td><td>用尺检查</td><td>不应少于 5 处</td></tr>
<tr><td>7</td><td colspan="3">外墙上下窗口偏移</td><td>20</td><td>以底层窗口为准，用经纬仪或吊线检查</td><td>不应少于 5 处</td></tr>
<tr><td>8</td><td colspan="3">清水墙游丁走缝</td><td>20</td><td>以每层第一皮砖为准，用吊线和尺检查</td><td>不应少于 5 处</td></tr>
</table>

(2) 灰浆饱满。要求砖砌体水平和竖向灰缝砂浆应饱满，实心砖砌体水平灰缝的砂浆饱满度不得低于 80%。检查时，每检验批抽查不少于 5 处，用百格网检查砖底面与砂浆的黏结痕迹面积，每处掀 3 块取平均值。为保证灰浆饱满，除要求工人具有一定的技术水平外，砖使用前应浇水湿润，砂浆应满足和易性要求。

灰缝厚薄均匀。水平灰缝厚度和竖向灰缝的宽度一般为 10mm，不应小于 8mm，也不应大于 12mm。根据门窗洞口、过梁、圈梁、层高等设计要求的标高，在保证砖砌体竖向整皮砌筑的前提下，可确定水平灰缝厚度和皮数杆上每皮砖的高度。

(3) 错缝搭接。砌体中的砖块应相互搭砌，无论表面或内部都不准出现通缝(上下二皮砖搭接长度小于 25mm 皆称为通缝)，以加强砌体的整体性。为此应采用适宜的组砌方式，如一顺一丁。

(4) 接槎可靠。砖墙结构原则上应同时砌筑，以保证其整体性，但由于施工的需要，常常不得不做临时间断即留槎，过后再接槎补齐如图 3.23 所示。接槎处砌体的水平灰缝填塞困难，如果处理不当，会影响砌体的整体性和抗震性能。

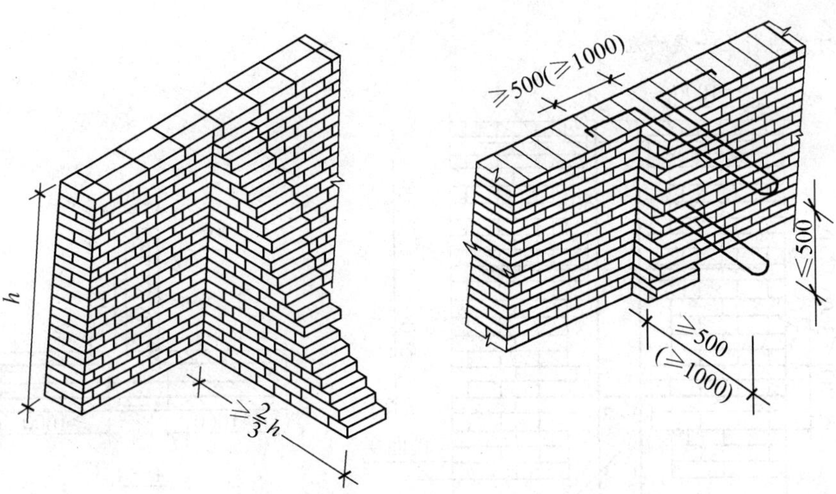

图 3.23 接槎

(a) 斜槎；(b) 直槎

砖砌体的转角处和交接处应同时砌筑。对不能同时砌筑而又必须留置的临时间断处，应砌成斜槎，斜槎水平投影长度不应小于高度的 2/3。如果留斜槎确有困难，也可留直槎，但必须砌成阳槎，并加设拉结筋(图 3.23)。拉结筋的数量为每 120mm 墙厚放置 1 根直径为 6mm 的钢筋(120mm 墙厚应放置 2 根)；间距沿墙高不得超过 500mm；埋入长度从留槎处算起，每边均不应小于 500mm，抗震设防烈度为 6 度、7 度的地区不应小于 1m；末端应有 90° 弯钩。抗震设防烈度为 8 度及其以上的地区不得留直槎。

接槎时，必须先将留槎处的表面砂浆清理干净，再浇水湿润，并保证砂浆饱满，灰缝平直通顺，使接槎处的前后砌体黏结成整体。

特别提示

特殊构造要求

1. 钢筋混凝土构造柱

为提高建筑物结构的整体稳定性，增强建筑物的防震能力，通常在建筑物的四角、内外墙交接处、较长的墙体中间，以及楼梯间、电梯间等洞口四周的位置设置构造柱。

1) 构造要求如图 3.24 所示

(1) 构造柱的截面尺寸为 240mm×180mm 或 240mm×240mm。竖向受力钢筋一般采用 4Φ12～4Φ14 的钢筋；箍筋一般为 Φ6@200，且在柱上下端适当加密。

(2) 构造柱应沿墙高每隔 500mm 设置 2Φ6 的水平拉结钢筋，两边伸入墙内不宜小于 lm；若外墙为一砖半墙，则水平拉结钢筋应用 3 根。

(3) 构造柱与砖墙相接处应砌成马牙槎，从每层柱脚开始，先退后进；每个马牙槎沿高度方向的尺寸不宜超过 300mm(或 5 皮砖高)；每个马牙槎进退应不小于 60mm。

(4) 构造柱通常与圈梁连接。其纵筋应穿过圈梁，保证纵筋上下贯通，且应适当加密；其根部一般与基础圈梁连接，或直接生根于基础(基础梁)。

2) 施工要点

(1) 构造柱的施工顺序为：绑扎钢筋、砌砖墙、支模板、浇筑混凝土。必须在该层构造柱混凝土浇筑完毕后，才能进行上一层的施工。

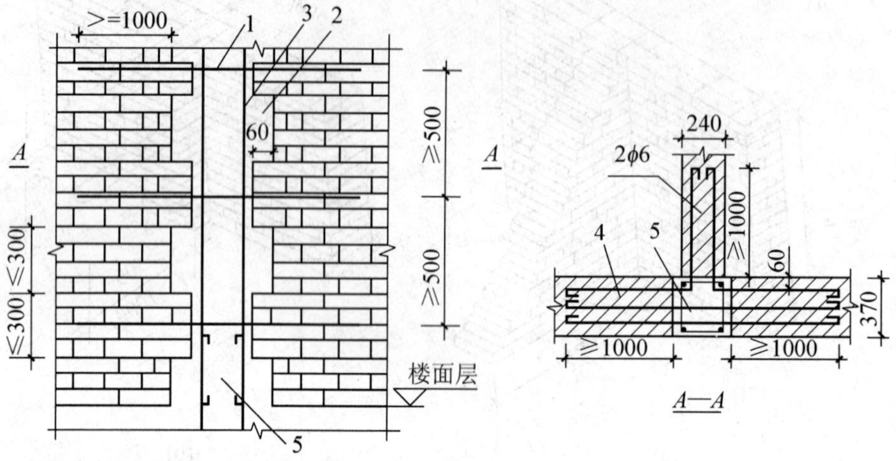

图 3.24 构造柱与墙体的连接

1—拉结钢筋；2—马牙槎；3—构造柱钢筋；4—墙体；5—构造柱

(2) 构造柱的竖向受力钢筋伸入基础(圈)梁或混凝土基础内的锚固长度，以及绑扎搭接长度，均不应小于 35 倍钢筋直径。接头区段内的箍筋间距不应大于 100mm。钢筋混凝土保护层厚度一般为 20mm。

(3) 砌砖墙时，当马牙槎齿深为 120mm 时，其上口可采用第一皮先进 60mm，往上再进 120mm 的方法，以保证浇筑混凝土时上角密实。

(4) 构造柱的模板必须与所在砖墙面严密贴紧，以防漏浆。

(5) 浇筑构造柱的混凝土坍落度一般为 50～70mm。构造柱浇筑混凝土前，必须将砌体留槎部位和模板浇水湿润，将模板内的杂物清理干净，并在结合面处注入适量的并且与构造柱混凝土具有相同成分的去石水泥砂浆。振捣时，应避免触碰墙体，严禁通过墙体传振。

2. 圈梁

(1) 钢筋混凝土圈梁的宽度宜与墙厚相同，当墙厚 h≥240mm 时，其宽度不宜小于 $2h/3$。圈梁高度不应小于 120mm。纵向钢筋不应少于 4Φ10，绑扎接头的搭接长度按受拉钢筋考虑，箍筋间距不应大于 300mm。

(2) 圈梁宜连续地设在同一水平面上，并形成封闭状。当圈梁被门、窗口截断时，应在洞口上部增设相同截面的附加圈梁。附加圈梁与圈梁的搭接长度不应小于其垂直间距的 2 倍，且不小于 1m。

(3) 对刚性方案的房屋，圈梁应与横墙连接，其间距不宜大于规定的相应横墙间距。

(4) 钢筋砖圈梁应采用不低于 M5 的砂浆砌筑，圈梁高度为 4～6 匹砖。

(5) 纵横墙交接处的圈梁应有可靠的连接。刚弹性和弹性方案房屋的圈梁应与屋架、大梁等构件可靠连接。

(6) 圈梁兼作过梁时，过梁部分的钢筋应按计算用量另行增配。

3.3.3 其他砌体施工

用砌块代替黏土砖作为墙体材料是墙体改革的一个重要途径。近年来各地因地制宜，就地取材，以天然材料或工业废料为原料制作各种中小型砌块用于建筑物墙体结构，施工方法简便，减轻了劳动强度，提高了劳动生产率。

中小型砌块按材料分为混凝土空心砌块、粉煤灰硅酸盐砌块、煤矸石硅酸盐空心砌块和加气混凝土砌块等品种。砌块高度为 380～940mm 的称为中型砌块，砌块高度小于 380mm 的称为小型砌块。

1. 中型砌块砌体施工

中型砌块砌体的施工是采用各种吊装机械及夹具将砌块安装在设计位置。一般按照预先设计的砌块排列图逐块按次序吊装，就位固定。

1) 砌块施工排列图的编制

砌块墙体施工前应根据建筑物的平面、立面尺寸及砌块的规格绘制砌块排列图如图3.25所示。在立面图上按比例绘出纵横墙，标出楼板、大梁、过梁、楼梯孔洞等位置，在纵横墙上绘出水平灰缝线，然后以主规格为主、其他规格为辅按墙体错缝搭砌的原则和竖缝大小进行排列。若无具体规定，砌块应按下列原则排列。

(1) 尽量以主规格为主、副规格为辅排列，排列应符合模数。

(2) 砌块应错缝搭接，搭砌长度不得小于砌块高度的1/3，且不应小于150mm；当搭砌长度不足时，应在水平灰缝内设 2Φ4 的钢筋网片，网片两端离垂直灰缝距离不得小于300mm。

(3) 外墙转角处及纵横墙交接处应交错咬槎同时砌筑。在与后砌半砖隔墙交接处应沿墙高每800mm在水平灰缝内设2Φ4的钢筋网片。

(4) 在空心砌体外墙转角处楼梯间四角的砌体孔洞内宜配置不少于 1Φ12 的竖向钢筋并贯通全墙高度锚固于基础或圈梁，孔洞应用C20细石混凝土浇捣密实。

(5) 局部必须镶砖时，应尽量使砖的数量达到最低限度，镶砖部分应分散布置。

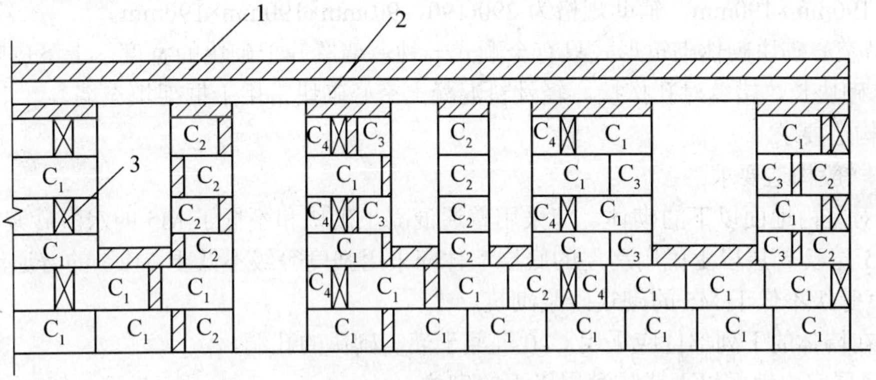

图3.25 砌块排列图

C_1—主规格砌块；C_2、C_3、C_4—辅规格砌块；1—镶砖；2—圈梁；3—顶砌砌块

2) 施工工艺

(1) 安装方案。中型砌块的安装通常采用两种方案。

① 以轻型塔式起重机运输砌块、砂浆，吊装预制构件，用台灵架安装砌块。此方案适用于工程量大或两幢房屋对翻流水施工的情况。

② 用砌块车进行水平运输，用带有起重臂的井架进行砌块和楼板的垂直运输，再用台灵架安装砌块。此方案适用于工程量小的房屋施工。

(2) 吊装顺序。中型砌块的吊装应按照砌块排列图进行，砌筑时应从转角处或定位砌块处开始。按施工段依次进行，其顺序一般为先外后内，先远后近，先下后上，在相邻施工段之间留阶梯形斜槎。

(3) 施工工艺。中型砌块施工的主要工序有铺灰、砌块安装就位、校正、灌浆、镶砖等。

① 铺灰。采用和易性较好的水泥砂浆(稠度为 50～70mm)，铺灰长度为 3～5m 水平灰缝(空心砌块不超过 2～3m)，炎热天气或寒冷天气应适当缩短，铺灰应平整饱满。

② 砌块安装就位。一般采用摩擦式夹具，按砌块排列图将所需砌块安装就位。夹砌块时应避免偏心，注意光面应放置在同侧，放置时应对准位置徐徐下落于砂浆层上，待砌块安放稳定后，方可松开夹具。

③ 校正。砌块安装就位后，用垂球或托线板检查砌块的垂直度，用拉准线的方法检查砌块的水平度。校正时可用撬棍或木槌调整偏差。

④ 灌浆。采用砂浆灌竖缝，两侧用夹板夹住砌块，超过 30mm 宽的竖缝采用不低于 C20 的细石混凝土灌缝，用刮缝板把竖缝和水平缝刮齐，收水后进行嵌缝，即原浆勾缝。此后，一般不准再撬动砌块，以防损坏砂浆黏结力。

⑤ 镶砖。当砌块间出现较大竖缝或过梁找平时，应镶砖。镶砖工作必须在砌块校正后即刻进行，采用不小于 MU10 的红砖，最后一皮用顶砖镶砌。镶砖砌体的竖缝和水平缝应控制在 15～30mm 内，竖缝应灌密实。

2. 小型空心砌块砌体施工

小型空心砌块分为普通混凝土小型空心砌块和轻骨料混凝土空心砌块两种。主规格为 390mm×190mm×190mm，辅助规格为 290(190，90)mm×190mm×190mm。

小型空心砌块砌体砌筑形式只有全顺式一种。墙厚等于砌块的宽度，上下皮竖缝相互错开 1/2 砌块长，错缝对孔搭接。轻骨料混凝土空心砌块常用于框架填充墙。

1) 构造要求

(1) 一般构造要求。

① 对室内地面以下的砌体，应采用普通混凝土砌块和不低于 M5 的水泥砂浆砌筑。

② 5 层及 5 层以上民用房屋的底层墙体应采用强度等级不低于 MU5 的普通混凝土砌块和强度等级不低于 M5 的砌筑砂浆砌筑。

③ 在墙体的下列部位应采用 C20 混凝土灌实砌块的孔洞。

a. 底层室内地面以下或防潮层以下的砌体。

b. 无圈梁的楼板支承面下的一皮砌块。

c. 在没有设置混凝土垫块的屋架、梁等构件支承面下，高度不小于 600mm，长度不小于 600mm 的砌体。

d. 在挑梁支承面下，距墙中心线每边不小于 300mm，高度不小于 600mm 的砌体。

④ 砌块墙与后砌隔墙交接处，应沿墙高每隔 400mm 在水平灰缝内设置不少于 2Φ4、横筋间距不大于 200mm 的焊接钢筋网片，钢筋网片伸入后砌隔墙内不应小于 600mm 如图 3.26 所示。

(2) 夹心墙构造。混凝土砌块夹心墙由内叶墙、外叶墙及其间拉结件组成，内外叶墙间设保温层如图 3.27 所示。

① 内叶墙采用主规格混凝土小型空心砌块，外叶墙采用辅助规格(390mm×90mm×190mm)混凝土小型空心砌块；砌块强度等级不应低于 MU10。

② 拉结件采用环形拉结件，Z 形拉结件或钢筋网片。拉结件在叶墙上的搁置长度不应

小于叶墙厚度的 2/3，且不应小于 60mm。

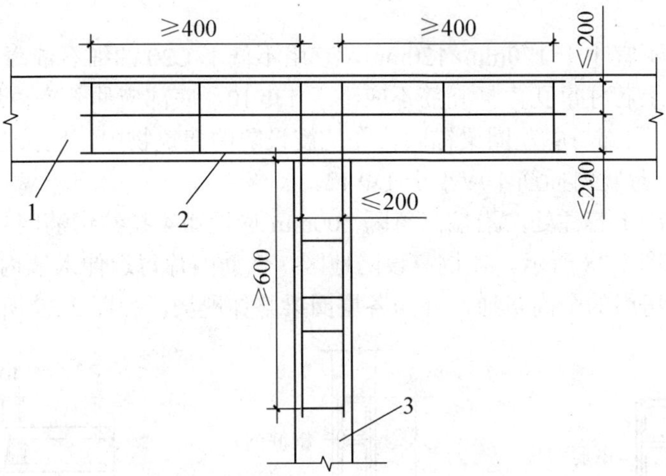

图 3.26 砌块墙与后砌墙交接处构造

1—砌块墙；2—钢筋网片；3—后砌墙体

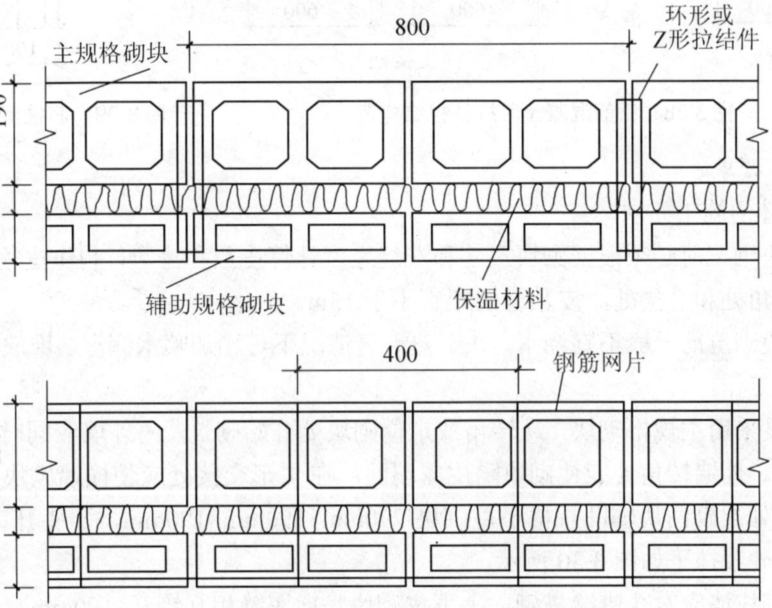

图 3.27 混凝土砌块夹心墙

a. 当采用环形拉结件时，钢筋直径不应小于 4mm；当采用 Z 形拉结件时，钢筋直径不应小于 6mm。拉结件应沿竖向梅花形布置，拉结件的水平间距不宜大于 800mm、竖向间距不宜大于 600mm；对有振动或有抗震设防要求时，其水平和竖向最大间距分别不宜大于 800mm 和 400mm。

b. 当采用钢筋网片作拉结件，网片横向钢筋直径不应小于 4mm，其间距不应大于 400mm；网片的竖向间距不宜大于 600mm，对有振动或有抗震设防要求时，不宜大于 400mm。

(3) 芯柱构造。在砌块砌体外墙转角、楼梯间四角的纵横墙交接处的 3 个孔洞宜设置素混凝土芯柱；5 层及 5 层以上的房屋，应在上述部位设置钢筋混凝土芯柱。芯柱的构造要求如下。

① 芯柱截面不宜小于 120mm×120mm，宜用不低于 C20 的细石混凝土浇灌。

② 钢筋混凝土芯柱每孔内插竖筋不应小于 1Φ10，底部应伸入室内地面下 500mm 或与基础圈梁锚固，顶部与屋盖圈梁锚固。在抗震设防的建筑物中，应按芯柱位置要求设置钢筋混凝土芯柱，且竖向插筋不应小于 1Φ12。

③ 在钢筋混凝土芯柱处，沿墙高每隔 600mm 应设Φ4 拉结钢筋网片，每边伸入墙体不小于 600mm 如图 3.28 所示。在抗震设防地区，钢筋网片每边伸入墙内不宜小于 1m。

④ 芯柱应沿房屋的全高贯通，并与各层圈梁整体现浇，如图 3.29 所示的做法。

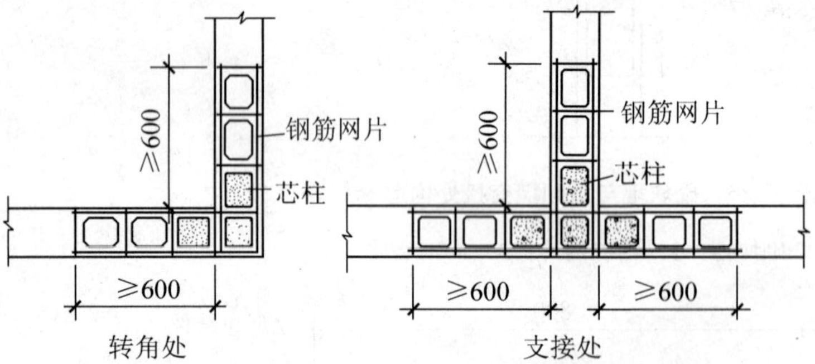

图 3.28　钢筋混凝土芯柱处拉结构造

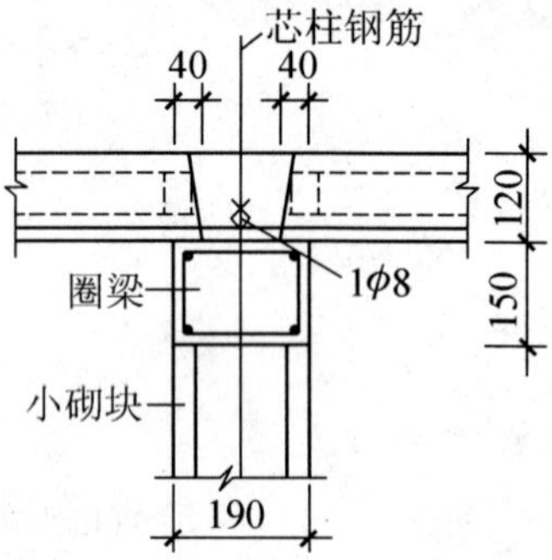

图 3.29　芯柱贯通楼板构造措施

2) 施工要求

(1) 砌体的施工要求。

① 砌块砌筑前必须根据砌块尺寸和灰缝厚度计算皮数和排数，制作皮数杆，并将其竖立于墙的转角处和交接处，皮数杆间距宜小于 15m。

② 砌块砌筑前一般不宜浇水，在干热天气情况下可稍加喷水润湿。堆放砌块时应做好防雨和排水工作。

③ 尽量采用主规格砌块，从转角或定位砌块处开始砌筑，内外墙应同时砌筑，纵横墙应交错搭接。外墙转角处应使砌块隔皮露端面；在 T 形交接处应使横墙砌块隔皮露端面，纵墙在交接处改砌两块辅助规格小型砌块(290mm×190mm×190mm，一头开口)，所有外露端面用水泥砂浆抹平如图 3.30 所示。

④ 小砌块墙应对孔错缝搭砌，上下皮砌块竖向灰缝相互错开 190mm。当无法对孔砌筑时，普通混凝土小型砌块错缝长度不应小于 90mm，轻骨料混凝土小型砌块错缝长度不应小于 120mm。不能保证此规定时，应在水平灰缝中设置Φ4 拉结钢筋网片，钢筋网片每端均应超过该垂直灰缝，其长度不得小于 300mm 如图 3.31 所示。

⑤ 砌体灰缝应做到横平竖直。水平灰缝应平直，其砂浆饱满度不应低于 90%；竖向灰缝应采用加浆方法，使其饱满，砂浆饱满度不应低于 80%，不得出现瞎缝、透明缝。水平灰缝厚度和垂直灰缝宽度应控制在 8～12mm 范围内。当缺少辅助规格小砌块时，砌体通缝不应超过两皮砌块。

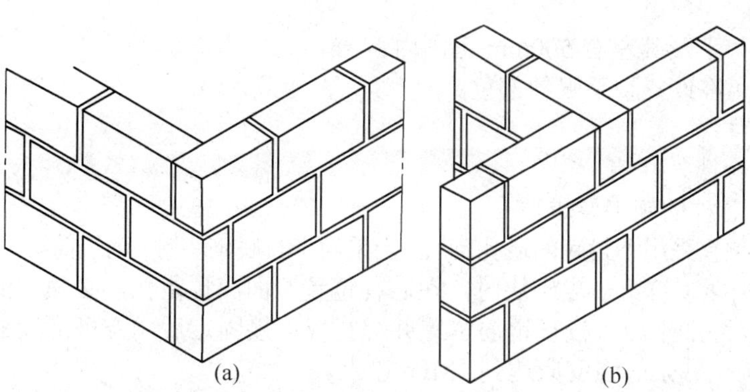

图 3.30 砌块转角及 T 形交接处

⑥ 墙体留槎。墙体临时间断处应砌成斜槎，长度不应小于其高度的 2/3。如留斜槎确实有困难，在非抗震设防地区，除外墙转角外，也可砌成从砌体面伸出 200mm 的阴阳槎，并沿砌体高每三皮砌块(600mm)，设拉结筋或钢筋网片，以确保连接牢靠如图 3.32 所示。

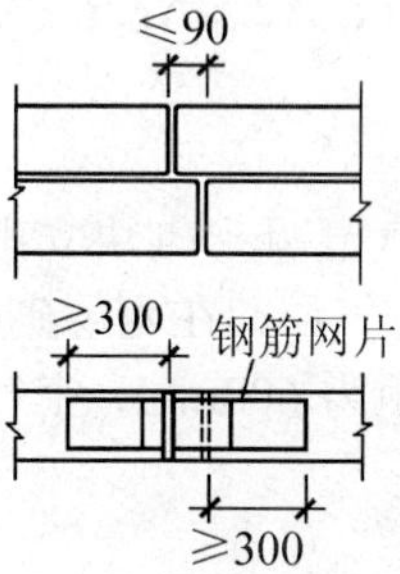

图 3.31 砌块错缝及拉结筋

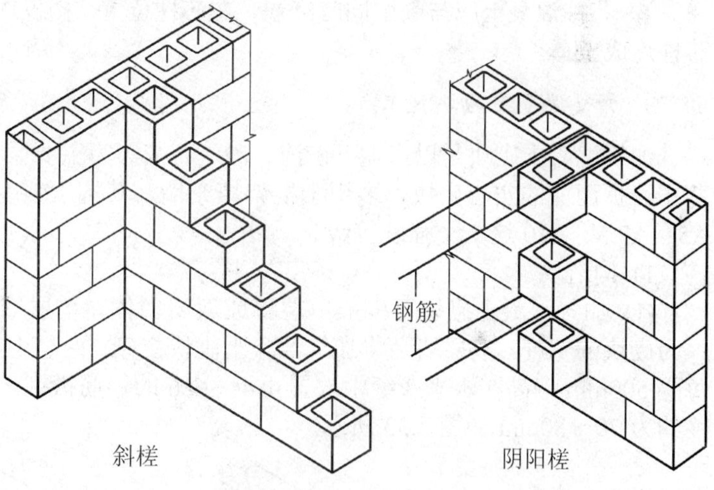

图 3.32 砌块砌体留槎

⑦ 承重砌体严禁使用断裂或壁肋中有竖向凹形裂缝的砌块砌筑；也不得采用小砌块与烧结普通砖等其他块体材料混合砌筑。

⑧ 普通混凝土砌块每天砌筑高度应控制在 1.8m 内；轻质混凝土砌块每天砌筑高度应控制在 2.4m 内。每砌筑完一楼层后，应校核墙体的轴线尺寸和标高，在允许范围内的轴线及标高偏差可在楼板面上予以校正。

⑨ 砌块砌体内不宜设脚手眼，如必须设置时，可用辅助规格(190mm×190mm×190mm)的小砌块侧砌，利用其孔洞作为脚手眼，砌体完工后用 C15 混凝土填实。但在砌体下列部位不得设置脚手眼。

a．120mm 厚墙、清水墙、料石墙、独立柱和附墙柱。

b．过梁上与过梁成 60° 角的三角形范围及过梁净跨度 1/2 的高度范围内。

c．宽度小于 1m 的窗间墙。

d．门窗洞口两侧石砌体 300mm，其他砌体 200mm 范围内；转角处石砌体 600mm，其他砌体 450mm 范围内。

e．梁或梁垫下及其左右 500mm 范围内。

f．设计不允许设置脚手眼的部位。

g．轻质墙体。

h．夹心复合墙外叶墙。

(2) 混凝土芯柱的施工要求。

① 芯柱部位宜采用不封底的通孔砌块，当采用半封底砌块时，砌筑前必须打掉孔洞毛边。

② 在楼(地)面砌筑第一皮砌块时，在芯柱位置侧面应预留孔，必须在清除砌块芯柱内的杂物，并用水冲洗干净，校正钢筋位置并绑扎或焊接固定后，方可浇灌混凝土。浇筑混凝土时，砌块砌筑砂浆的强度应达到 1MPa 以上。

③ 芯柱钢筋应与基础或基础梁中的预埋钢筋连接，上下楼层的钢筋可在楼板面上搭接，其搭接长度不应小于 40d。

④ 芯柱混凝土应在砌筑完一楼层高度后连续浇灌，每浇灌 400～500mm 高度应捣实一次。振捣混凝土宜用软轴插入式振动器。浇灌前，应先注入适量的水泥浆，再浇注混凝土，混凝土坍落度应不小于 50mm。

⑤ 芯柱混凝土应与圈梁同时浇灌，在芯柱位置，楼板应留缺口，注意保证上下楼层的芯柱连成整体。

3. 加气混凝土砌块施工

加气混凝土砌块是以水泥、矿渣、砂、石灰等为主要原料，加入发气剂，经搅拌成型、蒸压养护而成的实心砌块，多用于框架填充墙。其抗压强度分为 A1、A2、A2.5、A3.5、A5、A7.5、A10 这 7 个强度等级。

1) 构造要求

(1) 加气混凝土砌块可砌成单层墙或双层墙体。单层墙是将加气混凝土砌块立砌，墙厚为砌块的宽度。双层墙是将加气混凝土砌块立砌，两层中间夹以空气层，在两层砌块间，每隔 500mm 墙高在水平灰缝中放置Φ4～Φ6 的钢筋扒钉，扒钉间距为 600mm，空气层厚度约为 70～80mm 如图 3.33 所示。

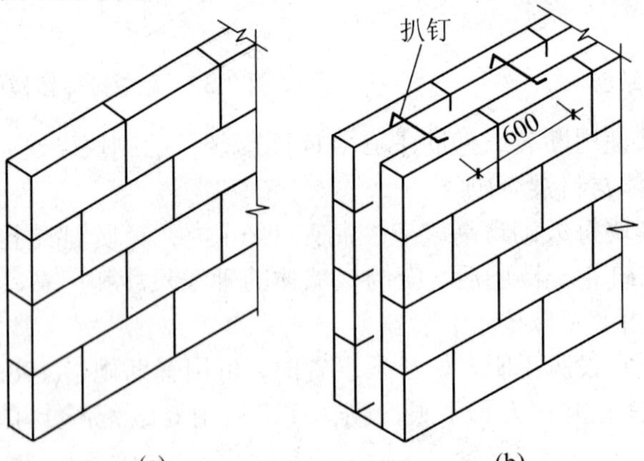

图 3.33　加气混凝土砌块墙

(a) 单层墙；(b) 双层墙

(2) 承重加气混凝土砌块墙的外墙转角处、墙体交接处，均应沿墙高 1m 左右，在水平灰缝中放置拉结钢筋，拉结钢筋为 3Φ6，钢筋伸入墙内不少于 1000mm 如图 3.34 所示。

(3) 非承重加气混凝土砌块墙的转角处、与承重墙交接处，均应沿墙高 1m 左右，在水平灰缝中放置拉结钢筋，拉结钢筋为 2Φ6，钢筋伸入墙内不少于 700mm 如图 3.35 所示。

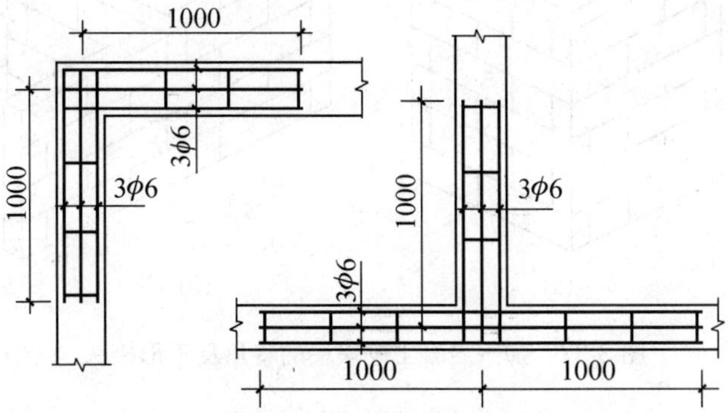

图 3.34 承重砌块墙的拉结筋

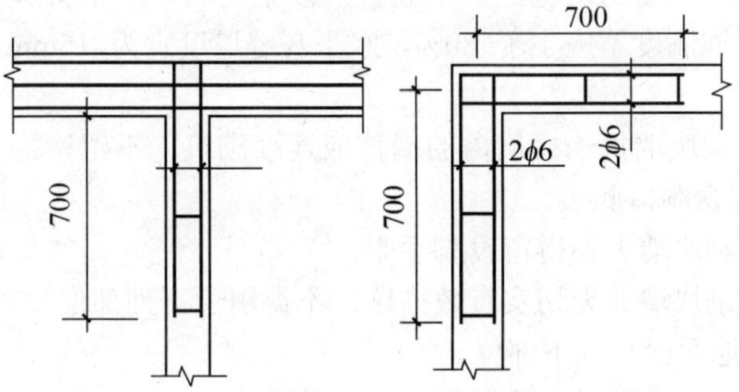

图 3.35 非承重砌块墙的拉结筋

(4) 加气混凝土砌块外墙的窗口下一皮砌块的水平灰缝中应设置 3Φ6 的拉结钢筋，拉结钢筋伸过窗口侧边的长度应不小于 500mm。

2) 施工要求

(1) 承重加气混凝土砌块砌体所用砌块强度等级应不低于 A7.5，砂浆强度不得低于 M5。

(2) 加气混凝土砌块砌筑前，应根据建筑物的平面、立面图绘制砌块排列图。在墙体转角处设置皮数杆，并在相对砌块上边线间拉准线，依准线砌筑。

(3) 加气混凝土砌块墙的上下皮砌块的竖向灰缝应相互错开，相互错开长度宜为 300mm，并不得小于 150mm。如不能满足，应在水平灰缝设置 2Φ6 的拉结钢筋或Φ4 的钢筋网片，拉结钢筋或钢筋网片的长度应不小于 700mm 如图 3.36 所示。

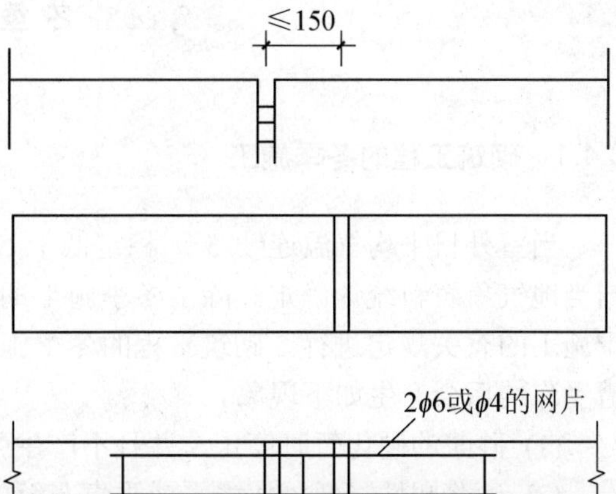

图 3.36 加气混凝土砌块墙的拉结筋

(4) 在加气混凝土砌块墙的转角处，应使纵横墙的砌块相互搭砌，隔皮砌块露端面。在加气混凝土砌块墙的 T 形交接处，应使横墙砌块隔皮砌块露端面，并坐中于纵墙砌块如图 3.37 所示。

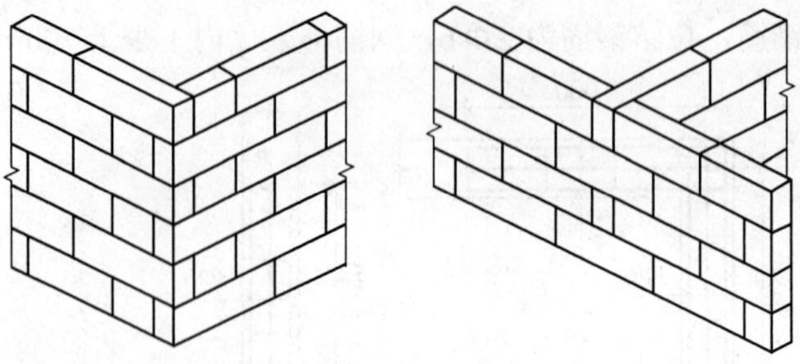

图 3.37　加气混凝土砌块墙的转角及 T 形接头

(a) 转角处；(b) 交接处

(5) 加气混凝土砌块墙的灰缝应横平竖直，砂浆饱满，水平灰缝砂浆饱满度不应小于 90%，竖向灰缝砂浆饱满度不应小于 80%。水平灰缝厚度宜为 15mm；竖向灰缝宽度宜为 20mm。

(6) 加气混凝土砌块墙每一楼层内的墙体应连续砌筑，不留接搓。如必须留搓时，应留成斜搓或断开于门窗洞口侧边。

(7) 加气混凝土砌块墙上不得留设脚手眼。

(8) 加气混凝土砌块墙如无切实有效措施，不得用于下列部位。

① 建筑物室内地面标高以下部位。

② 长期浸水或经常受干湿交替部位。

③ 受化学环境侵蚀(如强酸、强碱)或高浓度二氧化碳等环境。

④ 砌块表面经常处于 80℃以上的高温环境。

3.4　冬季和雨期施工

3.4.1　砌筑工程的冬季施工

当室外日平均气温连续 5 天稳定低于 5℃时，砌体工程应采取冬季施工措施。气温根据当地气象资料统计确定。除了冬季施工期限以外，当日最低气温低于 0℃时，也应按冬季施工的有关规定进行。砌筑工程的冬季施工最突出的一个问题就是砂浆遭受冻结，砂浆遭受冻结后会产生如下现象。

(1) 砂浆的硬化暂时停止，并且不产生强度，失去了胶结作用。

(2) 砂浆塑性降低，使水平或垂直灰缝的紧密度减弱。

(3) 解冻的砂浆，在上层砌体的重压下，可能出现不均匀沉降。

因此，在冬期砌筑时，为了保证墙体的质量，必须采取有效措施，控制雨、雪、霜对墙体材料(砖、砂、石灰等)侵袭，对各种材料集中堆放，并采取保温措施。冬期砌筑时主要就是解决砂浆遭受冻结或者是使砂浆在负温下的强度也能增长的问题，满足冬季砌筑施工要求。

砌筑工程的冬季施工方法有掺盐砂浆法、冻结法和暖棚法等。

1. 掺盐砂浆法

冬期砌筑采用掺盐砂浆法时，可使用氯盐或亚硝酸钠等盐类拌制砂浆。掺入盐类外加剂拌制的水泥砂浆、水泥混合砂浆等称为掺盐砂浆。采用这种砂浆砌筑的方法称为掺盐砂浆法。氯盐应以氯化钠为主。当气温低于-15℃时，也可与氯化钙复合使用。

1) 掺盐砂浆法的原理

掺盐砂浆法就是在砌筑砂浆内掺入一定数量的盐类来降低水的冰点，以保证砂浆中有液态水存在，使水泥水化反应能在一定负温下进行，砂浆强度在负温下能够继续缓慢增长。同时，由于降低了砂浆中水的冰点，砌体的表面不会立即结冰而形成冰膜，故砂浆和砌体能较好地黏结。掺盐砂浆中的抗冻剂目前主要以氯化钠和氯化钙为主，其他的还有亚硝酸钠、碳酸钾和硝酸钙等。

2) 掺盐砂浆法的适用范围

掺盐砂浆法具有施工方便、费用低的特点。但是，由于氯盐砂浆吸湿性大，使结构保温性能和绝缘性能下降，并有析盐现象等。对下列有特殊要求的工程不允许采用掺盐砂浆法施工。

(1) 对装饰工程有特殊要求的建筑物。

(2) 使用湿度大于80%的建筑物。

(3) 配筋、预埋件无可靠的防腐处理措施的砌体。

(4) 接近高压电线的建筑物(如变电所、发电站等)。

(5) 经常处于地下水位变化范围内，以及在地下未设防水层的结构。

对于这一类不能使用掺有氯盐砂浆的砌体，可选择亚硝酸钠、碳酸钾等盐类作为砌体冬季施工的抗冻剂。

3) 对砌筑材料的要求

砌体工程冬季施工所用材料应符合下列规定。

(1) 石灰膏、电石膏等应防止受冻，如遭冻结，应经融化后使用。

(2) 拌制砂浆用砂，不得含有冰块和大于10mm的冻结块。

(3) 砌体用砖或其他块材不得遭水浸冻。

(4) 砌筑用砖、砌块和石材在砌筑前，应清除表面冰雪、冻霜等。

(5) 拌制砂浆宜采用两步投料法。水的温度不得超过80℃；砂的温度不得超过40℃。

(6) 砂浆宜优先采用普通硅酸盐水泥拌制。冬期砌筑不得使用无水泥拌制的砂浆。

4) 砂浆的配制及砌筑工艺

(1) 砂浆的配制。掺盐砂浆配制时，应按不同负温界限控制掺盐量。当砂浆中氯盐掺量过少，砂浆内会出现大量冻结晶体，水化反应极其缓慢，会降低早期强度。如果氯盐掺量大于10%，砂浆的后期强度会显著降低，同时导致砌体析盐量过大，增大吸湿性，降低保温性能。当气温过低时，可掺用双盐(氯化钠和氯化钙同时掺入)来提高砂浆的抗冻性。

冬季施工砂浆试块的留置，除应按常温规定要求外，还应增留不少于一组与砌体同条件养护的试块，测试检验28天的强度。

砌筑时掺盐砂浆温度使用不应低于5℃。当设计无要求，且最低气温等于或低于-15℃时，砌筑承重砌体砂浆强度等级应按常温施工提高1级；同时应以热水搅拌砂浆；当水温超过 60℃时，应先将水和砂拌和，然后再投放水泥。在氯盐砂浆中掺加微沫剂时，应先加氯盐溶液后再加微沫剂溶液。搅拌的时间应比常温季节增加 1 倍。拌和后砂浆注意保温。

外加剂溶液应设专人配制，并应先配制成规定浓度溶液置于专用容器中，然后再按规定加入搅拌机中拌制成所需砂浆。

(2) 砌筑施工工艺。掺盐砂浆法砌筑砖砌体，应采用“三一”砌砖法进行砌筑，要求砌体灰浆饱满，灰缝厚度均匀，水平缝和垂直缝的厚度和宽度应控制在 8～10mm。冬季砌筑的砌体，砂浆强度增长缓慢，砌体强度较低。如果一个班次砌体砌筑高度较高，砂浆尚无强度，风荷载稍大时，作用在新砌筑的墙体上，易使所砌筑的墙体倾斜失稳或倒塌。冬季墙体采用氯盐砂浆施工时，每日砌筑高度不宜超过 1.2m，墙体留置的洞口，距交接墙处不应小于 500mm。普通砖、多孔砖和空心砖、混凝土小型空心砌块、加气混凝土砌块和石材在气温高于 0℃条件下砌筑时，应浇水湿润。在气温低于 0℃条件下，可不浇水，但必须适当增大砂浆的稠度。对于抗震设计烈度为 9 度的建筑物，当普通砖和空心砖无法浇水湿润时，无特殊措施，不得砌筑。

采用掺盐砂浆法砌筑砌体时，在砌体转角处和内外墙交接处应同时砌筑，对不能同时砌筑而又必须留置的临时间断处，应砌成斜搓，砌体表面不应铺设砂浆层，宜采用保温材料加以覆盖。继续施工前，应先用扫帚扫净砖表面，然后再施工。

采用氯盐砂浆时，砌体中配置的钢筋及钢预埋件应预先做好防腐处理。目前较简单的处理方法有涂刷樟丹 2～3 遍、浸涂热沥青、涂刷水泥浆、涂刷各种专用的防腐涂料。处理后的钢筋及预埋件应成批堆放。搬运堆放时，轻拿轻放，不得任意摔扔，防止防腐涂料损伤掉皮。

2. 冻结法

1) 冻结法的原理

冻结法是采用不掺任何防冻剂的普通砂浆进行砌筑的一种施工方法。冻结法施工的砌体，允许砂浆遭受冻结，用冻结后产生的冻结强度来保证砌体稳定，融化时砂浆强度为零或接近于零，转入常温后砂浆解冻使水泥继续水化，使砂浆强度再逐渐增长。

2) 冻结法施工的适用范围

冻结法施工的砂浆，经冻结、融化和硬化 3 个阶段后，使砂浆强度、砂浆与砖石砌体间的粘接力都有不同程度的降低。砌体在融化阶段，由于砂浆强度接近于零，将增加砌体的变形和沉降，严重影响砌体的稳定性。所以对下列结构不宜选用冻结法施工：空斗墙、毛石墙、承受侧压力的砌体、在解冻期间可能受到振动或动力荷载的砌体、在解冻期间不允许发生沉降的砌体(如筒拱支座)。

3) 对砂浆的要求

冻结法施工砂浆的使用温度不应低于-10℃；当设计无要求时，且日最低气温高于-25℃时，对砌筑承重砌体的砂浆强度等级应按常温施工时提高一级；当日最低气温等于或低于-25℃时，则应提高二级；砂浆强度等级不得低于 M2.5，重要结构不得低于 M5。

4) 砌筑施工工艺

采用冻结法施工时，应按照“三一”砌筑方法砌筑，对于房屋转角和内墙交接处的灰缝应特别仔细砌合。砌筑时一般应采用一顺一丁的方法组砌。采用冻结法施工的砌体，在解冻期内应制定观测加固措施，并应保证对强度、稳定和均匀沉降要求。在验算解冻期的砌体强度和稳定时，可按砂浆强度为零进行计算。

采用冻结法施工，当设计无规定时，宜采取下列构造措施。

墙的拐角、交接和交叉处应配置拉结筋，并按墙厚计算，每 120mm 配 1Φ6。其伸入相邻墙内的长度不得小于 lm。在拉结筋末端应设置弯钩，每一层楼的砌体砌筑完毕后，应及时吊装(或捣制)梁、板，并应采取适当的锚固措施。采用冻结法砌筑的墙，与已经沉降的墙体交接处应留沉降缝。

为保证砌体在解冻期间的稳定性和均匀沉降，进行施工操作时应遵守下列规定。

施工应按水平分段进行，工作段宜划在变形缝处。每日的砌筑高度及临时间断处的高度差均不得大于 1.2m。对于未安装楼板或屋面板的墙体，特别是山墙，应及时采取加固措施，以保证墙体稳定。对于跨度大于 0.7m 的过梁，应采用预制构件。对于跨度较大的梁、悬挑结构，在砌体解冻前应在下面设临时支撑，当砌体强度达到设计值的 80%时，方可拆除临时支撑。在门窗框上部应留出不小于 5mm 的缝隙，在料石砌体中不应小于 3mm。留置在砌体中的洞口和沟槽等，宜在解冻前填砌完毕。砌筑完的砌体在解冻前，应清除房屋中剩余的建筑材料等临时荷载。

5) 砌体的解冻

采用冻结法施工时，砌体在解冻期应采取下列安全稳定措施。

(1) 应将楼板平台上设计和施工规定以外的荷载全部清除。

(2) 在解冻期内暂停房屋内部施工作业，砌体上不得有人员任意走动，附近不得有振动的施工作业。

(3) 在解冻前应为未安装楼板或屋面板的墙体、较高大的山墙、跨度较大的梁及悬挑结构部位及独立的柱安设临时支撑。

(4) 在解冻期经常注意检查和观测工作。在开冻前需进行检查，在开冻过程中应组织观测。如发现裂缝、不均匀下沉等情况，应分析原因并立即采取加固措施。在解冻期进行观测时，应特别注意多层房屋的柱和窗间墙、梁端支撑处、墙交接处和过梁模板支撑处。此外，还必须观测砌体沉降的大小、方向和均匀性及砌体灰缝内砂浆的硬化情况。观测一般需要 15d 左右。

3. 暖棚法

暖棚法是利用简易结构和廉价的保温材料，将需要砌筑的工作面临时封闭起来，使砌体在正常温度条件下砌筑和养护。采用暖棚法施工时，块材在砌筑时的温度不应低于 5℃，距离所砌的结构底面 0.5m 处的棚内温度也不应低于 5℃。

由于搭暖棚需要大量的材料、人工，加温时要消耗能源，所以暖棚法成本高、效率低，一般不宜多用，主要适用于地下室墙、挡土墙、局部性事故修复工程的砌筑工程。

3.4.2 砌筑工程的雨期施工

砌体工程在雨期施工时应采取的技术措施有以下几个。

(1) 砖在雨期必须集中堆放，不宜浇水。砌墙时要求干湿砖块合理搭配。当砖湿度较大时不可上墙。砌筑高度不宜超过 1.2m。

(2) 水泥要堆放在地势较高的地点，必须有防雨防潮措施，筑炉用耐火材料也应有防雨、防潮措施。

(3) 雨期遇大雨必须停工。砌体停工时应在砖墙顶盖一层干砖，避免大雨冲刷灰浆。大雨过后受雨冲刷过的新砌墙体应翻砌最上面两皮砖。

(4) 对于稳定性较差的窗间墙、独立砖柱，应加设临时支撑或及时浇筑圈梁，以增强墙体稳定性。

(5) 进行砌体施工时，内外墙要尽量同时砌筑，并注意转角及丁字墙间的搭接。遇到台风时，应在与风向相反的方向加临时支撑，以保持墙体的稳定。

(6) 雨后继续施工，必须复核已完工砌体的垂直度和标高。

3.5 砌筑工程的质量标准及安全技术

3.5.1 施工质量标准

1. 基本规定

(1) 砌体工程所用的材料应有产品合格证书、产品性能检测报告。块材、水泥、钢筋、外加剂等还应有材料主要性能的进场复验报告，严禁使用国家明令淘汰的材料。

(2) 在墙上留置临时施工洞口，其侧边离交接处墙面不应小于 500mm，洞口净宽度不应超过 1m。抗震设防烈度为 9 度的地区建筑物的临时施工洞口位置应会同设计单位确定。临时施工洞口应做好补砌。

(3) 不得在下列墙体或部位设置脚手眼。

① 120mm 厚墙、料石清水墙和独立柱。

② 在过梁上与过梁成 60° 角的三角形范围及过梁净跨度 l/2 的高度范围内。

③ 宽度小于 1m 的窗间墙。

④ 在砌体门窗洞口两侧 200mm 和转角处 450mm 范围内。

⑤ 在梁或梁垫下及其左右 500mm 范围内。

⑥ 设计不允许设置脚手眼的部位。

(4) 施工脚手眼补砌时，灰缝应填满砂浆，不得用于砖填塞。

(5) 设计要求的洞口、管道、沟槽应于砌筑时正确留出或预埋，未经设计同意，不得打凿墙体和在墙体上开凿水平沟槽。在宽度超过 300mm 的洞口上部应设置过梁。

(6) 搁置预制梁、板的砌体顶面应找平，安装时应坐浆。当设计无具体要求时，应采用 1∶2.5 的水泥砂浆。

(7) 设置在潮湿环境或有化学侵蚀性介质环境中的砌体灰缝内的钢筋应采取防腐措施。

(8) 分项工程的验收应在检验批验收合格的基础上进行。检验批的确定可根据施工段划分。

(9) 砌体工程检验批验收时，其主控项目应全部符合《砌体工程施工质量验收规范》(GB 50203—2002)的规定；一般项目应有 80%及以上的抽检处符合验收规范的规定，或偏差值在允许偏差范围以内。

(10) 砌体施工质量控制等级分为 3 级见表 3-4。

表 3-4 砌体施工质量控制等级

项目	施工质量控制等级		
	A	B	C
现场质量管理	制度健全，并严格执行；非施工方质量监督人员经常到现场，或现场设有常驻代表；施工方有在岗专业技术管理人员，人员齐全，并持证上岗	制度基本健全，并能执行；非施工方质量监督人员间断地到现场进行质量控制；施工方有在岗专业技术管理人员，并持证上岗	有制度；非施工方质量监督人员很少作现场质量控制；施工方有在岗专业技术管理人员
砂浆、混凝土强度	试块按规定制作，强度满足验收规定，离散性小	试块按规定制作，强度满足验收规定，离散性较小	试块强度满足验收规定，离散性大
砂浆拌和方式	机械拌和；配合比计量控制严格	机械拌和；配合比计量控制一般	机械或人工拌和；配合比计量控制较差
砌筑工人	中级工以上，其中高级工不少于 20%	高、中级工不少于 70%	初级工以上

2. *砌筑砂浆*

(1) 砌筑砂浆试块强度验收时其强度合格标准必须符合以下规定。

① 同一验收批砂浆试块抗压强度平均值必须大于或等于设计强度等级所对应的立方体抗压强度。

② 同一验收批砂浆试块抗压强度的最小一组平均值必须大于或等于设计强度所对应的立方体抗压强度的 0.75 倍。

检验方法：在砂浆搅拌机出料口随机取样制作砂浆试块(同盘砂浆只应制作一组试块)，最后检查试块强度试验报告单。

抽检数量：每一检验批且不超过 250m^3 砌体的各种类型及强度等级的砌筑砂浆，每台搅拌机应至少抽检一次。

(2) 当施工中或验收时出现下列情况时，可采用现场检验方法对砂浆强度进行原位检测或取样检测，并判定其强度。

① 砂浆试块缺乏代表性或试块数量不足。

② 对砂浆试块的试验结果有怀疑或有争议。

③ 砂浆试块的试验结果，不能满足设计要求。

3. *砖砌体*

1) 主控项目

(1) 砖和砂浆的强度等级必须符合设计要求。

检验方法：检查砖的产品合格证书、产品性能检测报告和砂浆试块试验报告。烧结普通砖按 15 万块为一验收批，多孔砖按 10 万块为一验收批。

(2) 砌体水平灰缝的砂浆饱满度不得小于 80%。

检验方法：用百格网检查砖底面与砂浆的黏结痕迹面积，每处检测 3 块砖，取其平均值。每检验批抽查不应少于 5 处。

(3) 砖砌体的转角处和交接处应同时砌筑，严禁无可靠措施的内外墙分砌施工。对不能同时砌筑的应按规范规定留接槎。

检验方法：观察和尺量检查。每检验批抽 20%接槎，且不应少于 5 处。

(4)非抗震设防及抗震设防烈度为 6 度、7 度地区的临时间断处，当不能留斜搓时，除转角处外，可留直搓，但直搓必须做成凸搓，且应加设拉结钢筋。

2) 一般项目

(1) 砖砌体组砌方法应正确，上、下错缝，内外搭砌，砖柱不得采用包心砌法。

检验方法：观察检查。清水墙、窗间墙无通缝；混水墙中长度大于或等于 300mm 的通缝每间不超过 3 处，且不得位于同一面墙体上；外墙每 20m 抽查一处，每处 3～5m，且不应少于 3 处；内墙按有代表性的自然间抽 10%，且不应少于 3 间。

(2) 砖砌体的灰缝应横平竖直，厚薄均匀。

检验方法：用尺量 10 皮砖砌体高度折算，每 1.4m 左右砌体高度，每 20m 抽查 1 处。

(3) 砖砌体尺寸、位置的允许偏差及检验应符合表 3-3 的规定。

(4) 空心砖砌体一般尺寸的允许偏差应符合表 3-5 的规定。

表 3-5 填充墙砌体尺寸、位置的允许偏差及检验方法

项次	项目		允许偏差/mm	检验方法
1	轴线偏移		10	用尺检查
2	垂直度	小于或等于 3m	5	用 2m 托线板或吊线、尺检查
		大于 3m	10	
3	表面平整度		8	用 2m 靠尺和楔形塞尺检查
4	门窗洞口高、宽(后塞口)		±5	用尺检查
5	外墙上下窗口偏移		20	用经纬仪或吊线检查

抽检数量：对表中 1、2 项，在检验批的标准间中随机抽查 10%，但不应少于 3 间；大面积房间和楼道按两个轴线或每 10 延长米按一标准间计数。每间检验不应少于 3 处。对表中 3、4 项，在检验批中抽查 10%，且不应少于 5 处。

4. *砌块砌体*

1) 主控项目

(1) 砌块和砂浆的强度等级必须符合设计要求。

检验方法：查砌块和砂浆试块试验报告。每一生产厂家，每 1 万块砌块至少应抽检一组。用于多层建筑基础和底层的砌块抽检数量不应少于 2 组。

(2) 小型空心砌块砌体灰缝的砂浆饱满度应符合施工规范要求。

检验方法：用专用百格网检测砌块与砂浆黏结痕迹，每处检测 3 块砌块，取其平均值。每检验批不应少于 3 处。

(3) 小型空心砌块墙体转角处和纵横墙交接处应同时砌筑，临时间断处应砌成斜槎。

检验方法：观察检查。每检验批抽 20%接槎，且不应少于 5 处。

(4) 小砌块砌体的芯柱在楼盖处应贯通，不得削弱芯柱截面尺寸；芯柱混凝土不得漏灌。每检验批抽查不应少于 5 处。

2) 一般项目

(1) 砌块砌体的灰缝应横平竖直，厚薄均匀。

检验方法：用尺量 5 皮砌块高度和 2m 砌体长度折算。每层的检测点不应少于 3 处。

(2) 小型空心砌块砌体的尺寸、位置的允许偏差应按表 3-3 的规定执行。

(3) 加气混凝土砌块砌体的尺寸、位置的允许偏差应符合表 3-5 的规定。

(4) 加气混凝土砌块砌体的灰缝砂浆饱满度不应小于 80%。

检验方法：用百格网检查砌块底面与砂浆的黏结痕迹面积，每处检测不应少于 3 块，每检验批抽查不应少于 3 处。

(5) 加气混凝土砌块砌体留置的拉结钢筋或网片的位置与砌块皮数相符合。拉结钢筋或网片应置于灰缝中，埋置长度应符合设计要求，竖向位置偏差不应超过一皮砌块高度。

检验方法：观察和用尺检查。在检验批中抽检 20%，且不应少于 5 处。

(6) 用尺检查。在检验批的标准间中抽查 10%，且不应少于 3 间。

(7) 加气混凝土砌块砌体的水平灰缝厚度及竖向灰缝宽度分别为 15mm 和 20mm。

检验方法：用尺量 5 皮砌块的高度和 2m 砌体长度。在检验批的标准间中抽查 10%，且不应少于 3 间。

(8) 加气混凝土砌块墙砌至接近梁、板底时，应留一定空隙，墙体砌筑完并应至少间隔 7d 后，再将其补砌挤紧。

检验方法：观察检查。每验收批抽 10%墙片(两柱间的填充墙为一墙片)，且不应少于 3 片墙。

3.5.2 施工安全技术

(1) 在操作之前必须检查操作环境是否符合安全要求，道路是否畅通，机具是否完好牢固，安全设施和防护用品是否齐全，经检查符合要求后方可施工。

(2) 墙身砌体高度超过地坪 1.2m 以上时，应搭设脚手架。在一层以上或高度超过 4m 时，采用里脚手架必须支搭安全网；采用外脚手架应设护身栏杆和挡脚板后方可砌筑。

(3) 脚手架上堆料量不得超过规定荷载，堆砖高度不得超过 3 皮侧砖，同一块脚手板上的操作人员不应超过两人。

(4) 在楼层(特别是预制板面)施工时，堆放机具、砌筑材料等物品不得超过使用荷载。如超过设计荷载，必须经过验算采取有效加固措施后方可进行施工。

(5) 不准站在墙顶上做划线、刮缝及清扫墙面或检查大角垂直等工作。

(6) 不准用不稳固的工具或物体在脚手板面垫高操作，更不准在未经过加固的情况下在一层脚手架上随意再叠加一层。

(7) 砍砖时应面向内打，防止碎砖跳出伤人。

(8) 用于垂直运输的吊笼、滑车、绳索、刹车等必须满足负荷要求，牢固无损；吊运时不得超载，并且必须经常检查，发现问题及时修理。

(9) 用起重机吊砖要用砖笼，吊砂浆的料斗不能装得过满。在吊杆回转范围内不得有人停留，吊件落到架子上时，砌筑人员要暂停操作，并避开至一边。

(10) 对于已砌好的山墙，应采取有效的临时加固措施。

(11) 冬季施工时，脚手板上如有冰霜、积雪，应先清除后才能上架子进行操作。

(12) 在同一垂直面内上下交叉作业时，必须设置安全隔板，下方操作人员必须配戴安全帽。

(13) 人工垂直往上或往下转递砖时，要搭递砖架子，架子的站人板宽度应不小于60cm。

(14) 不准在超过胸部以上的墙体上进行砌筑。

(15) 已经就位的砌块，必须立即进行竖缝灌浆；对稳定性较差的窗间墙、独立柱和挑出墙面较多的部位，应加临时稳定支撑，以保证其稳定性。

(16) 在砌块砌体上不宜拉锚缆风绳，不宜吊挂重物，也不宜作为其他施工临时设施、支撑的支撑点；如果确实需要，应采取有效的构造措施。

(17) 在大风、大雨、冰冻等异常气候之后，应检查砌体是否有垂直度的变化，是否产生了裂缝，是否有下沉等现象，如有则必须在进行处理后方能继续砌筑。

本章小结

在脚手架工程部分重点讲述了钢管扣件式脚手架和碗扣式脚手架的构造要求、搭设要点；同时介绍了门型、悬挑式、悬吊式脚手架和其他几种升降脚手架的构造要求、适用范围和升降机理；最后讲述了脚手架的安全技术。

在砌体工程部分重点讲述了砖砌体、中小型砌块砌体的构造要求、工艺流程和质量保证措施及安全技术标准；还介绍了砌体工程的冬雨季施工措施。

本章内容丰富了学生的专业视野，提高了学生在砌筑工程、脚手架工程方面的职业能力。

习　题

1. 脚手架的基本要求有哪些？
2. 简要回答多立杆式脚手架的搭设要点。
3. 钢管扣件式脚手架的扣件有几种形式？分别适用于何种情况？

4. 塔式起重机的布置要求有哪些？
5. 简要回答构造柱的施工要点。
6. 在砌体工程施工中为什么要先摆砖样？
7. 墙体的哪些部位不能设置脚手眼？
8. 简述中型砌块施工的主要工序。
9. 简述掺盐砂浆法的适用范围。
10. 冻结法的原理是什么？

第 4 章

钢筋混凝土工程

教学目标

本章主要介绍了模板工程、钢筋工程、混凝土工程的施工工艺、方法。通过对本章的学习要求了解模板的种类、构造和安装；了解钢筋的种类、性能及验收要求；熟悉钢筋混凝土工程的施工过程、施工工艺；掌握钢筋的配料、代换的计算方法。

教学要求

能 力 目 标	知 识 要 点	权重
了解模板的作用、分类	模板及其支架的要求及分类	5%
熟悉模板的构造	各种模板的构造要求	10%
熟悉模板安装、拆除方法	模板安装、拆除要求、方法	10%
掌握钢筋的验收与储存要求方法，掌握钢筋的配料计算、钢筋配料与钢筋代换方法	钢筋的验收与配料	10%
掌握钢筋冷加工、除锈、调直、切断、弯曲成型的加工方法	钢筋内场加工	10%
掌握钢筋焊接、机械连接的要求、方法	钢筋接头的连接	10%
掌握钢筋的绑扎与安装要求、方法	钢筋的绑扎与安装	5%
掌握混凝土施工配料计算方法，掌握混凝土搅拌机选择要求方法	混凝土制备	25%
掌握混凝土拌合物运输的要求，掌握混凝土运输方法	混凝土运输	5%
掌握混凝土浇筑要求、浇筑方法，掌握混凝土密实成型要求和方法，掌握混凝土养护与拆模要求和方法	混凝土浇筑	10%

章节导读

某工程地上26层，地下一层，建筑总面积31800m²。檐高90.2m，制高点97.3m，建筑物层高地下室5m；一、三层5m；二层4.5m；四层3.8m，且此处设一管道转换层，层高2.2m；5～16层层高3.2m；17～25层3.4m；26层4.2m；室内外高差600mm。工程为核心筒体一外全现浇框架结构、桩基础。采用六度抗震设防，抗震等级为3级。本工程采用钻孔桩基础，直径800mm，设计桩长20m，承台及桩身混凝土为C30，筏板有两种，水池及泵房筏板厚1.00m，主体筏板厚2.00m，基础底标高分别为-6.4m和-7.4m，混凝土强度等级分别为：主楼及裙楼的基础垫层C15，基础筏板C30，裙楼基础一、二层柱C30，裙楼其他部分C25，主楼各部位混凝土强度等级为：5层以下墙柱C40；5～15层墙柱C35；16～18层墙柱C30；19～23层墙柱C25；24层以上墙柱C20；9层以下梁板C30；10～20层梁板C25；21～25层梁板C20；机房屋顶水池 C25。地下室底板及外墙，水池、水箱采用级配密实的防水混凝土，抗渗等级 S6。围护结构构造柱及圈梁用C20混凝土。

思考：(1) 钢筋如何施工？

(2) 各部位模板采用什么方式，如何施工？

(3) 各部位混凝土如何入仓？

知识链接

钢筋混凝土工程由模板工程、钢筋工程和混凝土工程等多个单项工程组成。模板工程主要介绍了定型组合钢模板、木模板、胶合板模板等的基本构造组成和特点；基础、梁、板、柱、墙等一般结构模板的构造与安装方法；钢筋工程主要介绍HPB300级、HRB335级、HRB400级热轧钢筋的特点，钢筋进场后的验收内容与方法，钢筋冷拉原理，钢筋加工及各种连接方法；掌握钢筋的冷拉计算，钢筋的配料计算，钢筋的代换原则及计算，钢筋的绑扎安装要求与质量要求。混凝土工程的施工过程包括混凝土的制备、运输、浇筑、振捣和养护，各个施工过程相互联系和影响，在施工过程的处理不当，都会影响混凝土的最终质量。

钢筋混凝土工程施工包括现浇钢筋混凝土结构施工和装配式钢筋混凝土构件制作两个方面。现浇钢筋混凝土结构是在建筑结构的设计位置支设模板、绑扎钢筋、浇筑混凝土、振捣成型，再经过养护使混凝土达到拆模强度后拆除模板，整个工程均在施工现场进行。现浇混凝土结构整体性好、抗震性好、节约钢材，而且施工不需大型安装机械；其缺点是现场施工周期长、需要耗费大量模板、现场运输工作量大、劳动强度高、施工易受气候条件影响、建筑垃圾和噪声造成公害。在现浇混凝土结构施工中，现日益广泛采用工业化定性模板，钢筋连接和接长采用各种先进的焊接技术和机械连接技术，混凝土浇筑采用泵送混凝土及商品混凝土等一系列新材料、新工艺、新设备，在一定程度上克服了上述某些缺点，使现浇钢筋混凝土结构得到了新的发展。本章着重介绍现浇钢筋混凝土结构的施工工艺。

钢筋混凝土结构工程包括模板工程、钢筋工程和混凝土工程，其施工工艺流程如图4.1所示。组织现浇钢筋混凝土结构的施工，施工前必须做好充分的准备工作，施工中要加强管理，合理安排施工程序，组织好各工种之间密切配合关系，制定合理的安全技术措施，以保证工程的顺利进行，提高综合效益。

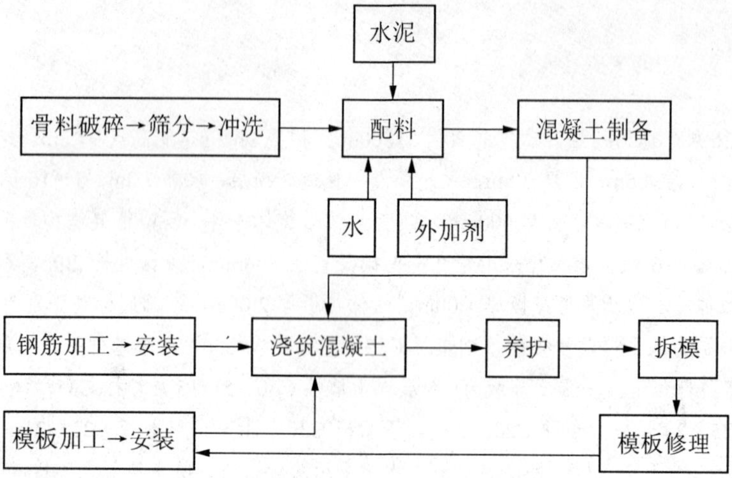

图 4.1 钢筋混凝土工程施工工艺流程图

4.1 模板工程

模板工程占钢筋混凝土工程总价的 20%～30%，占劳动量的 30%～40%，占工期的 50%左右，决定着施工方法和施工机械的选择，直接影响工期和造价。

模板是使新拌混凝土在浇筑过程中保持设计要求的位置尺寸和几何形状，使之硬化成为钢筋混凝土结构或构件的模型。

模板工程的施工包括模板的选材、选型、设计、制作、安装、拆除和周转等过程。

4.1.1 模板的作用与基本要求

1. 模板的作用

在钢筋混凝土结构施工中，刚从搅拌机中拌和出来的混凝土呈塑性流态，需要浇注在与构件形状尺寸相同的模型内凝结硬化，才能形成所需的结构构件。模板系统是保证混凝土在浇筑过程中保持正确的形状和尺寸，在硬化过程中进行防护和养护的工具。

2. 对模板的基本要求

在现浇钢筋混凝土结构施工中，对模板系统的基本要求是：模板安装要保证结构和构件各部分的形状、尺寸及相互间位置的正确性；要有足够的强度、刚度和稳定性，能可靠地承受浇筑混凝土的重力、侧压力以及施工荷载，以保证施工质量和施工安全；构造简单、装拆方便、能多次周转使用，便于钢筋的绑扎与安装、混凝土的浇筑与养护等工艺要求；接缝严密，不漏浆；用料节省，成本低。

4.1.2 模板的分类与组成

模板的种类很多，可以有多种分类方法。

按其所用的材料不同分为木模板、钢模板、钢木模板、胶合板模板、塑料模板、铝合金模板、玻璃钢模板等；按其结构的类型不同分为基础模板、柱模板、楼板模板、墙模板、壳模板等；按其形式不同分为整体式模板、定型模板、工具式模板、滑升模板、胎模等。

模板系统包括模板、支架和紧固件 3 个部分。模板又称模型板，是新浇混凝土成型用的模型；支承模板及承受作用在模板上各种荷载的结构(如支柱、桁架等)均称为支架。模板及其支架应有足够的承载力、刚度和稳定性，能可靠地承受新浇筑混凝土的重力、侧压力以及施工荷载。紧固件是模板系统的连接紧固部件。

1. 木模板

木模板及支架系统一般在加工厂或现场木工棚做成元件，然后再在现场拼装。木模板是最传统的模具之一，近年来，我国木材资源贫乏，20 世纪 70 年代末至 80 年代，我国大力推广应用组合钢模板，进入 90 年代，为达到清水混凝土的施工要求，逐渐研究开发了各种以人造板作面板的新型模板，这成为我国模板工程的发展趋势。

2. 定型组合钢模板

定型组合钢模板是一种工具式定型模板，钢模板通过各种连接件和支承件可组合成多种尺寸结构和几何形状的模板，以适应各类型建筑物的梁、柱、板、墙、基础和设备基础等施工的需要，也可用其拼装成大模板、滑模、隧道模和台模等。施工时可在现场直接组装，也可预拼成大块模板或构件模板用起重机吊运安装。

定型组合钢模板组装灵活，通用性强，装拆方便；每套钢模板可重复使用 50～100 次，加工精度高，浇筑混凝土的质量好，成型后的混凝土尺寸准确，棱角整齐，表面光滑，可以节省装修用工。缺点是一次性投资大，且应注意维护保养，否则易锈蚀，影响模板使用寿命及混凝土工程质量。

定型组合钢模板由钢模板和配件组成，配件包括连接件和支承件。

1) 钢模板

钢模板包括平面模板、阴角模板、阳角模板和连接角模，如图 4.2 所示。钢模板采用模数制设计，我国钢模板的宽度以 100mm 为基数、按 50mm 晋级，长度以 450mm 为基数、按 150mm 晋级，边肋孔距长方向为 150mm、短方向 75mm，可以适应横竖拼装成以 50mm 晋级的任何尺寸的模板。

2) 连接件

定型组合钢模板的连接件包括 U 形卡、L 形插销、钩头螺栓、对拉螺栓、紧固螺栓和扣件等，如图 4.3 所示。

3) 支承件

定型组合钢模板的支撑件包括柱箍、钢楞、支架、斜撑及钢桁架等。

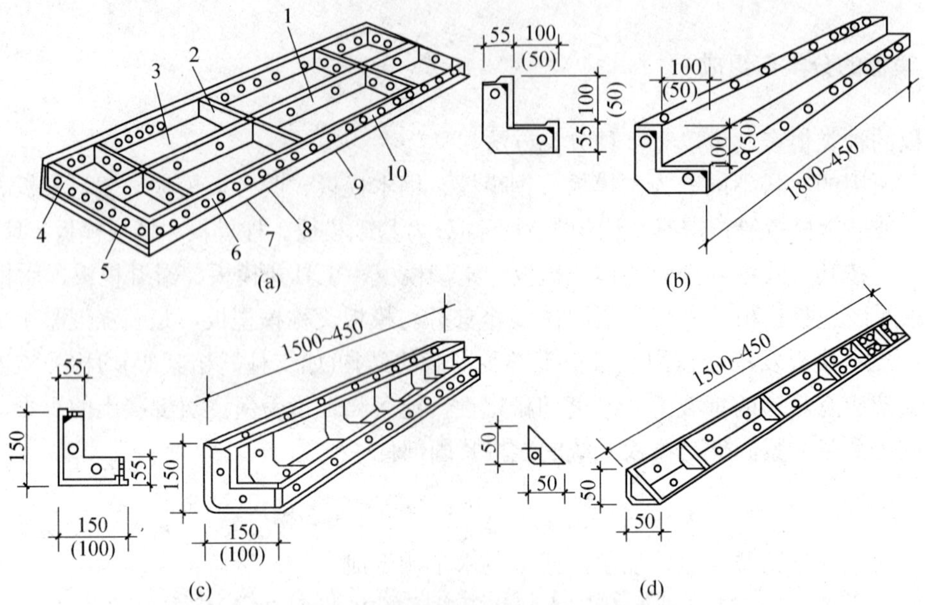

图 4.2 钢模板类型

(a) 平面模板；(b) 阳角模板；(c) 阴角模板；(d) 连接角模

1—中纵肋；2—中横肋；3—面板；4—横肋；5—插销孔；6—纵肋；

7—凸棱；8—凸鼓；9—U形卡孔；10—钉子孔

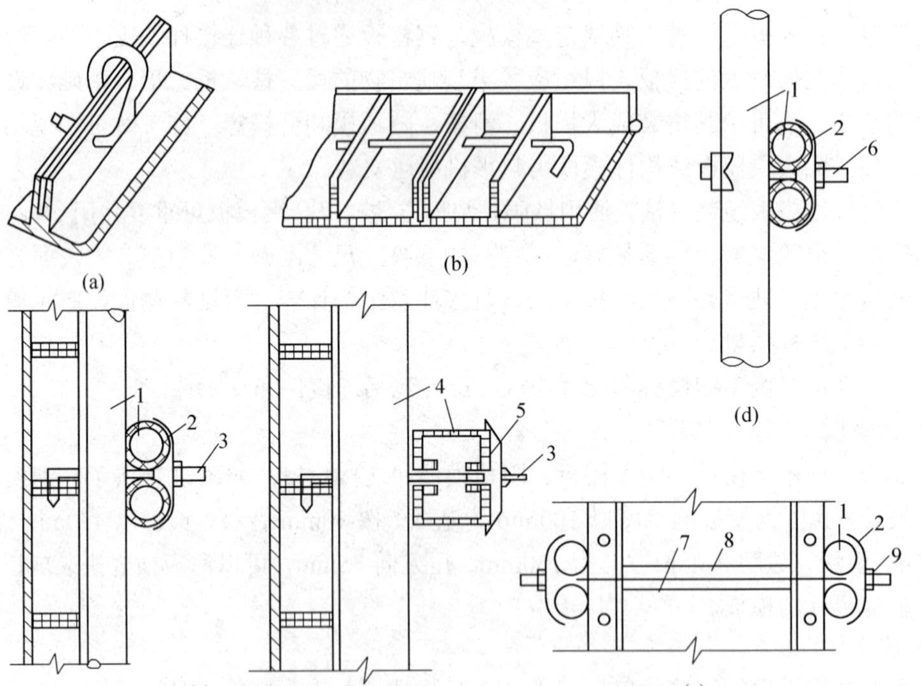

图 4.3 钢模板连接件

(a) U形卡连接；(b) L形插销连接；(c) 钩头螺栓连接；(d) 紧固螺栓连接；(e) 对拉螺栓连接

1—圆钢管钢楞；2—“3”形扣件；3—钩头螺栓；4—内卷边槽钢钢楞；5—蝶形扣件；

6—紧固螺栓；7－对拉螺栓；8－塑料套管；9－螺母

3. 大模板

大模板是一种大尺寸的工具式定型模板，如图 4.4 所示，一般是一块墙面用一、二块大模板，因其重量大，需起重机配合装拆进行施工。大模板的附件有操作平台、穿墙螺栓和其他附属连接件。大模板亦可用组合钢模板拼成，用后拆卸仍可用于其他构件。

4. 滑升模板

滑升模板是一种工具式模板，如图 4.5 所示，最适于现场浇筑高耸的圆形、矩形、筒壁结构，如筒仓、储煤塔、竖井等。近年来，滑升模板施工技术有了进一步的发展，不但适用浇筑高耸的变截面结构，如烟囱、双曲线冷却塔，而且应用于剪力墙、筒体结构等高层建筑的施工。

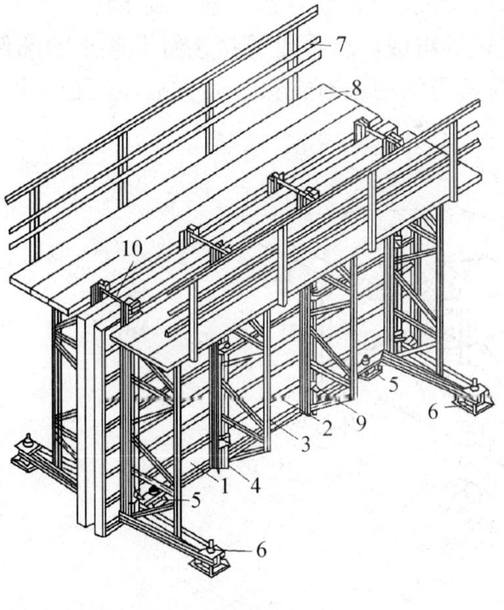

图 4.4 大模板构造示意图

1—面板；2—水平加劲肋；3—支撑桁架；4—竖楞；5—调整水平度的螺旋千斤顶；6—调整垂直度的螺旋千斤顶；7—栏杆；8—脚手板；9—穿墙螺栓；10—固定卡具

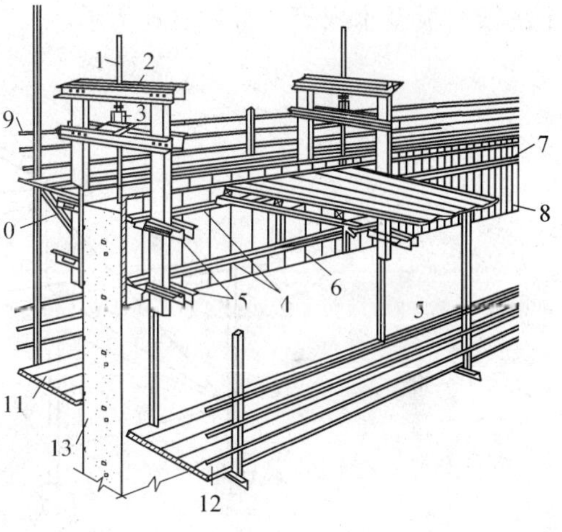

图 4.5 滑升模板组成示意图

1—支承杆；2—提升架；3—液压千斤顶；4—围圈；5—围圈支托；6—模板；7—操作平台；8—平台桁架；9—栏杆；10—外排三角架；11—外吊脚手；12—内吊脚手；13—混凝土墙体

滑升模板施工的特点，是在建筑物或构筑物底部，沿其墙、柱、梁等构件的周边组装高 1.2m 左右的模板，在模板内不断浇筑混凝土和不断向上绑扎钢筋的同时，利用一套提升设备，将模板装置不断向上提升，使混凝土连续成型，直到需要浇筑的高度为止。用滑升模板可以节约大量的模板和脚手架，节省劳动力，施工速度快，工程费用低，结构整体性好；但模板一次投资多，耗钢量大，对建筑的立面和造型有一定的限制。

5. 爬升模板

爬升模板是在混凝土墙体浇筑完毕后，利用提升装置将模板自行提升到上一个楼层，浇筑上一层墙体的垂直移动式模板。爬升模板采用整片式大平模，模板由面板及肋组成，而不需要支撑系统；提升设备采用电动螺杆提升机、液压千斤顶或导链。爬升模板是将大模板工艺和滑升模板工艺相结合，既保持大模板施工墙面平整的优点又保持了滑模利用自身设备使模板向上提升的优点，墙体模板能自行爬升而不依赖塔吊。爬升模板适用于高层建筑墙体、电梯井壁、管道间混凝土施工。

爬升模板由钢模板、提升架和提升装置3部分组成。

6. 台模

台模是浇筑钢筋混凝土楼板的一种大型工具式模板。在施工中可以整体脱模和转运，利用起重机从浇筑完的楼板下吊出，转移至上一楼层，中途不再落地，所以亦称“飞模”。台模按其支架结构类型分为立柱式台模、桁架式台模、悬架式台模等。

台模适用于各种结构的现浇混凝土，适用于小开间、小进深的现浇楼板，单坐台模面板的面积从2～6m^{2}到60m^{2}以上。台模整体性好，混凝土表面容易平整，施工进度快。台模由台面、支架(支柱)、支腿、调节装置、行走轮等组成。台面是直接接触混凝土的部件，表面应平整光滑，具有较高的强度和刚度。目前常用的面板有钢板、胶合板、铝合金板、工程塑料板及木板等，如图4.6所示。

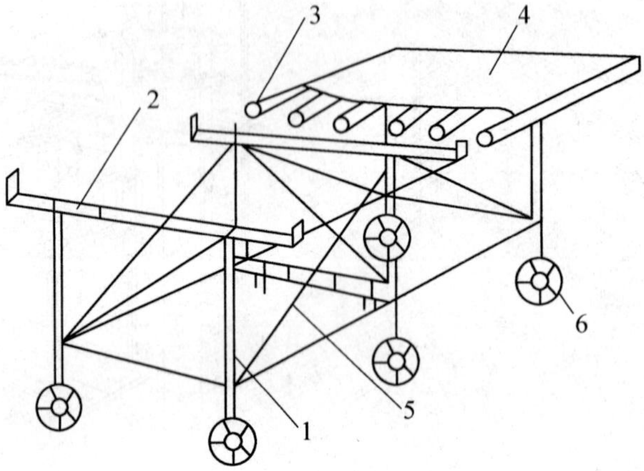

图4.6　台模

1—支腿；2—可伸缩的横梁；3—檩条；4—面板；5—斜撑；6—滚轮

7. 隧道模

隧道模是将楼板和墙体一次支模的一种工具式模板，相当于将台模和大模板组合起来，如图4.7所示。隧道模有断面呈“Ⅱ”字形的整体式隧道模和断面呈“T”形的双拼式隧道模两种。整体式隧道模自重大、移动困难，目前已很少应用；双拼式隧道模应用较广泛，特别在内浇外挂和内浇外砌的高、多层建筑中应用较多。

特别提示

模板工程的基本要求如下：

安装质量：应保证混凝土构件成型后的尺寸、形状、相互间的位置正确，模板拼缝严密不漏浆。

安全性：模板有足够的承载力，刚度和稳定性。

经济性：要求构造简单，模板快速装拆，多次周转使用。

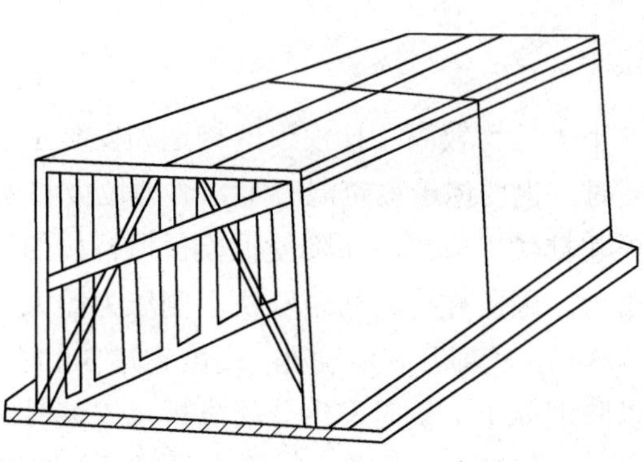

图 4.7 隧道模

知识链接

压型钢板模板

在多高层钢结构或钢—混凝土结构中，楼层多采用组合楼盖，其中组合楼板结构就是压型钢板与混凝土通过各种不同的剪力连接形式组合在一起形成的。压形钢板作为组合楼盖施工中的混凝土模板，其主要优点是：薄钢板经压折后，具有良好的结构受力性能，既可部分地或全部地在组合楼板中受拉钢筋作用，又可仅作为浇注混凝土的永久性模板；特别是楼层较高，又有钢梁，采用压型钢板模板，楼板浇注混凝土独立地进行，不影响钢结构施工，上下楼层间无制约关系；不需满堂支撑，无支模和拆模的繁琐作业，施工进度显著加快。但压型钢板模板本身的造价高于组合钢模板，消耗钢材较多。

4.1.3 一般结构模板的构造与安装

1. 基础模板的构造与安装

基础的特点是高度不大而体积较大，基础模板一般利用地基或基槽(坑)进行支撑。如土质良好，基础的最下一级可不用模板，直接原槽浇筑。安装时，要保证上下模板不发生相对位移，如为杯形基础，则还要在其中放入杯口模板。如图 4.8 所示独立柱基础木模板，如图 4.9 所示独立柱基础组合钢模板。

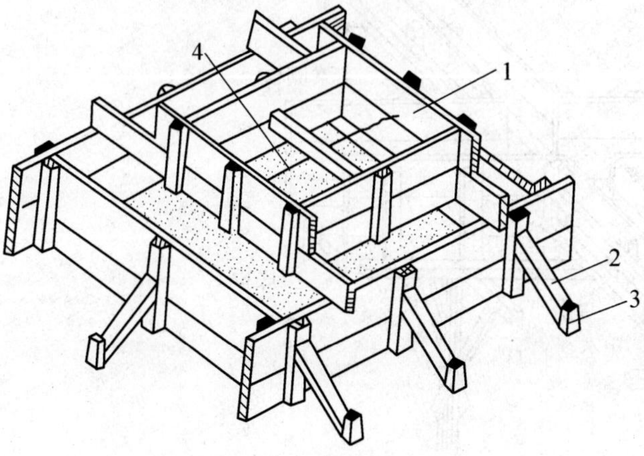

图 4.8 独立柱基础木模板

1—侧模；2—斜撑；3—木柱；4—铅丝

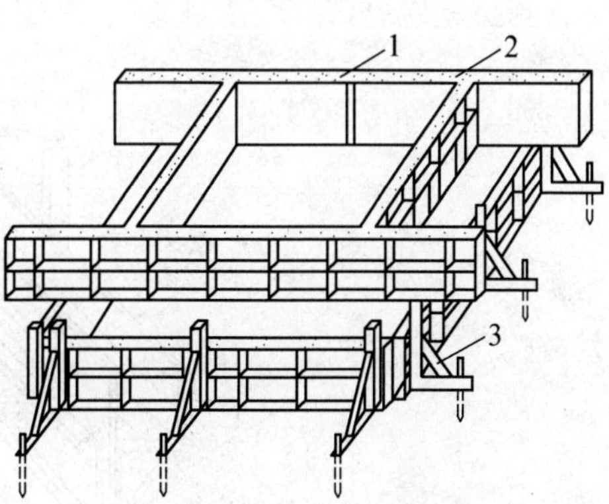

图 4.9 独立柱基础组合钢模板

1—扁钢连接件；2—T形连接件；3—角钢三角撑

2. 柱模板的构造与安装

柱的特点是断面尺寸不大但比较高。柱模板的构造和安装主要考虑保证垂直度及抵抗新浇混凝土的侧压力，同时，也要便于浇筑混凝土、清理垃圾和钢筋绑扎等。如图4.10所示矩形柱模板，由板模板和柱箍组成，柱箍除使板模板保持柱的形状外，还要承受由模板传来的新浇混凝土的侧压力，因此柱箍的间距取决于侧压力的大小及模板的刚度。柱模板顶部开有与梁模板连接的缺口，底部开有清理孔，高度超过3m时应沿高度方向每隔2m左右开设混凝土灌筑口，以防混凝土浇筑时发生分层离析。安装时应校正其相邻两个侧面的垂直度，检查无误后，即用斜撑钉牢固定。

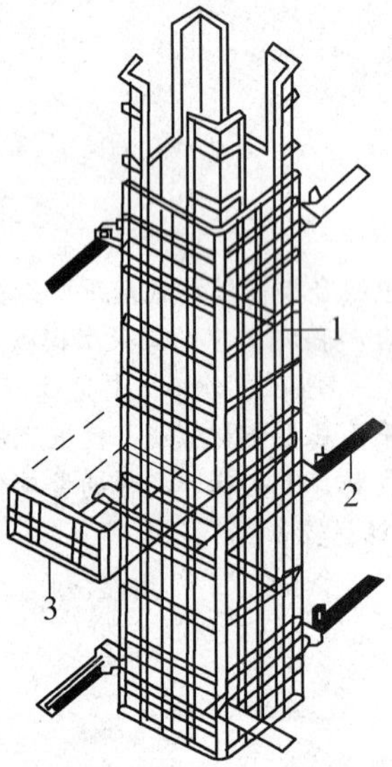

图4.10 矩形柱模板

1—平面钢模板；2—柱箍；3—浇筑孔盖板

3. 梁模板的构造与安装

梁的跨度较大而宽度不大。梁底一般是架空的，混凝土对梁侧模板有水平侧压力，对梁底模板有垂直压力，因此梁模板及支架必须能承受这些荷载而不致发生超过规范允许的过大变形。

梁模板主要由底模、侧模、夹木及其支架系统组成，如图4.11所示。为承受垂直荷载，在梁底模板下每隔一定间距(800～1200mm)用顶撑顶住。顶撑可以用圆木、方木或钢管制成。顶撑底要加垫一对木楔块以调整标高。为使顶撑传下来的集中荷载均匀地传给地面，在顶撑底加铺垫板。多层建筑施工中，应使上、下层的顶撑在同一条竖向直线上。侧模板用长板条加拼条制成，为承受混凝土的侧压力，底部用夹木固定，上部由斜撑和水平拉条固定。

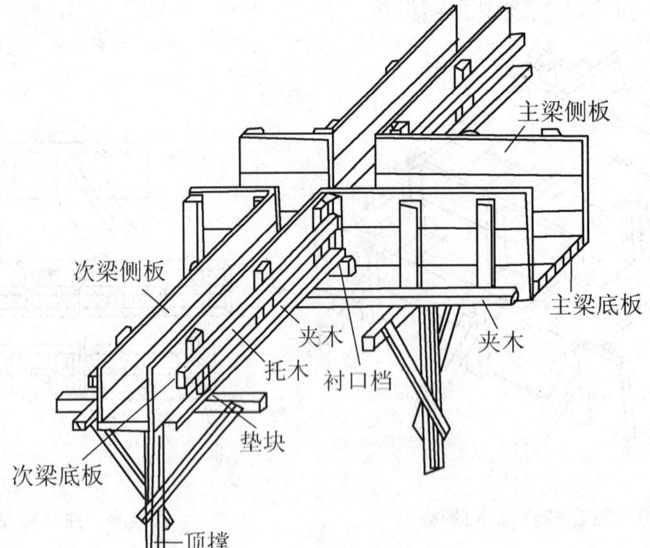

图4.11 梁模板

单梁的侧模板一般拆除的较早，因此，侧模板包在底模板的外面。柱的模板与梁的侧模板一样，可较早拆除，梁的模板也不应伸到柱模板的开口内。同样梁模板也不应伸到主梁侧板的开口内。

当梁的跨度等于或大于 4m，应使梁模板起拱，以防止新浇混凝土的荷载使跨中模板下挠。如设计无规定时，木模板起拱高度宜为全跨长度的 1.5/1000～3/1000；钢模板起拱高度宜为全跨长度的 1/1000～3/1000。

4. 楼板模板的构造与安装

楼板的特点是面积大而厚度一般不大，因此横向侧压力很小，楼板模板及支撑系统主要是承受混凝土的垂直荷载和施工荷载，保证模板不变形下垂。楼板模板是由底模和横楞组成，横楞下方由支柱承担上部荷载，如图 4.12 所示。

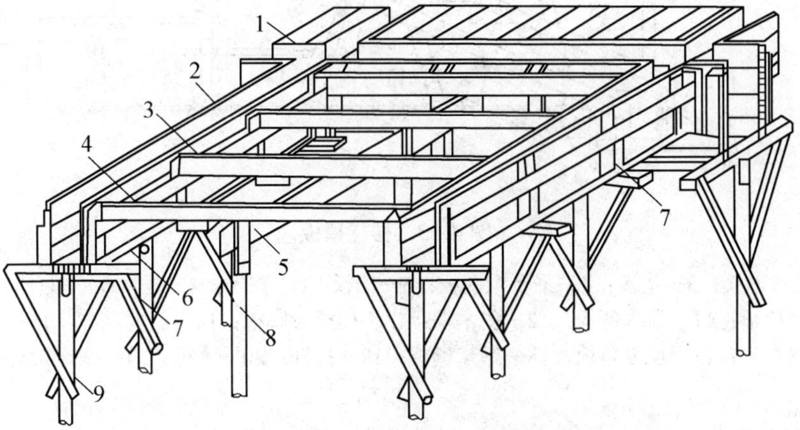

图 4.12 有梁楼板木模板

1—楼板模板；2—梁侧模板；3—楞木；4—托木；
5—杠木；6—夹木；7—短撑木；8—立柱；9—顶撑

梁与楼板支模，一般先支梁模板后支楼板的横楞，再依次支设下面的横杠和支柱。在楼板与梁的连接处靠托木支撑，经立档传至梁下支柱。楼板底模板铺在横楞上。

5. 楼梯模板的构造与安装

楼梯模板要倾斜支设，且要能形成踏步。如图 4.13 所示楼梯模板。装时，在楼梯间的墙上按设计标高画出楼梯段、楼梯踏步及平台板、平台梁的位置。先立平台梁、平台板的模板，然后在楼梯基础侧板上钉托木，楼梯模板的斜楞钉在基础梁和平台梁侧板外的托木上，在斜楞上面铺钉楼梯底模。在楼梯段模板放线时要注意每层楼梯第一步和最后一个踏步的高度，常因疏忽了因楼地面面层的厚度不同，造成踏步高低不同的现象而影响使用。

6. 墙模板的构造与安装

一般结构的墙模板由两片模板组成，每片模板由若干块平面模板拼成。这些平面模板可以竖拼也可以横拼，外面用竖横钢楞(木模板可用木楞)加固，并用斜撑保持稳定，用对拉螺栓(或钢拉杆)以抵抗混凝土的侧压力和保持两片模板之间的间距(墙厚)。

墙模板的安装，首先沿边线抹水泥砂浆作好安装墙模板的基底处理，然后按配板图由一端向另一端，由下向上逐层拼装。钢模板也可先拼装成整块后再安装。墙的钢筋可以在模板安装前绑扎，也可以在安装好一边的模板后再绑扎钢筋，最后安装另一边模板。

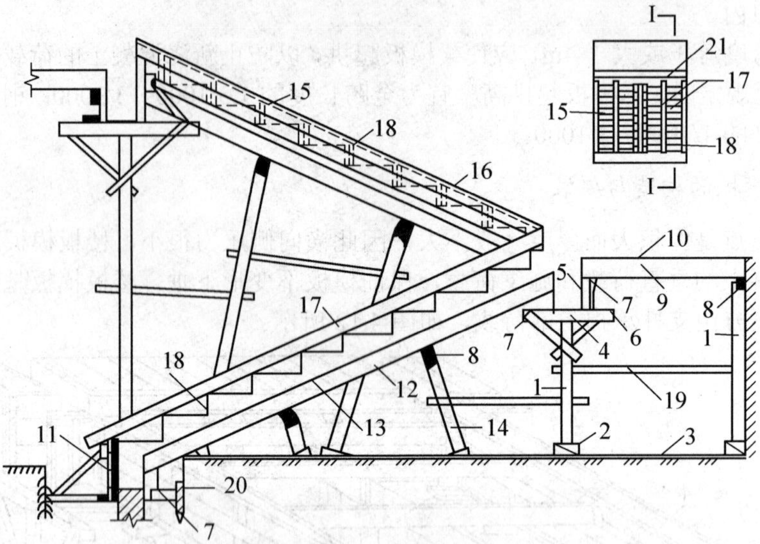

图 4.13 楼梯模板

1—支柱；2—木楔；3—垫板；4—平台梁底板；5—侧板；6—夹木；7—托木；8—杠木；9—木楞；10—平台底板；11—梯基侧板；12—斜木楞；13—楼梯段底板；14—斜向顶撑；15—外帮板；16—横挡木；17—反三角板；18—踏步侧板；19—拉杆；20—木桩；21—平台梁外侧模板

4.1.4 模板的拆除

模板的拆除日期取决于混凝土的强度、各个模板的用途、结构的性质、混凝土硬化时的气温等。及时拆模可提高模板的周转率，也可为其他工种施工创造条件。但过早拆模，混凝土会因强度不足，或受到外力作用而变形甚至断裂，造成重大质量事故。

1. 侧模板

侧模板拆除时的混凝土强度应能保证其表面及棱角不因拆除模板而受损坏。

2. 底模板及支架

底模板及支架拆除时的混凝土强度应符合设计要求；当无设计要求时，混凝土强度应符合表 4-1 的规定。

表 4-1 底模拆除时的混凝土强度要求

构件类型	构件跨度/m	达到设计的混凝土立方体抗压强度标准值的百分率/%
板	≤2	≥50
	>2，8≤	≥75
	>8	≥100
梁、拱、壳	≤8	≥75
	>8	≥100
悬臂构件	—	≥100

3. 拆模顺序

一般是先支后拆，后支先拆，先拆除侧模板，后拆除底模板。重大复杂模板的拆除，事先应制定拆模方案。对于肋形楼板的拆模顺序，首先拆除柱模板，然后拆除楼板底模板、梁侧模板，最后拆除梁底模板。

多层楼板模板支架的拆除，应按下列要求进行：上层楼板正在浇筑混凝土时，下一层楼板的模板支撑不得拆除，再下一层楼板模板的支架仅可拆除一部分；跨度4m及4m以上的梁均应保留支架，其间距不得大于3m。

4. 拆模注意事项

模板拆除时，不应对楼层形成冲击荷载。拆模时应尽量避免混凝土表面或模板受到损坏。拆除的模板和支撑应及时清理、修整，按尺寸和种类分别堆放，以便下次使用。若定型组合钢模板背面油漆脱落，应补刷防锈漆。已拆除模板和支架的结构，应在混凝土达到设计强度指标后，才允许承受全部使用荷载。当承受施工荷载产生的效应比使用荷载更为不利时，必须经过核算，并加设临时支撑。

4.1.5 模板设计简介

模板设计主要包括选型、选材、荷载计算、结构计算、绘制模板图以及拟定制作、安装、拆除方案等。各项设计的内容的详尽程度一般可根据拟建结构的形式和复杂程度及具体的施工条件确定。

1. 荷载及荷载组合

1) 荷载

计算模板及其支架的荷载，分为荷载标准值和荷载设计值，后者以荷载标准值乘以相应的荷载分项系数。

(1) 荷载标准值。

① 模板及支架自重标准值。应根据设计图纸或类似工程的实际支模情况予以计算荷载，对肋形楼板及无梁楼板模板的自重标准值见表4-2。

表4-2 楼板模板自重标准值 单位：kN/m^3

模板构件名称	木模板	定型组合钢模板	钢框胶合板模板
平面模板及小楞的自重	0.30	0.50	0.40
楼板模板的自重(其中包括梁模板)	0.50	0.75	0.60
楼板模板及其支架的自重(楼层高度为4m以下)	0.75	1.10	0.95

② 新浇混凝土自重标准值。对普通混凝土，可采用$24kN/m^3$；对其他混凝土，根据实际重力密度确定。

③ 钢筋自重标准值。按设计图纸计算确定，一般可按每立方米混凝土含量计算：框架梁$1.5kN/m^3$，楼板$1.1kN/m^3$。

④ 施工人员及设备荷载标准值。计算模板及直接支承模板的小楞时，对均布荷载取$2.5kN/m^2$，另应以集中荷载2.5kN再进行验算，比较两者所得的弯矩值，按其中较大者采用；计算直接支承小楞结构构件时，均布活荷载取$1.5kN/m^2$；计算支架立柱及其他支承结

构构件时，均布活荷载取 $1.0kN/m^2$。

⑤ 振捣混凝土时产生的荷载标准值。对水平模板可采用 $2.0kN/m^2$；对垂直面模板可采用 $4.0kN/m^2$(作用范围在新浇筑混凝土侧压力的有效压头高度之内)。

⑥ 新浇混凝土对模板侧面的压力标准值。采用内部振捣器时，新浇混凝土作用于模板的最大侧压力，可按下列二式计算，并取二式中的较小值。

$$F = 0.22\gamma_c t_0 \beta_1 \beta_2 V^{\frac{1}{2}} \tag{4—1}$$

$$F = \gamma_c H \tag{4—2}$$

式中 F——新浇筑混凝土对模板的最大侧压力，kN/m^2；

γ_c——混凝土的重力密度，kN/m^3；

t_0——新浇混凝土的初凝时间，h，可按实测确定；当缺乏资料时，可采用 $t_0=200/(T+15)$ 计算(T 为混凝土的温度)；

V——混凝土的浇筑速度，m/h；

H——混凝土侧压力计算位置处至新浇混凝土顶面的总高度，m；

β_1——外加剂影响修正系数。不掺外加剂取 1.0；掺具有缓凝作用的外加剂时取 1.2；

β_2——混凝土塌落度影响修正系数，塌落度小于 30mm 时取 0.85；50～90mm 时取 1.0；110～150mm 时取 1.15。

⑦ 倾倒混凝土时产生的荷载标准值。倾倒混凝土时对垂直面模板产生的水平荷载标准值见表 4-3。

表 4-3 倾倒混凝土时产生的水平荷载标准值

向模板中供料的方法	水平荷载/(kN/m^2)
用溜槽、串筒或导管输出	2
用容量小于 $0.2m^3$ 的运输器具倾倒	2
用容量小于 $0.2～0.8m^3$ 的运输器具倾倒	4
用容量大于 $0.8m^3$ 的运输器具倾倒	6
泵送混凝土	4

⑧ 风荷载标准值。对风压较大地区及受风荷载作用易倾倒的模板，尚须考虑风荷载作用下的抗倾倒稳定性，其标准值按下式计算。

$$W_k = 0.8\beta_z \mu_s \mu_z w_0 \tag{4—3}$$

式中 W_k——风荷载标准值，kN/m^2；

β_z——高度 z 处的风振系数；

μ_s——风荷载体型系数；

μ_z——风压高度变化系数；

w_0——基本风压，kN/m^2。

β_z、μ_s、μ_z、w_0 的取值均按《建筑结构荷载规范》(GB 50009—2001)(2006 版)的规定采用。

(2) 荷载设计值。计算模板及其支架的荷载设计值时，应采用上述各项荷载标准值乘以相应的分项系数求得，荷载分项系数见表 4-4。

表 4-4 荷载分项系数 γ_i

项次	荷载名称	荷载类别	γ_i
1	模板及支架自重	恒载	1.2
2	新浇混凝土自重	恒载	
3	钢筋自重	恒载	
4	施工人员及施工设备荷载	活载	1.4
5	振捣混凝土时产生的荷载	活载	
6	新浇混凝土对模板侧面的压力	恒载	1.2
7	倾倒混凝土时产生的荷载	活载	1.4
8	风荷载	活载	1.4

(3) 荷载折减(调整)系数。模板工程属临时性工程。由于我国目前还没有临时性工程的设计规范，所以只能按正式结构设计规范执行。

① 对钢模板及其支架的设计，其荷载设计值可乘以 0.85 系数予以折减，但其截面塑性发展系数取 1.0。

② 采用冷弯薄壁型钢材，由于原规范对钢材容许应力值不予提高，因此荷载设计值也不予折减，系数为 1.0。

③ 对木模板及其支架的设计，当木材含水率小于 25%时，其荷载设计值可乘以 0.9 系数予以折减。

④ 在风荷载作用下，验算模板及其支架的稳定性时，其基本风压值可乘以 0.8 系数予以折减。

由于模板及其支架中不确定的因素较多，荷载取值难以准确；且理论研究又少，故一般不考虑荷载设计值的折减。当验算地基或楼层结构时，可乘以折减系数。

2) 荷载组合

(1) 荷载类别及编号见表 4-5。

表 4-5 计算模板及支架的荷载类别及编号

项次	名称	类别	编号
1	模板结构自重	恒载	①
2	新浇筑混凝土自重	恒载	②
3	钢筋自重	恒载	③
4	施工人员及施工设备荷载	活载	④
5	振捣混凝土时产生的荷载	活载	⑤
6	新浇筑混凝土对模板侧面的压力	恒载	⑥
7	倾倒混凝土时产生的荷载	活载	⑦

(2) 计算模板及支架时，应按表 4-6 进行荷载效应组合。

表 4-6 计算模板及支架的荷载效应组合

项次	构件模板组成	参与组合的荷载项	
		计算承载能力	验算刚度
1	平板和薄壳的模板及其支架	①+②+③+④	①+②+③
2	梁和拱模板的底板及支架	①+②+③+⑤	①+②+③

续表

项次	构件模板组成	参与组合的荷载项	
		计算承载能力	验算刚度
3	梁、拱、柱(边长≤300mm)、墙(厚≤100mm)的侧面模板	⑤+⑥	⑥
4	大体积结构、柱(边长>300mm)、墙(厚>100mm)的侧面模板	⑥+⑦	⑥

2. 模板结构的挠度要求

模板结构除必须保证足够的承载能力外，还应保证有足够的刚度。因此，应验算模板及其支架的挠度，其最大变形值不得超过下列允许值。

(1) 结构表面外露(不做装修)的模板，为模板构件计算跨度的1/400。

(2) 结构表面隐蔽(做装修)的模板，为模板构件计算跨度的1/250。

(3) 支架的压缩变形值或弹性挠度，为相应的结构计算跨度的1/1000。

当梁板跨度≥4m时，模板应按设计要求起拱；如无设计要求，起拱高度宜为全长跨度的1/1000～3/1000，钢模板取小值(1/1000～2/1000)。

(4) 《组合钢模板技术规范》(GB 50214—2001)规定。

① 结构允许挠度按按表4-7执行。

表4-7 模板结构允许挠度

序号	名称	允许挠度/mm
1	钢模板的面板	1.5
2	单块钢模板	1.5
3	钢楞	L/500
4	柱箍	B/500
5	桁架	L/1000
6	支承系统累计	4.0

注：L为计算跨度，B为柱宽。

② 验算模板及支架在自重和风荷载作用下的抗倾覆稳定性时，其抗倾倒系数不小于1.15。

(5) 《钢框胶合板模板技术规程》(JGJ 96—2011)规定。

① 模板面板各跨的挠度计算值不宜大于面板相应跨度的1/300，且不宜大于1mm。

② 钢楞各跨的挠度计算值，不宜大于钢楞相应跨度的1/1000，且不宜大于1mm。

4.2 钢筋工程

4.2.1 钢筋的种类与验收

1. 钢筋的种类

钢筋混凝土结构中的钢筋，按生产工艺不同可分为热轧钢筋、冷轧带肋钢筋、冷拉钢筋、冷拔钢丝、热处理钢筋、精轧螺纹钢筋、碳素钢丝、刻痕钢丝及钢绞线。

按化学成分不同可分为碳素钢筋和普通低合金钢钢筋。按钢筋直径大小可分为钢丝(直径3～5mm)、细钢筋(直径6～10mm)、中粗钢筋(直径12～18mm)和粗钢筋(直径大于18mm)。

按照《混凝土结构设计规范》（GB 50010－2010）的规定，钢筋混凝土中所用的国产热轧钢筋按屈服点分为四个强度等级，分别为：HPB300、HRB335、HRB400、HRB500。

《混凝土结构设计规范》(GB 50010－2010)规定：普通钢筋混凝土结构以热轧带肋HRB400 级钢筋为主导钢筋；预应力混凝土结构以高强低松弛钢丝和钢绞线为主导钢筋；各种冷加工钢筋(冷拉、冷拔、冷轧、冷扭)不再列入规范而交由行业规程管理。

2. 钢筋验收与储存

1) 钢筋的验收

钢筋应有出厂质量证明书或试验报告单，每捆(盘)钢筋均应有标牌。钢筋进场应按罐(批)号及直径分批验收，每批不超过60t。验收内容有：查对标牌，检查外观，并按现行国家标准《钢筋混凝土用热轧带肋钢筋》(GB 13013.1—2007)、《钢筋混凝土用热轧光圆钢筋》(GB 1499.2—2007)等的规定抽取试件做力学性能检验，其质量必须符合有关标准的规定，合格后方可使用。

钢筋的外观检查包括钢筋应平直、无损伤，表面不得有裂纹、油污、颗粒状或片状锈蚀。钢筋表面凸块不允许超过螺纹的高度；钢筋的外形尺寸应符合有关规定。

力学性能试验是从每批钢筋任意抽出两根，每根钢筋取两个试样分别进行拉力试验(测定其屈服点、抗拉强度、伸长率)和冷弯试验。如果有一项试验结果不符合规定，则从同一批中另取双倍数量的试件重做各项试验，如仍有一项指标不合格，则该批钢筋为不合格，应降级使用。当发现钢筋脆断、焊接性能不良或力学性能显著异常等现象时，应对该批钢筋进行化学成分检验或其他专项检验。

2) 钢筋的储存

(1) 钢筋在运输和储存时，不得损坏标志。在施工现场必须按批分等级、牌号、直径、长度分别挂牌堆放整齐，并注明数量，不得混淆。

(2) 钢筋应尽量堆放在仓库或料棚内，在条件不具备时，应选择地势较高，较平坦坚实的露天场地堆放。在场地或仓库周围应设排水沟，以防积水。堆放时，钢筋下面应加垫木，离地不宜少于200mm，也可用钢筋堆放架堆放，以防钢筋锈蚀和污染。

(3) 钢筋堆放，应防止与酸、盐、油等类物品存放在一起，同时堆放地点不要和产生有害气体的车间靠近，以免钢筋被污染和腐蚀。

(4) 已加工的钢筋成品，分工程名称和构件名称按号码顺序堆放，同一工程与同一构件的钢筋放在一起，按号挂牌排列，牌上注明构件名称、部位、钢筋形式、尺寸、钢号、直径、根数，不得将几项工程的钢筋混放在一起。

4.2.2 钢筋的冷加工

1. 钢筋冷拉

钢筋冷拉是在常温下对钢筋进行强力拉伸，拉应力超过屈服点的某一限值，使钢筋产生塑性变形，以提高强度、节约钢材。

冷拉适用于HPB300～HRB500级钢筋，冷拉HPB300级钢筋用于非预应力钢筋混凝土的受拉钢筋，冷拉 HRB335～HRB500 级钢筋通常用于预应力钢筋，冷拉钢筋一般不用作受压钢筋。

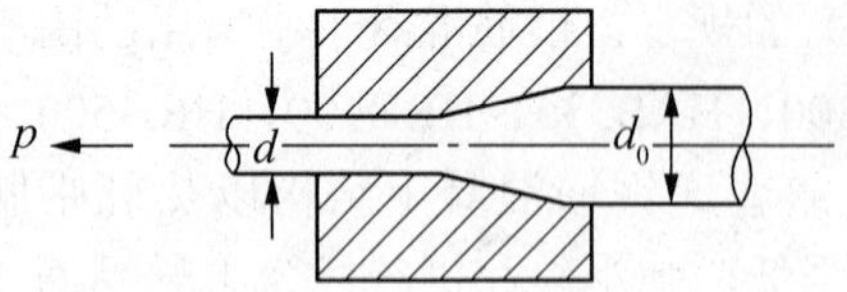

图 4.14 钢筋冷拔示意图

2. 钢筋冷拔

钢筋冷拔是将直径 8mm 以下的热轧钢筋在常温下强力拉拔使其通过特制的钨合金拔丝模孔如图 4.14 所示，钢筋轴向被拉伸，径向被压缩，使钢筋产生较大的塑性变形，其抗拉强度可提高 50%～90%，塑性降低，硬度提高。

钢筋的冷拔主要是用来生产冷拔低碳钢丝，冷拔低碳钢丝分甲、乙两级，甲级钢丝主要用作预应力筋，乙级钢丝用作钢丝网、箍筋和构造筋等。

冷拔低碳钢丝经数次反复冷拔而成。钢筋截面应逐步缩小，否则冷拔次数过少，每次压缩量过大，易使钢丝拔断，钢丝模孔损耗也大。

4.2.3 钢筋的连接

钢筋的连接方式有焊接和机械连接。

1. 钢筋机械连接

钢筋机械连接是通过钢筋与连接件的机械咬合作用或钢筋端面的承压作用，将一根钢筋中的力传递至另一根钢筋的连接方法。它具有施工简便、工艺性能好、接头质量可靠、不受钢筋焊接性能制约、可全天候施工、节约钢材、节约能源等优点。

钢筋机械连接主要有套筒挤压连接和套筒螺纹连接，套筒螺纹连接又分为锥套筒螺纹连接和直套筒螺纹连接。钢筋机械连接应符合《钢筋机械连接技术规程》JGJ 107—2010、《镦粗直螺纹钢筋接头》JG 171—2005、《滚扎直螺纹钢筋连接接头》JG 163—2004 的要求。

1) 套筒挤压连接

带肋钢筋套筒挤压连接是将两根需连接的带肋钢筋端头插入特制的钢套筒内，利用液压驱动的挤压机进行径向或轴向挤压，使钢套筒产生塑性变形并与带肋钢筋的纵横肋紧密咬合形成连接接头，套筒径向挤压示意如图 4.15 所示，套筒轴向挤压示意如图 4.16 所示，这里仅对套筒径向挤压连接作介绍。套筒挤压连接技术具有接头性能可靠、质量稳定、连接速度快、不受气候和焊工技术的影响，适用于直径为 16～40mm 的 HRB335、HRB400 级带肋钢筋的连接。接头的性能分为 A、B 两个等级。

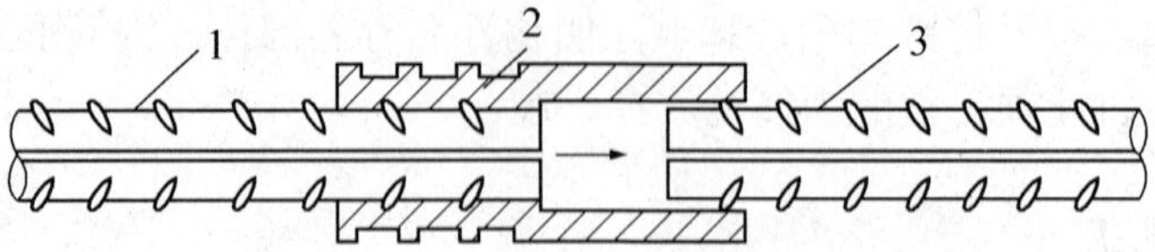

图 4.15 套筒径向挤压示意图

1—已挤压的钢筋；2—钢套筒；3—未挤压的钢筋

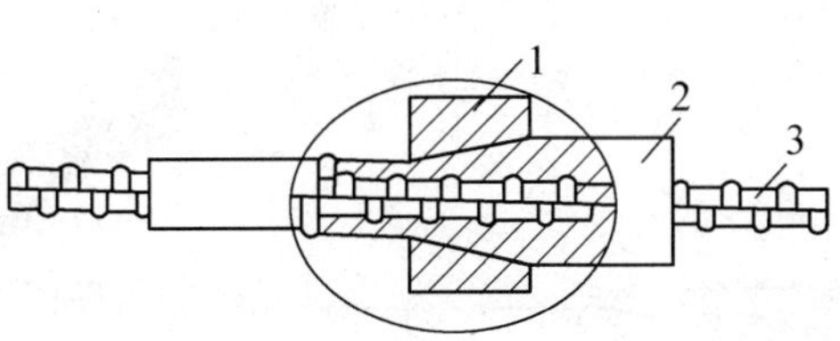

图 4.16 套筒轴向挤压示意图

1—压模；2—钢套筒；3—钢筋

(1) 工艺流程。

钢套筒、钢筋挤压部位检查、清理、矫正→检查钢筋端头压接标志→插入钢套筒挤压(每侧挤压从接头中间压痕标志开始依次向端部进行)→质量检验

(2) 挤压工艺。

① 对挤压接头作业的人员实行持证上岗制度。清除钢筋压接部位的铁锈、油污、砂浆等杂物，检查挤压设备是否正常，并试压，符合要求后方可作业。

② 在钢筋端部做上能准确判断钢筋伸入套筒内长度的标记，钢筋按标记要求插入钢套筒内，钢筋端头离套筒长度中点不宜超过 10mm。被连接钢筋的轴心与钢套筒轴心应保持同一轴线，防止偏心和弯折。

③ 在压接接头处挂好平衡器与压钳，接好进、回油油管，启动超高压泵，调节好压接力所需的油压力，然后将下压模卡板打开，取出下模，把挤压机机架的开口插入被挤压的带肋钢筋的连接套中，插回下模，锁死卡板，压钳在平衡器的平衡力作用下，对准钢套筒所需压接的标记处，控制挤压机换向阀进行挤压。压接结束后将紧锁的卡板打开，取出下模，退出挤压机，完成挤压施工。

④ 挤压时，压钳的压接应对准套筒压痕标志，并垂直于被压钢筋的横肋。挤压应从套筒中央隧道向端部压接，不应由端部向中部挤压或隔标记来回挤压。

⑤ 为了减少高空作业并加快施工进度，可先在地面挤压一端套筒，在施工作业区插入待接钢筋后再挤压另一端套筒。

2) 套筒螺纹连接

套筒螺纹连接分为锥套筒螺纹连接和直套筒螺纹连接。

锥套筒螺纹连接是利用锥形螺纹套筒将两根钢筋对接在一起，利用螺纹的机械咬合力传递应力。施工中，在工厂先加工好锥形螺纹套筒，在现场用钢筋套丝机对钢筋端头套丝，连接时用测力扳手拧紧套筒至规定的力矩值即可。锥套筒螺纹连接工序简单、速度快、适用范围广，但现场加工的螺纹质量或丝扣松动对接头质量影响较大。锥套筒螺纹连接示意如图 4.17 所示。此法在实际工程上已基本不再采用。

直螺纹连接是近年来开发的一种新的螺纹连接方式。它先把钢筋端部镦粗，然后再切削直螺纹，最后用套筒实行钢筋对接，如图 4.18 所示。由于镦粗段钢筋切削后的净截面仍大于钢筋原截面，即螺纹不削弱钢筋截面，从而确保接头强度大于母材强度。直螺纹不存在扭紧力矩对接头性能的影响，从而提高了连接的可靠性，也加快了施工速度。直螺纹接头比套筒挤压接头省钢 70%，比锥螺纹接头省钢 35%，技术经济效果显著。

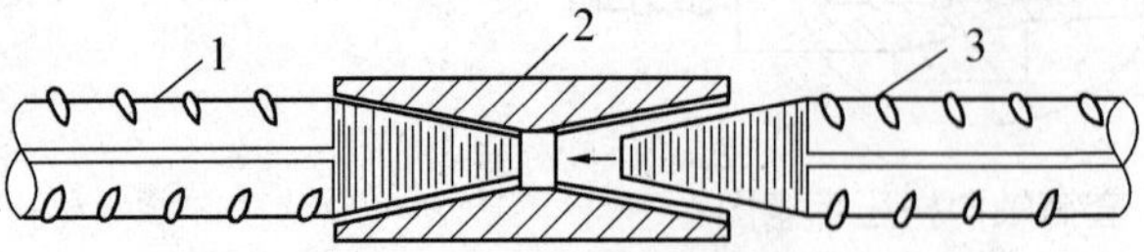

图 4.17　锥螺纹钢筋连接

1—已连接的钢筋；2—锥螺纹套筒；3—待连接的钢筋

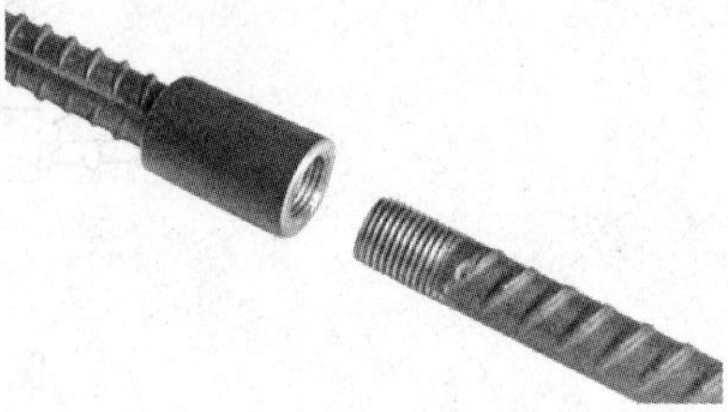

图 4.18　直螺纹钢筋连接

(1) 适用范围。适用于直径 16～40mmHRB335、HRB400 级和 RRB500 级钢筋(可直接滚轧或经前期加工)最终以滚轧加工形成直螺纹的各种形式的钢筋连接接头。

(2) 工艺流程。工艺流程如图 4.19 所示。

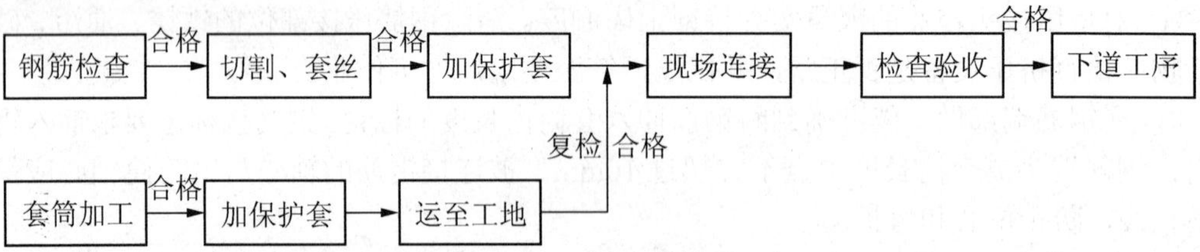

图 4.19　工艺流程示意图

(3) 制作工艺要求。

① 连接套筒及锁母。

a. 连接套筒装箱前套筒应有保护端盖，套筒内不得混入杂物。

b. 连接套筒表面不得有裂纹，螺纹牙型应饱满，表面及内螺纹不得有严重的锈蚀及其他肉眼可见的缺陷。用专用的螺纹塞规进行内螺纹尺寸的检验，其塞通规应能顺利旋入，塞止规旋入长度不得超过 $3P$。

② 钢筋丝头加工。

a. 丝头加工时应使用水性润滑液，不得使用油性润滑液。

b. 丝头加工完毕经检验合格后，应立即带上丝头保护帽或拧上连接套筒，防止装拆钢筋时损坏丝头，并按规格分类堆放整齐待用。

c. 丝头表面不得有影响接头性能的损坏及锈蚀。用专用的螺纹环规进行丝头尺寸的检验，其环通规应能顺利的旋入，环止规旋入长度不得超过 $3P$。

③ 钢筋连接施工。

a. 在进行钢筋连接时，钢筋规格应与连接套筒的规格一致，并保证丝头和连接套筒内螺纹干净、完好无损。钢筋连接时应用工作扳手将丝头在套筒中央位置顶紧，当采用加锁母型套筒时应用锁母锁紧。钢筋接头拧紧后应用力矩扳手按不小于拧紧力矩值检查，并加以标记。

b. 钢筋连接完毕后，标准型接头连接套筒外应有外露有效螺纹，且连接套筒单边外露有效螺纹不得超过 $2P$。

2. 钢筋的焊接

钢筋常用的焊接方法有对焊、电弧焊、电渣压力焊、埋弧压力焊、电阻点焊和气压焊。

1) 钢筋对焊

钢筋对焊应采用闪光对焊，具有成本低、质量好、工效高及适用范围广等特点。

(1) 闪光对焊的原理。如图 4.20 所示，钢筋夹入对焊机的两电极中，闭合电源，然后使钢筋两端面轻微接触，这时即有电流通过，由于接触轻微，接触面很小，故接触电阻很大，因此接触点很快熔化，形成“金属过梁”。过梁进一步加热，产生金属蒸汽飞溅，形成闪光现象。钢筋加热到一定温度后，进行加压顶锻，使两根钢筋焊接在一起。

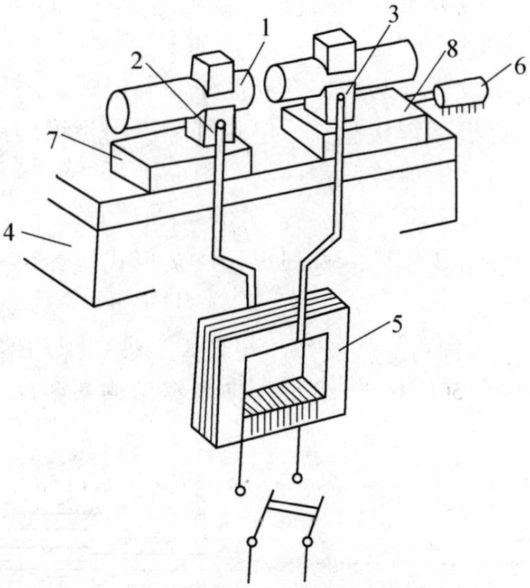

图 4.20 钢筋闪光对焊原理图

1—焊接的钢筋；2—固定电极；3—可动电极；4—机座；5—变压器；6—平动顶压机构；7—固定支座；8—滑动支座

(2) 工艺流程。

① 工艺流程如下。

检查设备、电源→钢筋端头制备→试焊、做试件→选择焊接参数→施焊→质量检验。

② 施焊过程如下。

安装钢筋→预热阶段(非预热闪光焊可省去)→闪光阶段→顶锻阶段。

(3) 对焊工艺。根据所用对焊机功率大小及钢筋品种、直径不同，闪光对焊又分为连续闪光焊、预热闪光焊、闪光－预热－闪光焊等不同工艺。

① 连续闪光焊。闭合电源，然后使两筋端面轻微接触，形成闪光。闪光一旦开始，徐徐移动钢筋，形成连续闪光过程。待钢筋烧化到一定长度后，以适当的压力迅速顶锻，使两根钢筋焊牢，适宜于焊接直径 25mm 以内的 HPB300、HRB335 和 HRB400 钢筋。

② 预热闪光焊。是在连续闪光焊前增加一次预热过程，以扩大焊接热影响区。这种焊接工艺是，先闭合电源，然后使两钢筋端面交替地接触和分开，这时钢筋端面的间隙中即发出断续的闪光，而形成预热过程。当钢筋烧化到规定的预热量后，随即进行连续闪光和

顶锻。适宜于焊接直径大于25mm且端部较平坦的钢筋。

③ 闪光－预热－闪光焊。对于RRB400钢筋，因C、Mn、Si的含量较高，加上合金元素Ti、V的存在，故对氧化淬火和过热比较敏感，其焊接性能较差，关键在于掌握适当的焊接温度，温度过高或过低都会影响接头质量。此时采用在预热闪光焊前加一次闪光过程，目的是使不平整的钢筋端面烧化平整，使预热均匀，保证大直径、高强度钢筋焊接质量。它适宜于焊接直径大于25mm，且端部不平整的钢筋。

④ 焊后通电热处。RRB500钢筋对焊时，应采用预热闪光焊或闪光－预热－闪光焊工艺。当接头拉伸试验结果发生脆断或弯曲试验不能达到规范要求时，应在对焊机上进行焊后通电热处理，以改善接头金属组织和塑性。

2) 电弧焊

电弧焊是利用电弧焊机使焊条与焊件之间产生高温电弧，熔化焊条和高温电弧范围内的焊件金属，凝固后形成焊缝或焊接接头。电弧焊广泛用于钢筋接头与钢筋骨架焊接、装配式结构接头焊接、钢筋与钢板焊接及各种钢结构焊接。

(1) 工艺流程。

检查设备、电源→钢筋端头制备→选择焊接接头形式及参数→试焊、做试件→施焊→质量检验。

(2) 焊接工艺。钢筋电弧焊可分搭接焊、帮条焊、坡口焊和熔槽帮条焊4种接头形式。下面介绍帮条焊、搭接焊和坡口焊，如图4.21所示。熔槽帮条焊及其他电弧焊接方法详见《钢筋焊接及验收规程》。

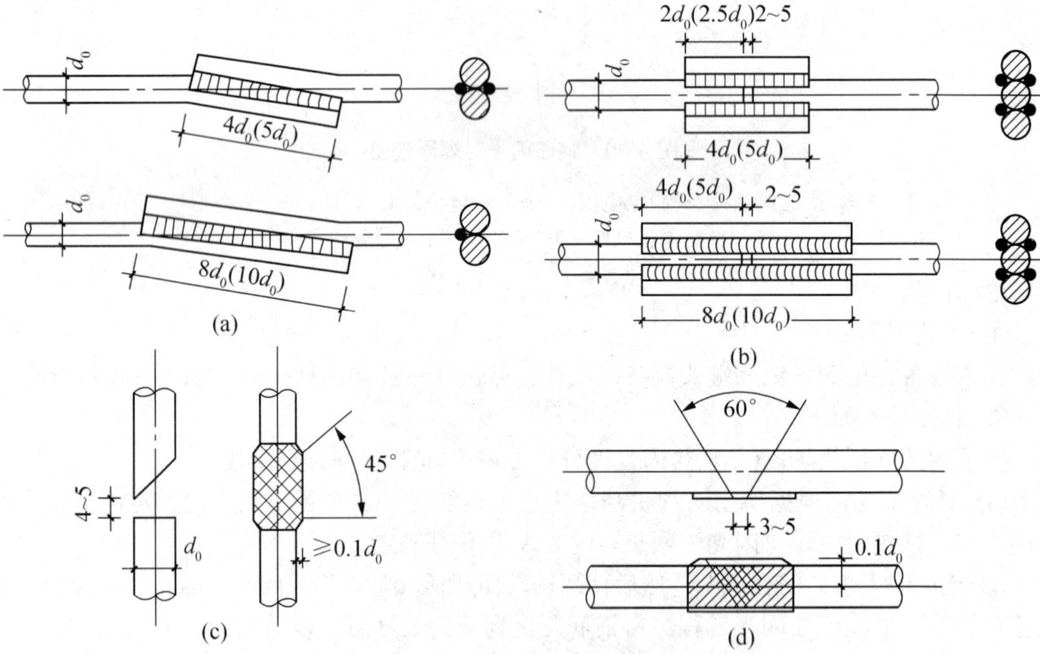

图4.21 钢筋电弧焊的接头形式

(a) 搭接焊接头；(b) 帮条焊接头；(c) 立焊的坡口焊接头；(d) 平焊的坡口焊接头

特别提示

帮条焊与搭接焊的焊缝长度应符合图中的尺寸要求。图中不带括弧的数字用于 HPB300 钢筋，括弧内数字用于 HRB335、HRB400 钢筋。

① 搭接焊接头。它只适用于焊接直径 10～40mm 的 HPB235、HRB335 级钢筋。焊接时，宜采用双面焊，如图 4.21(a)所示。不能进行双面焊时，也可采用单面焊。搭接长度应与帮条长度相同。钢筋帮条接头或搭接接头的焊缝厚度应不小于 0.3 倍钢筋直径；焊缝宽度不小于 0.7 倍钢筋直径。

② 帮条焊接头。如图 4.21(b)所示它适用于焊接直径 10～40mm 的各级热轧钢筋。帮条宜采用与主筋同级别、同直径的钢筋制作。如帮条级别与主筋相同时，帮条的直径可比主筋直径小一个规格，如帮条直径与主筋相同时，帮条钢筋的级别可比主筋低一个级别。

③ 坡口焊接头。它有平焊和立焊两种。这种接头比上两种接头节约钢材，适用于在现场焊接装配整体式构件接头中直径 18～400mm 的各级热轧钢筋。钢筋坡口平焊时，V 形坡口角度为 60°，如图 4.21(d)所示。坡口立焊时，坡口角度为 45°，如图 4.21(c)所示。钢垫板长为 40～60mm。平焊时，钢垫板宽度为钢筋直径加 10mm；立焊时，其宽度等于钢筋直径。钢筋根部间隙，平焊时为 4～6mm，立焊时为 3～5mm。最大间隙均不宜超过 10mm。焊接电流的大小应根据钢筋直径和焊条的直径进行选择。

3) 电渣压力焊

电渣压力焊适用于现浇钢筋混凝土结构中竖向或斜向钢筋的连接，不适用于水平钢筋或倾斜钢筋(倾斜度大于 4∶1)的连接。

(1) 电渣压力焊原理。

电渣压力焊原理是将钢筋的待焊端部置于焊剂的包围之中，通过引燃电弧加热，最后在断电的同时，迅速将钢筋进行顶压，使上、下钢筋焊接成一体的一种焊接方法，如图 4.22 所示。

(2) 工艺流程。

① 工艺流程如下。

检查设备、电源→钢筋端头制备→试焊、做试件→选择焊接参数→安装焊接夹具和钢筋→安放钢丝球(也可省去)→安放焊剂罐、填装焊剂→确定焊接参数→施焊→回收焊剂→卸下夹具→质量检验。

② 施焊过程如下。

闭合电路→引弧→电弧过程→电渣过程→挤压断电。

(3) 焊接工艺。

① 钢筋安装之前进行钢筋端头制备，焊接部位和电极钳口接触的(150mm 区段内)钢筋表面上的锈斑、油污、杂物等应清除干净。

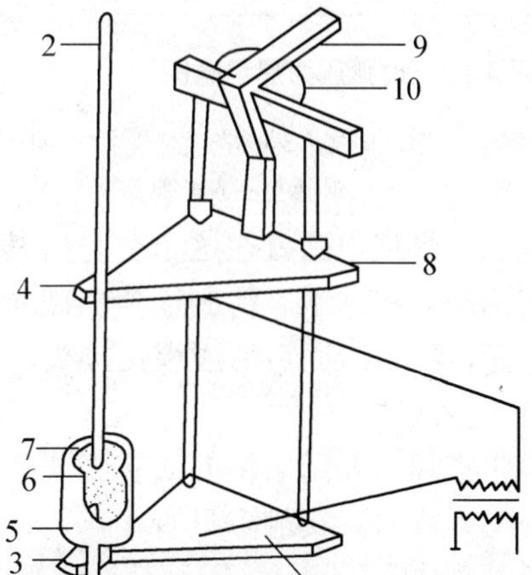

图 4.22 电渣压力焊构造示意图

1、2—钢筋；3—固定电极；4—活动电极；5—药盒；6—导电剂；7—焊药；8—滑动架；9—手柄；10—支架；11—固定架

② 安装焊接夹具和钢筋。夹具的下钳口应夹紧下钢筋端部的适当位置，一般为 1/2 焊剂罐高度偏下 5～10mm，以确保焊接处的焊剂有足够的掩埋深度。上钢筋放入夹具钳口后，调准动夹头的起始点，使上下钢筋的焊接部位位于同轴状态，方可夹紧钢筋。钢筋一经夹紧，严防晃动，以免上下钢筋错位和夹具变形。安放引弧用的钢丝球(也可省去)，安放焊剂罐、填装焊剂。不同直径钢筋焊接时，上下两钢筋轴线应在同一直线上。

③ 施焊工艺。

a. 引弧过程。通过操纵杆或操纵盒上的开关，先后接通焊机的焊接电流回路和电源的输入回路，在钢筋端面之间引燃电弧。

b. 电弧过程。引燃电弧后，借助操纵杆使上下钢筋端面之间保持一定的间距，进行电弧过程的延时，使焊剂不断熔化而形成必要深度的渣池。

c. 电渣过程。当渣池在接口周围达到一定的深度时，随后逐渐下送钢筋，使上钢筋端部插入渣池，电弧熄灭，进入电渣过程的延时，使钢筋全断面加速熔化。

d. 顶压过程。电渣过程结束，迅速下送上钢筋，使其端面与下钢筋端面相互接触，趁热排除熔渣和熔化金属，同时切断焊接电源。

4) 埋弧压力焊

埋弧压力焊主要用于钢筋与钢板的 T 型接头焊接。其工作原理是：利用埋在焊接接头处的焊剂层下的高温电弧，溶化两焊件焊接接头处的金属，然后加压顶锻形成焊件焊合，如图 4.23 所示。这种焊接方法工艺简单，比电弧焊工效高，不用焊条，质量好，具有焊后钢板变形小，焊接点抗拉强度高的特点，适用于各种预埋件、T 型接头、钢筋与钢板的焊接。预埋件钢筋压力焊适用于热轧直径 6～25mmHPB300 级、HRB335 级钢筋的焊接，钢板为普通碳素钢，厚度 6～20mm。

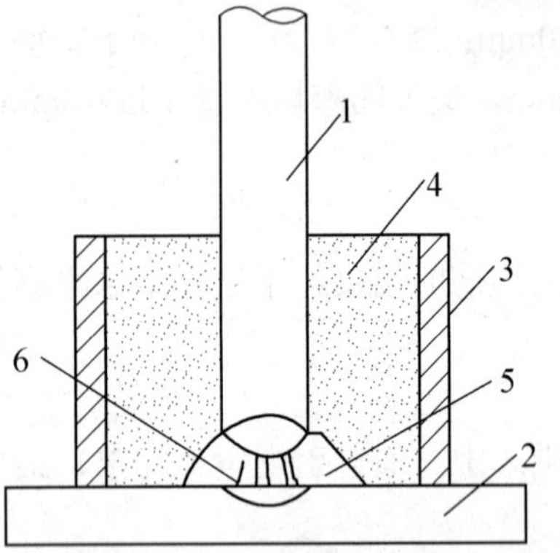

图 4.23 埋弧压力焊示意图

1—钢筋；2—钢板；3—焊剂盒；4—431焊剂；5—电弧柱；6—弧焰

在埋弧压力焊时，钢筋与钢板之间引燃电弧之后，由于电弧作用使局部用材及部分焊剂熔化和蒸发，蒸发气体形成了一个空腔，空腔被熔化的焊剂所形成的熔渣包围，焊接电弧就在这个空腔内燃烧，在焊接电弧热的作用下，熔化的钢筋端部和钢板金属形成焊接熔池。待钢筋整个截面均匀加热到一定温度，将钢筋向下顶压，随即切断焊接电源，冷却凝固后形成焊接接头。

5) 电阻点焊

电阻点焊主要用于钢筋的交叉连接，焊接钢筋网片、钢筋骨架等。其工作原理是：当钢筋交叉点焊时，接触点只有一点，接触处接触电阻较大，在接触的瞬间，电流产生的全部热量都集中在一点上，因而使金属受热而熔化，同时在电极加压下使焊点金属得到焊合。常用的点焊机有单点点焊机、多点点焊机、悬挂式点焊机和手提式点焊机。

电阻点焊的焊点应进行外观检查和强度试验。热轧钢筋的焊点应进行抗剪试验。冷处理钢筋的焊点除进行抗剪试验外，还应进行拉伸试验。

6) 气压焊

钢筋气压焊是利用乙炔、氧气混合气体燃烧的高温火焰，加热焊接钢筋的接合部，不待钢筋熔融使其高温下加压接合，如图4.24所示。钢筋气压焊属于热压焊，压接后的接头可以达到与母材相同甚至更高的强度，而且气压焊设备轻巧，使用灵活，效率高，成本低，适用于HPB300、HRB335和HRB400热轧钢筋，直径相差不大于7mm的不同直径钢筋及全方位布置的钢筋焊接。

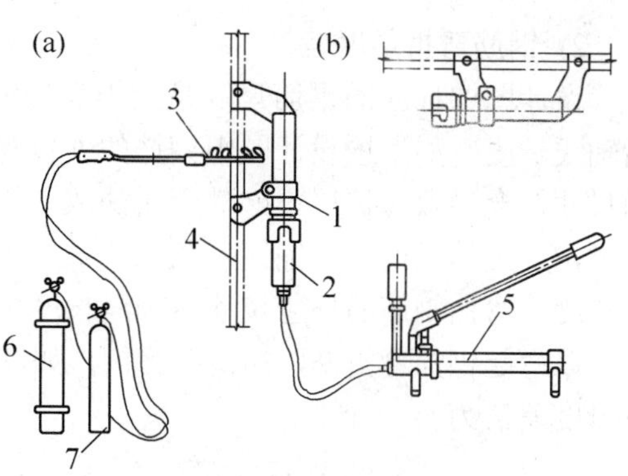

图4.24 气压焊装置系统图

(a) 竖向焊接；(b) 横向焊接

1—压接器；2—顶头油缸；3—加热器；4—钢筋；5—加压器；6—氧气；7—乙炔

气压焊操作工艺：施焊前，钢筋端头用切割机切齐，压接面应与钢筋轴线垂直，如稍有偏斜，两钢筋间距不得大于3mm；钢筋切平后，端头周边用砂轮磨成小八字角，并将端头附近50～100mm范围内钢筋表面的铁锈、油渍和水泥清除干净。施焊时，先将钢筋固定于压接器上，并加以适当的压力使钢筋接触，然后将火钳火口对准钢筋接缝处，加热钢筋端部至1100～1300℃，表面发深红色时，当即加压油泵，对钢筋施以40MPa以上的压力。压接部分的膨鼓直径，为钢筋直径的1.4倍以上，其形状呈平滑的圆球形。待钢筋加热部分火色退消后，即可拆除压接器。

4.2.4 钢筋的配料与加工

1. 钢筋配料

钢筋配料是根据构件配筋图，绘出各种形状和规格的单根钢筋简图并加以编号，分别计算钢筋的下料长度、根数和重量，并绘制配料单，以作为钢筋加工的依据。

1) 钢筋的混凝土保护层厚度

钢筋的混凝土保护层厚度是指：受力钢筋外边缘至构件外表面的距离，其作用是保护钢筋在混凝土结构中不受锈蚀。受力钢筋的混凝土保护层厚度，应符合设计要求；当设计无具体要求时，不应小于受力钢筋的直径，并应符合表4-8的规定。

表4-8 钢筋的混凝土保护层厚度

单位：mm

项次	环境与条件	构件名称	混凝土强度等级		
			≤C20	C25及C30	≥C35
1	露天或室内高湿度环境	板、墙、壳	35	25	15
		梁和柱	45	35	25
2	室内正常环境	板、墙、壳	15		
		梁和柱	25		
3	有垫层	基础	35		
	无垫层		70		

混凝土的保护层厚度，一般用水泥砂浆垫块、塑料卡垫或马凳在钢筋与模板之间来控制。塑料卡的形状有塑料垫块和塑料环圈两种。塑料垫块用于水平构件，塑料环圈用于垂直构件。

2) 钢筋弯折量度差

设计图中标注的钢筋尺寸是指钢筋的外轮廓尺寸(即外包尺寸)，钢筋的下料长度则是指轴线长度。如果按设计图中钢筋的外包尺寸下料，则加工后的钢筋尺寸将大于设计要求的尺寸，会导致保护层不够甚至无法放入模板内，造成返工并浪费材料。这是由于钢筋弯曲时，外皮伸长而内皮缩短，其轴线长度不变，而量得的外包尺寸值总和要大于钢筋的轴线长度。弯曲钢筋的外包尺寸与轴线长度之间存在的差值，称为量度差值。

以弯起钢筋弯折 90° 的情况为例，如图 4.25 所示可知量度差值发生在弯曲部位。其弯折量度差值为

$$\widehat{A'C'}+\widehat{B'C'}-ACB=2\left(\frac{D}{2}+d_0\right)-\frac{1}{4}\pi(D+d_0) \tag{4—4}$$

弯起钢筋弯折处的弯曲直径 D 不宜小于钢筋直径 d_0 的 5 倍。将 $D=5d_0$ 代入上式，得到 90° 弯折量度差值为 $2.29d_0$。

同理可计算出不同弯折角度时的量度差值。为简便下料计算，可分别取其近似值如下：30° 弯折时，量度差值取 $0.3d_0$；45° 弯折时取 $0.5d_0$；60° 弯折时取 $0.85d_0$；90° 弯折时取 $2d_0$；135° 弯折时取 $3d_0$。对于梁的弯起钢筋如梁高 $h \leqslant 800$mm，则弯起角度为 45°，如梁高 $h>800$mm，则弯起角度为 60°。

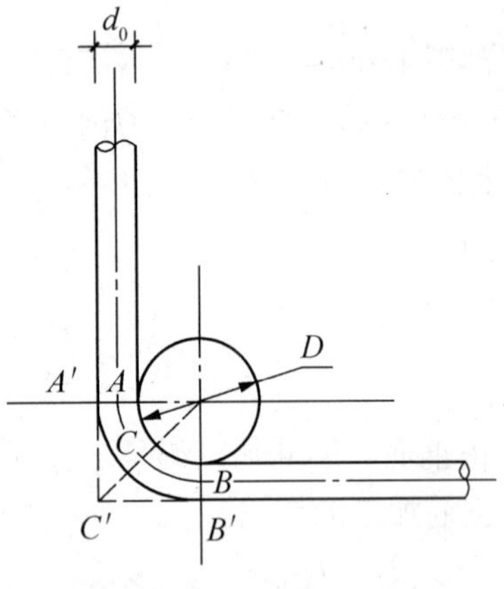

图 4.25　90° 弯折量度差图

3) 末端弯钩增长值

钢筋混凝土施工及验收规范规定，对于 HPB235 钢筋，为了增加其与砼的锚固能力，两端做 180° 弯钩，其弯弧内直径不应小于钢筋直径的 2.5 倍，弯钩的弯后平直部分长度不应小于钢筋直径的 3 倍如图 4.26 所示。对于 HRB335、HRB400 钢筋，因其是变形钢筋，与混凝土黏结力较好，一般两端不设弯钩，但由于锚固长度原因，钢筋末端须设 90° 或 135° 弯钩。

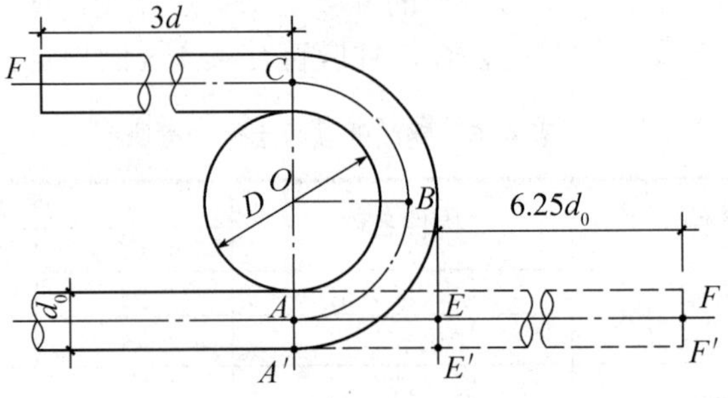

图 4.26　钢筋 180° 弯钩增长值

当弯 180° 时，如图 4.25 所示，弯钩部分的中心线(含平直段)长为

$$AF=\widehat{ABC}+CF=\frac{\pi}{2}(D+d_0)+CF \tag{4—5}$$

当 $D=2.5d_0$，平直段长度 $CF=3d_0$ 时，即

$$AF=\frac{\pi}{2}(2.5d_0+d_0)+3d_0=8.5d_0 \tag{4—6}$$

因钢筋外包尺寸量至E点，所以弯钩增长值为

$$EF = AF - AE = AF - (\frac{D}{2} + d_0) = 8.5d_0 - (\frac{2.5d_0}{2} + d_0) = 6.25d_0 \qquad (4—7)$$

4) 钢箍下料长度调整值

箍筋用 HPB235 钢筋或冷拔低碳钢丝制作时，其末端需做弯钩。弯钩形式，对有抗震要求和受扭的结构，应做 135°/135° 弯钩；无抗震要求的结构，可做 90°/90° 或 90°/180° 弯钩。其弯曲直径(D)应大于受力钢筋直径且不小于箍筋直径(*d*)的 2.5 倍，平直段长度为箍筋直径的 5 倍或 10 倍。因此，每个箍筋弯钩增加长度分别为

弯 90° 时：

$$\frac{\pi(D+d)}{4} - (\frac{D}{2} + d) + \text{平直段长度}$$

弯 135° 时：

$$\frac{3\pi(D+d)}{8} - (\frac{D}{2} + d) + \text{平直段长度}$$

弯 180° 时：

$$\frac{\pi(D+d)}{2} - (\frac{D}{2} + d) + \text{平直段长度}$$

箍筋下料长度可用外包尺寸或内包尺寸两种计算方法。为简化计算，一般将箍筋弯钩加长值和弯折量度差值合并成一项箍筋调整值见表 4-9。计算时先按外包或内包尺寸计算出箍筋的周长，再加上箍筋调整值即为箍筋下料长度。

表 4-9　箍筋下料长度调整值

箍筋量度方法	箍筋直径/mm			
	4～5	6	8	10～12
量外包尺寸	40	50	60	70
量内包尺寸	80	100	120	150～170

5) 钢筋下料长度的计算

钢筋下料长度按下列方法进行计算。

直线钢筋下料长度＝构件长度－保护层厚度＋弯钩增长值

弯起钢筋下料长度＝直段长度＋斜段长度－弯折量度差值＋弯钩增长值

箍筋下料长度＝直段长度＋弯钩增长值－弯折量度差值

(或箍筋下料长度＝箍筋周长＋箍筋调整值)

$$\text{箍筋数量} = \frac{\text{构件长-两端保护层厚度}}{\text{箍筋间距}} + 1$$

6) 梁钢筋锚固长度

梁纵向受力钢筋应伸入支座进行锚固，锚固长度与混凝土等级、钢筋种类及抗震等级有关。

7) 梁箍筋加密区的规定

(1) 一级抗震等级框架梁、屋面框架梁箍筋加密区为：$2h_b$(梁截面高度)且≥500mm、二至四级抗震等级框架梁、屋面框架梁箍筋加密区为：$1.5h_b$ 且≥500mm，加密区第一个箍

筋离支座侧边间距为 50mm。

(2) 主次梁相交处，应在主梁上附加 3 个箍筋，间距为 8d 且小于等于正常箍筋间距，第一个箍筋离支座侧边间距为 50mm。

(3) 梁纵筋采用绑扎搭接接长时，搭接长度部分箍筋应加密。

应用案例 4—1

某框架建筑结构，抗震等级为 4 级，共有 10 根框架梁，其配筋如图 4.27 所示，混凝土等级为 C30，钢筋锚固长度 L_{aE} 为 30d。柱截面尺寸为 500mm × 500mm。试计算该梁钢筋下料长度并编制配料单。

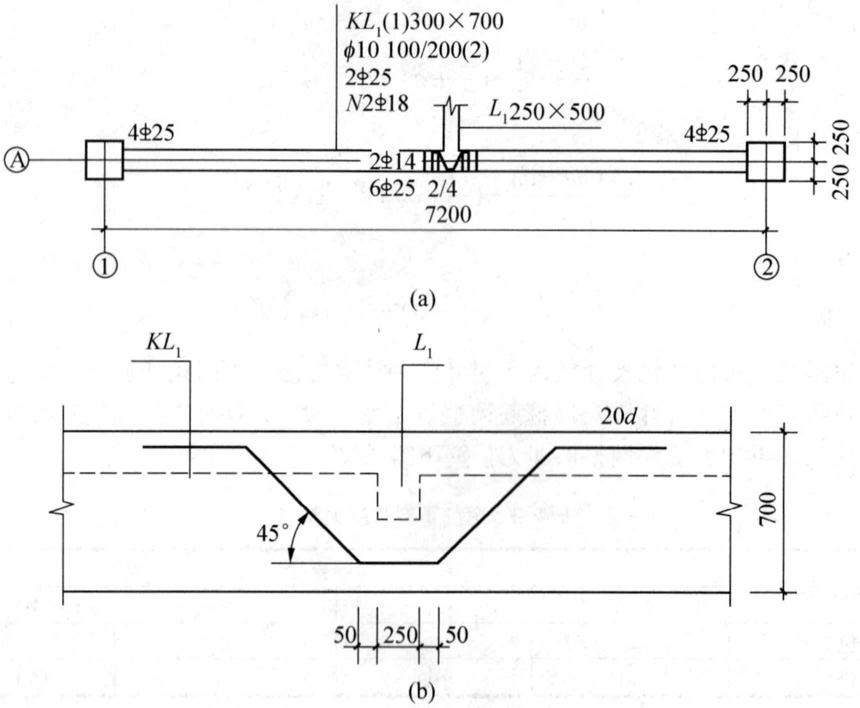

图 4.27　框架梁配筋图

(a) 框架梁柱局部平面图(平法表示)；(b) 附加吊筋构造示意图

解:

(1) 梁上部通长钢筋下料长度计算。通长钢筋在边支座处按要求应弯锚，弯段长度为 15d，则平直段长度为 500−25=475mm≥$0.4L_{aE}$，故满足要求。其下料长度为

$$7200+2\times250-2\times25+2\times15\times25-2\times2\times25=8301(\text{mm})$$

(2) 负弯矩钢筋下料长度计算。负弯矩筋要求锚入支座并伸出 L_n/3。其下料长度为

$$(7200-2\times250)/3+500-25+15\times25-2\times25=3033(\text{mm})$$

(3) 梁下部钢筋下料长度计算。

下料长度为

$$7200+2\times250-2\times25+2\times15\times25-2\times2\times25=8301(\text{mm})$$

(4) 抗扭纵向钢筋下料长度计算。

下料长度为

$$7200+2\times250-2\times25+2\times15\times18-2\times2\times18=8118(\text{mm})$$

(5) 附加吊筋下料长度计算。附加吊筋构造如图 4.27(b)所示。

下料长度为

$$2\times20\times14+250+2\times50+2\times(700-2\times25)\times1.414-4\times0.5\times14=2670(mm)$$

(6) 箍筋下料长度计算。

箍筋外包尺寸为

$$[(300-2\times25+2\times10)+(700-2\times25+2\times10)]\times2=1880(mm)$$

根据抗震要求，箍筋端头弯钩平直段长度为 10d，所以每个箍筋弯钩增加长度为 $3\pi(D+d)/8-(D/2+d)+10d=11.87d$。

下料长度为

$$1880+2\times11.87\times10-3\times1.75\times10=2065(mm)$$

箍筋根数为

$$(1.5\times700-50)\times2/100+(7200-2\times250-2\times1.5\times700)/200+1=44(个)$$

另主次梁相交处应在主梁上沿次梁边附加 3 个箍筋，故总个数为：44+2×3=50(个)。

钢筋配料单见表 4-10。

表 4-10　钢筋配料单

构件名称	钢筋编号	简图	直径/mm	钢号	下料长度/mm	单位根数	合计根数	重量/kg
KL_1(1)共10根	1	375, 7650, 375	25	Φ	8301	2	20	643.5
	2	375, 2708	25	Φ	3033	4	40	470.2
	3	375, 7650, 375	25	Φ	8301	6	60	1930.4
	4	270, 7650, 270	18	Φ	8118	2	20	326.2
	5	280, 280, 45°, 300, 650	14	Φ	2670	2	20	64.9
	6	270, 670	10	φ	2065	50	500	640.3
	Φ25：3044.2kg；Φ18：326.2kg；Φ14：64.9kg；φ10：640.3kg							

注：钢筋的密度为 γ=7.9×10kg/m³。

2. 钢筋的加工

钢筋的加工工艺包括除锈、调直、切断、弯曲成型等工序。

1) 钢筋的除锈

为了确保钢筋与混凝土之间的握裹力，保证混凝土结构工程的质量，钢筋的表面应洁净、除锈。对大量的钢筋，可通过在钢筋冷拉或钢丝调直过程中除锈；少量的钢筋可采用电动除锈机或喷砂法除锈；钢筋的局部除锈可采用人工用钢丝刷或砂轮等方法进行，也可将钢筋通过沙箱往返搓动除锈。

2) 钢筋的调直

直径在 10mm 以下的钢筋在生产过程中都卷成圆盘状(又称盘圆钢筋)，以便于运输、存放和使用。盘圆钢筋在使用前，必须经过一道放圈、调直工序。直径在 10mm 以上的钢筋，一般在轧制过程中都切成长度为 9m 左右的直条，以便于运输、存放和使用。但往往因运输或存放不当，使直条状钢筋造成局部曲折，因此在使用前也要进行一次调直处理。钢筋调直普遍采用卷扬机拉直和调直机调直。

3) 钢筋的切断

钢筋切断使用的机具设备有电动钢筋切断机、液压切断器、电动切割机、钢剪等。液压切断器为移动式，便于现场流动使用，能切断Φ32以下的钢筋。型手动液压切断器，可切断Φ16以下的钢筋。电动钢筋切断机能切断直径6～40mm的钢筋。

4) 钢筋的弯曲成型

钢筋下料后，应按弯曲设备特点及钢筋直径、弯曲角度进行划线，以便弯曲成设计的尺寸和形状。如弯曲钢筋两边对称时，划线工作宜从钢筋中线开始向两边进行；当弯曲形状比较复杂的钢筋时，可先放出实样(足尺放样)，再进行弯曲。钢筋弯曲宜采用钢筋弯曲机或钢筋弯箍机；当钢筋直径小于25mm时，少量的钢筋(或箍筋)弯曲，也可采用人工扳钩弯曲。

4.2.5 钢筋的代换

钢筋的使用应尽量按设计要求的钢筋级别、种类和直径采用。施工中如确实缺乏设计图纸中所要求的钢筋种类、级别或规格时，应在征得设计单位同意后可参照以下原则进行代换。

1. 等强度代换

不同种类钢筋的代换，应按钢筋受拉承载能力相等的原则进行代换。如设计图中钢筋设计强度为f_{y1}，钢筋总截面面积为A_{S1}，代换后的钢筋设计强度为f_{y2}，钢筋总截面面积为A_{S2}，则代换时应满足下式要求

$$A_{S2}f_{y2} \geqslant A_{S1}f_{y1} \tag{4—8}$$

2. 等面积代换

相同种类和级别的钢筋代换以及构件按最小配筋率配筋时，可按钢筋截面积相等的原则进行代换，即代换时应满足下式要求

$$A_{S2} \geqslant A_{S1} \tag{4—9}$$

特别提示

钢筋代换应注意如下问题。

(1) 重要受力构件(如吊车梁、薄腹梁、桁架下弦等)不宜用HPB300钢筋代换变形钢筋，以免裂缝开展过大。

(2) 钢筋代换后，应满足混凝土结构设计规范中所规定的钢筋间距、锚固长度、最小钢筋直径、根数等配筋构造要求。

(3) 梁的纵向受力钢筋与弯起钢筋应分别代换，以保证正截面与斜截面强度。

(4) 有抗震要求的梁、柱和框架，不宜以强度等级较高的钢筋代换原设计中的钢筋；如必须代换时，其代换的钢筋检验所得的实际强度，尚应符合抗震钢筋的要求。

(5) 预制构件的吊环，必须采用未经冷拉的HPB235钢筋制作，严禁以其他钢筋代换。

(6) 当构件受裂缝宽度或挠度控制时，钢筋代换后应进行刚度、裂缝验算。

4.2.6 钢筋的绑扎安装与质量要求

1. 钢筋的绑扎安装

钢筋绑扎和安装前，先熟悉施工图纸，核对成品钢筋的钢号、直径、形状、尺寸和数量是否与配料单相符，研究钢筋安装与有关工种的配合顺序，准备绑扎用的铁丝、绑扎工具、保护层垫块等。为缩短钢筋安装的工期，减少钢筋施工中的高空作业，在运输、起重条件允许时，钢筋网片和钢筋骨架的安装尽量采用先预制绑扎，后安装的方法。

钢筋骨架的绑扎与模板架设的工序搭接关系：柱子一般是先绑扎成型钢筋骨架后架设模板；梁一般是先架设梁底模板，然后在模板上绑扎钢筋骨架；现浇楼板一般是模板安装后，在模板上绑扎钢筋网片；墙是在钢筋网片绑扎完毕并采取临时固定措施后，架设模板。

钢筋绑扎工艺程序是：划线→摆筋→穿箍→绑扎→安放垫块。

划线时注意间距、数量，标明加密箍筋的位置。板类摆筋顺序一般先排主筋后排负筋；梁类一般先摆纵筋。摆放有焊接头和绑扎接头的钢筋，其接头位置、同一截面的接头数量、搭接长度等应符合规范规定。有变截面的箍筋，应事先将箍筋排列清楚，然后安装纵向钢筋。

1) 钢筋绑扎的一般要求

(1) 钢筋的交叉点应采用18～22号铁丝绑扣(18号铁丝绑扎直径28～40的钢筋，20号铁丝绑扎直径14～25的钢筋，22号铁丝绑扎直径12以下的钢筋)，绑扎不仅要牢固可靠，而且铁丝长度要适宜。在受拉区，HPB300钢筋绑扎接头末端应做成弯钩，HRB335、HRB400可不做。

(2) 柱、梁的箍筋绑扎，除设计有特殊要求外，应保证与梁、柱受力主钢筋垂直，箍筋的端钩位置应沿受力钢筋方向错开布置，不能集中在一根受力主筋上。

(3) 柱中竖向钢筋搭接时，角部钢筋的弯钩平面与模板面的夹角，矩形柱应为45°，多边形柱应为模板内角的平分角。圆形柱钢筋的弯钩平面应与模板的切线平面垂直；中间钢筋的弯钩平面应与模板面垂直。当采用插入式振捣器振捣，浇筑小型截面柱时，弯钩平面与模板面的夹角不得小于15°。

(4) 板、次梁与主梁交接处，板的钢筋在上，次梁钢筋居中，主梁钢筋在下；主梁与圈梁交接处，主梁钢筋在上，圈梁钢筋在下，绑扎时切不可放错位置。主筋两端的搁置长度应保持均匀一致。

(5) 绑扎墙、板时，应注意受力筋的方向，受力钢筋与构造筋的上下位置不能倒置，以免减弱受力筋抗弯能力。板和墙的钢筋网片，除靠近外围两行钢筋的相交点全部扎牢外，中间部分的相交点可相隔交错扎牢，但应保证受力钢筋不发生位移。而对于双向受力的钢筋则必须绑扎全部的交叉点，确保所有受力钢筋的正确位置。

2) 绑扎允许偏差

钢筋绑扎要求位置正确、绑扎牢固，成型的钢筋骨架和钢筋网的允许偏差，应符合规定。

3) 钢筋的绑扎接头

(1) 钢筋的接头宜设置在受力较小处，同一受力筋不宜设置两个或两个以上接头。接头末端距钢筋弯起点的距离不应小于钢筋直径的10倍。

(2) 同一构件中相邻纵向受力钢筋之间的绑扎接头位置宜相互错开。

(3) 在梁、柱类构件的纵向受力钢筋搭接长度范围内，应按设计要求配置箍筋。当设计无具体要求时，应符合下列规定。

① 箍筋的直径不应小于搭接钢筋较大直径的 0.25 倍。

② 受拉区段的箍筋的间距不应大于搭接钢筋较小直径的 5 倍，且不应大于 100mm。

③ 受压区段的箍筋的间距不应大于搭接钢筋较小直径的 10 倍，且不应大于 200mm。

④ 当柱中纵向受力钢筋直径大于 25mm 时，应在搭接接头两个端外面 100mm 范围内各设置两个箍筋，期间距宜为 50mm。

2. 质量要求

钢筋安装完毕后，应进行检查验收，检查内容为以下几个方面。

(1) 钢筋的钢号、直径、形状、尺寸、根数、间距和锚固长度是否与设计图纸相符，特别要注意检查负筋的位置。

(2) 钢筋的接头位置及搭接长度是否符合规定。

(3) 混凝土保护层是否符合要求。

(4) 钢筋表面是否清洁(有无油污、漆污和颗粒状或片状铁锈)。

(5) 绑扎是否牢固，有无松动变形现象。

(6) 绑扎、安装钢筋时的允许偏差，不得大于规范规定。

钢筋工程属于隐蔽工程，在浇筑混凝土前应对钢筋及预埋件进行验收，并作好隐蔽工程记录。

特别提示

钢筋工程主要节点施工如下。

目前的房屋建筑工程中，钢筋混凝土结构仍然是最为普遍的一种形式，其中的框架结构、剪立墙结构又占了很大的一部分。钢筋工程是其结构工程中一个非常重要的分项工程，其施工质量的好坏将直接影响到结构的安全。目前，施工人员主要根据《混凝土结构施工图平面整体表示方法制图规则和构造详图》(现浇混凝土框架、剪力墙、梁、板)(11G101—1)和《建筑物抗震构造详图》(11G329—1)两本图集参考进行钢筋的安装，设计人员在进行工程设计时也采用此两本图集，因此，无论施工单位，还是监理单位的有关人员都应该认真熟悉并了解这两本图集，以求对一些结构构造的正确理解并运用到工程实际当中，而现行的《混凝土结构工程施工质量验收规范》(GB 50204—2002)(2011 年)只提出了一些重要的原则性要求，具体到施工操作中，具体到一些细部节点的做法，如何正确运用这两本图集就显得至关重要了。

知识链接

钢筋网的起源及发展趋势

钢筋焊接网是 20 世纪初国外创造的一种在工厂中焊接形成的网状钢筋制品。焊接网是在欧洲产生的，经近百年的应用与发展，在国外已被建筑界广泛采用。钢筋焊接网除用来制作钢筋混凝土预制构件外，更多的是用于现浇混凝土结构，大量用于工业与民用建筑的墙板、楼板、屋面板等。在市政工程领域如混凝土路面、桥面铺装、桥涵挡墙和基础混凝土以及污水处理池、水库等工程中，也有广泛用途。

钢筋焊接网是相当成熟的工业化生产的钢筋制品之一，在工程实践中显示了其节省钢材，简化施工，提高工程质量和经济效益的特点。欧洲国家应用钢筋焊接网已有 70 多年的历史，德国、意大利、奥地利、法国等欧洲国家 20 世纪初就制定了钢筋焊接网标准，由专业工厂成批生产定型钢筋焊接网，以商品方式供应市场。为施工企业按设计图纸定制加工各种钢筋焊接网已为建筑业普遍认可和应用。目前德国钢筋混凝土结构中钢筋焊接网的用量已占钢筋总用量的50%～65%以上，并且还在继续增长。此外英国、奥地利、丹麦、芬兰、澳大利亚、法国、美国等国也制定了钢筋焊接网标准、图集、规程、使用手册，大量采用钢筋焊接网。

一些焊接网应用较多的国家，如德国从早期采用冷拔光面钢筋焊接网过渡到主要采用冷轧带肋钢筋焊接网。焊接网的应用范围也从板类构件为主扩大到包括柱类构件的多种类型结构。焊接网可利用弯网机弯成各种不同的形状来适应不同构件的需要。

4.3 混凝土工程

混凝土工程包括混凝土的制备、运输、浇筑、振捣和养护等施工过程，各个施工过程相互联系和影响，任一施工过程的处理不当都会影响混凝土的最终质量。因此，对施工中的各个环节必须严格按照规范要求进行施工，以确保混凝土的工程质量。

4.3.1 混凝土的制备

混凝土的制备，应保证其硬化后能达到设计要求的强度等级，满足和易性和均匀性的要求，符合合理使用材料和节约水泥的原则。有时，还应使混凝土满足耐腐蚀、防水、抗冻、快硬和缓凝等特殊要求。为此，在配制混凝土时，必须了解所需混凝土的主要性能，重视原材料的选择和使用，严格控制施工配料，正确确定搅拌机的工作参数。

1. 计算施工配合比

混凝土施工配置强度确定后，根据原材料的性能以及对混凝土的技术要求进行初步计算，得出初步配合比；再经实验室试拌调整，得出满足和易性、强度和耐久性要求的较经济合理的实验室配合比。实验室配合比是以干燥材料为基准的，而工地存放的砂、石骨料往往都含有一定的水分。所以，现场材料的实际称量应按工地砂、石的含水情况进行调整，调整后的配合比，称为施工配合比。

设混凝土实验室配合比为：水泥:沙子:石子＝$1:x:y$，测得沙子的含水率为ω_x，石子的含水率为ω_y，则施工配合比应为：$1:x(1+\omega_x):y(1+\omega_y)$。

应用案例 4—2

已知 C20 混凝土的试验室配合比为：1:2.55:5.12，水灰比为 0.65，经测定砂的含水率为 3%，石子的含水率为 1%，混凝土的水泥用量为 310kg/m^3，则施工配合比为：1:2.55(1+3%):5.12(1+1%)= 1:2.63:5.17(水灰比为 0.65)。

每 1m^3 混凝土材料用量为

水泥

$$310(\text{kg})$$

砂子

$$310\times2.63 = 815.3(\text{kg})$$

石子

$$310\times5.17 = 1602.7(kg)$$

水

$$310\times0.65-310\times2.55\times3\%-310\times5.12\times1\% = 161.91(kg)$$

2. 施工配料

施工中混凝土往往采用现场搅拌，搅拌机每搅拌一次叫做一盘。所以对于采用现场搅拌混凝土时，还必须根据工地现有搅拌机的出料容量确定每搅拌一盘混凝土的材料用量。

应用案例 4—2 中，如采用 JZ250 型搅拌机，出料容量为 $0.25m^3$，则每盘施工配料为

水泥

$$310\times0.25=77.5(kg)(取一袋半水泥，即 75kg)$$

沙子

$$815.3\times\frac{75}{310}=197.25kg$$

石子

$$1602.7\times\frac{75}{310}=387.75kg$$

水

$$161.91\times\frac{75}{310}=39.17\,kg$$

3. 混凝土的搅拌

混凝土搅拌，是将水泥、粗细骨料和水进行均匀拌和，达到具有一定流动性混凝土拌和物的过程。

为了获得优质的混凝土拌和物，除正确选择搅拌机外，还必须正确确定搅拌制度，即搅拌时间、投料顺序和进料容量等。

(1) 搅拌时间。从全部原材料投入搅拌筒起，到开始卸料时所经历的时间称为混凝土的搅拌时间。搅拌时间与混凝土的搅拌质量密切相关，搅拌时间太短，混凝土不易拌和均匀，会降低砼的强度及和易性，影响混凝土质量；搅拌时间过长，强度虽有所提高，但过长时间的搅拌不经济，影响搅拌机的生产效益，而且混凝土的和易性又重新降低或产生分层离析，影响混凝土的质量。在一定范围内，随搅拌时间的延长，加气混凝土还会因搅拌时间过长而使含气量下降，同样影响混凝土质量。混凝土搅拌的最短时间可按表 4-11 采用。

表 4-11　混凝土搅拌的最短时间(s)

混凝土坍落度/mm	搅拌机机型	搅拌机出料容量		
		<250L	250～500L	>500L
≤30	自落式	90	120	150
	强制式	60	90	120
>30	自落式	90	90	120
	强制式	60	60	90

(2) 投料顺序。投料顺序应从提高搅拌质量，减少搅拌机叶片、衬板的磨损，减少拌

和物与搅拌机的黏结，减少水泥飞扬，改善工作环境，提高混凝土强度及节约水泥等方面综合考虑确定。常用的投料顺序有第一次投料法、第二次投料法和水泥裹砂法等。

(3) 进料容量。进料容量是指搅拌机可装入各种干材料体积之和，又称干料容量。进料容量与搅拌机搅拌筒的几何容量有一定比例关系(通常为 0.22～0.4)，若进料容量超过规定容量的 10%，就会使材料在搅拌筒内无充分空间进行掺和，影响混凝土拌和物的均匀性；反之，装料过少，则又不能充分发挥搅拌机的效能。进料容量约为出料容量的 1.4～1.8 倍(通常取 1.5 倍)，其值载于搅拌机的性能表中。

4.3.2 混凝土的运输

1. 运输要求

混凝土自搅拌机卸出后，应及时运至浇筑地点，以保证混凝土的质量。具体要求如下。

(1) 运输中的全部时间不应超过混凝土的初凝时间。

(2) 运输中应保持匀质性，不应产生分层离析现象，不应漏浆；运至浇筑地点应具有规定的坍落度，并保证混凝土在初凝前能有充分的时间进行浇筑。

(3) 混凝土的运输道路要求平坦，应以最少的运转次数、最短的时间从搅拌地点运至浇筑地点。

(4)保证混凝土浇筑能连续进行。

为此，混凝土应以最少的转运次数和最短的时间，从搅拌点运至浇筑点。混凝土从搅拌机中卸出后到浇筑完毕的时间不宜超过表 4-12 的规定。

表 4-12　混凝土从搅拌机中卸出后到浇筑完毕的延续时间

混凝土强度等级	延续时间/min	
	气温<25℃	气温≥25℃
低于及等于 C30	120	90
高于 C30	90	60

2. 运输工具

混凝土运输分水平运输和垂直运输两种情况。

(1) 水平运输时，短距离多用双轮手推车、机动翻斗车、皮带运输机；长距离宜用自卸汽车、混凝土搅拌运输车。皮带机可综合进行水平、垂直运输，这种运输机长 15～18m，可升高 5～8m，常配以能旋转的振动溜槽，运输连续，速度快，多用于灌注大体积混凝土。

(2) 垂直运输可采用各种井架、龙门架和塔式起重机。对于浇筑量大、浇筑速度比较稳定的大型设备基础和高层建筑，宜采用混凝土泵，也可采用自升式塔式起重机或爬升式塔式起重机运输。

知识链接

1. 如何选用塔吊

选用塔吊时，首要的是选择参数合适的自升塔吊。在诸参数中，最重要的是主参数：幅度、最大幅度起重量和起升高度。但是，在确定主参数时，还要确定选用何种形式塔吊：是内爬式塔吊，还是附着式塔吊；是俯仰变幅动臂式塔吊，还是小车变幅水平臂架式塔吊。

经验表明，1 台 40t·m 级内爬塔吊的功能可抵上 1 台 80t·m 级附着式塔吊的功能。采用附着式塔吊需配用较多的塔身标准节，并要备有必需数量的附着杆和相应的锚固件。因此，从节省一次性投资出发，选用内爬式塔吊是经济合理的。但是为保证安全生产和取得最好的效益，应做好采用内爬塔吊进行吊装施工的施工组织设计和结构竣工后的塔吊拆卸方案。

目前，国产自升塔吊多为小车变幅水平臂架自升塔吊，仅少数工厂生产少量俯仰变幅动臂式塔吊。因此，从供货货源来看，以选用水平臂架塔吊较为方便。但是，在高层建筑如林的环境中要见缝插针地兴建一幢塔状高楼时，俯仰变幅动臂式塔吊乃是合理的选择。因为压杆臂架可以俯仰自如，吊臂既不会在邻近高层建筑上空挥舞，也不会与周围高层建筑相碰撞。正是由于动臂式自升塔吊具有上述特点，所以香港汇丰银行大厦在兴建时使用了 6 台动臂式自升塔吊。基于同样原因，一些东南亚国家近年来纷纷从我国引进一些动臂式自升塔吊，供高层建筑施工使用。

2. 塔吊基础的作法

轨道式塔吊基础的习惯作法为：先将地基夯实或做 1 层 3∶7 灰土垫层，再铺碎石道，然后安放木轨枕，在木轨枕上铺设钢轨。这种作法木材消耗量大，使用寿命短，对重型塔吊极不适宜。当今推荐的作法为：在夯实的地基上架设钢筋混凝土底板或钢筋混凝土轨枕梁，在底板或轨枕梁上用预埋件固定安装工字钢，然后再在工字钢上安装钢轨。为提高铺轨效率，节省铺轨费用，常把钢筋混凝土轨枕梁、工字钢支托和钢轨组装在一起，形成一条长 12.5 m 的装配式钢筋混凝土钢轨基础。这种轨道基础非常适合 FO/23 B、HK40/21B、H3/36 B 等重型自升塔吊使用。

底架固定式自升塔吊以采用分块式钢筋混凝土基础最为合适，在地耐力较高的地基上，这种混凝土基础板块尺寸可取为 200cm×200cm×50cm，板块的顶部和底部均应双向配筋。如塔机必须安装在深基坑近旁，则应采用钻孔灌注桩承台基础，以保证塔机基础的坚固和稳定，并要采取措施，防止基坑边坡塌方。

塔身固定式自升塔吊的基础必须满足两项要求：一是将塔机上部荷载均匀地传给地基并不得超过地耐力；二是要使塔机在各种不利工况下均能保持整体稳定而不致倾翻。因此，这种塔机基础体积相当庞大，基础重量要相当于塔机压重的重量。这种固定式塔机基础重量与塔机自由高度密切相关，自由高度越高基础重量越大。以 FO/23 B 塔吊为例，当其自由高度为 59.8m 时，混凝土基础尺寸需达 6.5m×6.5m×1.7m。若塔机需在基础施工阶段架设在深基坑近旁，表层土质条件又比较差，则这种基础还必须由钻孔灌注桩支承。因此，为节省基础构筑费用，宜将这种整块大体积混凝土基础分解为若干个预制混凝土条块，从而构成一个装配式钢筋混凝土基础，以便做到多次反复使用，使分解到每个工程项目上的塔机基础费用降至最低。

3. 泵送混凝土

使用混凝土泵输送混凝土，是将混凝土在泵体的压力下，通过管路输送到浇筑地点，一次完成水平运输、垂直运输及楼层作业面水平运输。混凝土泵具有输送能力达、速度快，效率高等特点，已在我国多层和高层框架结构工程中得到广泛使用。混凝土泵按作用原理分为活塞式、挤压式和气压式 3 种。常用的混凝泵有液压柱塞泵和挤压泵两种。

混凝土输送管有直管、弯管、锥形管和浇筑软管等。常用混凝土输送管的管径为 100～150mm。直管以 3.0m 标准长度管为主管，弯管角度有数种，以适应管道改变方向。当两种不同直径的输送管需要连接时，中间用锥形管过度，一般长度为 1m。在管道的出口都接有软管，以便在不移动输送管的情况下扩大布料范围。输送管的布置宜短直，尽量减少弯管数，转弯宜缓，管段接头要严密，少用锥形管。

将混凝土泵装在汽车上便成为混凝土泵车，车上还装有可以伸缩或曲折的“布料杆”，末端是一软管，可将混凝土直接送至浇筑地点，使用十分方便。

泵送混凝土要求碎石最大粒径与输送管直径之比宜为1:3，卵石可为1:2.5，高程建筑宜为1:4～1:3，以免阻塞；细骨料宜用中砂，粒径在0.315mm以下的细骨料用量所占比重不应少于15%，砂率宜控制在40%～50%；水泥最少用量300kg/m^3。泵送混凝土的坍落度宜为80～100mm，对轻骨料混凝土应注意宜预先将骨料充分吸水，以免影响坍落度。为了保证混凝土的和易性还可掺入适量的外加剂。

混凝土的供料应保证混凝土泵能连续工作，不间断。泵送前，为减少泵送阻力，应先用适量的与混凝土内成分相同的水泥浆或水泥砂浆润滑输送管内壁；泵送过程中，泵的受料斗应充满混凝土，防止吸入空气形成阻塞；防止停歇时间过长，若停歇时间超过45min，应立即用压力或其他方法冲洗管内残留的混凝土；泵送结束后，要及时清洗泵体和管道；用混凝土泵浇筑的建筑物，要加强养护，防止龟裂。

知识链接

泵送混凝土材料要求

泵送混凝土除应满足结构设计强度外，还要满足可泵性的要求，即混凝土在泵管内易于流动，有足够的黏聚性，不泌水、不离析，并且摩阻力小。要求泵送混凝土所采用粗骨料应为连续级配，其针片状颗粒含量不宜大于10%；粗骨料的最大粒径与输送管径之比应符合规范的规定；泵送混凝土宜采用中砂，其通过0.315mm筛孔的颗粒含量不应少于15%，最好能达到20%。泵送混凝土应选用硅酸盐水泥、普通硅酸盐水泥、矿渣硅酸盐水泥和粉煤灰硅酸盐水泥，不宜采用火山灰质硅酸盐水泥。为改善混凝土工作性能，延缓凝结时间，增大坍落度和节约水泥，泵送混凝土用泵送剂或减水剂；泵送混凝土宜掺用粉煤灰或其他活性矿物掺和料。掺磨细粉煤灰，可提高混凝土的稳定性、抗渗性、和易性和可泵性，既能节约水泥，又使混凝土在泵管中增加润滑能力，提高泵和泵管的使用寿命。混凝土的坍落度宜为80～180mm；泵送混凝土的用水量与水泥和矿物掺和料的总量之比不宜大于0.60。泵送混凝土的水泥和矿物掺和料的总量不宜小于300g/m^3。为防止泵送混凝土经过泵管时产生阻塞，要求泵送混凝土比普通混凝土的砂率要高，其砂率宜为35%～45%；此外，砂的粒度也很重要。

4.3.3 混凝土的浇筑与振捣

1. 混凝土浇筑前的准备工作

混凝土浇筑前，应对模板、钢筋、支架和预埋件进行检查。检查模板的位置、标高、尺寸、强度和刚度是否符合设计要求，接缝是否严密，预埋件位置和数量是否符合设计要求；检查钢筋的规格、位置、数量、接头和保护层厚度是否正确；清理模板上的垃圾和钢筋上油污，浇水湿润木模板；填写隐蔽记录。

2. 混凝土浇筑的一般规定

(1) 混凝土浇筑前不应发生离析或初凝现象，如已发生，须重新搅拌。混凝土运至现场后，浇筑前的坍落度应符合表4-13的要求。

表 4-13　混凝土浇筑时的坍落度

结构种类	坍落度/mm
基础或地面的垫层、无配筋的大体积结构(挡土墙、基础等)或配筋稀疏的结构	10～30
板、梁和大型或中型截面的柱子	30～50
配筋密列的结构(薄壁、斗仓、筒仓、细柱等)	50～70
配筋特密的结构	70～90

(2) 浇筑时，混凝土的自由倾落高度，对于素混凝土或少筋混凝土，由料斗进行浇筑时，不应超过 2m；对竖向结构(如柱、墙)浇筑混凝土的高度不超过 3m；对于配筋较密或不便捣实的结构，不宜超过 60cm，否则应采用串筒、溜槽、溜管或振动溜管如图 4.28 所示下料，以防产生离析。

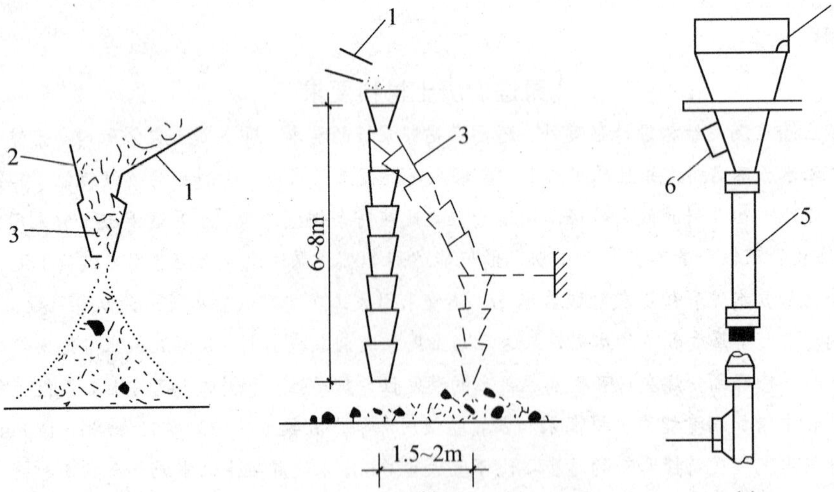

图 4.28　溜槽与串筒

(a) 溜槽；(b) 串筒；(c) 振动溜管

1—溜槽；2—挡板；3—串筒；4—漏斗；5—节管；6—振动器

(3) 竖向结构浇筑时，应先在其底部浇筑一层 50～100mm 厚的与混凝土内砂浆成分相同的水泥砂浆结合层，然后再浇筑混凝土，以避免产生蜂窝麻面现象。

(4) 混凝土的浇筑，应当由低处往高处逐层进行，并尽可能使砼顶面保持水平，减少砼在模板内流动，防止骨料和砂浆分离。预埋件位置应特别注意，切勿使其移动。

(5) 混凝土的浇筑工作，应尽可能连续进行。如必须有间歇，其间歇时间应尽量缩短，并应在前一层混凝土初凝前将次层混凝土浇筑完毕。

(6) 当构件截面高度超过振捣器作用深度时，混凝土的浇筑应分层浇筑和振捣。分层浇筑时，要保证各层之间连为一体，应在下一浇筑层凝结前将上一层混凝土浇捣完毕。分层厚度，应使混凝土能捣鼓密实，当采用插入式振动器时，为振动棒长度的 1.25 倍；当采用表面振动器时，为 200mm；当采用人工捣固时，根据钢筋疏密程度不同，一般为 150～250mm。

3. 施工缝的留设与处理

若因技术或施工组织上的原因，不能对混凝土结构一次连续浇筑完毕，而必须停歇较长的时间，其停歇时间超过混凝土的初凝时间，致使混凝土已初凝；当继续浇混凝土时，形成了接缝，即为施工缝。施工缝的位置应在混凝土浇筑前事先确定，施工缝的处理应按施工技术方案执行。

1) 施工缝的留设位置

施工缝设置的原则，一般宜留在结构受力(剪力)较小且便于施工的部位，并使接触面与结构物的纵向轴线相垂直，尽可能利用伸缩缝或沉降缝作为施工分界段，减少施工缝数量。

柱子的施工缝宜留在基础与柱子交接处的水平面上，或梁的下面，或吊车梁牛腿的下面、吊车梁的上面、无梁楼盖柱帽的下面。在框架结构中，如果梁的负筋向下弯入柱内，施工缝也可设置在这些钢筋的下端，以便绑扎。高度大于 1m 的钢筋混凝土梁的水平施工缝，应留在楼板底面下 20～30mm 处，当板下有梁托时，留在梁托下部；单向平板的施工缝，可留在平行于短边的任何位置处；对有主次梁的楼板结构，宜顺着次梁方向浇筑，施工缝应留在次梁跨中 1/3 段内。楼梯施工缝，应在梯段长度中间的 1/3 段内，栏板施工缝与梯段施工缝相对应，栏板混凝土与踏步板一起浇筑。墙的施工缝留在门窗洞口过梁跨中 1/3 段内，也可留在纵横墙交接处。施工缝的表面应与构件的纵向轴线垂直，即柱与梁的施工缝表面垂直其轴线，板和梁的施工缝应与其表面垂直。

2) 施工缝的处理

在施工缝处继续浇筑混凝土，应待混凝土的抗压强度不小于 1.2MPa 方可进行。混凝土达到这一强度的时间取决于水泥的标号、混凝土的强度等级、气温等，可以根据试块试验确定，也可以查阅有关手册确定。

施工缝处浇筑混凝土之前，应对先浇混凝土进行打毛处理，并加以充分温润和冲洗干净，不得有积水。浇筑时，施工缝处宜先铺一层与混凝土内砂浆成分相同的水泥浆或水泥砂浆结合层(厚 30～50mm)，以保证接缝质量。浇筑过程中，施工缝应细致捣实，使其紧密结合。

4. 后浇带的施工

后浇带是在现浇混凝土结构施工过程中，克服由于温度、收缩而可能产生有害裂缝而设置的临时施工缝。该缝需根据设计要求保留一段时间后再浇筑混凝土，将整个结构连成整体。

后浇带的留置位置应按设计要求和施工技术方案确定。后浇带的设置距离，应考虑在有效降低温度和收缩应力的条件下，通过计算来获得。在正常的施工条件下，有关规范对此的规定是：如混凝土置与室内和土中，后浇带的设置距离为 30m，露天为 20m。

后浇带的保留时间应根据设计确定，若设计无要求时，一般至少保留 28d 以上。

后浇带的宽度应考虑施工简便，避免应力集中，一般宽度为 700～1000mm。后浇带内的钢筋应完好保存。后浇带的构造如图 4.29 所示。

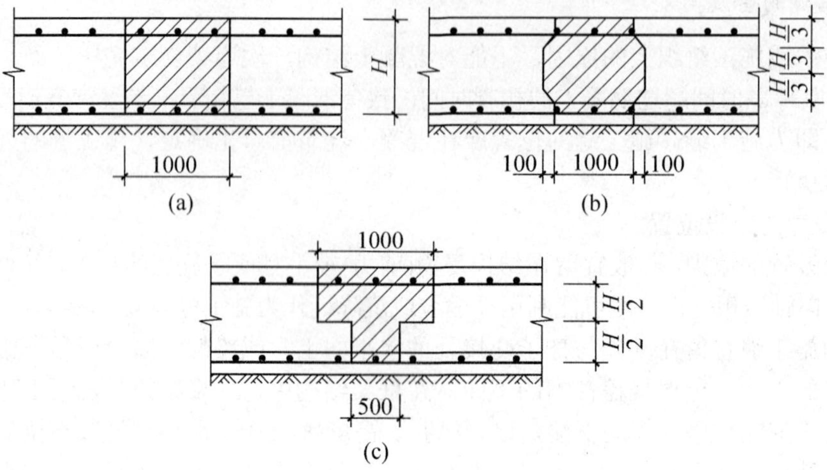

图 4.29　后浇带的构造

(a) 平接式；(b) 企口式；(c) 台阶式

5. 混凝土的浇筑方法

1) 多层钢筋混凝土框架结构的浇筑

浇筑框架结构首先要划分施工层和施工段，施工层一般按结构层划分，而每一施工层的施工段划分，则要考虑工序数量、技术要求、结构特点等。

混凝土的浇筑顺序：先浇捣柱子，在柱子浇捣完毕后，停歇 1～1.5h，使混凝土达到一定强度后，再浇捣梁和板。

(1) 柱的浇筑。

① 宜在梁板模板安装后，钢筋未绑扎前浇筑，以便利用梁板模板作横向支撑和柱浇筑操作平台。

② 开始浇筑砼时，应先在底部浇筑一层厚 50～100mm 的与砼成分相同的砂浆垫层，以免底部产生蜂窝现象。

③ 浇筑成排柱子时，其顺序是先外后内，先两端后中间，以免因浇筑混凝土后由于模板吸水膨胀，端面增大而产生横向推力，最后使柱发生弯曲变形。

④ 凡柱截面在 400mm×400mm 以内，并有交叉箍筋时，应在柱模板侧面开个不小于 300mm 高的门洞，插入斜溜槽分段浇筑，每段高度≤2m。

⑤ 随着柱浇筑高度的升高，砼表面将集聚大量浆水，因此，砼的水灰比和坍落度，应随浇筑高度上升予以递减。

(2) 梁和板的浇筑。

① 浇筑前检验钢筋保护层垫块是否安全可靠。

② 肋形楼板的梁、板应同时浇筑，先将梁根据高度分层浇捣成阶梯形，当达到板底位置时即与板的砼一起浇捣，随着阶梯形的不断延长，则可连续向前推进。倾倒砼的方向应予浇筑方向相反。

③ 当梁高大于 1m 时，允许单独浇筑，施工缝可留在距板底面以下 20～30mm。

2) 大体积混凝土结构的浇筑

大体积混凝土是指厚度大于或等于1.5m，长、宽较大，施工时水化热引起砼内的最高温度与外界温度之差不低于25℃的砼结构。大体积钢筋混凝土结构多为工业建筑中的设备基础及高层建筑中厚大的桩基承台或基础底板等。其特点是混凝土浇筑面和浇筑量大，整体性要求高，不能留施工缝，以及浇筑后水泥的水化热量大且聚集在构件内部，形成较大的内外温差，易造成混凝土表面产生收缩裂缝等。

为此，大体积混凝土施工，主要应解决整体性、温度应力和混凝土泌水3方面的问题。

(1) 保证整体性的浇筑方案。为保证结构的整体性，混凝土应连续浇筑，按结构特点不同，有全面分层、分段分层、斜面分层等浇筑方案，如图4.30所示。

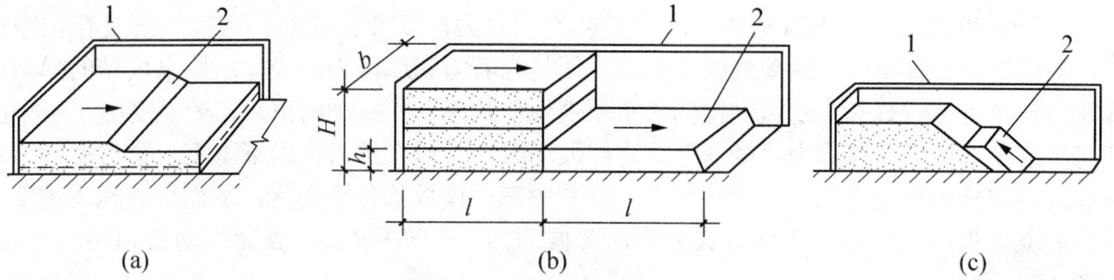

图4.30 大体积混凝土浇筑方案

(a) 全面分层；(b) 分段分层；(c) 斜面分层
1—模板；2—新浇筑的混凝土

① 全面分层。在整个结构内全面分层浇筑混凝土，要做到第一层全部浇筑完毕，在初凝前再回来浇筑第二层，如此逐层进行，直到浇筑完成。采用此方案，结构平面尺寸不宜过大，施工时从短边开始，沿长边进行。必要时亦可从中间向两端或从两端向中间同时进行。

② 分段分层。混凝土从底层开始浇筑，进行一定距离后回来浇筑第二层，如此依次向前浇筑以上各层。每段的长度可根据砼浇筑到末端后，下层末端的砼还未初凝来确定。分段分层浇筑方案适用于厚度不太大而面积或长度较大的结构。

③ 斜面分层。适用于结构的长度大大超过厚度而砼的流动性有较大时，采用分层分段方案砼往往不能形成稳定的分层踏步，这时可采用斜面分层浇筑方案。施工时将砼一次浇筑到顶，让砼自然地流淌，形成一定的斜面。这时砼的振捣工作应从浇筑层下端开始，逐渐上移，以保证混凝土施工质量。这种方案很适应砼泵送工艺，可免除砼输送管的反复拆装。

(2) 早期温度裂缝的预防。大体积混凝土温度裂缝的成因，主要有两个方面。一是由于结构体积大，水泥水化热聚积在内部不易散发，内部温度显著升高，而外表面散热快，形成较大的内外温差，内部产生压应力，外表产生拉应力，混凝土表面将产生表面裂缝；二是当混凝土内部逐渐散热冷却，则产生收缩，由于受到基底或已硬化混凝土的约束，不能自由收缩，而产生拉应力，当拉应力超过混凝土的抗拉强度时，即产生裂缝。

为了防止大体积混凝土产生温度裂缝，施工时可采取选用水化热低的水泥；减少水泥用量；选用适当的缓凝剂和外掺料；降低浇筑速度和浇筑厚度；采用人工降温措施(骨料预冷、低温水拌制混凝土、埋设循环冷却水管等)；加强养护等措施。

(3) 泌水处理。大体积混凝土上、下浇筑层施工间隔时间较长，各分层之间易产生泌水层使混凝土强度降低，酥软、脱皮起砂等不良后果。采用自流方式和抽汲方法排除泌水，会带走一部分水泥浆，影响混凝土质量。施工中可采用在同一结构中使用两种不同坍落度的混凝土，或掺用一定量的减水剂，可大大减少泌水现象。

6. 混凝土的振捣

混凝土浇筑后应立即进行振捣，使混凝土成为含气泡或空隙较少的密实体，同时必须使混凝土浇满钢筋周围和各个角落。

混凝土的振捣方式分为人工振捣和机械振捣两种。人工振捣是利用捣锤或插钎等工具的冲击力使混凝土密实成型，其效率低、效果差；机械振捣是将振动器的振动力传给混凝土，使之发生强迫振动而密实成型，其效率高、质量好。一般应尽可能采用机械振捣。

机械振捣的原理：未凝结的砼内部存在着黏着力，要使其移动、密实，则又存在摩擦力，当用机械去振捣时，砼受到强迫振动，使其黏着力和摩擦力减少，从原来很稠的弹塑性体状态转化为暂时具有一定流动性的“重质液体”状态，在振动结束后，砼又变回了原来的状态，这种可逆的转化称为“触变”。这样振动时，骨料在重力作用下下沉，紧密排列，水泥砂浆均匀分布填充空隙，气泡被排出，砼就填满了模板的各个角落，从而把砼捣固密实。

混凝土振动机械按其工作方式分为内部振动器、外部振动器、表面振动器和振动台等，如图 4.31 所示。

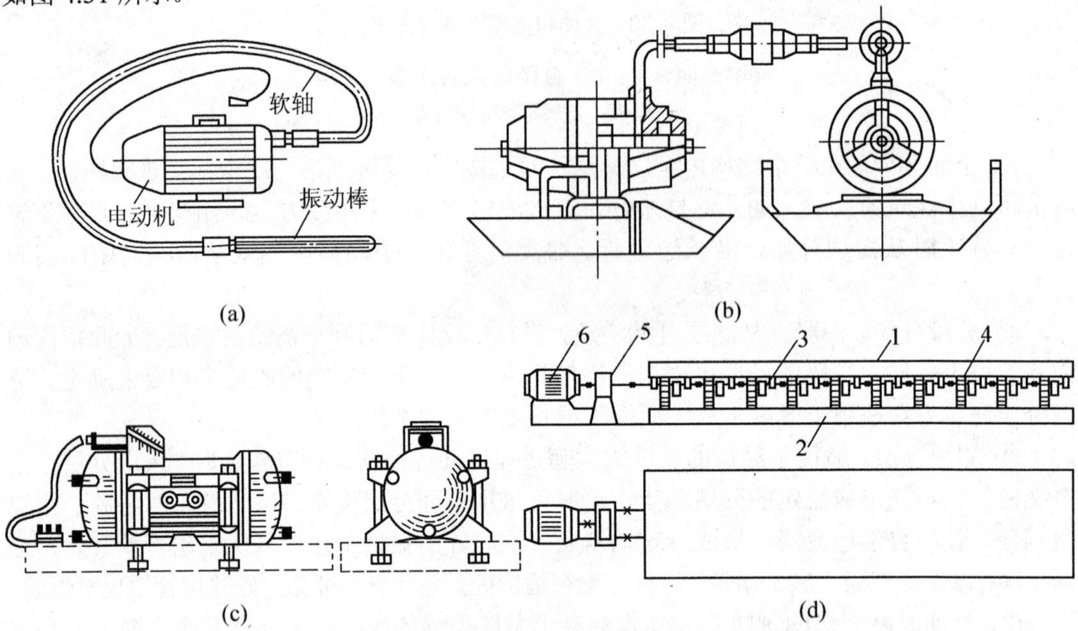

图 4.31　混凝土振动器

(a) 电动软轴内部振动器；(b) 表面式振动器；(c) 外部振动器；(d) 振动台
1—振动平台；2—固定框架；3—偏心振动子；4—支承弹簧；5—同步器；6—电动机

1) 内部振动器

内部振动器又称插入式振动器，由电机、软轴及振动棒 3 部分组成，多用于振捣基础、柱、梁、墙等构件及大体积混凝土。根据振动棒的内部构造，它可分为偏心轴式和行星滚锥式(简称行星式)两种。行星式内部振动器频率高、振幅小、所需功率小、重量轻、效率高、尺寸小、易于操作，是当前常用的内部振动器。

插入式振动器的振捣方法有两种：一是垂直振捣，即振动棒与混凝土表面垂直；二是斜向振捣，即振动棒与混凝土表面成一定角度，约40°～45°。

振动器的操作要做到快插慢拔(快插是为了防止先将表面砼捣实而与下面砼发生分层、离析，慢拔是为了使砼能填满振动棒抽出时所造成的空洞)，插点均匀，逐点移动，顺序进行，不得遗漏，达到均匀振实。振动棒的移动，可采用行列式或交错式。振动棒有效作用半径一般为300～400mm。

混凝土分层浇筑时，为了保证每一层混凝土上下振捣均匀，应将振动棒来回抽动；同时在振捣上层混凝土时，应将振动棒深入下层混凝土中50～100mm左右，以消除两层间的接缝。

每一振捣点的振捣时间不能太短也不能太长，太短则混凝土振捣不足，影响混凝土的密实度；太长则粗骨料下沉，砂浆上浮，造成下部混凝土脱模后出现蜂窝、孔洞。一般振捣时间可控制在30s左右，以表面泛浆，不再出现气泡及无显著沉落为准。振捣时不允许碰撞钢筋和模板。

2) 表面振动器

表面振动器又称平板振动器，它是由带偏心块的电动机和平板(木或钢板)等组成，在混凝土表面进行振捣，适用于楼板、地面、板形构件和薄壁结构等。在无筋或单层钢筋的结构中，每次振捣的厚度不大于250mm；在双层钢筋结构中，每次振捣厚度不大于120mm。相邻两段之间应搭接振捣50mm左右。

3) 外部振动器

外部振动器又称附着式振动器。这种振动器是固定在模板外侧的横档和竖档上，偏心块旋转时所产生的振动力通过模板传给混凝土，使之振动密实，最大振动深度300mm左右，适用于钢筋密集、断面尺寸较小的构件。

4) 振动台

振动台是一个支撑在弹性支座上的工作平台，在平台下面装有振动机构，当振动机构运转时，即带动工作台强迫振动，从而使在工作台上制作构件的混凝土得到振实。振动台是混凝土制品厂中的固定生产设备，用于振实预制构件。

4.3.4 混凝土的养护

混凝土浇捣后能逐渐凝结硬化，是因为水泥水化作用的结果，而水化作用需要适当的湿度和温度。为保证水泥水化作用的正常进行，应及时进行养护。

混凝土的养护对混凝土的质量影响很大。养护不良的混凝土，由于水分很快散失，水化作用停止，混凝土表面干燥产生裂纹，出现片状或粉状剥落，严重影响混凝土的强度，所以混凝土浇筑后的初期养护非常重要。在混凝土浇筑完毕后，应在12h以内加以覆盖和浇水；干硬性混凝土应于浇筑完毕后立即进行养护。

混凝土养护方法一般可采用自然养护和蒸汽养护。

1. 自然养护

自然养护是指在平均气温高于5℃的常温环境条件下，在一定时间内使混凝土保持湿润状态，使混凝土凝结硬化、强度增长。自然养护可分为洒水养护和喷洒塑料薄膜养护两种。

洒水养护是用吸水保温能力较强的材料(如草帘、芦席、麻袋、锯末等)将混凝土覆盖，经常洒水使其保持湿润。养护时间的长短取决于水泥品种，普通硅酸盐水泥和矿渣硅酸盐水泥拌制的混凝土，不少于 7d；火山灰质硅酸盐水泥和粉煤灰硅酸盐水泥拌制的混凝土不少 14d；有抗渗要求的混凝土不少于 14d。洒水次数以能保持混凝土具有足够的湿润状态为宜。

喷洒塑料薄膜养护适用于不易洒水养护的高耸构筑物和大面积混凝土结构及缺水地区。它是将过氯乙烯树脂塑料溶液用喷枪喷洒在混凝土表面上，在混凝土表面形成一层塑料薄膜，使混凝土与空气隔绝，阻止其中水分的蒸发，以保证水化作用的正常进行。

2. 蒸汽养护

蒸汽养护就是将构件放在充有饱和蒸汽或蒸汽空气混合物的养护室内，在较高的温度和相对湿度的环境中进行养护，以加速混凝土的硬化。预制构件厂生产预制构件一般多采用蒸汽养护。

对于表面积大的构件(如地坪、楼板、屋面、路面)，也可用湿土、湿砂覆盖或沿构件周边用黏土等围住，在构件中间蓄水进行养护。

混凝土必须养护至其强度达到 1.2N/mm^2 以上，才允许在上面行人和架设支架、安装模板，但不得冲击混凝土。

4.3.5 混凝土的质量检查与常见质量问题防治措施

1. 混凝土的质量检查

混凝土的质量检查包括施工过程中的质量检查和养护后的质量检查，应严格按照《混凝土结构工程施工及验收规范》(GB 50204－2002)(2011 年)的要求执行。

(1) 施工过程中的质量检查，即在混凝土制备、浇筑过程中，对原材料的质量、配合比、坍落度等的检查，每一工作班至少检查两次，如遇特殊情况还应及时进行抽查。混凝土的搅拌时间应随时检查。

(2) 混凝土养护后的质量检查，主要指混凝土的外观质量检查和立方体抗压强度检查。混凝土的抗压强度应是标准立方体试件(边长 150mm)，在标准条件下(温度 20±3℃和相对湿度 90%以上的湿润环境)养护 28d 后，测得的具有 95%保证率的抗压强度。

结构混凝土的强度等级必须符合设计要求。用于检查结构混凝土强度的试件，应在浇筑地点随机抽样留设，不得挑选。取样与试件留置应符合下列规定。

每拌制 100 盘且不超过 100m^3 同配合比的混凝土，取样不少于 1 次；每工作班拌制的同配合比混凝土不足 100 盘时，取样不少于 1 次；当一次连续浇筑超过 1000m^3 时，同配合比的混凝土每 200m^3 取样不得少于 1 次；每一楼层、同配合比的混凝土，取样不得少于 1 次。每次取样应不少于留置一组标准养护试件，同条件养护试件的留置组数，应根据实际需要确定。

每组(3 块)试件应在同盘混凝土中取样制作，其强度代表值按下述规定确定。

取 3 个试件试验结果的平均值作为该组试件的代表值；当 3 个试件中的最大或最小的强度值与中间值相比超过 15%时，以中间值代表该组试件的强度；当 3 个试件中的最大和最小的强度值与中间值相比均超过 15%时，该组试件不应作为强度评定的标准。

混凝土强度检验评定应符合相关要求。

2. 常见质量问题防治措施

1) 混凝土脱模后常见的质量问题及产生的主要原因

(1) 麻面。是结构构件表面呈现无数的缺浆小凹坑而钢筋无外露。这类缺陷主要是由于模板表面粗糙或清理不干净；木模板在浇筑混凝土前湿润不够；钢模板脱模剂涂刷不均匀；混凝土振捣不足，气泡未排出等。

(2) 露筋。是钢筋暴露在混凝土外面。产生的原因主要是浇筑时垫块过少，垫块位移钢筋紧贴模板；石子粒径过大，钢筋过密，水泥砂浆不能充满钢筋周围空间；混凝土振捣不密实，拆模方法不当以致缺棱掉角等。

(3) 蜂窝。是结构构件表面混凝土由于砂浆少、石子多，石子间出现空隙，形成蜂窝状的孔洞。其原因是由于材料配合比不准确(浆少、石子多)；搅拌不均匀造成砂浆与石子分离；振捣不足或过振；模板严重漏浆等。

(4) 孔洞。是指混凝土结构内部存在空隙，局部地或全部地没有混凝土。出现这种现象的原因主要为：混凝土严重离析，石子成堆，砂浆分离；混凝土捣空；泥块、杂物掺入等。

(5) 缝隙及夹层。是将结构分隔成几个不相连接的部分。产生的原因主要是施工缝、温度缝和收缩缝处理不当；混凝土内有杂物等。

(6) 裂缝。结构构件产生的裂缝的原因比较复杂，由外荷载引起的裂缝，由变形引起的裂缝和由施工操作不当引起的裂缝等。

(7) 混凝土强度不足。造成混凝土强度不足的原因是多方面的，主要是由混凝土配合比设计、搅拌、现场浇捣和养护等方面的原因造成的。

2) 混凝土质量缺陷的防治与处理

对数量不多的小蜂窝、麻面、露筋的混凝土表面，可用 1∶2～1∶2.5 水泥砂浆抹面补修。在抹砂浆前，须用钢丝刷和压力水清洗润湿，补抹砂浆初凝后要加强养护。

当蜂窝比较严重或露筋较深时，应凿去蜂窝、露筋周边松动、薄弱的混凝土和个别突出的集料颗粒，然后洗刷干净，充分润湿，再用比原混凝土强度等级高一级的细石混凝土填补，仔细捣实，加强养护。

对于影响构件安全使用的空洞和大蜂窝，应会同有关单位研究处理，有时应进行必要的结构检验。补救方法一般可在彻底清除软弱部分及清洗后用高压喷枪或压力灌浆法修补。

对于宽度大于 0.5mm 的裂缝，宜采用水泥灌浆；对于宽度小于 0.5mm 的裂缝，宜采用化学灌浆。在灌浆前，对裂缝的数量、宽度、连通情况及漏水情况等作全面观测，以便作出切合实际情况的补强方案。作为补强用的灌浆材料，常用的有环氧树脂浆液(能补缝宽 0.2mm 以上的干燥裂缝)和甲凝(能补修 0.05mm 以上的干燥裂缝)等。作为防渗堵漏用的灌浆材料，常用的有丙凝(能灌入 0.01mm 以上的裂缝)和聚氨酯树脂(能灌入 0.015mm 以上的裂缝)等。

特别提示

20 世纪 80 年代后半期，日本开发了自密实高性能混凝土(以下简称自密实混凝土 self compacting concrete)。之所以称为高性能，是因为具有很高的施工性能，能保证混凝土在不利的浇筑条件下也能密实成型，同时因使用大量矿物细掺料而降低混凝土的温升，并提高其抗劣化的能力，而可提高混凝土的耐久性。自密实混凝土即拌合物具有很高的流动性而不离析、不泌水，能不经振捣或少振捣而自动流平并充满模型和包裹钢筋的混凝土。自密实混凝土综合效益显著，特别是用于难以浇筑甚至无法浇筑的部位，可避免出现因振捣不足而造成的空洞、蜂窝、麻面等质量缺陷。强度等级越高，比常态混凝土费用越低。自密实混凝土配制的关键是满足良好的流变性能要求。

4.3.6 混凝土的冬雨期施工

1. 混凝土的冬季施工

1) 混凝土冬期施工条件

根据《混凝土结构工程施工及验收规范》(GB 50204－2002)(2011 年)规定：根据当地多年气温资料，室外日平均气温连续 5d 稳定低于 5℃时，混凝土结构工程应采取冬期施工措施。混凝土进入冬期施工，不仅在技术上须采取相应措施，而且也要增加冬期施工费用。

2) 在混凝土早期冻害及冬期施工原理

混凝土能凝结硬化并获得强度，是水泥水化反应的结果。水和温度是水化反应得以进行的必要条件。水是水化反应能否进行的决定性因素之一；温度则影响水化反应的速度。冬期施工时，气温低，水泥水化作用减弱，混凝土强度增长缓慢。当温度降到 0℃以下时，水化反应基本停止；当温度降到-2～-4℃时，混凝土内的水分开始结冰，此时水由液态转为固态，其体积因结冰膨胀约 9%，在混凝土内部形成强大的冰胀应力，将使强度尚低的混凝土内部产生微裂缝，同时降低了水泥与砂石和钢筋的黏结，导致结构强度和耐久性降低。

混凝土的早期冻害是由于混凝土内部的水结冰所致。若新浇混凝土在养护初期遭受冻害，即使气温恢复到正温后养护到一定龄期，也不能达到其设计强度。试验证明，混凝土遭受冻结的危害程度与遭冻时间早晚、冻结前混凝土的强度、水灰比、水泥强度、养护温度等有关。受冻前混凝土养护时间越长，所达到的强度越高，水化物生成越多，能结冰的游离水越少，强度损失就越小。如果混凝土遭受冻结前已具备抵抗冻胀应力的强度，则混凝土内部结构就不致受冻结的损害。

混凝土允许受冻而不致使其各项性能遭到损害的最低强度，称为混凝土受冻临界强度。我国现行施工规范规定：冬期浇筑混凝土在受冻前的抗压强度，硅酸盐水泥或普通硅酸盐水泥配制的混凝土不得低于其设计强度标准值的 30%，矿渣硅酸盐水泥配制的混凝土不得低于其设计强度标准值的 40%，C15 及 C15 以下的混凝土不得低于 50MPa。

防止混凝土早期冻害的措施有两类：一是早期增强，主要是提高混凝土的早期强度，使之尽早达到混凝土受冻临界强度。具体措施为使用早强水泥或超早强水泥，掺早强剂或早强型减水剂，早期保温蓄热，早期短时加热等。二是改善混凝土内部结构。具体做法是增加混凝土的密实度，排除多余的游离水或掺用减水型引气剂、防冻剂，降低混凝土的冰点温度，提高混凝土的抗冻能力。

3) 混凝土工程冬期施工方法

混凝土冬期施工方法很多，常用的施工方法归纳起来有 3 类：蓄热法、外部加热法和掺外加剂法。在选择具体施工方法时，应遵循确保工程质量，经济合理，所需的热源及技术措施、材料有可靠来源，工期能满足规定的要求等原则。

(1) 蓄热法。是利用对混凝土原材料(水、砂、石子)预加热的热量，热拌混凝土(强制式搅拌机，通蒸汽搅拌)，再加以适当的保温覆盖，从而使混凝土能够在正常温度下达到预定的强度。

蓄热法使用的保温材料应以导热系数小，价格低廉和易于获得的地方材料为宜。蓄热法适用于气温不太寒冷的地区或是初冬和冬末季节。当室外最低气温不低于－1.5℃时，地面以下工程或表面系数(即结构冷却的表面积与结构体积之比)不大于 5 的结构，应优先采用蓄热法施工。

当符合下列情况时，也可优先考虑蓄热法：混凝土拆模时所需强度较小；室外气温较高，风力较小；水泥强度等级高，水泥发热量大的结构。

由于蓄热法施工简单，冬期施工费用低廉，较易保证质量，所以国内外都把它作为冬期施工的基本方法。为扩大其应用范围，必要时可辅以如下措施形成综合蓄热法：

① 采用低流动性混凝土，掺用早强型外加剂等来加速混凝土硬化。

② 使用高强度、高水化热和快硬早强水泥或者适当加大水泥用量。

③ 充分利用其他可用热量。如对地下构筑物利用未冻土的热量，与外部短时加热法或早期表面加热(表面覆盖重量比为生石灰∶锯屑∶水＝0.7∶1∶1 的石灰锯屑等)相结合或采用栅罩加强围护等。

(2) 掺外加剂法。是在搅拌混凝土时加入一定剂量的外加剂，以降低混凝土中的液相冰点，保证水泥在负温条件下能继续水化作用，从而使混凝土在负温下能达到受冻临界强度。这是一种比较经济的混凝土冬季施工方法。

冬季施工中的外加剂需起以下几方面的作用。

① 降低冰点，使混凝土内的水分全部或大部分不结冰。

② 提高早期强度，加快水泥水化，使混凝土在较短的时间内达到临界强度。

③ 即使进行蒸汽养护，对钢筋无锈蚀作用，对混凝土性能也不起有害影响。

目前已应用的混凝土负温防冻外加剂的品种很多，但就其组合来说，有下面 3 种类型。

a. 防冻组分＋早强组分＋减水组分。

b. 防冻组分＋早强组分＋减水组分＋引气组分。

c. 防冻组分＋早强组分＋减水组分＋引气组分＋阻锈组分。

各种负温外加剂的选用，应根据具体条件和通过试验来确定。

2. 混凝土的雨期施工

(1) 模板隔离层在涂刷前要及时掌握天气预报，以防隔离层被雨水冲掉。

(2) 小雨时，混凝土运输和浇筑均要采取防雨措施，随浇筑随振捣，随覆盖防水材料。遇到大雨应停止浇混凝土，已浇部位应加以覆盖。现浇混凝土应根据结构情况和可能，考虑施工缝的留设位置。

(3) 雨期施工时，应加强对混凝土粗细骨料含水量的测定，及时调整施工配合比。

(4) 大面积的混凝土浇筑前，要了解 2～3 天的天气预报，尽量避开雨天施工。混凝土浇筑现场要预备大量防雨材料，以备浇筑时突然遇雨进行覆盖。

(5) 模板支撑下的回填土要夯实，并设垫板，雨后及时检查有无下沉和位移。

(6) 加强对水泥防雨防潮工作的检查。

4.4 钢筋混凝土工程的安全技术

在施工现场应戴安全帽，所用工具应装在工具包内；垂直运输模板或其他材料时，应有统一指挥，统一信号；拆模时应专人负责安全监督和设立警戒标志；高空作业人员应经过体格检查，不合格者不得进行高空作业；高空作业应穿防滑鞋，系好安全带。模板在安全系统未钉牢固之前，不得上下；未安装好的梁底板或挑檐等模板的安装与拆除，必须有可靠的技术措施，确保安全。非拆模人员不准在拆模区域内通行。拆下的模板应将铁钉尖头朝下，并及时运至指定堆放地点，拔除钉子，分类堆放整齐。

在高空绑扎和安装钢筋时，必须注意不要将钢筋集中堆放在模板或脚手架的某一部位，以保安全；特别是悬臂构件，还要检查支撑是否牢固。在脚手架上不要随便放置工具、箍筋或短钢筋，避免放置不稳滑下伤人。焊接或绑扎竖向放置的钢筋骨架时，不得站在已绑扎或焊接好的箍筋上工作。搬运钢筋的工人须带帆布垫角、围裙及手套；除锈工人应戴口罩及风镜；电焊工人应带防护镜并穿工作服。300～500mm 的钢筋短头禁止用机器切割。在有电线通过的地方安装钢筋时，必须小心谨慎，勿使钢筋碰着电线。

在进行混凝土施工前，应仔细检查脚手架、工作台和马道是否绑扎牢固，如有空头板应及时搭好，脚手架应设保护栏杆。运输马道宽度：单行道应比手推车的宽度大 400mm 以上；双行道应比两车宽度大 700mm 以上。搅拌机、卷扬机、皮带运输机和振动器等接电要安全可靠，绝缘接地装置良好，并应进行试运转。搅拌台上操作人员应戴口罩；搬运水泥工人应戴口罩和手套，有风时戴好防风眼镜。搅拌机应由专人操作，中途发生故障时，应立即切断电源进行修理；运转时不得将铁锹伸入搅拌机筒内卸料；其机械转动外露装置应加保护罩。采用井字架和拔杆运输时，应设专人指挥；井字架上卸料人员不能将头或脚伸入井字架内，起吊时禁止在拔杆下站人。振动器操作人员必须穿胶鞋；振动器必须设专门防护性接地导线，避免火线漏电发生危险，如发生故障应立即切断电源修理。夜间施工时应设足够的照明灯；深坑和潮湿地点施工时，应使用 36V 以下低压安全照明。

本 章 小 结

本章包括钢筋混凝土模板、钢筋、混凝土工种施工、钢筋混凝土工程的冬雨期施工、钢筋混凝土工程施工安全技术等方面内容。

钢筋混凝土工程包括现浇钢筋混凝土结构施工和装配式钢筋混凝土构件制作两个方面，由模板工程、钢筋工程和混凝土工程等多个工种工程组成。

模板系统包括模板、支架和紧固件 3 个部分。模板的分类有按其所用的材料不同分，按其结构的类型不同分和按其形式不同分等多种分类方法。本章中主要介绍了木模板、定型组合钢模板、胶合板模板、钢框胶合板模板、预制混凝土薄板模板、压型钢板模板的基本构造组成和特点;基础、梁、板、柱、墙等一般结构模板的构造与安装方法及简要地介绍了模板设计的基本方法。学习模板工程后，应重点了解模板系统的组成、对模板系统的基本要求，木模板、定型组合钢模板、胶合板模板、钢框胶合板模板的构造与特点及模板设计基本方法;掌握基础、梁、板、柱、墙等一般结构模板的构造与安装方法。

钢筋工程中应重点了解HPB300级（Ⅰ级）热轧钢筋、HRB335级（Ⅱ级）热轧钢筋、HRB400级（Ⅲ级）热轧钢筋、HRB500级（Ⅳ级）热轧钢筋的特点，钢筋进场后的验收内容与方法，钢筋冷拉原理，钢筋加工及各种连接方法；掌握钢筋的冷拉计算，钢筋的配料计算，钢筋的代换原则及计算，钢筋的绑扎安装要求与质量要求。

混凝土工程的施工过程包括混凝土的制备、运输、浇筑、振捣和养护，各个施工过程相互联系和影响，任一施工过程的处理不当都会影响混凝土的最终质量。通过本节内容的学习，应了解混凝土制备的一般方法，对混凝土运输的基本要求，混凝土养护的重要性及方法;了解振动器的种类及振捣混凝土的基本操作方法和要求;了解混凝土冬期施工的概念及混凝土冻害原理；掌握混凝土施工配制强度的确定和施工配合比的计算方法，掌握混凝土质量检查的基本方法；掌握混凝土常见质量问题防治的一般措施；掌握混凝土蓄热法冬期施工的基本方法。

习 题

1. 简述模板的作用。对模板及其支架的基本要求有哪些？模板有哪些类型？各有何特点？适用范围怎样？

2. 基础、柱、梁、楼板结构的模板构造及安装要求有哪些？

3. 什么是钢筋冷拉？冷拉的作用和目的有哪些？影响冷拉质量的主要因素是什么？

4. 钢筋闪光对焊接头质量检查包括哪些内容？

5. 工程检查验收包括哪几方面？应注意哪些问题？

6. 基础、柱、梁、楼板结构施工缝的宜留设在哪些部位？施工缝如何处理？

7. 混凝土浇筑前对模板钢筋应做哪些检查？

8. 什么是施工缝？留设位置怎样？继续浇筑混凝土时对施工缝有何要求？如何处理？

9. 厚大体积混凝土施工特点有哪些？如何确定浇筑方案？其温度裂缝有几种类型？防止开裂有哪些措施？

10. 混凝土质量检查包括哪些内容？对试块制作有哪些规定？

11. 钢筋配料计算。一钢筋混凝土梁，高500mm，宽250mm，长4800mm，保护层厚度为25mm，梁内钢筋的规格及形状如图4.32所示。试计算每根钢筋的下料长度。

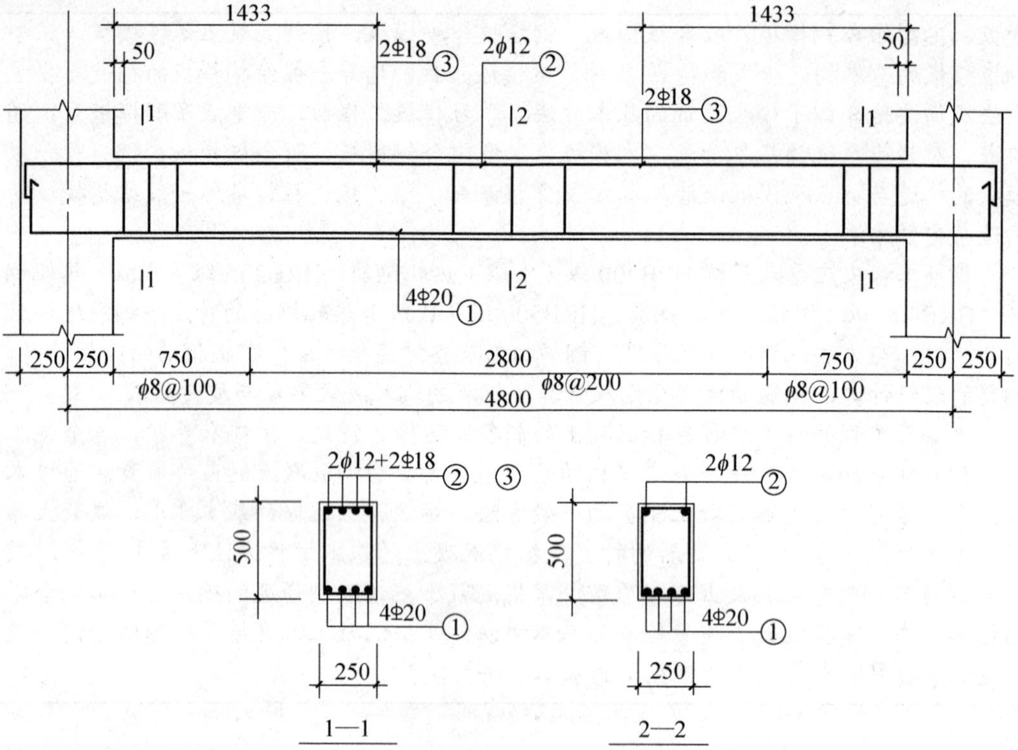

图 4.32 梁配筋图

12. 某混凝土实验室配合比为 1∶2.12∶4.37，水灰比为 0.60，每立方米混凝土水泥用量为 300kg，实测现场砂含水率 4%，石含水率 2%。

试求：

(1) 施工配合比是多少？

(2) 当用 250L(出料容量)搅拌机搅拌时，每拌一次投料需水泥、砂、石、水各多少？

13. 某梁原设计主筋为 5 根 HRB335 级Φ20 钢筋(f_{y1}=310N/mm^2)，今现场无 HRB335 Φ20 级钢筋，拟用 HPB235 钢筋(f_{y2}=210N/mm^2)代换，已知梁的宽度为 300mm，试计算所需钢筋的断面，并选用适当的根数和直径。

第5章

预应力混凝土工程

教学目标

通过对预应力混凝土工程的先张法、后张法的施工工艺以及机具设备和施工方法的学习，了解预应力混凝土的概念及其在工程应用中的优点；熟悉预应力混凝土的材料品种、规格及要求；熟悉先张法、后张法的施工工艺；掌握先张法、预应力筋的控制应力、张拉程序和放张顺序的确定和注意事项；掌握后张法孔道留设、锚具选择、预应力筋的张拉顺序、孔道灌浆等施工方法及注意要点；了解无黏结预应力混凝土施工原理、特点及应用；熟悉预应力混凝土质量保证措施及安全技术。

教学要求

能力目标	知识要点	权重
了解张拉台座、夹具、张拉千斤顶等设备	先张法的施工设备	10%
掌握先张法的施工工艺	先张法的施工工艺	15%
了解后张法及其施工特点及应用	后张法	5%
了解常见的锚具要求和种类及张拉设备	后张法的施工设备	10%
熟悉预应力筋的制作方法和下料计算	预应力筋的制作	10%
掌握后张法的主要施工工艺和方法	后张法的施工工艺	15%
了解无黏结预应力混凝土施工特点	无黏结预应力混凝土	5%
了解无黏结筋预应力筋的组成、要求及制作	无黏结预应力筋的制作	15%
掌握无黏结筋预应力筋的布置方法	无黏结预应力筋的布置	5%
了解无黏结预应力在施工中预应力筋的铺设、张拉和端部锚头处理方法	无黏结预应力混凝土结构施工	5%
了解预应力混凝土施工质量检查方法与施工安全措施	预应力混凝土工程的施工质量验收与安全技术	5%

章节导读

某输配电设备研发制造中心生产车间，为三层预应力混凝土框架结构。一层层高为 9.1m，二、三层的层高为 6.1m，建筑面积为 30860m^2。整体为 9m×6m 柱网，16m 跨方向主次梁均采用有黏结预应力混凝土梁，梁断面 350mm×1000mm。9m 跨方向主梁采用无黏结预应力构造束。梁断面尺寸 450mm×1050mm。预应力梁不仅跨度大，体量大，钢筋多且密，属于本工程中的重要受力构件及重要分项工程。

思考：1. 预应力混凝土有哪些施工工艺？

2. 无黏结预应力混凝土适用于哪些结构？

3. 预应力筋的张拉控制力如何确定？

5.1 先张法

先张法是在浇筑混凝土之前，先张拉预应力钢筋，并将预应力筋临时固定在台座或钢模上，待混凝土达到一定强度(一般不低于混凝土设计强度标准值的 75%)，混凝土与预应力筋具有一定的黏结力时，放松预应力筋，使混凝土在预应力筋的反弹力作用下，使构件受拉区的混凝土承受顶压应力。预应力筋的张拉力主要是由预应力筋与混凝土之间的黏结力传递给混凝土的。如图 5.1 所示预应力混凝土构件先张法(台座)生产示意图。

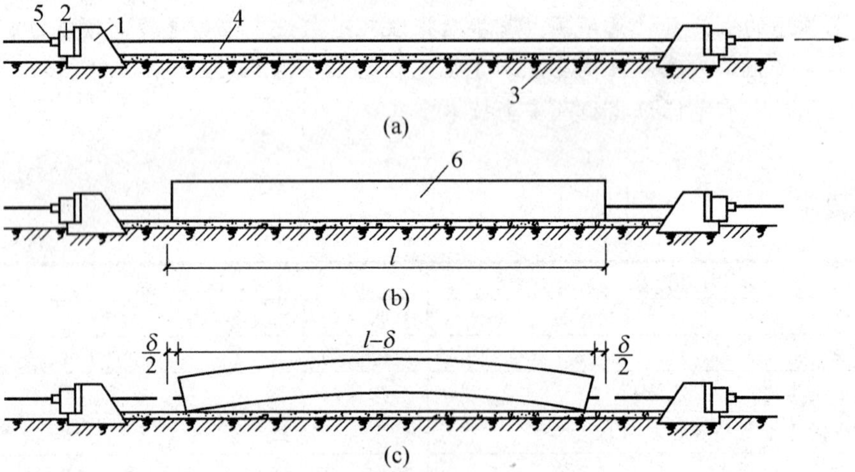

图 5.1 先张法台座生产示意图

(a) 预应力筋张拉；(b) 混凝土灌筑与养护；(c) 放松预应力筋

1—台座承力结构；2—横梁；3—台面；4—预应力筋；5—锚固夹具；6—混凝土构件

先张法生产可采用台座法和机组流水法。

台座法是构件在台座上生产，即预应力筋的张拉、固定、混凝土浇筑、养护和预应力筋的放松等工序均在台座上进行。采用机组流水法是利用钢模板作为固定预应力筋的承力架，构件连同模板通过固定的机组，按流水方式完成其生产过程。先张法适用于生产定型的中小型构件，如空心板、屋面板、吊车梁、檩条等。先张法施工中常用的预应力筋有钢丝和钢筋两类。

为此，对混凝土握裹力有严格要求，在混凝土构件制作、养护时，要保证混凝土质量。

特别提示

先张法具备如下特点：①预应力筋在台座上或钢模上张拉，由于台座或钢模承载力有限，先张法一般只能用于生产中小型构件，而且制造台座或钢模一次性投资大，所以先张法多用于预制厂生产，可多次反复利用台座或钢模；②预应力筋用夹具固定在台座上，放松后夹具不起作用——工具锚，可回收使用；③预应力传递靠黏结力。

5.1.1 先张法的施工设备

1. 张拉台座

台座是先张法施工张拉和临时固定预应力筋的支撑结构，它承受预应力筋的全部张拉力，要求台座必须具有足够的强度、刚度和稳定性，同时要满足生产工艺要求。台座按构造形式分为墩式台座和槽式台座。

1) 墩式台座

墩式台座由承力台墩、台面和横梁组成，如图 5.2 所示。目前常用现浇钢筋混凝土制成的由承力台墩与台面共同受力的台座，可以用于永久性的预制厂制作中小型预应力混凝土构件。

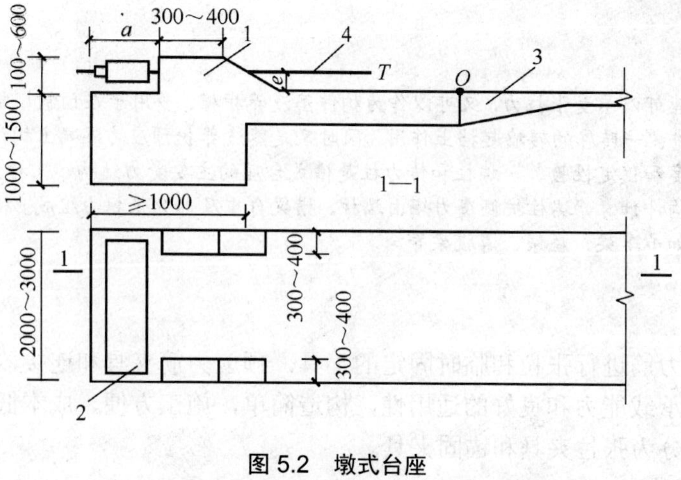

图 5.2 墩式台座

1—承力台墩；2—横梁；3—台面；4—预应力筋

承力台墩是墩式台座的主要受力结构，依靠其自重和土压力平衡张拉力产生倾覆力矩，依靠土的反力和摩阻力平衡张力产生水平位移。因此，承力墩结构造型大，埋设深度深，投资较大。为了改善承力墩的受力状况，提高台座承受张拉力的能力，可采用与台面共同工作的承力墩，从而减小台墩自重和埋深。台面是预应力混凝土构件成型的胎模，它是由素土夯实后铺碎砖垫层，再浇筑 50～80mm 厚的 C15～C20 混凝土面层组成的。台面要求平整、光滑，沿其纵向留设0.3%的排水坡度，每隔10～20m设置宽30～50mm的温度缝。横梁是锚固夹具临时固定预应力筋的支点，也是张拉机械张拉预应力筋的支座，常采用型钢或由钢筋混凝土制作而成。横梁挠度要求小于2mm，并不得产生翘曲。

特别提示

采用先张法施工时，台座的长度和宽度由场地大小、构件类型和产量而定，一般长度宜为100～150m，宽度为2～4m，这样既可利用钢丝长的特点，张拉一次可生产多根(块)预应力混凝土构件，又减少了张拉和临时固定的工作，而且可以减少因钢丝滑动或台座横梁变形引起的预应力损失。

台座稍有变形，滑移或倾角，均会引起较大的应力损失。台座设计时，应进行稳定性和强度验算。稳定性验算包括台座的抗倾覆验算和抗滑移验算。

2) 槽式台座

槽式台座是由端柱、传力柱和上、下横梁及砖墙组成如图5.3所示。端柱和传力柱是槽式台座的主要受力结构，采用钢筋混凝土结构。

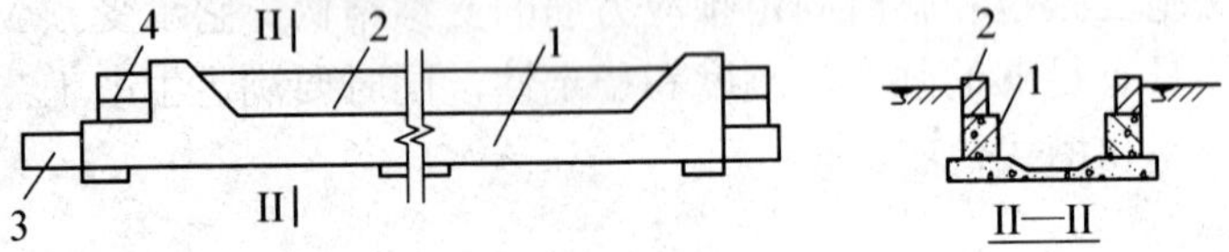

图5.3 槽式台座

1—传力柱；2—砖墙；3—下横梁；4—上横梁

特别提示

先张法槽式台座可以承受张拉力，又可以作为构件蒸汽养护槽，多用于在预制厂制作用粗钢筋作为预应力钢材的大型构件。一砖厚的砖墙起挡土作用，同时又是蒸汽养护预应力混凝土构件的保温侧层。槽式台座也应当进行强度和稳定性验算，端柱和传力柱是槽式台座的主要受力结构，又称为钢筋混凝土压杆，强度按照偏心受压构件计算，端柱抗倾覆力矩由端柱、横梁自重及部分张拉力组成。槽式台座适用于张拉吨位较大的构件，如吊车梁、屋架、薄腹梁等。

2. 夹具

夹具是预应力筋进行张拉和临时固定的工具，预应力筋夹具和连接器应具有可靠的锚固性能、足够的承载能力和良好的适用性，构造简单，施工方便，成本低。根据夹具的工作特点和用途它分为张拉夹具和锚固夹具。

1) 夹具的要求

预应力夹具应当具有良好的自锚性能和松锚性能，应能多次重复使用。需敲击才能松开的夹具，必须保证其对预应力筋的锚固没有影响，且对操作人员的安全不造成危险。当夹具达到实际的极限拉力时，全部零件不应出现肉眼可见的裂缝和破坏。

夹具(包括锚具和连接器)进场时，除应按出厂合格证和质量证明书核查其锚固性能类别、型号、规格及数量外，还应按规定进行外观检查、硬度检验和静载锚固性能试验验收。

特别提示

夹具除满足上述要求外，还应具有下列性能：①当预应力夹具组装件达到实际极限拉力时，全部零件不应出现肉眼可见的裂缝和破坏；②有良好的自锚性能；③有良好的松锚性能；④能多次重复使用。

2) 锚固夹具

锚固夹具是将预应力筋临时固定在台座横梁上的工具。常用的锚固夹具有以下几种。

(1) 钢质锥形锚具。GE 钢质锥形锚具(又称为弗氏锚)，由锚塞和锚圈组成。可锚固标准强度为 1570MPa 的 φ5 高强度钢丝束。配用 YDC1000 型穿心式千斤顶张拉、顶压锚固。

(2) 钢质锥形夹具。钢质锥形夹具主要用来锚固直径为 3～5mm 的单根钢丝夹具，如图 5.4 所示。

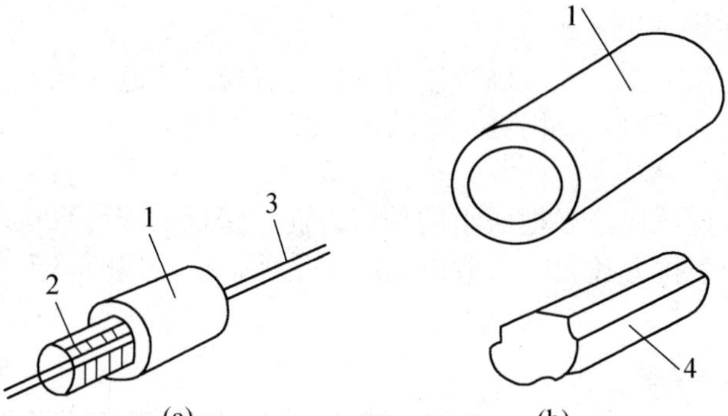

图 5.4 钢质锥形夹具

(a) 圆锥齿板式；(b) 圆锥式

1—套筒；2—齿板；3—钢丝；4—锥塞

(3) 镦头夹具。镦头夹具适用于预应力钢丝固定端的锚固，是将钢丝端部冷镦或热镦形成镦粗头，通过承力板锚固，如图 5.5 所示。

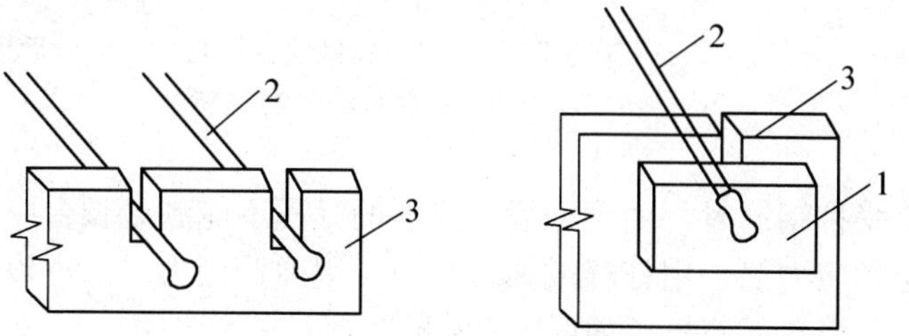

图 5.5 固定端镦头夹具

1—垫片；2—镦头钢丝；3—承力板

3) 张拉夹具

张拉夹具是将预应力筋与张拉机械连接起来进行预应力张拉的工具，常用的张拉夹具有月牙形夹具、偏心式夹具和楔形夹具等，如图 5.6 所示。

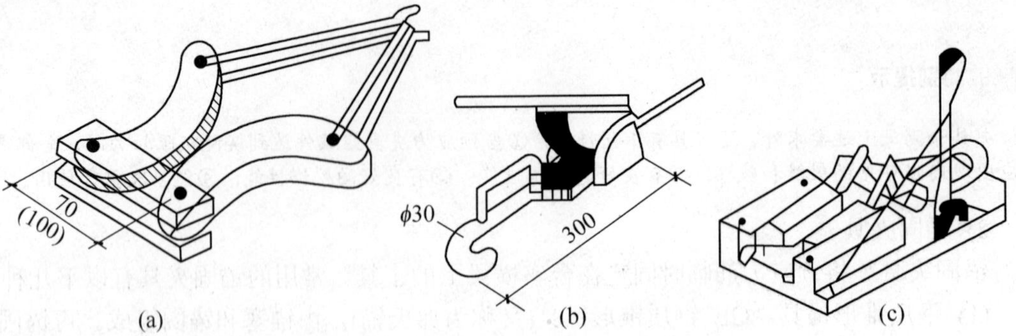

图 5.6　张拉夹具

(a) 月牙形夹具；(b) 偏心式夹具；(c) 楔形夹具

3. 张拉设备

张拉设备要求工作可靠，能准确控制应力，能以稳定的速率加大拉力。在先张法中常用的张拉设备有油压千斤顶、卷扬机、电动螺杆张拉机等。

1) 油压千斤顶

油压千斤顶可张拉单根或多根成组的预应力筋。张拉过程可直接从油压表读取张拉力值。成组张拉时，由于拉力较大，一般用油压千斤顶张拉，如图 5.7 所示油压千斤顶成组张拉装置。

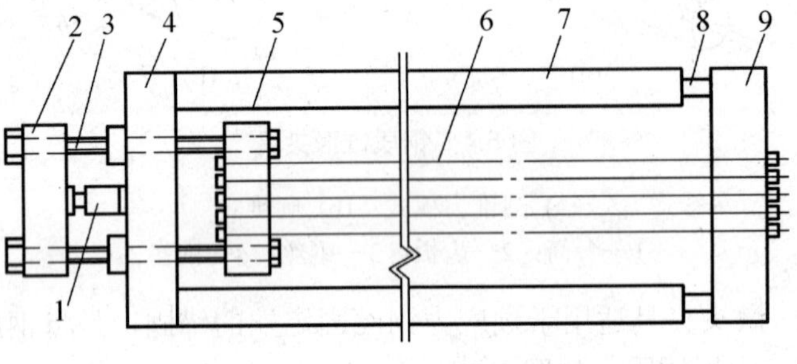

图 5.7　油压千斤顶成组张拉装置图

1—油压千斤顶；2、5—拉力架横梁；3—大螺纹杆；4、9—前、后横梁；6—预应力筋；7—台座；8—放张装置

2) 卷扬机

在长线台座上张拉钢筋时，由于一般千斤顶的行程不能满足长台座要求，小直径钢筋可采用卷扬机张拉预应力筋，用杠杆或弹簧测力。用弹簧测力时，宜设行程开关，在使张拉到规定的应力时，能自行停机，如图 5.8 所示。

3) 电动螺杆张拉机

电动螺杆张拉机由螺杆、电动机、变速箱、测力计及顶杆等组成，可单根张拉预应力钢丝或钢筋。张拉时，顶杆支于台座横梁上，用张拉夹具夹紧钢筋后，开动电动机，由皮带、齿轮传动系统使螺杆作直线运动，从而张拉钢筋。这种张拉的特点是运行稳定，螺杆有自锁性能，故电动螺杆张拉机恒载性能好，速度快，张拉行程大，如图 5.9 所示。

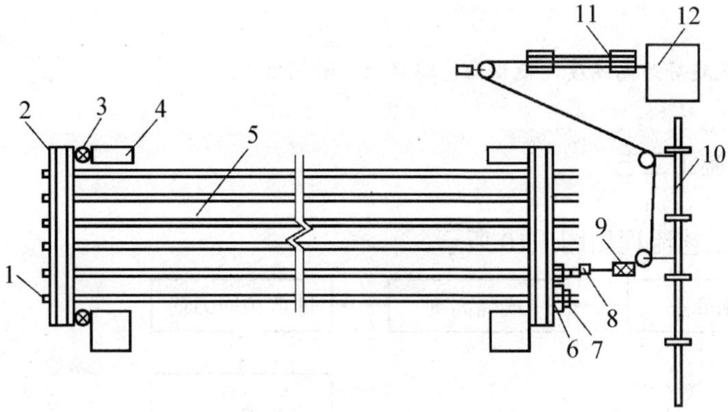

图 5.8 用卷扬机张拉预应力筋

1—镦头；2—横梁；3—放松装置；4—台座；5—钢筋；6—垫块；7—销片夹具；8—张拉夹具；9—弹簧测力计；10—固定梁；11—滑轮组；12—卷扬机

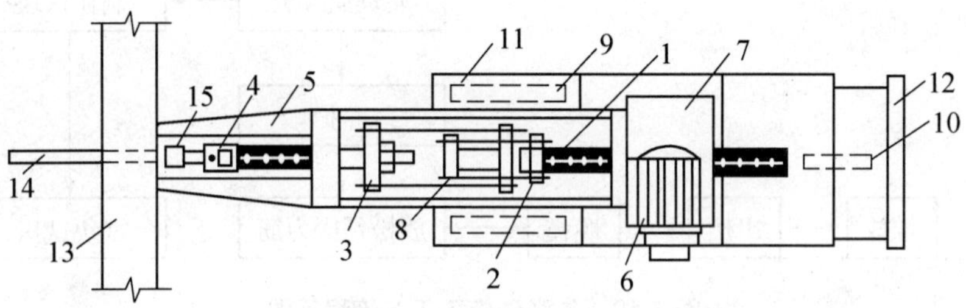

图 5.9 电动螺杆张拉机

1—螺杆；2、3—拉力架；4—张拉夹具；5—顶杆；6—电动机；7—齿轮减速箱；8—测力计；9、10—车轮；11-底盘；12—手把；13—横梁；14—钢筋；15—锚固夹具

知识链接

预应力筋品种与规格

预应力筋按材料类型可分为钢丝、钢绞线、钢筋(钢棒)、非金属预应力筋等。其中，以钢绞线与钢丝采用最多。

(1) 预应力钢丝根据深加工要求不同，可分为冷拉钢丝和消除应力钢丝两类。消除应力钢丝按应力松弛性能不同，又可分为普通松弛钢丝和低松弛钢丝。预应力钢丝按表面形状不同，可分为光圆钢丝、刻痕钢丝和螺旋肋钢丝。

(2) 预应力钢绞线是由多根冷拉钢丝在绞线机上成螺旋形绞合，并经消除应力回火处理而成的。钢绞线的整根破断力大，柔性好，施工方便，具有广阔的发展前景。预应力钢绞线按捻制结构不同可分为 1×2 钢绞线、1×3 钢绞线和 1×7 钢绞线等。1×7 钢绞线是由 6 根外层钢丝围绕着一根中心钢丝(直径加大 2.5%)绞成的，用途广泛。1×2 钢绞线和 1×3 钢绞线，仅用于先张法预应力混凝土构件。钢绞线根据深加工要求不同又可分为标准型钢绞线、刻痕钢绞线和模拔钢绞线。

(3) 预应力精轧螺纹钢筋是一种用热轧方法在整根钢筋表面上轧出不带纵肋，而横肋为不连续的梯形螺纹的直条钢筋，该钢筋在任意截面处都能拧上带内螺纹的连接器进行接长，或拧上特制的螺母进行锚固，无须冷拉与焊接，施工方便，主要用于房屋、桥梁与构筑物等直线筋。

(4) 非金属预应力筋，主要有碳纤维增强塑料(CFRP)、玻璃纤维增强塑料(GFRP)等，目前还处于开发研究阶段。

预应力筋的发展趋势为高强度、低松弛、粗直径、耐腐蚀。

5.1.2 先张法的施工工艺

先张法施工工艺流程如图 5.10 所示。

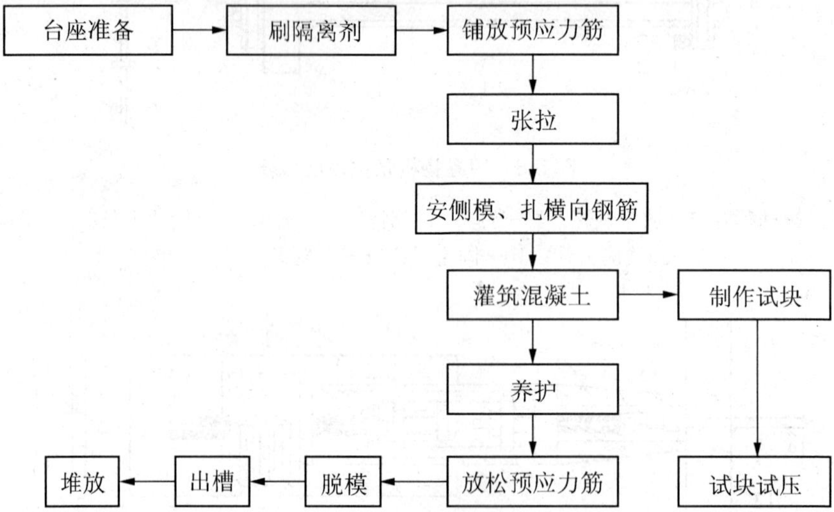

图 5.10 先张法施工工艺流程简图

1. 预应力筋的铺设、张拉

(1) 预应力筋的材料要求。预应力筋铺设前先做好台面的隔离层，隔离剂应选用非油质类模板隔离剂。不得使预应力筋受污，以免影响预应力筋与混凝土的黏结。

碳素钢丝因强度高，表面光滑，它与混凝土黏结力较差，必要时可采取表面刻痕和压波措施，以提高钢丝与混凝土的黏结力。

钢丝接长可借助钢丝拼接器用 20～22 号铁丝密排绑扎，如图 5.11 所示。

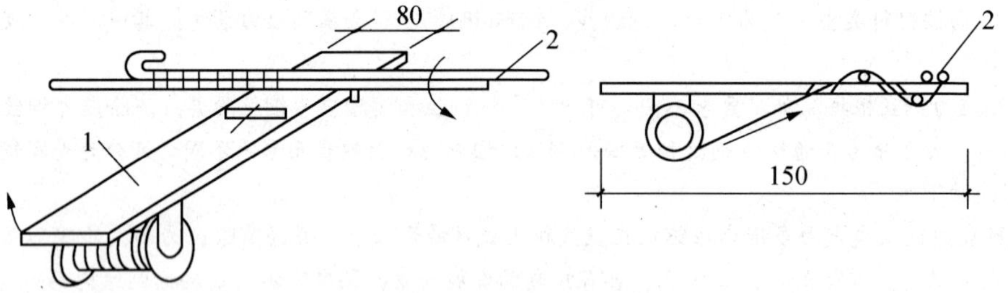

图 5.11 钢丝拼接器

1—拼接器；2—钢丝

(2) 预应力筋张拉应力的确定。预应力筋的张拉控制应力应符合设计要求。施工如采用超张拉，可比设计要求提高 5%，但其最大张拉控制应力不得超过表 5-1 中的规定。

表 5-1 最大张拉控制应力值(σ_{con})

钢筋种类	张拉方法	
	先张法	后张法
消除应力钢丝、刻痕钢丝、钢铰线	$0.80f_{ptk}$	$0.80f_{ptk}$
热处理钢筋	$0.75f_{ptk}$	$0.70f_{ptk}$
冷拉钢筋	$0.95f_{pyk}$	$0.90f_{pyk}$

注：f_{ptk}为预应力筋极限抗拉强度标准值；f_{pyk}为预应力筋屈服强度标准值。

(3) 预应力筋张拉力的计算。预应力筋张拉力 *R* 按下式计算

$$P=(1+m)\,\sigma_{con}\,A_p \tag{5—1}$$

式中 m——超张拉百分率，%；

σ_{con}——张拉控制应力，MPa；

A_p——预应力筋截面面积，mm^2。

(4) 张拉程序。预应力筋的张拉程序可按下列程序之一进行：$0\rightarrow103\%\sigma_{con}$ 或 $0\rightarrow105\%\sigma_{con}\xrightarrow{\text{持荷2min}}\sigma_{con}$

在第一种张拉程序中，超张拉 3%是为了弥补预应力筋的松弛损失，这种张拉程序施工简便，一般多被采用。

特别提示

第二种张拉程序中，超张拉 5%并持荷 2min 其目的是为了减少预应力筋的松驰损失。钢筋松弛的数值与控制应力和延续时间有关，控制应力越高，松弛越大，同时还会随着时间的延续而增加，但在 1min 内会完成损失总值的 50%左右，24h 内则完成 80%。在上述程序中，超张拉 5% σ_{con} 并持荷 2min 可以减少 50%以上的松弛损失。

(5) 预应力筋伸长值与应力的测定。预应力筋张拉后，一般应校核预应力筋的伸长值。如实际伸长值与计算伸长值的偏差超过±6%时，应暂停张拉，查明原因并采取措施予以调整后，方可继续张拉。预应力筋的实际伸长值，宜在初应力约为 10%σ_{con} 时开始测量，但必须加上初应力以下的推算伸长值。

预应力筋的位置不允许有过大偏差，对设计位置的偏差不得大于 5mm，也不得大于构件截面最短边长的 4%。

特别提示

采用钢丝作为预应力筋时，不作伸长值校核，但应在钢丝锚固后，应用钢丝测力计或半导体频率记数测力计测定其钢丝应力。其偏差不得大于或小于按一个构件全部钢丝预应力总值的 5%。

多根钢丝同时张拉时，必须事先调整初应力使其相互间的应力一致。断丝和滑脱钢丝的数量不得大于钢丝总数的 3%。但一束钢丝中只允许断丝一根。构件在浇筑混凝土前发生断丝或滑脱的预应力钢丝必须予以更换。

(6) 张拉伸长值校核。预应力筋伸长值的取值范围为：$\Delta L(1-6\%)\sim\Delta L(1+6\%)$。

2. 混凝土浇筑与养护

预应力筋张拉完毕后即应浇筑混凝土。混凝土的浇筑应一次完成，不允许留设施工缝。预应力混凝土构件混凝土的强度等级一般不低于 C30；当采用碳素钢丝、钢绞线、热处理钢筋做预应力筋时，混凝土的强度等级不宜低于 C40。

构件应避开台面的温度缝，当不可能避开时，在温度缝上可先铺薄钢板或垫油毡，然后再灌混凝土，浇筑时，振捣器不得碰撞预应力钢筋。混凝土未达到一定强度前也不允许碰撞和踩动预应力筋，以保证预应力筋与混凝土有良好的黏结力。

采用平卧叠浇法制作预应力混凝土构件时，其下层构件混凝土的强度需达到 8～10MPa 后，方可浇筑上层构件混凝土并应有隔离措施。

预应力混凝土可采用自然养护和蒸汽湿热养护。但应注意采取正确的养护制度，在台座上用蒸汽养护时，温度升高后，预应力筋膨胀而台座的长度并无变化，因而引起预应力筋应力减小，在这种情况下混凝土逐渐硬结，则在混凝土硬化前预应力筋由于温度升高而引起的应力降低将无法恢复，这就是温差引起的预应力损失。因此，为了减少这种温差应力损失，应保证混凝土在达到一定强度(100N/mm^2)之前，将温度升高限制在一定范围内(一般不超过 20℃)，故在台座上采用蒸汽养护时，其最高允许温度应根据设计要求的允许温差(张拉钢筋时的温度与台座温度的差)经计算确定。当混凝土强度养护至 7.5MPa(配粗钢筋)或 10MPa(钢丝、钢绞线配筋)以上时，则可不受设计要求的温差限制，按一般构件的蒸汽养护规定进行。这种养护方法又称为第二次升温养护法。在采用机组流水法用钢模制作预应力构件、蒸汽养护时，由于钢模和预应力筋同样伸缩，所以不存在因温差而引起的预应力损失，可以采用一般加热养护制度。

特别提示

先张法放张要求：放张预应力筋时，混凝土应达到设计要求的强度。如设计无要求，应不得低于设计混凝土强度等级的 75%。放张预应力筋前应拆除构件的侧模使放张时构件能自由压缩，以免模板损坏或造成构件开裂。对有横肋的构件(如大型屋面板)，其横肋断面应有适宜的斜度，也可以采用活动模板以免放张时构件端肋开裂。

3. 预应力筋的放张

(1) 放张方法。配筋不多的中小型构件，钢丝可用砂轮锯或切断机等方法放张。配筋多的混凝土构件，钢丝应同时放张。如逐根放张，最后几根钢丝将由于承受过大的拉力而突然断裂，且构件端部容易开裂。

消除应力钢丝、钢绞线、热处理钢筋不得用电弧切割，宜用砂轮锯或切断机切断。预应力钢筋数量较多时，可用千斤顶、沙箱、楔块等装置，如图 5.12～图 5.14 所示。

(2) 放张顺序。预应力筋的放张顺序应满足设计要求，如设计无要求应满足下列规定。

①对轴心受预压构件(如压杆、桩等)所有预应力筋应同时放张。

② 对偏心受预压构件(如梁等)先同时放张预压力较小区域的预应力筋，再同时放张预压力较大区域的预应力筋。

③ 如不能按上述规定放张时，应分阶段、对称、相互交错地放张，以防止在放张过程

中构件发生翘曲、裂纹及预应力筋断裂等现象。

④ 对配筋不多的中小型预应力混凝土构件，钢丝可用剪切、锯割等方法放张，对于配筋多的预应力混凝土构件，钢丝应同时放张。

⑤ 预应力筋为钢筋时，若数量较少可逐根加热熔断放张，数量较多且张拉力较大时，应同时放张。

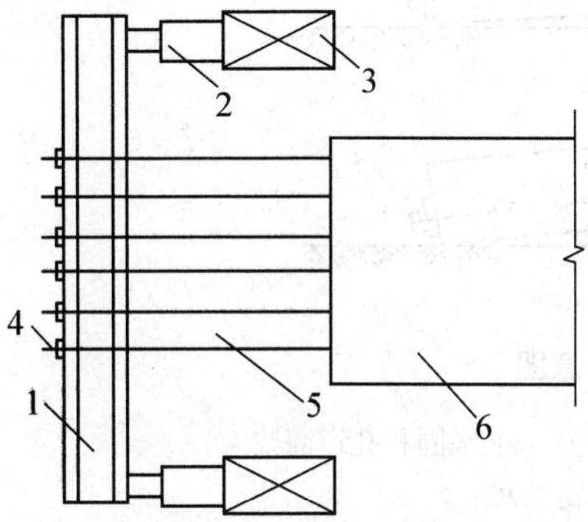

图 5.12　千斤顶放张装置图

1—横梁；2—千斤顶；3—承力架；
4—夹具；5—钢丝；6—构件

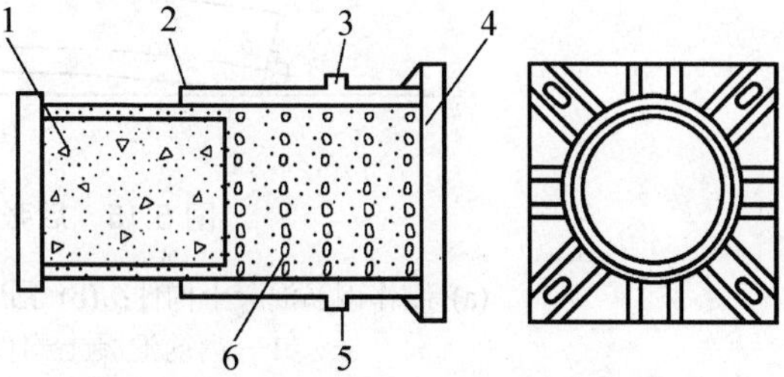

图 5.13　沙箱法放张装置图

1—活塞；2—钢套箱；3—进砂口；
4—钢套箱底板；5—出砂口；6—砂子

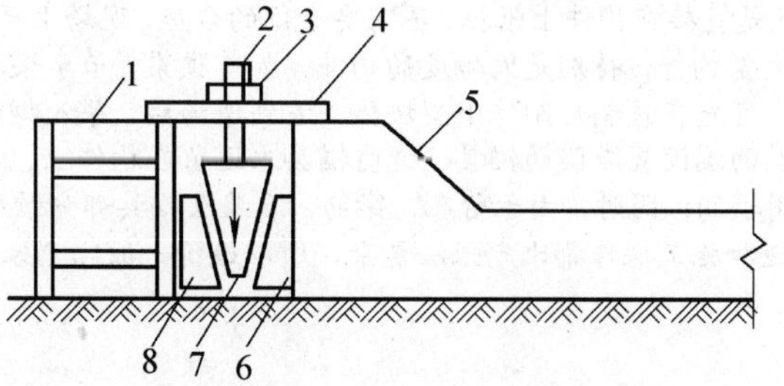

图 5.14　楔块法放张

1—横梁；2—螺杆；3—螺母；4—承力板；5—台座；6、8—钢块；7—钢楔块

5.2 后 张 法

后张法是先制作构件，在放置预应力钢筋的部位预先留有孔道，待构件混凝土强度达到设计规定的数值后，并用张拉机具夹持预应力筋将其张拉至设计规定的控制预应力，并借助锚具在构件端部将预应力筋锚固，最后进行孔道灌浆(或不灌浆)。预应力筋的张拉力主要是靠构件端部的锚具传递混凝土，使混凝土产生预压应力。如图 5.15 所示预应力混凝土后张法施工示意图。

在后张法施工中，锚具永久性地留在构件上，成为预应力构件的一个组成部分，不能重复使用。因此，在后张法施工中，必须有与不同预应力筋配套的锚具和张拉机具。

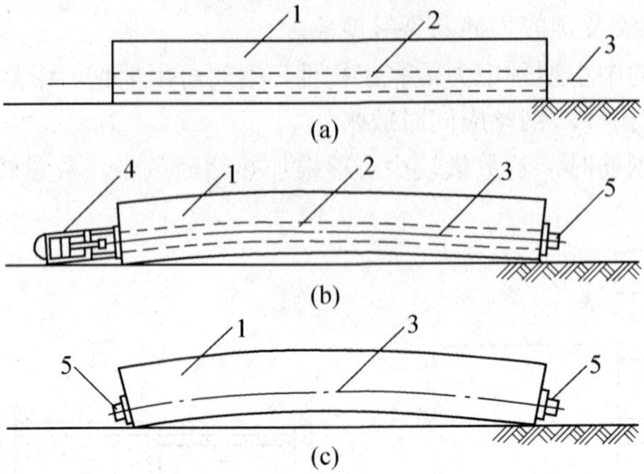

图 5.15　后张法施工示意图

(a) 制作钢筋混凝土构件；(b) 预应力筋张拉；(c) 锚固和孔道灌浆
1—钢筋混凝土构件；2—预留孔道；
3—预应力筋；4—千斤顶；5—锚具

特别提示

后张法的特点：其优点是直接在构件上张拉，不需要专门的台座，现场生产时可避免构件的长途搬运，所以适宜于在现场生产的大型构件，特别是大跨度的构件，如薄腹梁、吊车梁和屋架等。后张法又可作为一种预制构件的拼装手段，可先在预制厂制作小型块体，运到现场后，穿入钢筋，通过施加预应力拼装成整体。但后张法需要在钢筋两端设置专门的锚具，这些锚具永远留在构件上，不能重复使用，耗用钢材较多，且要求加工精密，费用较高；同时，由于留孔、穿筋、灌浆及锚具部分预压应力局部集中处需加强配筋等原因，使构件端部构造和施工操作都比先张法复杂，所以造价一般比先张法高。

知识链接

后张法预应力施工，不需要台座设备，灵活性大，广泛用于施工现场生产大型预制预应力混凝土构件和就地浇筑预应力混凝土结构。后张法预应力施工又可分为有黏结预应力施工和无黏结预应力施工两类。

有黏结预应力施工方法通过孔道灌浆，使预应力筋与混凝土相互黏结，减轻了锚具传递预应力作用，提高了锚固可靠性与耐久性，被广泛用于主要承重构件或结构。

无黏结预应力施工过程是混凝土构件或结构制作时，预先铺设无黏结预应力筋，然后浇筑混凝土并进行养护；待混凝土达到设计要求的强度后，张拉预应力筋并用锚具锚固；最后进行封锚。这种施工方法不需要留孔灌浆，施工方便，但预应力只能永久地靠锚具传递给混凝土，宜用于分散配置预应力筋的楼板与墙板、次梁及低预应力的主梁等。

5.2.1　后张法的施工设备

1. 对锚具的要求

锚具是预应力筋张拉和永久固定在预应力混凝上构件上的传递预应力的工具，应该锚固可靠，使用方便，有足够的强度、刚度。按锚固性能不同，可将其分为Ⅰ类锚具和Π类锚具。Ⅰ类锚具适用于承受动载、静载的预应力混凝上结构；Π类锚具仅适用于有黏结预应力混凝上结构，且锚具只能处于预应力筋应力变化不大的部位。

特别提示

锚具除满足上述要求外，尚应满足下列规定：①有出厂证明书，进场后应进行外观、硬度检验和锚固能力试验；②当预应力筋锚具组装件达到实测极限拉力时，除锚具设计允许的现象外，全部零件均不得出现肉眼可见的裂缝或破坏；③除能满足分级张拉及补张拉工艺外，宜具有能放松预应力筋的性能；④锚具或其附件上宜设置灌浆孔道，灌浆孔适应有使浆液通畅的截面积。

2. 锚具的种类

后张法所用锚具根据其锚固原理和构造形式不同，分为螺杆锚具、夹片锚具、锥销式锚具和镦头锚具 4 种体系；在预应力筋张拉过程中，根据锚具所在位置与作用不同，又可分为张拉端锚具和固定端锚具；预应力筋的种类有热处理钢筋束、消除应力钢丝束或钢绞线束。因此按锚具锚固钢筋或钢丝的数量，可分为钢绞线束锚具和钢筋束锚具、钢丝锚具及单根粗钢筋锚具。

钢绞线束和钢筋束目前使用的锚具有 JM 型、XM 型、QM 型、KT-Z 型和镦头锚具等。

1) 钢绞线束、钢筋束锚具

(1) JM 型锚具。JM 型锚具由锚环与夹片组成，用于锚固 3～6 根直径为 12mm 的光圆或变形钢筋束和 5～6 根直径为 12mm 钢绞线束。它可以作为张拉端或固定端锚具，也可作为重复使用的工具锚。如图 5.16 所示，夹片呈扇形，靠两侧的半圆槽锚固预应力钢筋。为增加夹片与预应力筋之间的摩擦力，在半圆槽内刻有截面为梯形的齿痕，夹片背面的坡度与锚环一致。锚环分甲型和乙型两种，甲型锚环为一个具有锥形内孔的圆柱体，外形比较简单，使用时直接放置在构件端部的垫板上。乙型锚环在圆柱体外部增添正方形肋板，使用时锚环预埋在构件端部不另设垫板。锚环和夹片均用 45 号钢制造，甲型锚环和夹片必须经过热处理，乙型锚环可不必进行热处理。

(2) XM 型锚具。XM 型锚具属新型大吨位群锚体系锚具，由锚环和夹片组成，对钢绞线束和钢丝束能形成可靠的锚固。3 个夹片一组夹持一根预应力筋形成一锚固单元。由一个锚固单元组成的锚具称为单孔锚具，由 2 个或 2 个以上的锚固单元组成的锚具称为多孔锚具，如图 5.17 所示。

XM 型锚具的夹片为斜开缝，以确保夹片能夹紧钢绞线或钢丝束中每一根外围钢丝，形成可靠的锚固，夹片开缝宽度一般平均为 1.5mm。

XM 型锚具既可作为工作锚，又可兼作工具锚。

(3) QM 型锚具。QM 型锚具与 XM 型锚具相似。它也是由锚板和夹片组成的。但锚孔是直的，锚板顶面是平的，夹片垂直开缝。此外，备有配套喇叭形铸铁垫板与弹簧圈等。这种锚具适用于锚固 4～31 根 Φj12 和 3～9 根 Φj15 钢绞线束，如图 5.18 所示。

(4) KT-Z 型锚。KT-Z 型锚具由锚环和锚塞组成，如图 5.19 所示，分为 A 型和 B 型两种，当预应力筋的最大张拉力超过 450kN 时采用 A 型，不超过 450kN 时，采用 B 型。KT-Z 型锚具适用于锚固 3～6 根直径为 12mm 的钢筋束或钢绞线束。该锚具为半埋式，使用时先将锚环小头嵌入承压钢板中，并用断续焊缝焊牢，然后共同预埋在构件端部。预应力筋的锚固需借千斤顶将锚塞顶入锚环，其顶压力为预应力筋张拉力的 50%～60%。使用 KT-Z 型锚具时，预应力筋在锚环小口处形成弯折，因而产生摩擦损失。预应力筋的损失值为：

钢筋束约 4% σ_{con} ；钢绞线约 2% σ_{con} 。

(5) 镦头锚具。镦头锚用于固定端，如图 5.20 所示，它由锚固板和带镦头的预应力筋组成。

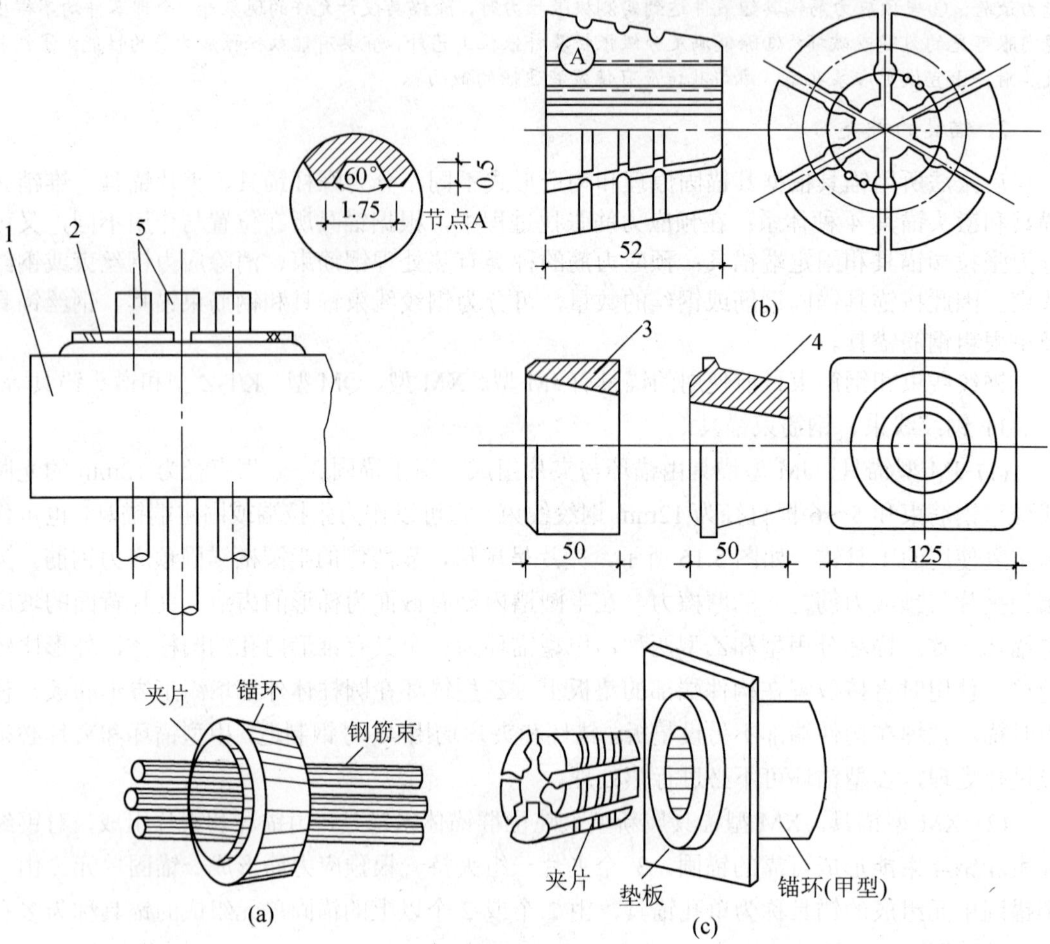

图 5.16　JM12 型锚具

(a) JM12型锚具；(b) JM12型锚具的夹片；(c) JM12型锚具的锚环

1—锚环；2—夹片；3—圆锚环；4—方锚环；5—预应力钢丝束

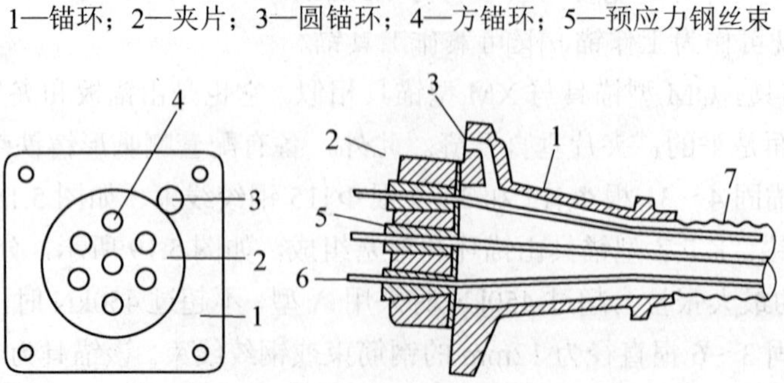

图 5.17　XM 型锚具

1—喇叭管；2—锚环；3—灌浆孔；4—圆锥孔；5—夹片；6—钢绞线；7—波纹管

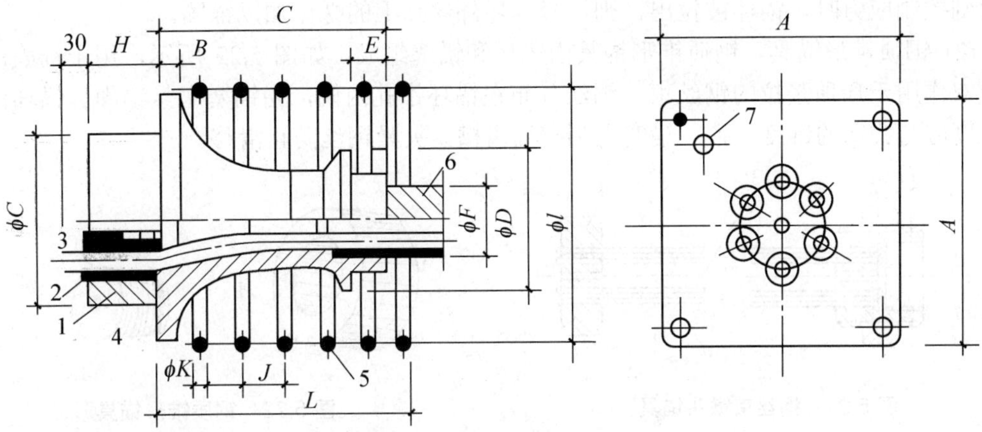

图 5.18 QM 型锚具及配件

1—锚板；2—夹片；3—钢绞线；4—喇叭形铸铁垫板；5—弹簧圈；
6—预留孔道用的波纹管；7—灌浆孔

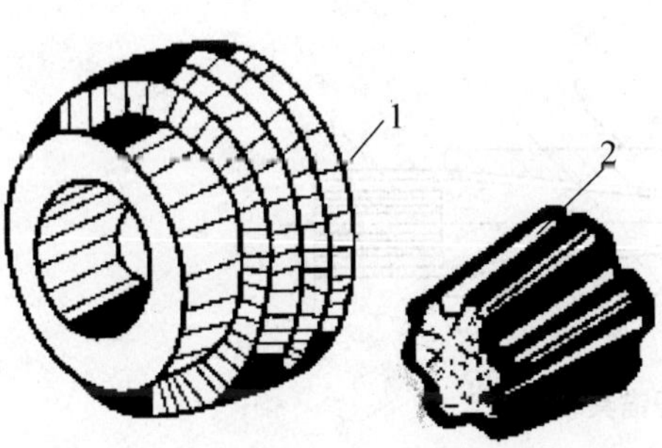

图 5.19 KT-Z 型锚具图

1—锚环；2—锚塞

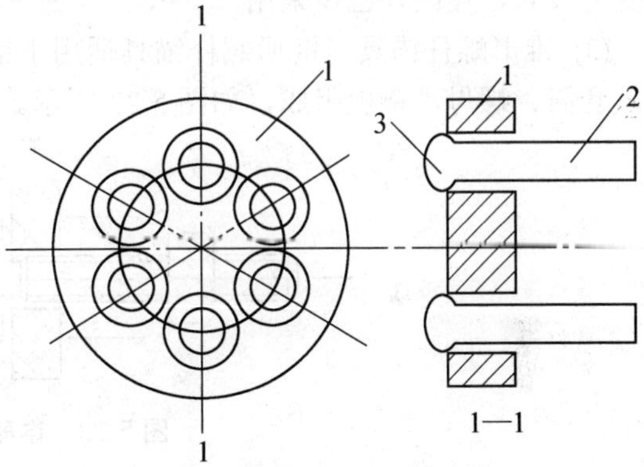

图 5.20 固定端用镦头锚具

1—锚固板；2—预应力筋；3—镦头

2) 钢丝束锚具

钢丝束所用锚具目前国内常用的有钢质锥形锚具、锥形螺杆锚具、钢丝束镦头锚具、XM 型锚具和 QM 型锚具。

(1) 钢丝束镦头锚具。钢丝束镦头锚具用于锚固 12～54 根 Φs5 碳素钢丝束，分 DM5A 型和 DM5B 型两种。A 型用于张拉端，由锚环和螺母组成，B 型用于固定端，仅有一块锚板，如图 5.21 所示。

锚环的内外壁均有丝扣，内丝扣用于连接张拉螺杆，外丝扣用来拧紧螺母锚固钢丝束。锚环和锚板四周钻孔，以固定镦头的钢丝。孔数和间距由钢丝根数确定。钢丝可用液压冷镦器进行镦头。钢丝束一端可在制束时将头镦好；另一端则待穿束后镦头，但构件孔道端部要设置扩孔。

张拉时，张拉螺丝杆一端与锚环内丝扣连接；另一端与拉杆式千斤顶的拉头连接，当张拉到控制应力时，锚环被拉出，则拧紧锚环外丝扣上的螺母加以锚固。

(2) 钢质锥形锚具。钢质锥形锚具由锚环和锚塞组成，如图 5.22 所示，用于锚固以锥锚式双作用千斤顶张拉的钢丝束。钢丝分布在锚环锥孔内侧，由锚塞塞紧锚固。锚环内孔的锥度应与锚塞的锥度一致。锚塞上刻有细齿槽，夹紧钢丝防止滑移。

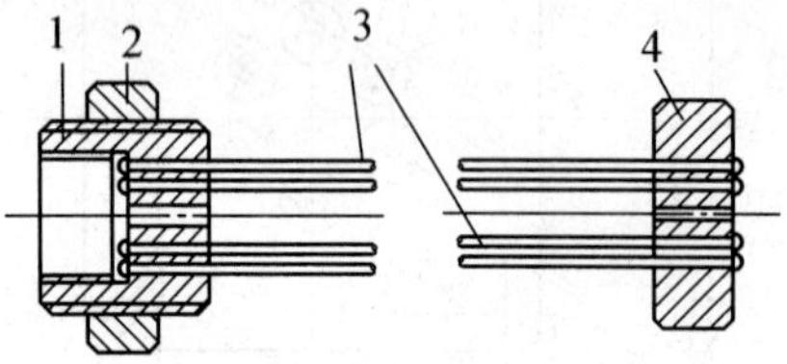

图 5.21　钢丝束镦头锚具

1—A型锚环；2—螺母；3—钢丝束；4—锚板

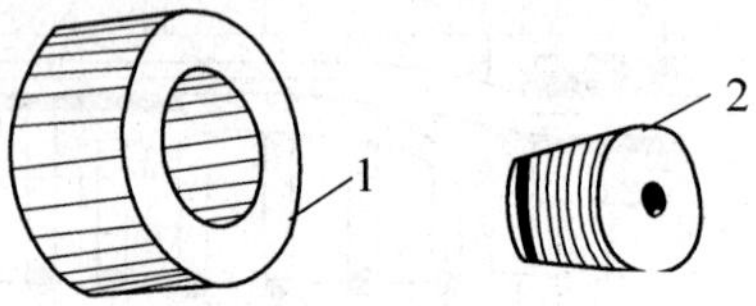

图 5.22　钢质锥形锚具

1—锚环；2—锚塞

锥形锚具的缺点是当钢丝直径误差较大时，易产生单根滑丝现象，且很难补救，如用加大顶锚力的办法来防止滑丝，又易使钢丝被咬伤。此外，钢丝锚固时呈辐射状态，弯折处受力较大，在国外已少采用。

(3) 锥形螺杆锚具。锥形螺杆锚具适用于锚固 14～28 根Φ5 组成的钢丝束。由锥形螺杆，套筒、螺母、垫板组成，如图 5.23 所示。

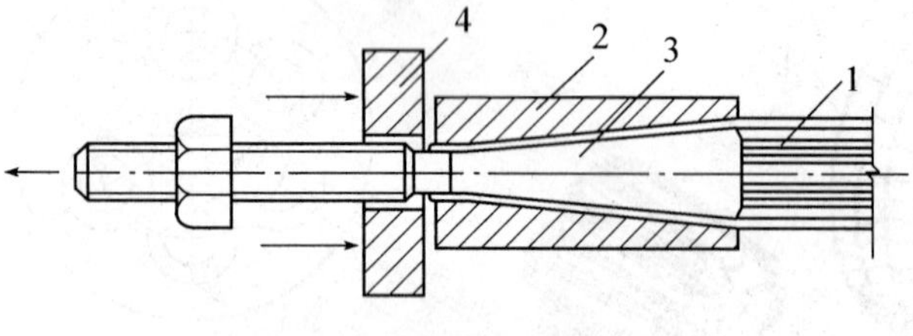

图 5.23　锥形螺杆锚具

1—钢丝；2—套筒；3—锥形螺杆；4—垫板

3) 单根粗钢筋锚具

(1) 螺丝端杆锚具。螺丝端杆锚具由螺丝端杆、垫板和螺母组成，适用于锚固直径不大于 36mm 的热处理钢筋，如图 5.24(a)所示。

螺丝端杆可用同类的热处理钢筋或热处理 45 号钢制作。制作时，先粗加工至接近设计尺寸，再进行热处理，然后精加工至设计尺寸。热处理后不能有裂纹和伤痕。螺丝端杆锚具与预应力筋对焊，用张拉设备张拉螺丝端杆，然后用螺母锚固。

(2) 帮条锚具。它由一块方形衬板与 3 根帮条组成，如图 5.24(b)所示。衬板采用普通低碳钢板，帮条采用与预应力筋同类型的钢筋。帮条锚具一般用在单根粗钢筋作为预应力筋的固定端。

3. 张拉设备

后张法张拉设备主要有千斤顶和高压油泵。

(1) 拉杆式千斤顶(YL 型)。拉杆式千斤顶主要用于张拉带有螺丝端杆锚具的粗钢筋，锥形螺杆锚具钢丝束及镦头锚具钢丝束。

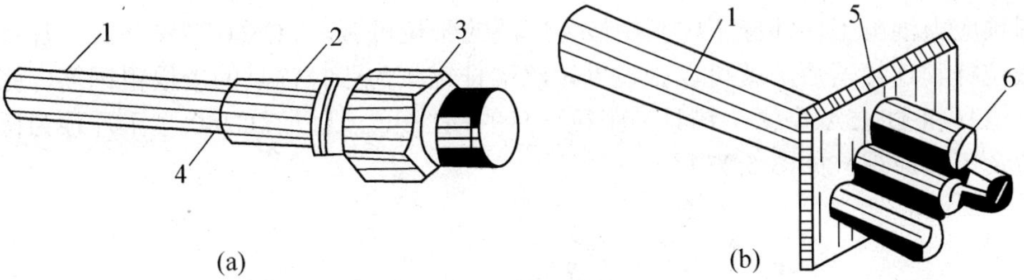

图 5.24 单根筋锚具

(a) 螺丝端杆锚具；(b) 帮条锚具

1—钢筋；2—螺丝端杆；3—螺母；4—焊接接头；5—衬板；6—帮条

拉杆式千斤顶构造如图 5.25 所示，由主缸 1、主缸活塞 2、副缸 4、副缸活塞 5、连接器 7、顶杆 8 和拉杆 9 等组成。张拉预应力筋时，首先使连接器 7 与预应力筋 11 的螺丝端杆 14 连接，并使顶杆 8 支承在构件端部的预埋钢板 13 上。当高压油泵将油液从主缸油嘴 3 进入主缸时，推动主缸活塞向左移动，带动拉杆 9 和连接在拉杆末端的螺丝端杆，预应力筋即被拉伸，当达到张拉力后，拧紧预应力筋端部的螺母 10，使预应力筋锚固在构件端部。锚固完毕后，改用副油嘴 6 进油，推动副缸活塞和拉杆向右移动，回到开始张拉时的位置，与此同时，主缸 1 的高压油也回到油泵中。目前工地上常用的为 600kN 拉杆式千斤顶。

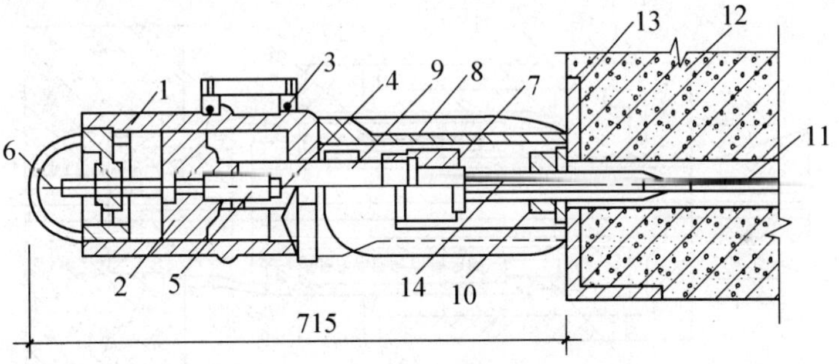

图 5.25 拉杆式千斤顶构造示意图

1—主缸；2—主缸活塞；3—主缸油嘴；4—副缸；5—副缸活塞；6—副缸油嘴；7—连接器；8—顶杆；9—拉杆；10—螺帽；11—预应力筋；12—混凝土构件；13—预埋钢板；14—螺丝端杆

(2) 锥锚式千斤顶(YZ 型)。锥锚式千斤顶主要适用于张拉 KT-Z 型锚具锚固的钢筋束或钢绞线束和使用锥形锚具的预应力钢丝束。其张拉油缸用以张拉预应力筋，顶压油缸用以顶压锥塞，因此又称双作用千斤顶，如图 5.26 所示。

锥锚式双作用千斤顶的主缸及主缸活塞用于张拉预应力筋，主缸前端缸体上有卡环和销片，用以锚固预应力筋，主缸活塞为一中空筒状活塞，中空部分设有拉力弹簧。副缸和副缸活塞用于顶压锚塞，将预应力筋锚固在构件的端部，设有复位弹簧。

锥锚式双作用千斤顶张拉力为 300kN 和 600kN，最大张拉力 850N，张拉行程 250mm。顶压行程 60mm。

(3) YC-60 型穿心式千斤顶。穿心式千斤顶(YC 型)适用性很强，适用于张拉各种形式的预应力筋，它适用于张拉采用 JM12 型、QM 型、XM 型的预应力钢丝束，钢筋束和钢绞线束。配置撑脚和拉杆等附件后，又可作为拉杆式千斤顶使用。根据张拉力和构造不同，它有 YC-60、YC20D、YCD120、YCD200 和无顶压机构的 YCQ 型千斤顶。YC-60 型是目前我国预应力混凝土构件施工中应用最为广泛的张拉机械。YC-60 型穿心式千斤顶加装撑脚，张拉杆和连接器后，就可以张拉以螺丝端杆锚具为张拉锚具的单根粗钢筋，张拉以锥形螺杆锚具和 DM5A 型镦头锚具为张拉锚具的钢丝束。现以 YC-60 型千斤顶为例，说明其构造及工作原理，如图 5.27 所示。

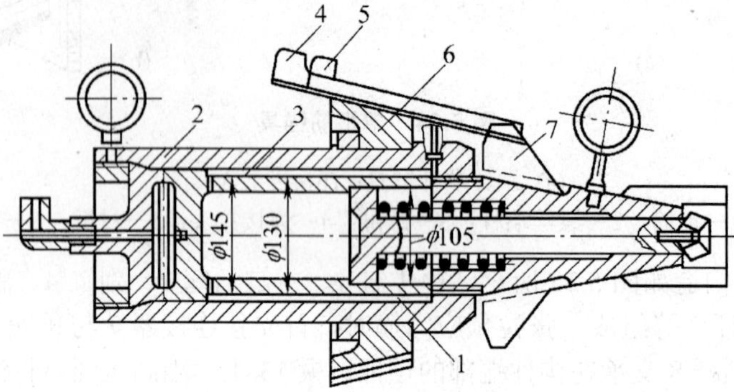

图 5.26　YZ85 锥锚式千斤顶

1—副缸；2—主缸；3—退楔缸；4—楔块(退出时位置)；
5—楔块(张拉时位置)；6—锥形卡环；7—退楔翼片

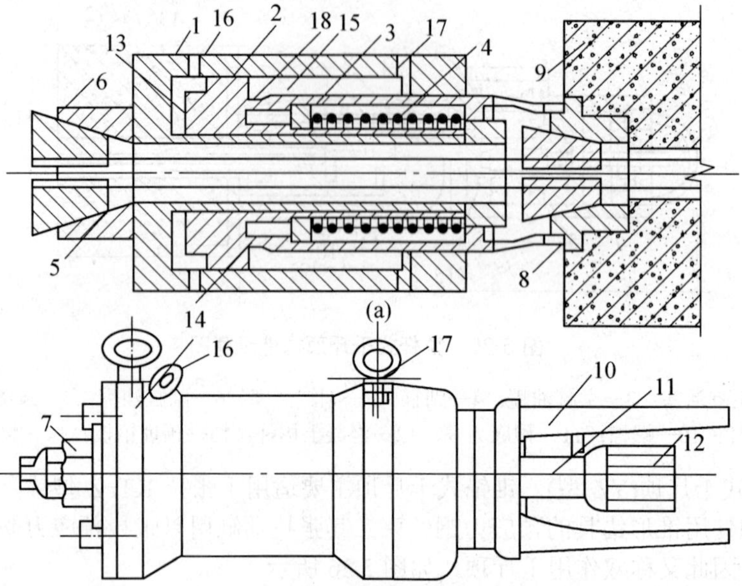

图 5.27　YC-60 型穿心式千斤顶的构造及工作示意图

(a) 构造与工作原理简图；(b) 加撑脚后的外貌图

1—张拉油缸；2—顶压油缸(即张拉活塞)；3—顶压活塞；4—弹簧；5—预应力筋；6—工具式锚具；
7—螺帽；8—锚环；9—混凝土构件；10—撑脚；11—张拉杆；12—连接器；13—张拉工作油室；
14—顶压工作油室；15—张拉回程油室；16—张拉缸油嘴；17—顶压缸油嘴；18—油孔

YC-60 型穿心式千斤顶，沿千斤顶的轴线有一直通的穿心孔道，供穿过预应力筋之用。YC-60 型穿心式千斤顶既能张拉预应力筋，又能顶压锚具锚固预应力筋，故又称为穿心式双作用千斤顶。YC-60 型穿心式千斤顶张拉力为 600kN，张拉行程为 150mm。

特别提示

千斤顶的标校：预应力筋张拉机具设备及仪表，在张拉之前必须进行标定，并定期维护和校验。张拉设备应配套标定，配套使用。张拉设备标定后应当在连续使用 200 次或 6 个月后再次校核。当在使用过程中出现反常现象时或在千斤顶检修后，应重新校核标定。

液压千斤顶张拉预应力筋时，预应力筋的张拉力 N 由压力表读数 P 反映，为准确地获得实际张拉力值，必须采用标定方法直接测定千斤顶的实际张拉力与压力表读数之间的关系。采用千斤顶张拉预应力筋，预应力的大小是通过油压表的读数表达的，油压表读数表示千斤顶活塞单位面积的油压力，如张拉力为 N，活塞面积是 F，则油压表的相应读数为 P，即 $P=N/F$。

由于千斤顶活塞与油缸之间存在着一定的摩阻力，所以实际张拉力往往比上式计算的小。为保证预应力筋张拉应力的准确性，应定期校验千斤顶与油压表读数的关系，找出它们之间的线性方程，绘制出 N–P 关系曲线，供施工中直接查用。校验时千斤顶活塞方向应与实际张拉时的活塞运行方向一致，校验期不应超过半年。如在使用过程中张拉设备出现反常现象，应重新校验。

千斤顶校正的方法主要有标准测力计校正、压力机校正及用两台千斤顶互相校正等方法。

5.2.2 预应力筋的制作

1. 钢筋束及钢绞线束制作

为了保证构件孔道穿入筋和张拉时不发生扭结，应对预应力筋进行编束。编束时把预应力筋理顺后，用 18～22 号铁丝，每隔 1m 左右绑扎一道，形成束状。

特别提示

钢筋束由直径 10mm 的热处理钢筋编束而成，钢绞线束由直径为 12mm 或 15mm 的钢绞线束编束而成。预应力筋的制作一般包括开盘冷拉、下料和编束等工序。每束 3～6 根，一般不需对焊接长，下料是在钢筋冷拉后进行的。钢绞线下料前应在切割口两侧各 50mm 处用铁丝绑扎，切割后对切割口应立即焊牢，以免松散。

钢绞线下料宜用砂轮切割机切割，不得采用电弧切割。

钢绞线编束宜用 20 号铁丝绑扎，间距 2～3m。编束时应先将钢绞线理顺，并尽量使各根钢绞线松紧一致。如钢绞线单根穿入孔道，则不编束。

钢绞线下料长度：采用夹片锚具，以穿心式千斤顶在构件上张拉时，钢绞线的下料长度 L 按如图 5.28 所示计算。

1) 两端张拉

$$L = l + 2(l_1 + l_2 + l_3 + 100) \tag{5—2}$$

2) 一端张拉

$$L = l + 2(l_1 + 100) + l_2 + l_3 \tag{5—3}$$

式中 l——构件的孔道长度，mm；

l_1——夹片式工作锚厚度，mm；

l_2——穿心式千斤顶长度，mm；

l_3——夹片式工具锚厚度，mm。

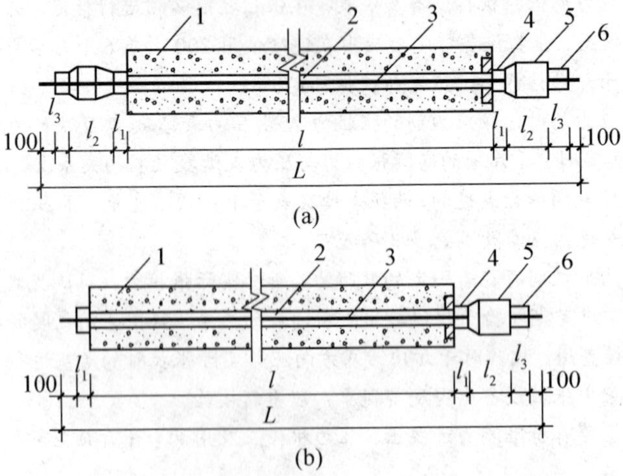

图 5.28 钢筋束、钢绞线束下料长度计算简图

(a) 两端张拉；(b) 一端张拉

1—混凝土构件；2—孔道；3—钢绞线；4—夹片式工作锚；5—穿心式千斤顶；6—夹片式工具锚

2. 钢丝束制作

钢丝束制作随锚具的不同而异，一般需经调直、下料、编束和安装锚具等工序。

特别提示

当后张法采用 XM 型锚具、QM 型锚具、钢质锥形锚具时，预应力钢丝束的制作和下料长度计算基本与预应力钢筋束、钢绞线束相同。

当采用镦头锚具时，一端张拉，应考虑钢丝束张拉锚固后螺母位于锚环中部，钢丝下料长度 L，可按如图 5.29 所示，用下式计算：

$$L=L_0+2a+2b-0.5(H-H_1)-\Delta L-C \tag{5—4}$$

式中 L_0——孔道长度，mm；

a——锚板厚度，mm；

b——钢丝镦头预留量，取钢丝直径 2 倍，mm；

H——锚环高度，mm；

H_1——螺母高度，mm；

ΔL——张拉时钢丝伸长值，mm；

C——混凝土弹性压缩(很小时可略不计)。

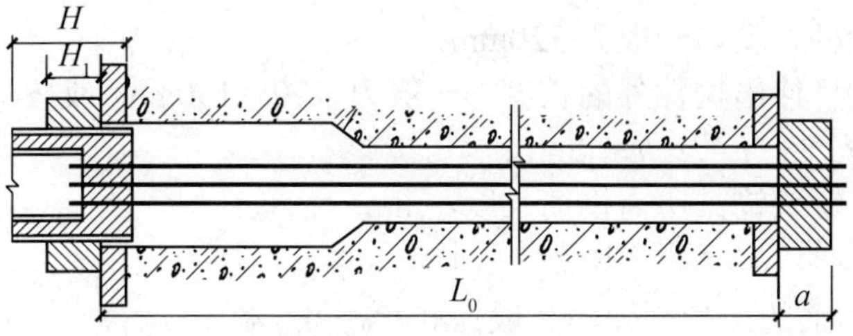

图 5.29　用镦头锚具时钢丝下料长度计算简图

特别提示

为了保证张拉时各钢丝应力均匀，用锥形螺杆锚具和镦头锚具的钢丝束要求钢丝每根长度相等。下料长度相对误差要控制在 L/5000 以内且不大于 5mm。因此下料时应在应力状态下切断下料，下料的控制应力为 300MPa。

为了保证钢丝不发生扭结，必须进行编束。编束前应对钢丝直径进行测量，直径相对误差不得超过 0.1mm，以保证成束钢丝与锚具可靠连接。采用锥形螺杆锚具时，编束工作在平整的场地上把钢丝理顺放平，用 22 号铁丝将钢丝每隔 1m 编成帘子状，然后每隔 1m 放置 1 个螺旋衬圈，再将编好的钢丝帘绕衬圈围成圆束，用铁丝绑扎牢固，如图 5.30 所示。

当采用镦头锚具时，根据钢丝分圈布置的特点，编束时首先将内圈和外圈钢丝分别用铁丝顺序编扎，然后将内圈钢丝放在外圈钢丝内扎牢。编束好后，先在一端安装锚环并完成镦头工作；另一端钢丝的镦头，待钢丝束穿过孔道安装上锚板后再进行。

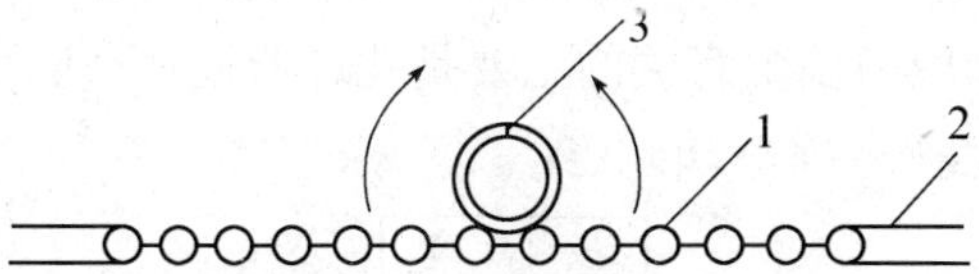

图 5.30　钢丝束的编束

1—钢丝；2—铅丝；3—衬圈

3. 单根预应力筋制作

单根粗预应力钢筋一般用热处理钢筋，其制作包括配料、对焊、冷拉等工序。为保证质量，宜采用控制应力的方法进行冷拉；钢筋配料时应根据钢筋的品种测定冷拉率，如果在一批钢筋中冷拉率变化较大时，应尽可能把冷拉率相近的钢筋对焊在一起进行冷拉，以保证钢筋冷拉力的均匀性。

钢筋对焊接长在钢筋冷拉前进行。钢筋的下料长度由计算确定。

当构件两端均采用螺丝端杆锚具时如图 5.31 所示，预应力筋下料长度为

$$L=\frac{l+2l_2-2l_1}{1+\gamma-\delta}+n\Delta \tag{5—5}$$

当一端采用螺丝端杆锚具；另一端采用帮条锚具或镦头铺具时，预应力筋下料长度为

$$L=\frac{l+l_2+l_3-l_1}{1+\gamma-\delta}+n\Delta \tag{5—6}$$

式中　l——构件的孔道长度，mm；

l_1——螺丝端杆长度，一般为 320mm；

l_2——螺丝端杆伸出构件外的长度，一般为 120～150mm 或按下式计算，张拉端：$l_2=2H+h+5$mm；锚固端：$l_2=H+h+10$mm；

l_3——帮条或镦头锚具所需钢筋长度，mm；

γ——预应力筋的冷拉率(由试验确定)，mm；

δ——预应力筋的冷拉回弹率一般为 0.4%～0.6%；

n——对焊接头数量；

Δ——每个对焊接头的压缩量，取一个钢筋直径，mm；

H——螺母高度，mm；

h——垫板厚度，mm。

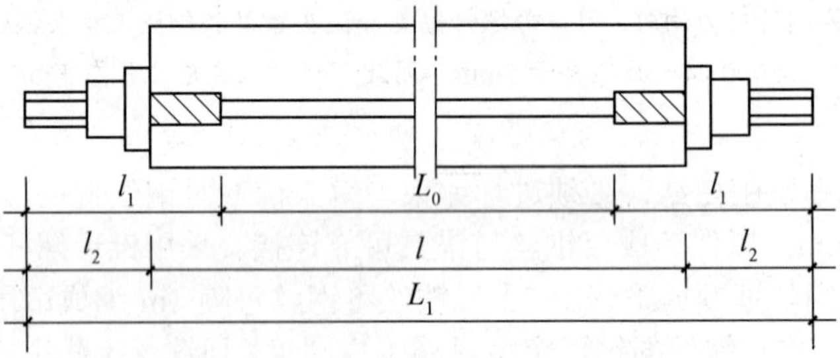

图 5.31　单根预应力筋下料长度计算图

5.2.3　后张法的施工工艺

后张法施工工艺与预应力施工有关的主要是孔道留设、预应力筋张拉和孔道灌浆 3 部分，如图 5.32 所示后张法工艺流程图。

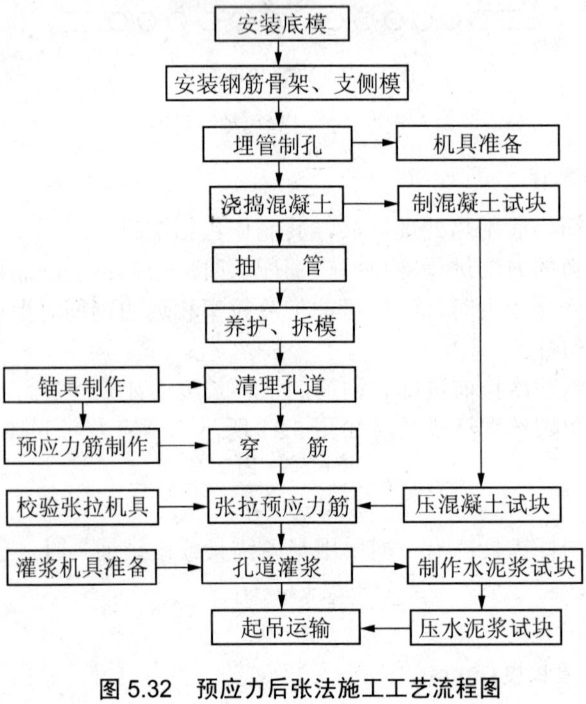

图 5.32　预应力后张法施工工艺流程图

1. 孔道留设

孔道留设是后张法预应力混凝土构件制作中的关键工序之一，也是施工过程检验验收的重要环节，主要为穿预应力钢筋(束)及张拉锚固后灌浆用。

孔道留设的方法有钢管抽芯法、胶管抽芯法、橡胶抽拔棒法和预埋管法(主要采用波纹管)等。预应力的孔道形式一般有直线、曲线和折线3种。钢管抽芯法只用于直线孔道的成型，胶管抽芯法、橡胶抽拔棒法和预埋管法则适用于直线、曲线和折线的孔道。

特别提示

孔道留设的基本要求：所留孔道的尺寸与位置应正确，孔道要平顺，浇筑混凝土时不应出现移位和变形；端部的预埋锚垫板应垂直于孔道中心线并用螺栓或钉子固定在模板上，以防止浇筑混凝土时发生走动；孔道的直径一般应比预应力筋的接头外径(包括钢筋对焊接头的外径或需穿入孔道的锚具外径)大10～15mm，以利于预应力筋能顺利穿入；孔道成型的质量以及选择的成孔形式对孔道摩阻损失的影响较大，凡需要起拱的构件，预留孔道宜随构件同时起拱；构件中应在设计规定位置上留设灌浆孔；在曲线孔道的曲线波峰部位应设置排气兼泌水管，必要时可在最低点设置排水管；灌浆孔及泌水管的孔径应能保证浆液畅通。

1) 钢管抽芯法

钢管抽芯法适用于留设直线孔道。钢管抽芯法是预先将钢管敷设在模板的孔道位置上，在混凝土浇筑和养护过程中，每隔一定时间要慢慢转动钢管一次，以防止混凝土与钢管黏结，待混凝土初凝后、终凝前抽出钢管，即在构件中形成孔道。为保证预留孔道质量，在施工过程中应注意以下几点。

(1) 选用的钢管要平直，表面光滑，安放位置准确。钢管不直，在转动及拔管时易将混凝土管壁挤裂。钢管预埋前应除锈、刷油，以便抽管。钢管的位置固定一般用钢筋井字架，井字架间距一般为1～2m左右。在灌筑混凝土时，应防止振动器直接接触钢管，避免产生位移。

(2) 钢管每根长度最好不超过15m，以便旋转和抽管。钢管两端应各伸出构件500mm左右。较长构件可用两根钢管接长，两根钢管接头处可用0.5mm厚铁皮做成的套管连接，如图5.33所示。套管内表面要与钢管外表面紧密结合，以防漏浆堵塞孔道。

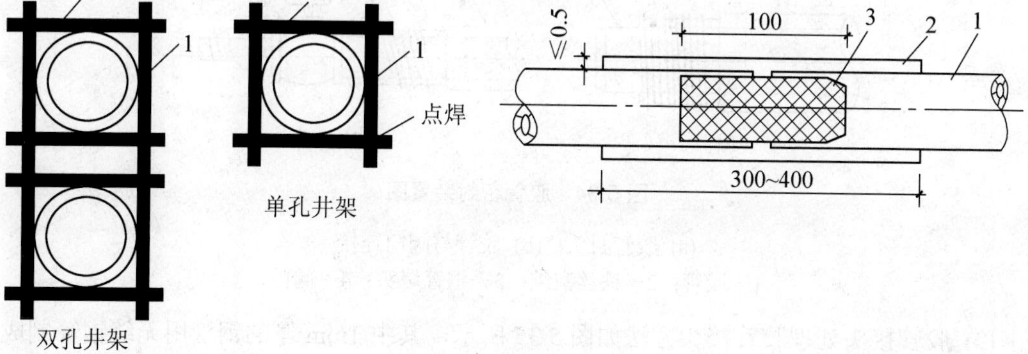

图5.33 钢管连接方法

1—钢管；2—白铁皮套管；3—硬木塞；4—井字架

(3) 恰当准确地掌握抽管时间。抽管时间与水泥品种、气温和养护条件有关。抽管宜在混凝土初凝后、终凝以前进行，以用手指按压混凝土表面不显指纹时为宜。常温下抽管时间约在混凝土浇筑后 3～6h。抽管时间过早，会造成坍孔事故；抽管时间太晚，混凝土与钢管黏结牢固，抽管困难，甚至抽不出来。钢管抽芯法应当派人在混凝土浇筑过程及浇筑后每隔一定时间慢慢转动钢管，防止它与混凝土黏住。

(4) 抽管顺序和方法。抽管顺序宜先上后下进行。抽管方法可分为人工或卷扬机抽管，抽管时必须速度均匀，边抽边转，并与孔道保持在一条直线上。抽管后，应及时检查孔道情况，并做好孔道清理工作，以免增加以后穿筋的困难。

(5) 灌浆孔和排气孔的留设。留设预留孔道的同时，方便构件孔道灌浆，按照设计规定，每个构件与孔道垂直的方向应留设若干个灌浆孔和排气孔。一般在构件两端和中间每隔 12m 左右留设一个直径 20mm 的灌浆孔，可用木塞或白铁皮管成孔，在构件两端各留一个排气孔。

2) 胶管抽芯法

胶管抽芯法利用的胶管有 5～7 层的夹布胶管和供预应力混凝土专用的钢丝网橡皮管两种。前者必须在管内充气或充水后才能使用。后者质硬，且有一定弹性预留孔道时与钢管一样使用。将胶管预先敷设在模板中的孔道位置上，胶管的固定用钢筋井字架，胶管直线段每间隔不大于 1.0m，曲线段不大于 0.5m，并与钢筋骨架绑扎牢。下面介绍常用的夹布胶管留设孔道的方法。

采用夹布胶管预留孔道时，混凝土浇筑前夹布胶营内充入压缩空气或压力水，工作压力为 500～800kPa，此时胶管直径可增大约 3mm 左右。待混凝土初凝后，放出压缩空气或压力水，使管径缩小并与混凝土脱离开，抽出夹布胶管，便可形成孔道。为了保证留设孔道质量，使用时应注意以下几个问题。

(1) 胶管铺设后，应注意不要让钢筋等硬物刺穿胶管，胶管应当有良好的密封性，不要漏水、漏气。夹布胶管内充入压缩空气或压力水前，胶管两端应有密封装置如图 5.34 所示。密封的方法是将胶管一端外表面削去 1～3 层胶皮及帆布，然后将外表面带有粗丝扣的钢管(钢管一端用铁板密封焊牢)插入胶管端头孔内，再用 20 号铅丝与胶管外表面密缠牢固。铅丝头用锡焊牢。胶管另一端接上阀门，其方法与密封端基本相同。

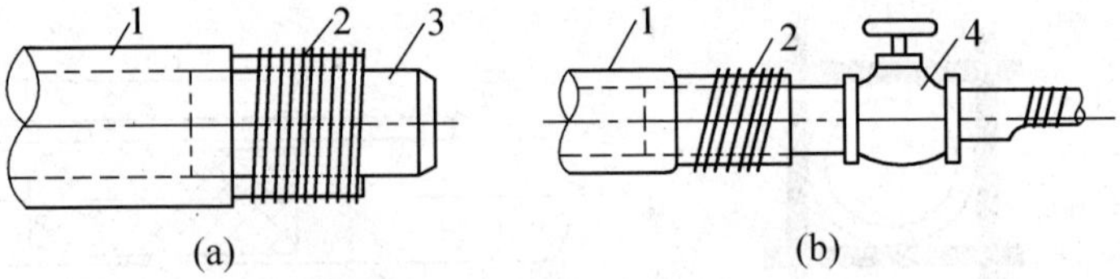

图 5.34 胶管密封装置图

(a) 胶管封头；(b) 胶管与阀门连接

1—胶管；2—铁丝密缠；3—钢管堵头；4—阀门

(2) 胶管接头处理胶管接头方法如图 5.35 所示，其中 1mm 厚的钢管用无缝钢管制成。其内径等于或略小于胶管外径，以便于打入硬木塞后起到密封作用。铁皮套管与胶管外径相等或稍大(在 0.5mm 左右)，以防止在振捣混凝土时胶管受振外移。

(3) 抽管时间和顺序。抽管时间比钢管略迟。一般可参照气温和浇筑后的小时数的乘积达 200℃·h 左右。胶管抽芯法预留孔道，混凝土浇筑后不需要旋转胶管，抽管顺序一般为先上后下，先曲后直。

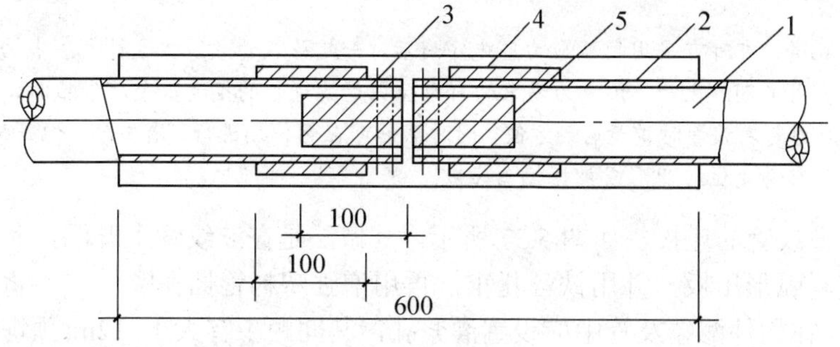

图 5.35 胶管接头

1—胶管；2—白铁皮套管；3—钉子；4—厚1mm的钢管；5—硬木塞

采用钢丝网胶管预留孔道时，预留孔道的方法和钢管相同。由于钢丝网胶管质地坚硬，并具有一定的弹性，抽管时在拉力作用下管径缩小和混凝土脱离开，即可将钢丝网胶管抽出。

胶管抽芯法的灌浆孔和排气孔的留设方法同钢管抽芯法。

3) 预埋金属波纹管法

预埋波纹管法就是利用与孔道直径相同的金属波纹管埋入混凝土构件中，无须抽出，波纹管一般是由薄钢带(厚 0.3mm)经压波后卷成黑铁皮管、薄钢管或镀锌双波纹金属软管。它具有重量轻、刚度好、弯折方便、连接简单、摩阻系数小，预埋管法因省去抽管工序，且孔道留设的位置、形状也易保证，与混凝土黏结良好等优点，可做成各种形状的孔道，故目前应用较为普遍，是现代后张预应力筋孔道成型用的理想材料。

金属波纹管每根长 4～6m，也可根据需要，现场制作，长度不限。波纹管在 1kN 径向力作用下不变形，使用前应进行灌水试验，检查有无渗漏现象。波纹管外形按照每两个相邻的折叠咬口之间凸出部(波纹)的数量，分为单波纹和双波纹，如图 5.36 所示。

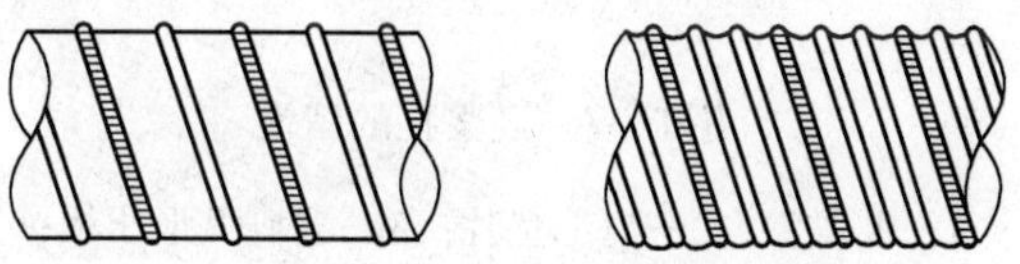

(a) (b)

图 5.36 波纹管外形

(a) 单波纹；(b) 双波纹

波纹管内径为 40～100mm，每 5mm 递增。波纹管高度，单波为 2.5mm，双波为 3.5mm。波纹管长度，可根据运输要求或孔道长度进行卷制。波纹管用量大时，生产厂家可带卷管机到现场生产，管长不限。

安装前应事先按设计图纸中预应力的曲线坐标，以波纹管底边为准，在一侧模上弹出曲线来，定出波纹管的位置；也可以梁模板为基准，按预应力筋曲线上各点坐标，在垫好底筋保护层垫块的箍筋胶上做标志定出波纹管的曲线位置。波纹管的固定，可用钢筋支架或井字架，按间距 50～100cm 焊在钢筋上，曲线孔道时应加密，并用铁丝绑扎牢，以防止浇筑混凝土时，管子上浮(先穿入预应力筋的情况稍好)，造成质量事故。

特别提示

波纹管预留孔道，有时可采用把预应力筋先穿好后，一起放入的方法。这种方法省力，可避免事后穿筋的困难，但是占用工期；此外，预应力筋束的自重会引起波纹管的摆动，今后张拉时，管道摩擦损失会增大。而后穿预应力筋法放管时重量轻，方便，同时穿筋可在养护期进行，省工期，但是缺点为穿筋费力，空管浇注混凝土时容易变位、变形或被振捣器碰破。

灌浆孔与波纹管的连接，如图 5.37 所示。其做法是在波纹管上开洞，其上覆盖海绵垫片与带嘴的塑料弧形压板，并用铁丝扎牢，再用增强塑料管插在嘴上，并将其引出梁顶面 400～500mm。在构件两端及管中应设置灌浆孔，其间距不宜大于 12m(预埋波纹管时灌浆孔间距不宜大于 30m)。曲线孔道的曲线波峰位置，宜设置泌水管。

2. 预应力筋张拉

用后张法张拉预应力筋时，混凝土强度应符合设计要求，如设计无规定，不应低于设计强度等级的 75%。张拉程序减少预应力损失，保持预应力的均衡，减少偏心。

1) 穿筋

成束的预应力筋将一头对齐，按顺序编号套在穿束器上，如图 5.38 所示。

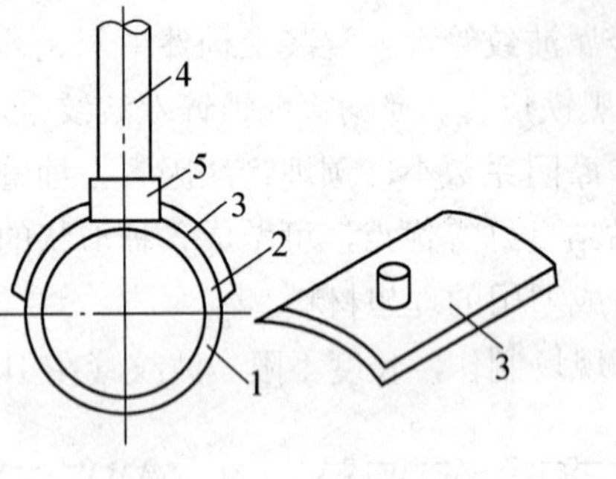

图 5.37　灌浆孔的留设

1—波纹管；2—海绵垫片；3—塑料弧形压板；
4—增强塑料管；5—铁丝绑扎

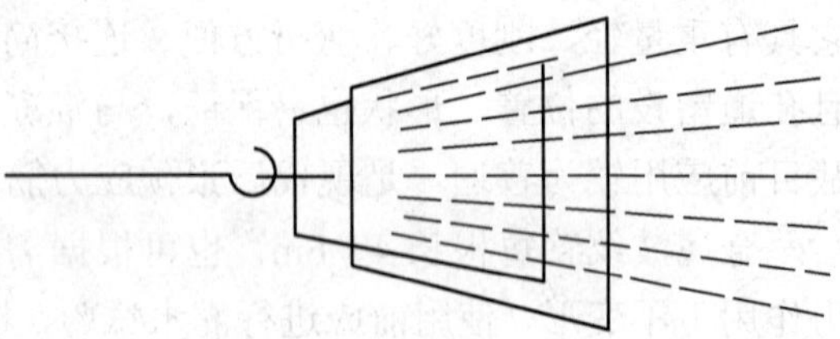

图 5.38　穿束器

预应力筋穿束根据穿束与浇筑混凝土之间的先后关系，可分为先穿束和后穿束两种。

(1) 先穿束法。该法穿束省力，但穿束占用工期，束的自重引起的波纹管摆动会增大摩擦损失，束端保护不当易生锈。按穿束与预埋波纹管之间的配合，又可分为以下 3 种情况。

① 先穿束后装管。即将预应力筋先穿入钢筋骨架内，然后将螺旋管逐节从两端套入并连接。

② 先装管后穿束。即将螺旋管先安装就位，然后将预应力筋穿入。

③ 两者组装后放入。即在梁外侧的脚手架上将预应力筋与套管组装后，从钢筋骨架顶部放入就位，箍筋应先做成开口箍，再封闭。

(2) 后穿束法。该法可在混凝土养护期内进行，不占工期，便于用通孔器或高压水通孔，穿束后即行张拉，易于防锈，但穿束较为费力。

特别提示

穿束工作可由人工、慢速卷扬机和穿束机进行。束长小于 60m 的预应力筋，一般采用人工穿束，束的前端应扎紧并裹胶布，以便顺利通过孔道。对多波曲线束，宜采用特制的牵引头，工人在前头牵引，后头推送。束长 60～80m 时，也可采用人工先穿束，但在梁的中部留设约 3m 长的穿束助力段。助力段的波纹管应加大一号，在穿束前套接在原波纹管上留出穿束空间，待钢绞线穿入后再将助力段波纹管旋出接通，该范围内的箍筋暂缓绑扎。

2) 张拉控制应力及张拉程序

张拉控制应力越高，建立的预应力值就越大，构件抗裂性越好。但是张拉控制应力过高，构件使用过程经常处于高应力状态，构件出现裂缝的荷载与破坏荷载很接近，往往构件破坏前没有明显预兆，而且当控制应力过高，构件混凝土预压应力过大而导致混凝土的徐变应力损失增加，因此控制应力应符合设计规定。在施工中预压力筋需要超张拉时，可比设计要求提高 3%～5%，但其最大张拉控制应力不得超过表 5-1 中的规定。

预应力筋的张拉程序，主要根据构件类型、张锚体系、松弛损失取值等因素来确定。为了减少预应力筋的松弛损失，预应力筋的张拉程序为如下。

(1) 用超张拉方法减少预应力筋的松弛损失时，预应力筋的张拉程序宜为：$0 \rightarrow 105\%\sigma_{con} \xrightarrow{\text{持荷2 min}} \sigma_{con}$。

(2) 如果预应力筋张拉吨位不大，根数很多，而设计中又要求采取超张拉以减少应力松弛损失时，其张拉程序可为：$0 \rightarrow 103\%\sigma_{con}$。

以上各种张拉操作程序，均可分级加载。对曲线预应力束，一般以 $0.2 \sim 0.25\sigma_{con}$ 为量伸长起点，分 3 级加载($0.2\sigma_{con}$、$0.6\sigma_{con}$ 及 $1.0\sigma_{con}$)或 4 级加载($0.25\sigma_{con}$，$0.50\sigma_{con}$，$0.75\sigma_{con}$ 及 $1.0\sigma_{con}$)，每级加载均应量测张拉伸长值。

当预应力筋长度较大，千斤顶张拉行程不够时，应采取分级张拉、分级锚固。第二级初始油压为第一级最终油压。预应力筋张拉到规定油压后，持荷复验伸长值，合格后进行锚固。

3) 张拉顺序

张拉顺序应符合设计要求。

特别提示

预应力筋的张拉顺序应使混凝土不产生超应力、构件不扭转与侧弯、结构不变位、不产生过大偏心力等，因此，对称张拉是一条重要原则。同时，还应考虑到尽量减少张拉设备的移动次数。对配有多根预应力筋构件，不可能同时张拉时，应分批、分阶段对称张拉。

预应力混凝土屋架下弦杆与吊车梁的预应力筋张拉顺序如图 5.39 所示。

(1) 对配有多根预应力筋的预应力混凝土构件，由于不可能同时一次张拉完预应力筋，应分批、对称的进行张拉。对称张拉是为了避免张拉时构件截面呈现过大的偏心受压状态。分批张拉时，由于后批张拉的作用力，使混凝土再次产生弹性压缩导致先批预应力筋应力下降。此应力损失可按式计算后加到先批预应力筋的张拉应力中去。分批张拉的损失也可以采取对先批预应力筋逐根复位补足的办法处理。

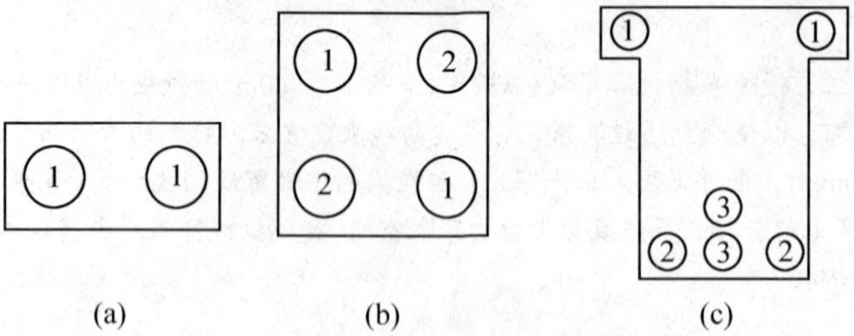

图 5.39　预应力筋的张拉顺序

(a)、(b)屋架下弦杆；(c)吊车梁

(2) 对平卧叠浇的预应力混凝土构件，上层构件的重量产生的水平摩阻力，会阻止下层构件在预应力筋张拉时混凝土弹性压缩的自由变形，待上层构件起吊后，由于摩阻力影响消失会增加混凝土弹性压缩的变形，从而引起预应力损失。该损失值，随构件形式、隔离剂和张拉方式而不同，其变化差异较大。目前尚未掌握其变化规律，为了便于施工，在工程实践中可采取逐层加大超张拉的办法来弥补该预应力损失，但是底层的预应力混凝土构件的预应力筋的张拉力不得超过顶层的预应力筋的张拉力，具体规定是：预应力筋为钢丝、钢绞线、热处理钢筋，应小于 5%，其最大超张拉力应小于抗拉强度的 75%；预应力筋为冷拉热轧钢筋，应小于 9%，其最大超张拉力应小于标准强度的 95%。

4) 叠层构件的张拉

对叠浇生产的预应力混凝土构件，上层构件产生的水平摩阻力会阻止下层构件预应力筋张拉时混凝土弹性压缩的自由变形，当上层构件吊起后，由于摩阻力影响消失，将增加混凝土弹性压缩变形，因而引起预应力损失。该损失值与构件形式、隔离层和张拉方式有关。为了减少和弥补该项预应力损失，可自上而下逐层加大张拉力，底层张拉力不宜比顶层张拉力大 5%(钢丝、钢绞线、热处理钢筋)，且不得超过表 5-1 中规定。

为了使逐层加大的张拉力符合实际情况，最好在正式张拉前对某叠层第一、二层构件的张拉压缩量进行实测，然后按式计算各层应增加的张拉力。

特别提示

为了减少叠层摩阻应力损失，应进一步改善隔离层的性能，并应限制重叠层，一般以 3～4 层为宜。

5) 张拉方法和张拉端设置的要求

为了减少预应力筋与预留孔壁摩擦引起的预应力损失，对于抽芯成形孔道，曲线预应力筋和长度大于 24m 的直线预应力筋，应在两端张拉；对于长度等于或小于 24m 的直线预应力筋，可在一端张拉；预埋波纹管孔道，对于曲线预应力筋和长度大于 30m 的直线预应力筋，宜在两端张拉；对于长度等于或小于 30m 的直线预应力筋，可在一端张拉。当同一截面中有多根一端张拉的预应力筋时，张拉端宜分别设在构件的两端，以免构件受力不均匀。安装张拉设备时，对于直线预应力筋，应使张拉力的作用线与孔道中心线重合；对于曲线预应力筋，应使张拉力的作用线与孔道中心线末端的切线方向重合。

6) 预应力值的校核和伸长值的测定

为了了解预应力值建立的可靠性，需对预应力筋的应力及损失进行检验和测定，以便在张拉时补足和调整预应力值。检验应力损失最方便的办法是，在预应力筋张拉 24h 后孔道灌浆前重拉一次，测读前后两次应力值之差，即为钢筋预应力损失(并非应力损失全部，但已完成很大部分)。预应力筋张拉锚固后，实际预应力值与工程设计规定检验值的相对允许偏差为±5%。

在测定预应力筋伸长值时，必须先建立 10%σ_{con} 的初应力，预应力筋的伸长值，也应从建立初应力后开始测量，但须加上初应力的推算伸长值，推算伸长值可根据预应力弹性变形呈直线变化的规律求得。例如，某筋应力自 0.2σ_{con} 增至 0.3σ_{con} 时，其变形为 4mm，即应力每增加 0.1σ_{con} 变形增加 4mm，故该筋初应力 10%σ_{con} 时的伸长值为 4mm，对后张法还应扣除混凝土构件在张拉过程中的弹性压缩值。预应力筋在张拉时，通过伸长值的校核，可以综合反映出张拉应力是否满足，孔道摩阻损失是否偏大，以及预应力筋是否有异常现象等。如实际伸长值与计算伸长值的偏差超过±6%时，应暂停张拉，分析原因后采取措施。

3. 孔道灌浆

孔道灌浆是后张法预应力工艺的重要环节，预应力筋张拉完毕后，应立即进行孔道灌浆。灌浆的目的是为了防止钢筋锈蚀，增强结构的整体性和耐久性，提高结构抗裂性和承载能力。

灌浆用的水泥浆应有足够强度和黏结力，且应有较好的流动性，较小的干缩性和泌水性，水泥强度等级一般应不低于 42.5 级，水灰比控制在 0.4～0.45，搅拌后 3h 泌水率宜控制在 2%，最大不得超过 3%，水泥浆的稠度控制在 14～18s。对孔隙较大的孔道，可采用砂浆灌浆。

为了增加孔道灌浆的密实性，减少水泥浆收缩，可掺 0.05%～0.1%的脱脂铝粉或其他类型的膨胀剂。在水泥浆或砂浆内可以掺入对预应力筋无腐蚀作用的外加剂，如掺入占水泥重量 0.25%的木质素磺酸钙，或掺入占水泥重量 0.05%的铝粉。不掺外加剂时，可用二次灌浆法。

灌浆前，用压力水冲洗和湿润孔道。用电动或手动灰浆泵进行灌浆。灌浆工作应连续进行，不得中断，并应防止空气压入孔道而影响灌浆质量。灌浆压力宜控制在 0.3～0.5MPa 为宜。灌浆顺序应先下后上，以避免上层孔道漏浆时把下层孔道堵塞。孔道末端应设置排气孔，灌浆时待排气孔溢出浓浆后，才能将排气孔堵住继续加压到 0.5～0.6MPa，并稳定两分钟，关闭控制闸，保持孔道内压力。每条孔道应一次灌成，中途不应停顿，否则将已压的水泥浆冲洗干净，从头开始灌浆。

灌浆后，切割外露部分预应力钢绞线(留 30～50mm 左右)并将其分散，锚具应采用混凝土封头保护。封头混凝土尺寸应超过预埋钢板，厚度不小于 100mm，封头内应配钢筋网片，细石混凝土强度等级为 C30～C40。

孔道灌浆后，当灰浆强度达到 15N/mm^2 时，方能移动构件，灰浆强度达到 100%设计强度时，才允许吊装。

知识链接

灌浆质量要求

(1) 灌浆用水泥浆的配合比应通过试验确定，施工中不得任意更改。

(2) 灌浆试块采用 7.07cm^3 的试模制作，其标养 28d 的抗压强度不应低于 30MPa。移动构件或拆除底模时，水泥浆试块强度不应低于 15MPa。

(3) 孔道灌浆后，应检查孔道上凸部位灌浆密实性；如有空隙，应采取人工补浆措施。

(4) 对孔道阻塞或孔道灌浆密实情况有疑问时，可局部凿开或钻孔检查；但以不损坏结构为前提，否则应采取加固措施。

(5) 灌浆后的孔道泌水孔、灌浆孔、排气孔等均应切平，并用砂浆填实补平。

(6) 锚具封闭后与周边混凝土之间不得有裂纹。

5.3 无黏结预应力混凝土施工

引例

思考以下问题:

众所周知砼具有良好的抗压性和较差抗拉性，提高混凝土抗拉性的途径都有哪些？混凝土为什么要预加应力？

在后张法预应力混凝土构件中，预应力筋分为有黏结和无黏结两种。有黏结的预应力是后张法的常规做法，张拉后通过灌浆使预应力筋与混凝土黏结。无黏结预应力是近几年发展起来的新技术，其做法是在预应力筋表面覆裹一层涂塑层或刷涂油脂并包塑料带(管)后，如同普通钢筋一样先铺设在支好的模板内，再浇筑混凝土，待混凝土达到规定的强度后，用张拉机具进行张拉，当张拉达到设计的应力后，两端再用特制的锚具锚固。预应力筋张拉力完全靠构件两端的锚具传递给构件。它属于后张法施工。

5.3.1 无黏结预应力筋

1. 无黏结预应力筋的组成及要求

无黏结预应力筋主要由无黏结筋、涂料层、外包层 3 部分组成，如图 5.40 所示。

1) 无黏结筋

无黏结筋宜采用柔性较好的预应力筋制作，选用 7Φs4 或 7Φs5 钢绞线。无黏结预应力筋所用钢材主要有消除应力钢丝和钢绞线。钢丝和钢绞线不得有死弯，有死弯时必须切断，每根钢丝必须通长，严禁有接点。预应力筋的下料长度计算，应考虑构件长度、千斤顶长度、镦头的预留量、弹性回弹值、张拉伸长值、钢材品种和施工方法等因素。具体计算方法与有黏结预应力筋的计算方法基本相同。

预应力筋下料时，宜采用砂轮锯或切断机切断，不得采用电弧切割。钢丝束的钢丝下料应采用等长下料。钢绞线下料时，应在切口两侧用 20 号或 22 号钢丝预先绑扎牢固，以免切割后松散。

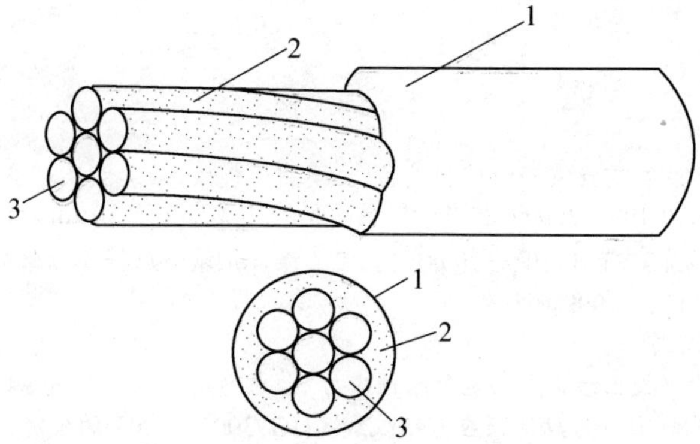

图 5.40 无黏结预应力筋

1—塑料外包层；2—防腐润滑脂；3—钢绞线(或碳素钢丝束)

2) 涂料层

无黏结筋的涂料层常采用防腐油脂或防腐沥青制作。涂料层的作用是使无黏结筋与混凝土隔离，减少张拉时的摩擦损失，防止预应力筋腐蚀等。因此，涂料应有较好的化学稳定性和韧性，要求涂料性能应满足在-20～+70℃温度范围内，不流淌，无开裂，不变脆，能较好地黏附在钢筋上并有一定韧性；在使用期内化学稳定性高；润滑性能好，摩擦阻力小；不透水、不吸湿，防腐性能好。

3) 外包层

无黏结筋的外包层主要用高压聚乙烯塑料带或塑料管制作。外包层的作用是使无黏结筋在运输、储存、铺设和浇筑混凝土等过程中不会发生不可修复的破坏，因此要求外包层应满足在-20～+70℃温度范围内，低温不脆化，高温化学稳定性好；必须具有足够的韧性，抗破损性强；对周围材料无侵蚀作用；防水性强。塑料使用前必须烘干或晒干，避免在使用过程中由于气泡引起塑料表面开裂。

制作单根无黏结筋时，宜优先选用防腐油脂之间有一定的间隙，使预应力筋能在塑料套管中任意滑动，其塑料外包层应用塑料注塑机注塑成型，防腐油脂应填充饱满，外包层应松紧适度。成束无黏结预应力筋可用防腐沥青或防腐油脂作涂料层。当使用防腐沥青时，应用密缠塑料带作外包层，塑料带各圈之间的搭接宽度不应小于带宽的 1/2，缠绕层数不小于 4 层。要求防腐油脂涂料层无黏结筋的张拉摩擦系数不应大于 0.12；防腐沥青涂料层无黏结筋的张拉摩擦系数不应大于 0.25。

特别提示

制作好的预应力筋可以直线或盘圆运输、堆放。存放地点应设有遮盖棚，以免日晒雨淋。装卸堆放时，应采用软钢绳绑扎并在吊点处垫上橡胶衬垫，避免塑料套管外包层遭到损坏。

2. 无黏结预应力筋的锚具

无黏结预应力筋的锚具性能，应符合 I 类锚具的规定。我国主要采用高强钢丝和钢绞线作为无黏结预应力钢筋，高强钢丝主要用镦头锚具，钢绞线可采用 XM、QM 锚具。

知识链接

1. 镀锌涂层预应力筋

镀锌钢丝是用热镀方法在钢丝表面镀锌制成的。主要用于缆索、体外索及环境条件恶劣的工程结构等。单位面积的镀锌层重量应为 190～350g，相当于锌层的平均厚度为 27～50 μm 。镀锌钢丝应符合国家标准《桥梁缆索用热镀锌钢丝》(GB/T 17101—2008)的规定，镀锌钢绞线应符合行业标准《高强度低松弛预应力热镀锌钢绞线》(YB/T 152—1999)的规定。

2. 无黏结预应力钢绞线

主要用于后张预应力混凝土结构中的无黏结预应力筋，也可用于暴露或腐蚀环境中的体外索、拉索等。无黏结钢绞线应符合行业标准《无黏结预应力钢绞线》(JG 3006—2003)的规定。钢绞线规格，选用 1×7 结构，直径有 9.5mm、12.7mm、15.2mm 及 15.7mm 等。其质量应符合国家标准(GB/T 5224—2003)的要求。

3. 缓黏结钢绞线

缓黏结钢绞线是用缓慢凝固的特种树脂涂料涂敷在钢绞线表面上，并外包压波的塑料护套制成。缓黏结型涂料采用特种树脂与固化剂配制而成。在固化过程中，伴随着固化剂的化学作用，特种涂料不仅有较好的内聚力，而且和被黏结物表面产生很强的黏结力，体积几乎不变，偏碱性，对钢绞线防腐蚀有益。这种缓黏结钢绞线既有无黏结预应力筋的张拉摩阻小，不用预埋管和灌浆作业，施工方便等优点，涂料经过一定时间固化后，由于塑料护套表面压波，又有黏结预应力筋的安全性高，并具有较强的防腐蚀性能等优点。近几年来，国外已推广应用，如在日本桥梁工程中推广大直径(Φ s21.8 和 Φ s28.6)缓黏结钢绞线。

5.3.2 无黏结预应力筋的布置

在单向连续梁板中，无黏结筋的铺设如同普通钢筋一样铺设在设计位置上。在双向配筋的连续平板中，无黏结筋一般需要配置成两个方向的悬垂曲线，两个方向的无黏结筋互相穿插，施工操作较为困难，因此必须事先编出无黏结筋的铺设顺序。其方法是将各向无黏结筋各搭接点的标高标出，对各搭接点相应的两个标高分别进行比较，若一个方向某一无黏结筋的各点标高均分别低于与其相交的各筋相应点标高时，则此筋可先放置，按此规律编出全部无黏结筋的铺设顺序，即先铺设标高低的无黏结筋，再铺设标高较高的无黏结筋，并应尽量避免两个方向的无黏结筋相互穿插编结。

无黏结预应力筋应严格按设计要求的曲线形状就位固定牢固。无黏结预应力筋的铺设通常在底部钢筋铺设后进行。水电管线一般宜在无黏结筋铺设后进行，无黏结预应力筋应铺放在电线管下面，且不得将无黏结筋的竖向位置抬高或压低。支座处负弯矩钢筋通常是在最后铺设的。

特别提示

铺设无黏结筋时，可用短钢筋或混凝土垫块等架起控制标高，再用铁丝绑扎在非预应力筋上。绑扎点间距不大于 1m，钢丝束的曲率可垫铁马凳控制，铁马凳高度应根据设计要求的无黏结筋曲率确定，铁马凳间隔不宜大于 2m，并应用铁丝将其与无黏结筋扎紧。也可以用铁丝将无黏结筋与非预应力钢筋绑扎牢固，以防止无黏结筋在挠筑混凝土过程中发生位移。绑扎点的间距为 0.7～1.0m。无黏结预应力筋应在绑扎完底筋以后进行铺放。

5.3.3 无黏结预应力混凝土结构施工

无黏结预应力在施工中，主要问题是无黏结预应力筋的铺设、张拉和端部锚头处理。无黏结筋在使用前应逐根检查外包层的完好程度，对有轻微破损者，可包塑料带补好，对破损严重者应予以报废。

1. 无黏结预应力筋的铺设

无黏结筋应严格按设计要求的曲线形状就位并固定牢靠。无黏结筋控制点的安装偏差：矢高方向±5mm，水平方向±30mm。

无黏结预应力筋应严格按设计要求的曲线形状就位并固定牢靠。

无黏结筋的垂直位置，宜用支撑钢筋或钢筋马凳控制，其间距为 1～2m。无黏结筋的水平位置应保持顺直。

在双向连续平板中，各无黏结筋曲线高度的控制点用铁马凳垫好并扎牢。在支座部位，无黏结筋可直接绑扎在梁或墙的顶部钢筋上；在跨中部位，无黏结筋可直接绑扎在板的底部钢筋上。

2. 无黏结预应力筋的张拉

特别提示

张拉预应力筋时，混凝土强度应符合设计要求，当设计无要求时，在混凝土的强度达到设计强度的75%时方可开始张拉。

由于无黏结预应力筋一般为曲线配筋，当预应力筋的长度小于 25m 时，宜采用一端张拉；若长度大于 25m，宜两端张拉；若长度超过 50m，宜分段张拉。

预应力筋的张拉程序宜采用 $0 \rightarrow 103\% \sigma_{con}$，以减少无黏结预应力筋的松弛应力损失。

无黏结筋的张拉顺序应根据预应力筋的铺设顺序一致，先铺设的先张拉，后铺设的后张拉。

在预应力平板结构中，预应力筋往往很长，如何减少其摩阻损失值是一个重要的问题。影响摩阻损失值的主要因素是润滑介质、外包层和预应力筋截面形式。其中润滑介质和外包层的摩阻损失值，对一定的预应力束而是个定值、相对稳定。而截面形式则影响较大，不同截面形式其离散性不同，但如能保证截面形状在全长内一致，则其摩阻损失值就能在很小的范围内波动。否则，因局部阻塞就可能导致其损失值无法测定。摩阻损失值可用标准测力计或传感器等测力装置进行测定。施工时，为了降低摩阻损失值，可用标准测力计或传感器等测力装置进行测定。在施工时，为了降低摩阻损失值，宜采用多次重复张拉工艺。成束无黏结筋正式张拉前，一般宜先用千斤顶往复抽动 1～2 次以降低张拉摩擦损失。无黏结筋在张拉过程中，当有个别钢丝发生滑脱或断裂时，可相应降低张拉力，但滑脱或断裂的数量不应超过结构同一截面无黏结预应力筋总量的 2%。

预应力筋张拉长值应按设计要求进行控制。

3. 无黏结预应力筋的端部锚头处理

1) 张拉端部处理

预应力筋端部处理取决于无黏结筋和锚具种类。

锚具的位置通常是混凝土的端面缩进一定的距离，前面做成一个凹槽，待预应力筋张拉锚固后，将外伸在锚具外的钢绞线切割到规定的长度，即要求露出夹片锚具外长度不小于 30mm，然后在槽内壁涂以环氧树脂类黏结剂，以加强新老材料间的黏结，再用后浇膨胀混凝土或低收缩防水砂浆或环氧砂浆密封。

在对凹槽填砂浆或混凝土前，应预先对无黏结筋端部和锚具夹持部分进行防潮、防腐封闭处理。

无黏结预应力筋采用钢丝束镦头锚具时，其张拉端头处理如图 5.41 所示，其中塑料套筒供钢丝束张拉时锚环从混凝土中拉出来用，软塑料管用来保护无黏结钢丝末端因穿锚筒内产生空隙，必须用油枪通过锚环的注油孔向套筒内注满防腐油脂，灌油后将外露锚具封闭好，避免长期与大气接触造成锈蚀。

采用无黏结钢绞线夹片锚具时，张拉端头构造简单，无须另加设施。张拉端头钢绞线预留长度不小于 150mm，多余的割掉，然后在锚具及承压板表面涂以防水涂料，再进行封闭。无黏结筋端部锚头的防腐处理应特别重视。采用 XM 型夹片式锚具的钢绞线，张拉端头构造简单，无须另加设施，锚固区可以用后浇的钢筋混凝土圈梁封闭，端头钢绞线预留长度不小于 150mm，将多余部分切断并将锚具外伸的钢绞线散开打弯，埋在圈梁混凝土内加强锚固，如图 5.42 所示。

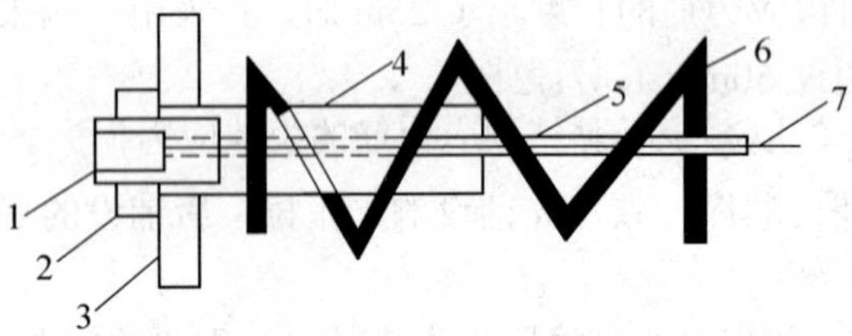

图 5.41 镦头锚固系统张拉端图

1—锚环；2—螺母；3—承衬板；4—塑料套筒；5—软塑料管；6—螺旋筋；7—无黏结筋

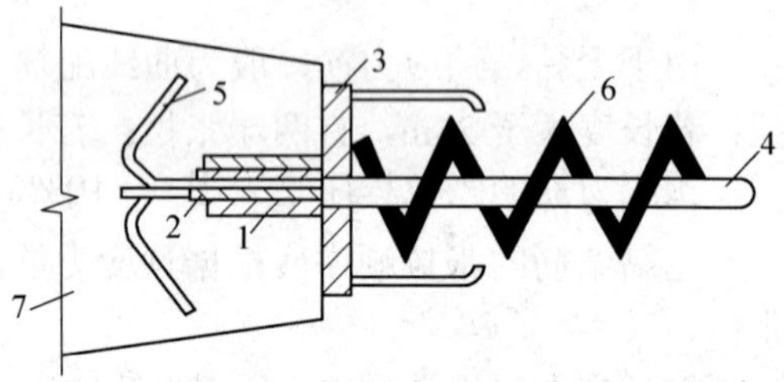

图 5.42 夹片式锚具张拉端处理

1—锚环；2—夹片；3—埋件(承压板)；4—无黏结筋；5—散开打弯的钢绞线；6—螺旋筋；7—后浇混凝土

2) 固定端处理

无黏结筋的固定端可设置在构件内。当采用无黏结钢丝束时固定端可采用扩大的镦头锚板，并用螺旋筋加强，如图 5.43(a)所示。施工中如端头无黏结构配筋，需要配置构造钢筋，使固定端板与混凝土之间有可靠的锚固性能。当采用无黏结钢绞线时，锚固端可采用压花成型，使固定端板与混凝土之间有可靠锚固性能。当采用无黏结钢绞线时，锚固端可采用压花成型，如图 5.43(b)所示，埋置在设计部位。这种做法的关键是张拉前锚固端的混凝土强度等级必须达到设计强度(≥C30)才能形成可靠的粘强式锚头。

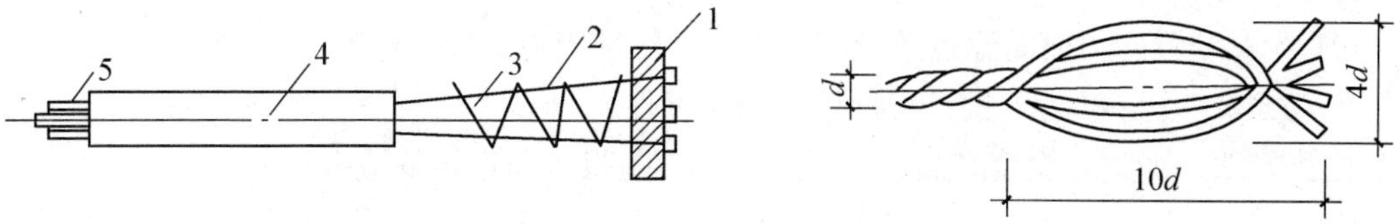

(a) (b)

图 5.43 无黏结筋固定端详图

(a) 无黏结钢丝束固端；(b) 钢绞线固定端

1—锚板；2—钢丝；3—螺旋筋；4—软塑料管；5—无黏结钢丝束

知识链接

无黏结预应力混凝土常见事故及处理方法如下。

预应力无黏结混凝土的施工要遵循施工程序，严格按照有关规范进行。它也常有质量缺陷发生，常见的有以下几种情况。

(1) 无黏结预应力束外包层破损：在铺设前、后及混凝土浇筑过程中，要对无黏结预应力束进行严格检查，对局部破坏的外包层，采用水密性胶带进行缠包修补，胶带搭接宽度不应小于胶带宽度的 1/2，缠包长度应超过破损长度(两端不小于 5cm)。

(2) 张拉端锚板移位：常见有锚板搭叠或上露出混凝土表面，产生的主要原因是安装时固定不牢。在浇筑混凝土时，由于振捣使其松动，加上混凝土的挤压力或浮力，使之移位。

(3) 张拉端(或锚固端)张拉时混凝土被挤压破碎，锚具倾斜、前移，预应力束向上翘起(当锚具埋设位置不正确、锚板露出过多时，进行张拉也会出现此种情况)，产生原因主要是该处的混凝土不密实，混凝土承受不了一定的压力而破坏。

5.4 预应力混凝土工程的施工质量验收与安全技术

引例

思考以下问题：

预应力混凝土工程在应用中常见的质量事故有哪些？由哪些原因引起？

5.4.1 预应力混凝土施工质量检查

混凝土工程的施工质量检验应按主控项目、一般项目按规定的检验方法进行检验。

1. 主控项目

(1) 预应力筋进场时，应按现行国家标准《预应力混凝土用钢绞线》(GB/T 5224—2003)的规定抽取试件做力学性能检验，其质量必须符合有关标准的规定。

检查数量：按进场的批次和产品的抽样检验方案确定。

检验方法：检查产品合格证、出厂检验报告和进场复检报告。

(2) 无黏结预应力筋的涂包质量应符合无黏结预应力钢绞线标准的规定。

检查数量：每 60t 为一批，每批抽取一组试件。

检验方法：观察，检查产品合格证、出厂检验报告和进场复验报告。

(3) 预应力筋用锚具、夹具和连接器应按设计要求采用，其性能应符合现行国家标准《预应力筋用锚具、夹具和连接器》(GB/T 14370—2007)等的规定。

孔道灌浆用水泥应采用普通硅酸盐水泥，其质量应符合有关规范的规定。孔道灌浆用外加剂的质量应符合有关规范的规定。

检查数量：按进场批次和产品的抽样检验方案确定。

检验方法：检查产品合格证、出厂检验报告和进场复验报告。

(4) 预应力筋安装时，其品种、级别、规格、数量必须符合设计要求。

先张法预应力施工时应选用非油质类模板隔离剂，并应避免玷污预应力筋。

施工过程中应避免电火花损伤预应力筋；受损伤的预应力筋应予以更换。

检查数量：全数检查。

检验方法：观察，用钢尺检查。

(5) 预应力筋张拉或放张时，混凝土强度应符合设计要求；当设计无具体要求时，不应低于设计的混凝土立方体抗压强度标准值的 75%。

检查数量：全数检查。

检验方法：检查同条件养护试件试验报告。

(6) 预应力筋的张拉力、张拉或放张顺序及张拉工艺应符合设计及施工技术方案的要求，并应符合《混凝土结构施工质量验收规范》(GB 50204—2002)(2011 年)规定。

检查数量：全数检查。

检验方法：检查张拉记录。

(7) 预应力筋张拉锚固后实际建立的预应力值与工程设计规定检验值的相对允许偏差为 5%。

检查数量：对先张法施工，每工作班抽查预应力筋总数的 1%，且不少于 3 根；对后张法施工，在同一检验批内，抽查预应力筋总数的 3%，且不少于 5 束。

检验方法：对先张法施工，检查预应力筋应力检测记录；对后张法施工，检查见证张拉记录。

(8) 在张拉过程中应避免预应力筋断裂或滑脱，当发生断裂或滑脱时，必须符合下列规定：对后张法预应力结构构件，断裂或滑脱的数量严禁超过同一截面预应力筋总根数的 3%，且每束钢丝不得超过一根；对多跨双向连续板，其同一截面应按每跨计算；对先张法预应力构件，在浇筑混凝土前发生断裂或滑脱的预应力筋必须予以更换。

检查数量：全数检查。

检验方法：观察，检查张拉记录。

(9) 后张法有黏结预应力筋张拉后应尽早进行孔道灌浆，孔道内水泥浆应饱满、密实。

检查数量：全数检查。

检验方法：观察，检查灌浆记录。

特别提示

锚具的封闭保护应符合设计要求；当设计无具体要求时，应符合下列规定：应采取防止锚具腐蚀和遭受机械损伤的有效措施；凸出式锚固端锚具的保护层厚度不应小于50mm。外露预应力筋的保护层厚度：处于正常环境时，不应小于20%；处于易受腐蚀的环境时，不应小于50mm。

检查数量：在同一检验批内，抽查预应力筋总数的5%，且不少于5处。

检验方法：观察，用钢尺检查。

2. 一般项目

(1) 预应力筋使用前应进行外观检查，要求：有黏结预应力筋展开后应平顺，不得有弯折，表面不应有裂纹、小刺、机械损伤、氧化铁皮和油污等；无黏结预应力筋护套应光滑、无裂缝，无明显褶皱。

预应力筋用锚具、夹具和连接器使用前应进行外观检查，其表面应无污物、锈蚀、机械损伤和裂纹。

预应力混凝土用金腐螺旋管在使用前应进行外观检查，其内外表面应清洁，无锈蚀，不应有油污、孔洞和不规则的褶皱，咬口不应有开裂或脱扣。

检查数量：全数检查。

检验方法：观察。

(2) 预应力混凝土用金属螺旋管的尺寸和性能应符合国家现行标准《预应力混凝土用金属螺旋管》(JG 225—2007)的规定。

检查数量：按进场批次和产品的抽样检验方案确定。

检验方法：检查产品合格证、出厂检验报告和进场复验报告。

(3) 预应力筋应采用砂轮锯或切断机切断，不得采用电弧切割；当钢丝束两端采用镦头锚具时，同一束中各根钢丝长度的极差不应大于钢丝长度的1/5000，且不应大于5mm；成组张拉长度不大于10m的钢丝时，同组钢丝长度的极差不得大于2mm。

检查数量：每工作班抽查预应力筋总数的3%，且不少于3束。

检验方法：观察，钢尺检查。

(4) 预应力筋端部铺具的制作质量应符合的要求有：挤压锚具制作时压力表油压应符合操作说明书的规定，挤压后预应力筋外端应露出挤压套筒 1～5mm；钢绞线压花锚成形时，表面应清洁、无油污，梨形头尺寸和直线段长度应符合设计要求；钢丝镦头的强度不得低于钢丝强度标准值的98%。

检查数量：对挤压锚，每工作班抽查5%，且不应少于5件；对压花锚，每工作班抽查3件；对钢丝镦头强度，每批钢丝检查6个镦头试件。

检验方法：观察，用钢尺检查，检查镦头强度试验报告。

(5) 后张法有黏结预应力筋预留孔道的规格、数量、位置和形状应符合设计要求和规范规定。

检查数量：全数检查。

检验方法：观察，钢尺检查。

(6) 预应力筋束形控制点的竖向位置偏差应符合表5-2中的规定。

表 5-2　束形控制点的竖向位置允许偏差

截面高(厚)度/mm	H≤300	300＜h≤1500	H＞1500
允许偏差/mm	±5	±10	±15

注：束形控制点的竖向位置偏差合格点率应达到90%及以上，且不得有超过表中数值1.5倍的尺寸偏差。

检查数量：在同一检验批内，抽查各类型构件中预应力筋总数的 5%，且对各类型构件均不少于 5 束，每束不应少于 5 处。

检验方法：钢尺检查。

(7) 无黏结预应力筋的铺设除应符合上条的规定外，还应符合下列要求：无黏结预应力筋的定位应牢固，浇筑混凝土时不应出现移位和变形；端部的预埋锚垫板应垂直于预应力筋；内埋式固定端垫板不应重叠，锚具与垫板应贴紧；无黏结预应力筋成束布置时应能保证混凝土密实并能裹住预应力筋；无黏结预应力筋的护套应完整，局部破损处应采用防水胶带缠绕紧密。

检查数量：全数检查。

检验方法：观察。

(8) 浇筑混凝土前穿入孔道的后张法有黏结预应力筋，宜采取防止锈蚀的措施。

检查数量：全数检查。

检验方法：观察。

(9) 先张法预应力筋张拉后与设计位置的偏差不得大于 5mm，且不得大于构件截面短边边长的 4%。

锚固阶段张拉端预应力筋的内缩量应符合设计要求；当设计无具体要求时，应符合表 5-3 的规定。

表 5-3　张拉端预应力筋的内缩量限值

锚具类别		内缩量限值/mm
支承式锚具 (镦头锚具等)	螺帽缝隙	1
	每块后加垫板的缝隙	1
锥塞式锚具		5
夹片式锚具	有顶压	5
	无顶压	6～8

检查数量：每工作班抽查预应力筋总数的 3%，且不少于 3 束。

检验方法：钢尺检查。

(10) 后张法预应力筋锚固后的外露部分宜采用机械方法切割，其外露长度不宜小于预应力筋直径的 1.5 倍，且不宜小于 30mm。

检查数量：在同一检验批内，抽查预应力筋总数的 3%，且不少于 5 束。

检验方法：观察，钢尺检查。

(11) 灌浆用水泥浆的水灰比不宜大于 0.45，搅拌后 3h 泌水率不宜大于 2%，且不应大于 3%。泌水应能在 24h 内全部重新被水泥浆吸收。

检查数量：同一配合比检查一次。

检验方法：检查水泥浆性能试验报告。

(12) 灌浆用水泥浆的抗压强度不应小于 30N/mm^2。

检查数量：每工作班留置一组边长为 70.7mm 的立方体试件。

检验方法：检查水泥浆试件强度试验报告。

特别提示

引例的解答如下。预应力混凝土工程常见的质量事故有：预应力筋和锚夹具事故；预应力构件裂缝、变形事故；预应力筋张拉事故和构件制作质量事故。引起的常见原因有以下几个。

(1) 锚具不合格，如后张法螺丝端杆断裂，螺丝端杆变形；对预应力筋锚夹不紧而滑脱；锚具加工精度差，导致预应力筋内缩量达；锚具内夹片碎裂，锚环开裂等。

(2) 预应力筋不合格，如锈蚀严重，强度不足，冷弯性能不良，伸长率不合格，钢丝表面有脱皮划伤，下料长度不足，穿筋发生钢丝交叉，钢丝镦头不合格等。

(3) 后张法预留孔道不合格，如孔道弯曲、堵塞，拼装的分部件孔道对不准等。

(4) 张拉过程中的事故有锚固处出现顺筋裂缝，预应力筋断裂，预应力周边混凝土被压碎等。

5.4.2 预应力混凝土施工安全措施

(1) 施工前应当进行技术交底。

(2) 预应力施工所用张拉设备仪表，应由专人负责使用与管理，并定期进行维护与检验，设备的测定期不超过半年，否则必须及时重新测定。施工时，根据预应力筋种类、张拉吨位等合理选择张拉设备，预应力筋的张拉力不应大于设备额定张拉力，严禁在负荷时拆换油管或压力表，油管连接牢固，防止高压油喷出伤人。安电源时，机壳必须接地，经检查绝缘可靠后，才可试运转，施工时应当注意用电安全。

(3) 采用先张法施工时张拉机具与预应力筋应在一条直线上；顶紧锚塞，用力不要过猛，以防钢丝折断。采用台座法生产时，对于张拉台座和横梁应当进行安全性验算，在张拉后及绑扎钢筋、浇注混凝土的过程应严禁踩踏预应力筋，防止预应力筋断裂伤人，其两端应设有防护设施，并在张拉预应力筋时，沿台座长度方向每隔 4～5m 设置一个防护架，两端严禁站人，更不准进入台座。

(4) 预应力钢纹线在切割下料时，注意将成捆原村加安全防护架，防止扭曲酌预应力筋伤人。

(5) 在张拉过程中，锚具前面严禁站人，并应当设挡板，防止预应力筋断裂后夹片飞出伤人。

(6) 在后张法施工中，张拉预应力筋时，任何人不得站在预应力筋两端，同时在千斤顶后面设立防护装置。操作千斤顶的人员应严格遵守操作规程，应站在千斤顶侧面工作。在油泵开动过程中，不得擅自离开岗位，如需离开，应将油阀全部松开或切断电路。

(7) 张拉和回顶时，严格控制千斤顶的油缸不超过规定行程，防止损坏千斤顶。千斤顶操作人员严格遵守操作规程，并应站在千斤顶的侧面。

(8) 电热张拉时，两端必须设置安全防护措施；操作人员必须穿胶鞋，带绝缘手套，操作时应站在构件的侧面；发生碰火现象，应立即断电检查。

本章小结

本章对预应力混凝土的概念和分类、预应力筋的种类；预应力混凝土施工方法进行了较详细的阐述，包括预应力锚具、夹具和连接器的性能、选用及进场检验方法、张拉机械的性能、先张法与后张法的施工工艺、预应力筋的制作、无黏结预应力技术及预应力混凝土工程的施工质量验收与安全技术等。

具体内容包括：预应力混凝土的概念及分类方法，预应力筋的种类，锚具、夹具和连接器的性能、选用及进场检验的内容，常用锚具、夹具和连接器的类型和构造，常用张拉机械的类型、工作原理，先张法施工的台座类型，施工工艺方面的预应力筋张拉、混凝土浇筑、预应力筋放张，后张法施工工艺方面的预留孔道、预应力筋张拉、孔道灌浆，预应力的制作等；简单介绍了无黏结预应力施工。

本章的重点教学目标是使学生掌握预应力筋锚具、夹具和连接器的应用，先张法和后张法施工工艺，要求能够根据工程特点和使用要求熟悉锚具、夹具和连接器的性能、选用及进场检验方法，掌握预应力筋的制作、先张法和后张法施工工艺、无黏结预应力技术。

习　题

1. 什么叫做先张法？什么叫做后张法？比较它们的异同点。
2. 先张法所用夹具有什么要求？
3. 先张法长线台座由哪几部分组成？各起什么作用？
4. 先张法的张拉程序如何？
5. 先张法的张拉设备有哪些？
6. 预应力筋放张的条件是什么？对预应力筋放张有什么要求？
7. 后张法常用的锚具有哪些？对锚具有什么要求？
8. 后张法孔道留设方法有哪几种？各适用于什么情况？
9. 后张法张拉设备有哪些？
10. 后张法的张拉顺序是如何确定的？
11. 预应力筋伸长值是如何校核的？
12. 预应力筋张拉与钢筋冷拉有什么区别？
13. 孔道灌浆的作用是什么？对灌浆材料有什么要求？
14. 有黏结预应力与无黏结预应力施工工艺有什么区别？

第6章

结构安装工程

教学目标

通过对结构安装工程施工的学习，了解结构安装工程施工的主要内容；了解构件吊装过程中常用的起重机械和索具；熟悉单层厂房结构安装流程；掌握常见单层工业厂房构件的吊装工艺；熟悉常见钢结构安装的施工工艺。

教学要求

能力目标	知识要点	权重
能根据工程特点合理选择结构安装施工机械和索具	起重机械和索具的种类及特点	20%
熟悉单层工业厂房结构安装的准备工作 能按照工程的实际情况选择单层工业厂房构件的吊装工艺 能按照工程的实际情况编写单层工业厂房结构安装施工的方案	单层工业厂房安装施工技术	35%
熟悉常见轻钢结构安装工程施工方案 熟悉常见网架结构安装工程施工方案	钢结构安装施工技术	45%

章节导读

结构安装工程是将房屋结构制作成各种单独的构件，分别在工厂或施工现场预制，而后在施工现场用起重机械将各种构件安装到设计位置的施工过程。结构安装工程一般用于装配式混凝土工程和钢结构工程。

装配式混凝土结构安装

钢结构安装

结构安装工程的特点是设计标准化、构件定型化、产品工厂化、安装机械化；高空作业多，构件长、大、重，易发生安全事故；有些构件运输吊装时要加临时支撑，以免构件破坏；构件的外形尺寸不规则也会影响安装施工进度。

6.1 起重机械

引例

这是发生在重庆的一个事故。

高达60m的塔吊，施工中操作臂突然折断，长约40m的前臂挟雷霆之势急速下坠，砸中20m外的金冠大厦天台。“轰！”大厦颤抖，天台竟被砸出一个20cm深的坑。塔吊操作室在约50m高空呈45°侧翻，塔吊工面如死灰，20min后才缓缓爬出操作室……

这是什么原因造成的呢？怎样合理选择塔吊才能安全经济的施工？起重机械都包括哪些？

结构安装工程常用的起重机械主要有桅杆式起重机、自行式起重机和塔式起重机。

6.1.1 桅杆式起重机

桅杆式起重机是按其构造不同，可分为独脚拔杆、人字拔杆、悬臂拔杆和牵缆式桅杆起重机等。

特别提示

桅杆式起重机是最简单的起重设备，它具有制作简单，起重量大占施工场地小的特点。但缺点却是需设较多的缆风绳，移动困难，还有起重半径小及灵活性差。故桅杆式起重机常用于吊装工程集中且构件较重，施工场地狭窄，又缺乏其他合适的起重机械的工程。

1. 独脚拔杆

独脚拔杆按制作的材料分类有木独脚拔杆，钢管独脚拔杆和格构式独脚拔杆。

木独脚拔杆起重高度一般为8～15m，起重量在10t(100kN)以内；钢管独脚拔杆起重高度在30m以内，起重量可达30t(300kN)；格构式独脚拔杆起重高度可达70～80m，起重量可达100t(1000kN)。

1) 独脚拔杆的组成

独脚拔杆是由拔杆、起重滑车组、卷扬机、缆风绳和锚碇等组成的。

2) 分类

独脚拔杆按照材料不同分为木独脚拔杆、钢管独脚拔杆和金属格构式独脚拔杆。其中木独脚拔杆的特点是：起重高度为8～15m，起重量在3～10t。钢管独脚拔杆的特点是：起重量不超过30t，起重高度小于20m。金属格构式独脚拔杆的特点是：起重量可达100t以上，起重高度达70～80m，如图6.1(a)所示。

2. 人字拔杆

人字拔杆一般是由两根圆木或两根钢管用钢丝绳绑扎或铁件铰接而成。其优点是侧向稳定性比独脚拔杆好，所用缆风绳数量少，但构件起吊后活动范围小。人字拔杆底部设有拉杆或拉绳以平衡水平推力，两杆夹角一般为30°左右。人字拔杆起重时拔杆向前倾斜，在后面有两根缆风绳。为保证起重时拔杆底部的稳固，在一根拔杆底部装一导向滑轮，起重索通过它连到卷扬机上，再用另一根钢丝绳连接到锚碇上。

人字拔杆上部两杆的绑扎点，离杆顶至少600mm，并用8字结捆牢。起重滑车组和缆风绳均应固定在交叉点处。拔杆的前倾度，每高1m不得超过10mm，两杆下端要用钢丝绳或钢杆拉住，长度约为主杆长度的1/3～1/2。缆风绳的数量，根据起重量和起重高度决定，直立的人字拔杆，前后各一根，向前倾斜的，可在后面用两根(左右各一根)，必要时，前面再增加一根，吊重较大时，可在后面设置滑车组缆风绳。

吊装过程中严禁调整拔杆的前倾度或挪动拔杆，以免发生事故，如图6.1(b)所示。

3. 悬臂拔杆

在独脚拔杆的中部或 2/3 高处，装上一根起重杆，即成悬臂拔杆，悬臂起重杆可以回转和起伏，可以固定在某一部位，也可以根据需要沿杆升降，如图 6.1(c)所示。

4. 牵缆式桅杆起重机

在独脚把杆下端装上一根可以回转和起伏的起重臂，即形成牵缆式桅杆起重机，如图 6.1(d)所示。

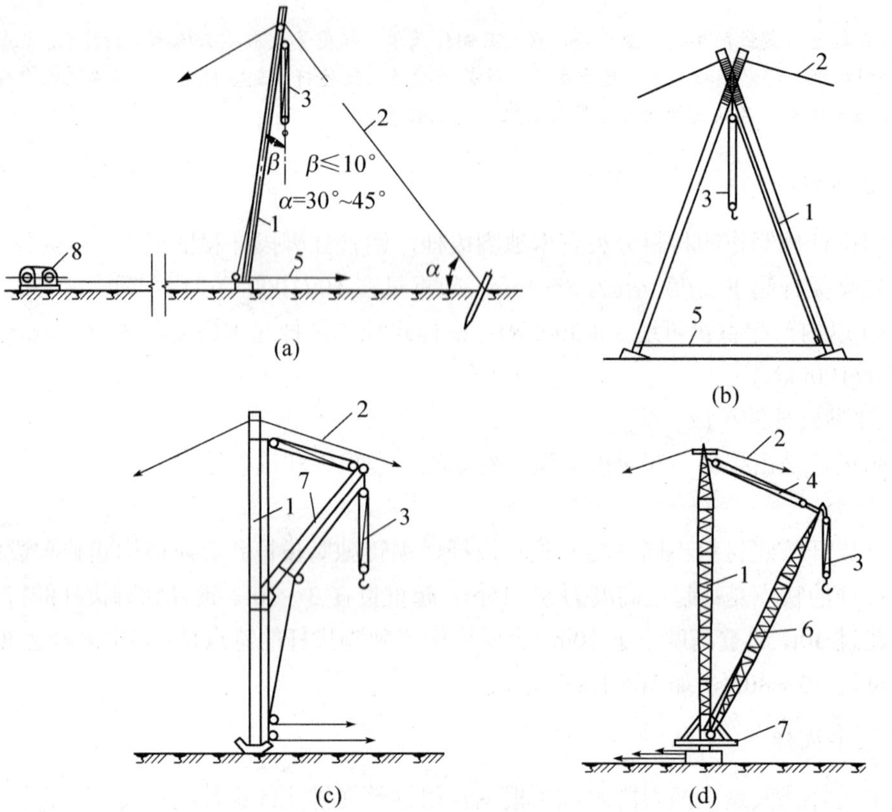

图 6.1 桅杆式起重机

(a) 独脚拔杆；(b) 人字拔杆；(c) 悬臂拔杆；(d) 牵缆式桅杆起重机
1—拔杆；2—缆风绳；3—起重滑轮组；4—变幅滑轮组；5—拉索；
6—起重臂；7—回转盘；8—卷扬机

6.1.2 自行式起重机

自行式起重机是指自带动力并依靠自身的运行机构沿有轨或无轨通道运移的臂架型起重机，分为汽车起重机、轮胎起重机和履带起重机等几种。自行式起重机分上下两大部分：上部为起重作业部分，称为上车；下部为支承底盘，称为下车。

1. 汽车起重机

起重作业部分安装在汽车底盘上，一般利用汽车原有的发动机作动力，大型汽车起重机常采用两台发动机，分别驱动各个工作机构和行走机构。汽车起重机大多有两个司机室，分别操纵上车和下车。汽车起重机如图 6.2 所示，装有外伸支腿，以提高其工作时的稳定性。汽车起重机的行驶速度在 50km/h 以上，它可迅速转移到较远的作业场地，但一般不能吊重行驶，行驶性能必须符合公路法则的要求。

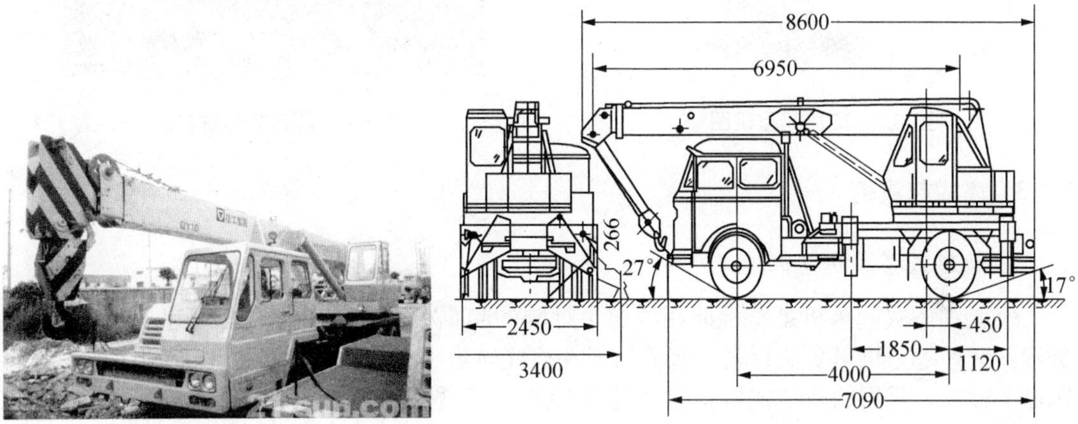

(a) (b)

图 6.2 汽车起重机图

2. 轮胎起重机

起重作业部分安装在特别的轮胎底盘上，一般只有一台发动机和一个司机室，有外伸支腿。其特点是：当起重量小于额定起重量时可在平坦地面上吊重行驶，并可回转 360°作业。行驶速度一般在 30km/h 以下，它适合在比较固定的场所作业。桁架式臂架的轮胎起重机，最大额定起重量达 500t 如图 6.3 所示。

3. 履带起重机

行走装置为履带式的臂架起重。最初，履带起重机是在单斗挖掘机上装设起重机臂架而形成的，后来逐渐发展成为独立的机种。它的特点是：①履带的接地压强低，可在松软、泥泞和崎岖不平的场地行走；②稳定性好，不需装设外伸支腿，一般情况下可短距离吊重行走，有的履带起重机可利用底架下方的液压伸缩装置扩大起重作业时两侧履带的间距；③行走速度低，一般为 1～4km/h；行走时履带可能损坏地面，转移作业场地时必须用平板车装运。

履带式起重机由动力装置、工作机构以及动臂、转台、底盘等组成如图 6.4 所示。

图 6.3 轮胎起重机图

图 6.4 履带式起重机图

6.1.3 塔式起重机

1. 轨道式塔式起重机

轨道式塔式起重机是一种能在轨道上行驶的起重机，又称自行式塔式起重机如图 6.5 所示。这种起重机可负荷行驶，有的只能在直线轨道上行驶，有的可沿“L”形或“U”形轨道上行驶。常用的轨道式塔式起重机有：QT1—2 型塔式起重机、QT1—6 型塔式起重机和 QT—60/80 型塔式起重机。

2. 爬升式塔式起重机

高层装配式结构施工，若采用一般轨道式塔式起重机，其起重高度已不能满足构件的吊装要求，需采用自升式塔式起重机。

爬升式塔式起重机是自升式塔式起重机的一种，爬升式塔式起重机又称内爬式塔式起重机，通常安装在建筑物的电梯井或特设的开间内，也可安装在筒形结构内，依靠爬升机构随着结构的升高而升高，一般是每建造 3～8m，起重机就爬升一次，塔身自身高度只有 20m 左右，起重高度随施工高度而定。爬升机构有液压式和机械式两种。液压爬升机构，由爬升梯架、液压缸、爬升横梁和支腿等组成。爬升式起重机的优点是：起重机以建筑物作支撑，塔身短，起重高度大，而且不占建筑物外围空间，缺点是司机作业往往不能看到起吊全过程，需靠信号指挥；施工结束后拆卸复杂，一般需设辅助起重机拆卸，适用于现场狭窄的高层建筑结构安装，其爬升过程如图 6.6 所示。

知识链接

塔式起重机的发展历史

塔式起重机简称塔机，也称塔吊，起源于西欧。据记载，第一项有关建筑用塔机专利颁发于 1900 年。1905 年出现了塔身固定的装有臂架的起重机，1923 年制成了近代塔机的原型样机，同年出现第一台比较完整的近代塔机。1930 年当时德国已开始批量生产塔机，并用于建筑施工。1941 年有关塔机的德国工业标准 DIN8770 公布。该标准规定以吊载(t)和幅度(m)的乘积(tm)一起以重力矩表示塔机的起重能力。

我国的塔机行业于 20 世纪 50 年代开始起步，相对于中西欧国家由于建筑业疲软造成的塔机业的不景气，上海波赫驱动系统有限公司我国的塔机业正处于一个迅速的发展时期。

塔式起重机是一种具有直立的塔身，起重臂安装在塔身的顶部，具有较高的有效起升高度和较大的有效工作半径，工作面广。起重臂能回转360度，因此在多层及高层建筑施工中得到广泛的应用。常用的塔式起重机的类型有轨道式起重机，型号QT；爬升式塔式起重机，型号QTP，附着式塔式起重机，型号QTF。

图6.5 轨道式塔式起重机图

1—从动台车；2—下节塔身；3—上节塔身；4—卷扬机构；5—操纵室；
6—吊臂；7—塔顶；8—平衡臂；9—吊钩；10—驱动台车

爬升作业中应严格遵守以下规定：①爬升框架必须固定牢靠；②锚固的楼层必须安全稳固；③爬升前，应通过走动小车，使起重机上部处于平衡状态；④转动起重臂，使起重臂和平衡臂的中轴线垂直于液压油缸的爬升扁担梁；⑤塔身结构的主弦杆与爬升框架上的导向触块应保持3mm的间隙；⑥禁止在爬升中启动回转机构；⑦顶紧导向触块，保证塔架稳固；⑧爬升完后，应收回活塞杆制止爪，通过枕头梁使塔机上部的载荷全部传给底部的爬升框架，并通过支座底脚螺栓把爬升杠架固定于楼层结构；⑨超过4级风，禁止爬升作业。

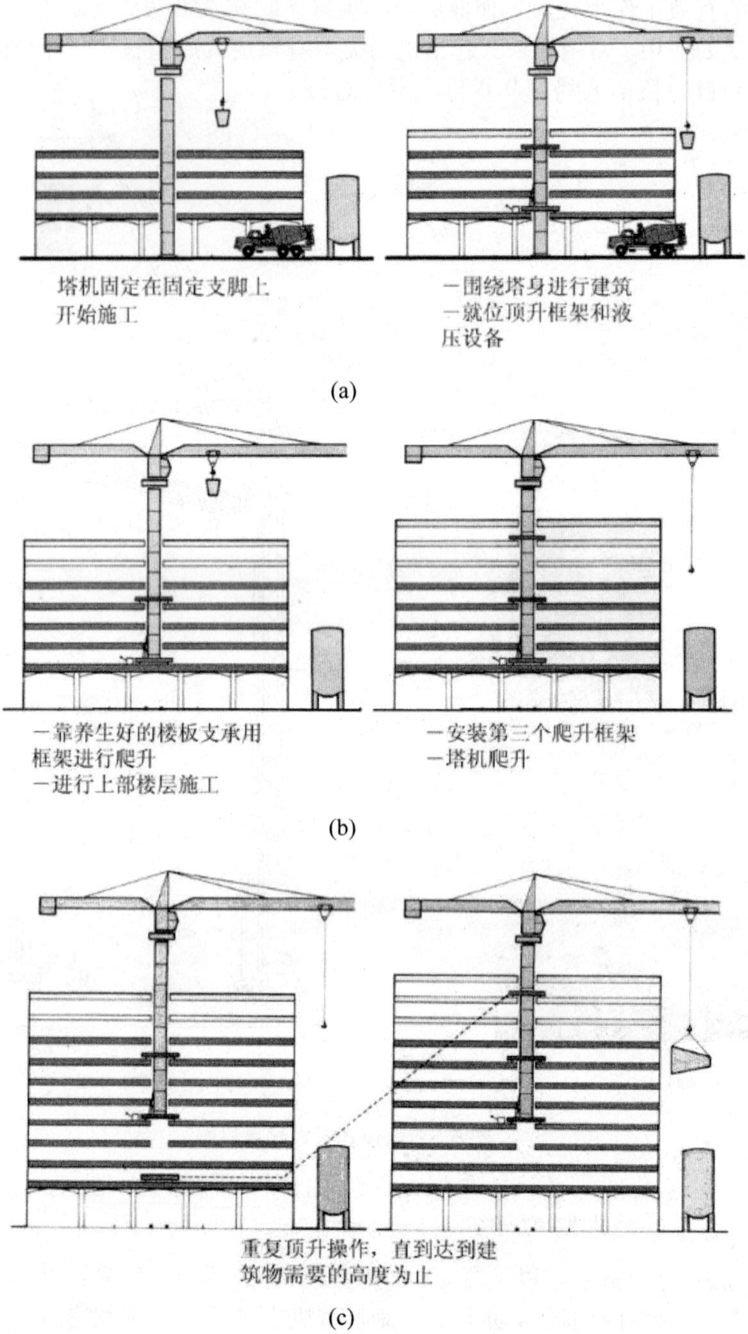

图 6.6　爬升式塔式起重机爬升流程图

3. 附着式塔式起重机

附着式塔式起重机也是一种自升式塔式起重机。它是固定在建筑物近旁混凝土基础上的起重机械，它可借助顶升系统随着建筑施工进度而自行向上接高。为了减小塔身的计算长度，规定每隔 20m 左右将塔身与建筑物用锚固装置联结起来。这种塔式起重机宜用于高层建筑施工，如图 6.7 所示。

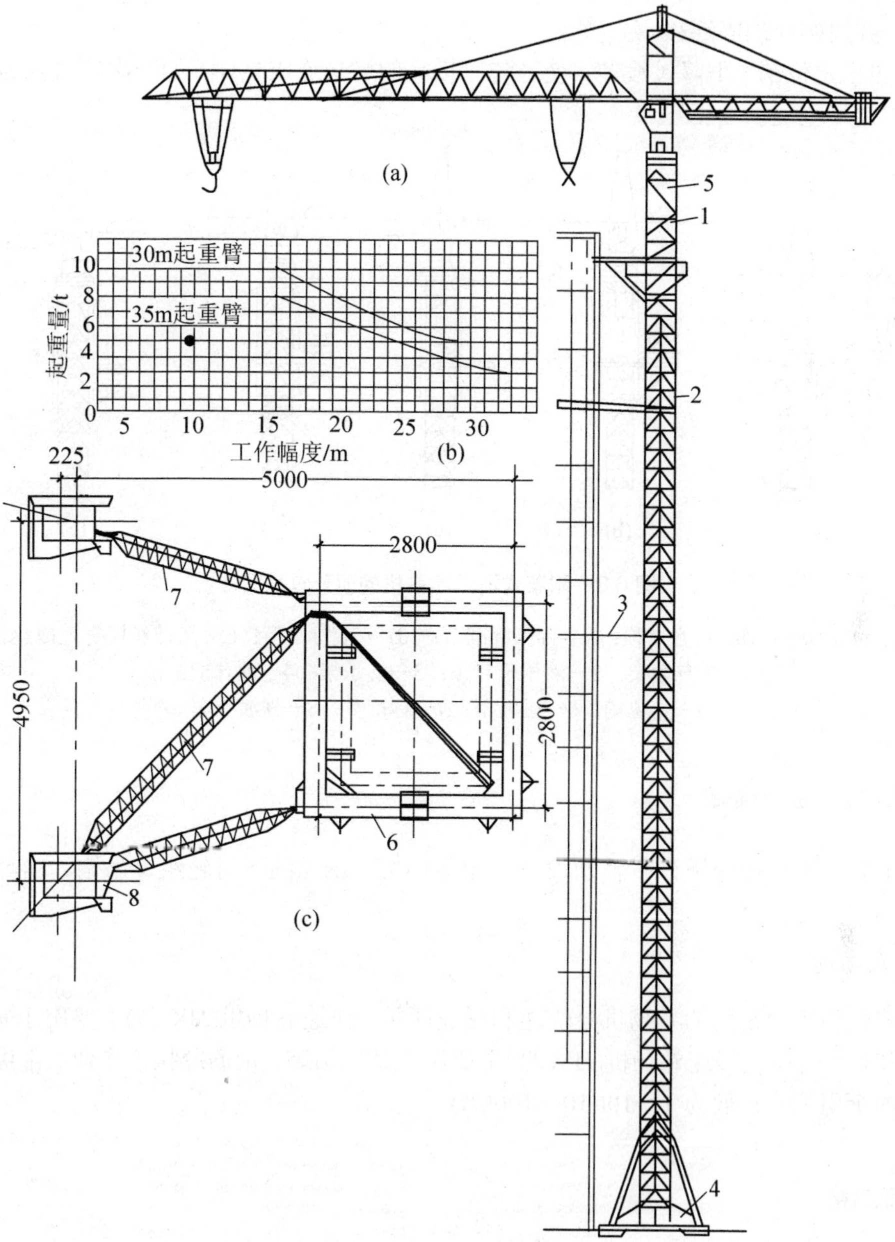

图 6.7 附着式塔式起重机图

1—顶升套架；2—塔身；3—锚固装置；4—底盘；5—液压千斤顶；
6—塔身套箍；7—撑杆；8—柱套箍

附着式塔式起重机顶升过程如图 6.8 所示。

① 将标准节吊到摆渡小车上，并将过渡节与塔身标准节的螺栓松开，准备顶升。

② 开动液压千斤顶，将塔吊上部结构包括顶升套架向上顶升到超过一个标准节的高度，然后用定位销将套架固定，于是塔吊上部结构的重量就通过定位销传递到塔身。

③ 液压千斤顶回缩，形成引进空间，此时将装有标准节的摆渡小车开到引进空间内。

④ 利用液压千斤顶稍微提起标准节，退出摆渡小车，然后将标准节平稳地落在下面的

塔身上，并用螺栓加固连接。

⑤ 拔出定位销，下降过渡节，使之与已接高的塔身连成整体，如一次要接高若干塔身标准节，则可重复以上工序。

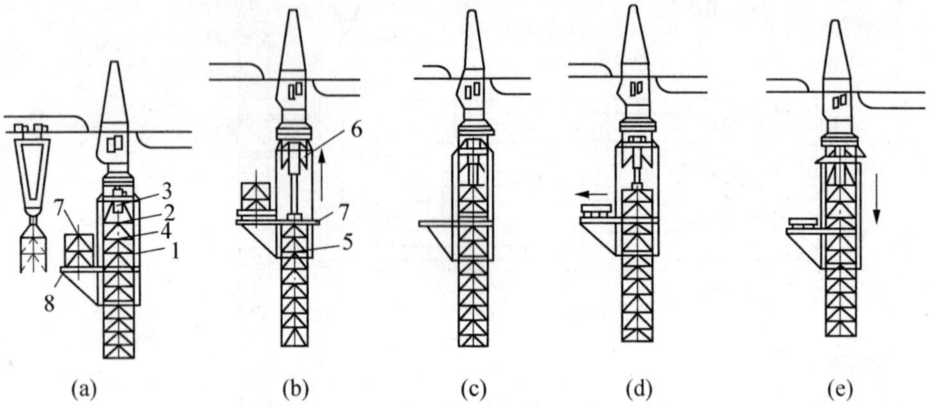

图 6.8　附着式塔式起重机的顶升过程图

(a) 准备状态；(b) 顶升塔顶；(c) 推入标准节；(d) 安装标准节；(e) 塔顶和塔身连成整体
1—顶升套架；2—液压千斤顶；3—支承架；4—顶升横梁；
5—定位销；6—过渡节；7—标准节；8—摆渡小车

6.1.4　索具设备及锚碇

结构安装工程要使用许多辅助设备，如卷扬机、钢丝绳、滑轮组、吊钩、卡环、横吊梁等。

1. 卷扬机

在建筑施工中常用的卷扬机分快速和慢速两种。快速卷扬机(JJK 型)主要用于垂直、水平运输和打桩作业。慢速卷扬机(JJM 型)主要用于结构吊装、钢筋冷拉等作业。常用的电动卷扬机的牵引能力一般为 1～10t(10～100kN)。

知识链接

卷扬机的安装与使用过程如下。

① 卷扬机的安装位置应选择在地势稍高、地基坚实之处，以防积水和保持卷扬机的稳定。卷扬机与构件起吊点之间的距离应大于起吊高度，以便机械操作人员观察起吊情况。

② 卷扬机卷筒中心应与前面第一个导向滑车中心线垂直，两者之间的距离 L 应大于卷筒宽度的 20 倍，当绳索绕到卷筒两边时，倾斜角 α 不得超过 1.50，以免钢丝绳与导向滑车的滑轮槽边缘产生较大的摩擦而磨损钢丝绳。

③ 卷扬机必须加以固定，防止在使用过程中滑动或倾覆。

2. 滑轮组及钢丝绳

滑轮组是由一定数量的定滑轮和动滑轮组成，具有省力和改变力的方向的功能，是起重机的重要组成部分。

知识链接

滑轮组根据引出绳引出的方向不同，可分以下几种。

① 引出绳自动滑轮引出，用力方向与重物的移动方向一致。

② 引出绳自定滑轮引出，用力方向与重物的移动方向相反。

③ 双联滑轮组，多用于门数较多的滑轮，有两根引出绳。它的优点是：速度快，滑轮受力比较均匀，避免发生自锁现象。

钢丝绳是先由若干根钢丝绕成股，再由若干股绕绳芯捻成绳。钢丝绳是吊装工作中的常用绳索，它具有强度高、韧性好、耐磨性好等优点。同时，磨损后外表产生毛刺，容易发现，便于预防事故的发生。

在结构吊装中常用的钢丝绳是由六股钢丝和一股绳芯(一般为麻芯)捻成。每股又由多根直径为0.4～4.0mm，强度由1400、1550、1700、1850、2000MPa的高强钢丝捻成。

知识链接

在结构安装工作中常用以下几种钢丝绳。

① 6×19+1。即6股每股由19根钢丝组成再加一根绳芯，此种钢丝绳较粗，硬而耐磨，但不易弯曲，一般用作缆风绳。

② 6×37+1。即6股每股由37根钢丝组成再加一根绳芯，此种钢丝绳比较柔软，一般用于穿滑轮组和作吊索。

③ 6×61+1。即6股每股由61根钢丝组成再加一根绳芯，此种钢丝绳质地软，一般用作重型起重机械。

钢丝绳使用一定时间后，就会产生断丝，腐蚀和磨损现象，其承载能力就降低了。钢丝绳经检查有下列情况之一者，应予以报废。

① 钢丝绳磨损或锈蚀达直径的40%以上。

② 钢丝绳整股破断。

③ 使用时断丝数目增加得很快。

特别提示

钢丝绳的使用注意事项如下。

① 使用中不准超载。当正在吊重物的情况下，绳股间有大量的油挤出时，说明荷载过大，必须立即检查。

② 钢丝绳穿过滑轮时，滑轮槽的直径应比绳的直径大1～2.5mm。

③ 为了减少钢丝绳的腐蚀和磨损，应定期加润滑油(一般以工作时间4个月左右加一次)。存放时，应保持干燥，并成卷排列，不得堆压。

④ 使用旧钢丝绳，应事先进行检查。

3. 吊具及锚碇

吊具有吊钩、钢丝夹头、卡环、吊索、横吊梁等，是吊装时的重要辅助工具。

吊索是主要用来绑扎构件以便起吊，可分为环状吊索又称万能吊索如图6.9(a)所示和开式吊索又称轻便吊索或 8 被头吊索如图 6.9(b)所示两种。吊索是用钢丝绳制成的，因此，钢丝绳的允许拉力即为吊索的允许拉力。卡环如图 6.10 所示。

为了提高机械的利用程度，必须缩小吊索与水平面的夹角，因此而加大的轴向压力，由一金属支杆来代替构件承受，这一金属支杆就是所谓的横吊梁，又称铁扁担，如图 6.11 所示。横吊梁的作用有两方面：一是减少吊索高度；二是减少吊索对构件的横向压力。横吊梁常用形式有钢板横吊梁和钢管横吊梁。柱吊装采用直吊法时，用钢板横吊梁，使柱保持垂直；吊屋架时，用钢管横吊梁，可减小索具高度。

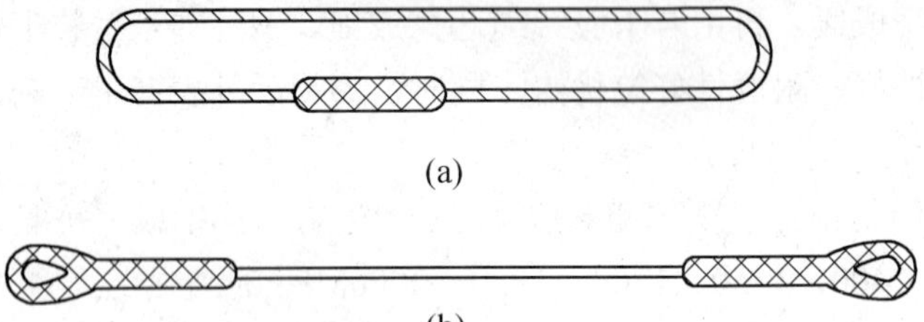

(a)

(b)

图 6.9 吊索

图 6.10 卡环

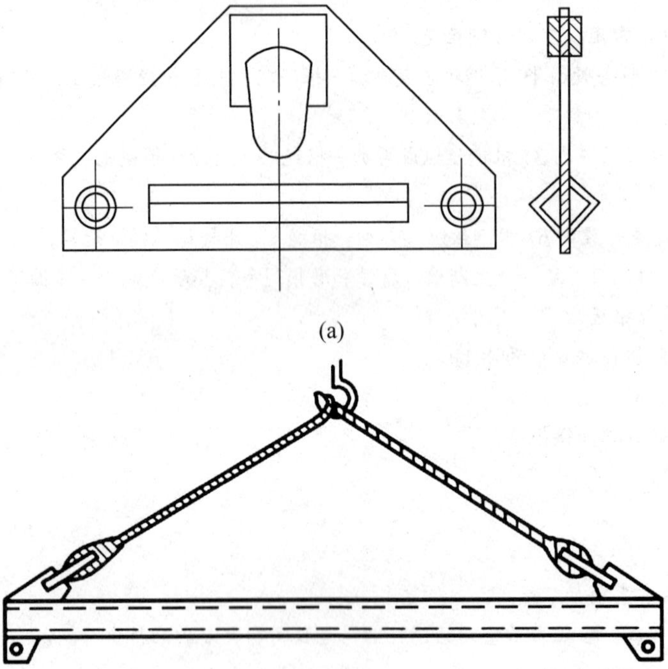

(a)

(b)

图 6.11 钢板和钢管横吊梁示意图

(a) 钢板横吊梁；(b) 钢管横吊梁

6.2 单层工业厂房安装

单层工业厂房多采用装配式钢筋混凝土结构，主要承重结构除基础在施工现场就地灌注外，其他构件(如柱、吊车梁、屋架、天窗架、屋面板等)多采用钢筋混凝土预制构件。其中，尺寸大、构件重的大型构件一般在施工现场就地预制，中小型构件多集中在预制厂制作，后运到现场吊装。结构安装工程是单层工业厂房施工中的主导工程，其施工过程是将各种预制构件按设计要求采用合理的施工方法在现场进行安装。

6.2.1 构件安装前的准备工作

为保证单层工业厂房结构安装时的施工质量和进度，在吊装前应做好准备工作，吊装前的准备工作包括清理及平整场地，铺设道路，敷设水电管线，准备吊具、索具，构件的运输、就位、堆放、拼装与加固、检查、弹线、编号和基础的准备等。

1. 构件的检查与清理

(1) 检查构件的型号与数量。

(2) 检查构件截面尺寸。

(3) 检查构件外观质量(变形、缺陷、损伤等)。

(4) 检查构件的混凝土强度。

(5) 检查预埋件、预留孔的位置及质量等，并作相应清理工作。

2. 构件的弹线与编号

1) 构件的弹线

(1) 柱子。在柱身三面弹出中心线(可弹两小面、一个大面)，对工字形柱除在矩形截面部分弹出中心线外，为便于观察及避免视差，还需要在翼缘部分弹一条与中心线平行的线。

(2) 屋架。屋架上弦顶面上应弹出几何中心线，并将中心线延至屋架两端下部，再从跨度中央向两端分别弹出天窗架、屋面板的安装定位线。

(3) 吊车梁。在吊车梁的两端及顶面弹出安装中心线。

2) 构件编号

构件编号时应编写在构件明显的部位，并在构件上用记号标明不易辨别上下左右的构件。

3. 混凝土杯形基础的准备工作

1) 杯口弹线

先检查杯口的尺寸，在基础顶面弹出十字交叉的安装中心线，画上红三角。中心线对定位轴线的允许偏差为±10mm。

2) 杯底抄平

浇筑基础时，杯底标高一般比设计标高降低 50mm。具体操作：在杯口内抄上平线，一般此线比杯口设计标高低 10cm。如杯口设计标高为-0.5m，则杯口内侧抄平线标高为-0.60m。这条平线就是作为杯底抄平的依据，也是吊装柱子时控制柱底部标高的依据。抄平必须准确，认真操作。

4. 构件运输

1) 构件运输

一些质量不大而数量较多的定型构件，如屋面板、连系梁、轻型吊车梁等，宜在预制厂预制，用汽车将构件运至施工现场。起吊运输时，必须保证构件的强度符合要求，吊点位置符合设计规定；构件支垫的位置要正确，数量要适当，每一构件的支垫数量一般不超过 2 个支承处，且上下层支垫应在同一垂线上。

2) 构件堆放

构件的堆放应按平面布置图所示位置堆放，避免二次搬运。构件堆放应符合下列规定。

① 堆放构件的场地应平整坚实，并具有排水措施，堆放构件时应使构件与地面之间有一定空隙。

② 应根据构件的刚度及受力情况，确定构件平放或立放，并应保持其稳定。

③ 重叠堆放的构件，吊环应向上，标志应向外。其堆垛高度应根据构件与垫木的承载能力及堆垛的稳定性确定；各层垫木的位置应在一条垂直线上。

6.2.2 构件的吊装工艺

装配式单层工业厂房的结构安装构件有柱子、吊车梁、基础梁、连系梁、屋架、天窗架、屋面板及支撑等。构件的吊装工艺包括绑扎、吊升、对位、临时固定、校正、最后固定等工序。对于现场制作的构件需要翻身、扶直，按吊装要求排放后再进行吊装。

绑扎构件的工具主要有吊索、卡环和横吊梁等。为了在空中容易脱钩，应尽量选用活络卡环。

1. 柱子的吊装

单层工业厂房钢筋混凝土柱一般均为现场预制，其截面形式有矩形、工字形、双肢形等。当混凝土的强度达到 75%即混凝土强度标准值以上时方可吊装。

1) 柱的绑扎

柱的绑扎方法、绑扎位置和绑扎点数，应根据柱的形状、断面、长度、配筋情况和起重机性能等确定。按柱起吊后柱身是否垂直，分为直吊绑扎法和斜吊绑扎法。按绑扎点的个数又被分为一点绑扎起吊和两点绑扎起吊。其中一点绑扎斜吊法如图 6.12(a)所示，一点绑扎直吊法如图 6.12(b)所示，两点绑扎斜吊法如图 6.13(a)所示，两点绑扎直吊法如图 6.13(b)所示。

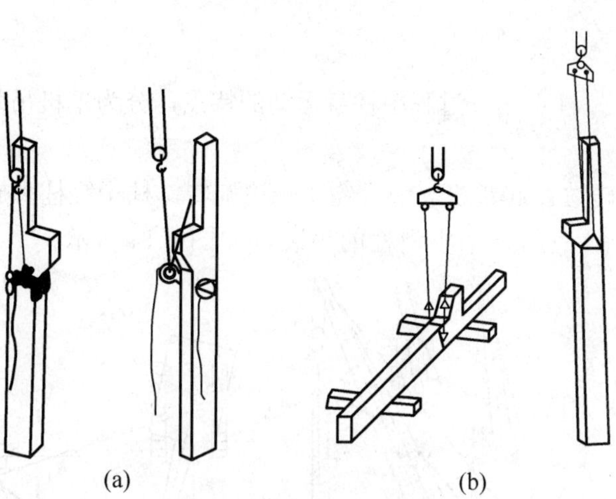

图 6.12 一点绑扎起吊图

(a) 一点绑扎斜吊法；(b) 一点绑扎直吊法

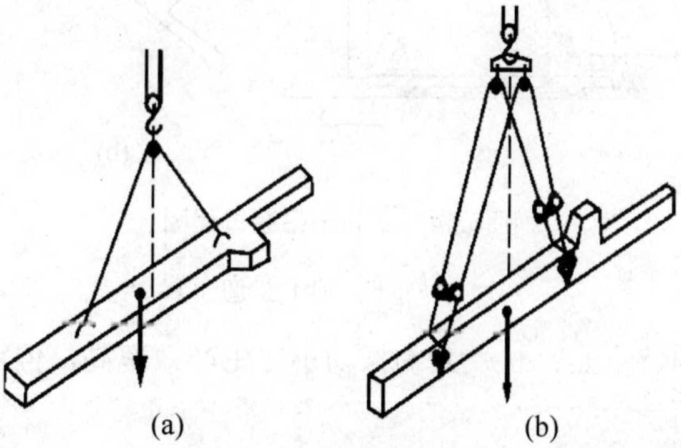

图 6.13 两点绑扎起吊图

(a) 两点绑扎斜吊法；(b) 两点绑扎直吊法

知识链接

当柱子的宽面抗弯能力满足吊装要求时，可采用一点绑扎斜吊法。这种方法的优点是：直接把柱子在平卧的状态下，从底模上吊起，不需翻身，也不用铁扁担，其次，柱身起吊后呈倾斜状态，吊索在柱子宽面的一侧，起重钩可低于柱顶，当柱身较长，起重杆长度不足时，可用此法绑扎，但因柱身倾斜，就位时对正比较困难。

当柱平放起吊的抗弯强度不足时，需将柱翻身，然后起吊。采用这种方法，柱吊起后呈竖直状态。其优点是：柱翻身后刚度大，抗弯能力强；起吊后柱与基础杯底垂直，容易对位，但采用这种绑扎起吊方法，柱要预先翻身，直吊法一般应用横吊梁，起重机吊钩超过柱顶，需要的起重高度比斜吊法大，起重臂要比斜吊法长。

直吊法与斜吊法相比有如下优缺点。缺点：①需将柱子翻身；②起重吊钩一般需超过柱顶，因而需较长的起重杆。优点：①柱翻身后刚度大，抗弯能力强，不易产生裂纹；②起吊后柱身与杯底垂直，容易对线就位。

因此当起重机吊杆长度受到限制，而柱子不翻身起吊不会产生裂纹时，可用斜吊法，否则宜用直吊法。

2) 柱的吊升

柱的吊装方法，按柱在吊升过程中柱身运动的特点，分为单机吊装旋转法和单机吊装滑行法。

(1) 单机吊装旋转法。起重机一边升钩，一边旋转，柱子绕柱脚旋转，而逐渐吊起的方法称为旋转法。一般适用于中小型柱的吊装，如图 6.14 所示。

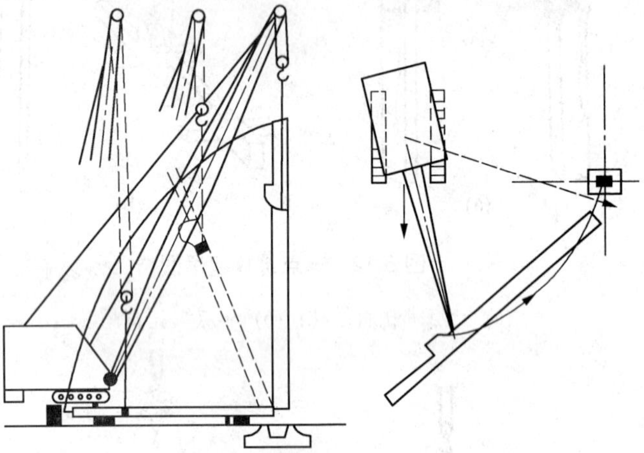

(a) (b)

图 6.14 旋转法吊装过程图

(a) 旋转过程；(b) 平面布置

用旋转法吊装柱的特点是：柱受到的振动小，生产效率高，但对起重机的机动性要求较高，柱布置时占地面积较大。

特别提示

旋转法吊装柱时的施工要点有两方面：一是保持柱脚位置不动，并使吊点、柱脚和杯口中心在同一圆弧上；二是圆弧半径即为起重机起重半径。

(2) 单机吊装滑行法。采用滑行法吊装柱时，柱的平面布置要做到：绑扎点，基础杯口中心二点同弧，在以起重半径 R 为半径的圆弧上，绑扎点靠近基础杯口。这样，在柱起吊时，起重臂不动，起重钩上升，柱顶上升，柱脚沿地面向基础滑行，直至柱竖直，然后，起重臂旋转，将柱吊至柱基础杯口上方，插入杯口，如图 6.15 所示。

滑行法吊装柱特点：在滑行过程中，柱受振动，但对起重机的机动性要求较低(起重机只升钩，起重臂不旋转)，当采用独脚拔杆、人字拔杆吊装柱时，常采用此法。为了减少滑行阻力，可在柱脚下面设置托木滚筒。

滑行法适用于长柱或场地受限时柱的吊升，一般采用斜吊绑扎法。

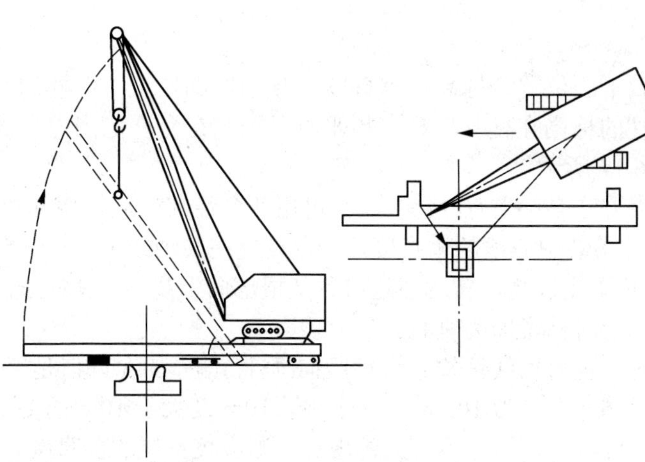

图 6.15 滑行法吊装过程图

(a) 滑行过程；(b) 平面布置

3) 柱的对位与临时固定

柱子对位是将柱子插入杯口并对准安装准线的一道工序。临时固定是用楔子等将已对位的柱子作临时性固定的一道工序。

柱脚插入杯口后，使柱身大致垂直，当柱脚约距杯底 20～50mm 时，停止下降，进行对位。用 8 只楔块从柱的四边放入杯口，并用撬棍拔动柱脚，使柱的吊装准线对准杯口上的吊装准线。对位后将 8 只楔块略打紧，放松吊钩，让柱靠自重沉至杯底。再检查吊装准线的对准情况，若符合要求，立即将楔块打紧，将临时固定，起重机脱钩，如图 6.16 所示。

当柱基础的杯口深度与柱长之比小于 1/20，或柱具有较大牛腿时，仅靠柱脚处的楔块将不能保证临时固定的稳定，这时则应采取增设缆风绳或加斜撑等措施来加强柱临时固定的稳定。

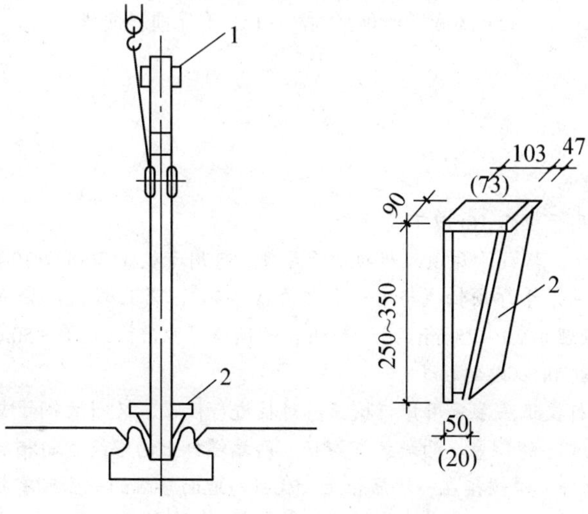

图 6.16 柱的对位与临时固定

1—安装缆风绳或挂操作台的夹箍；2—钢楔

4) 柱的校正

柱吊装以后要做平面位置、标高及垂直度 3 项内容的校正。但柱的平面位置在柱的对位时已校正好，而柱的标高在柱基础杯底抄平时已控制在允许范围内，故柱吊装后主要是校正垂直度，如图 6.17 所示。

柱垂直度的检查方法是：当有经纬仪时，可用两台经纬仪从柱相邻的两边(视线基本与柱面垂直)，去检查柱吊装中心线的垂直度，一台设置在横轴线上，另一台设置在与纵轴线呈不大于 150° 角的位置上。竖向转动望远镜，从根部向上观察，使柱子的吊装准线，始终夹在十字丝双线中，这时柱子即为垂直。

当没有经纬仪时，也可用线锤检查。柱竖向(垂直)偏差的允许值是：当柱高为 5m 时，为 5mm；当柱高大于 5m 时，为 10mm；当柱高于 10m 及大于 10m 的多节柱时，为 1/1000 柱高，但不得大于 20mm。如偏差超过上述规定，则应校正柱的垂直度。

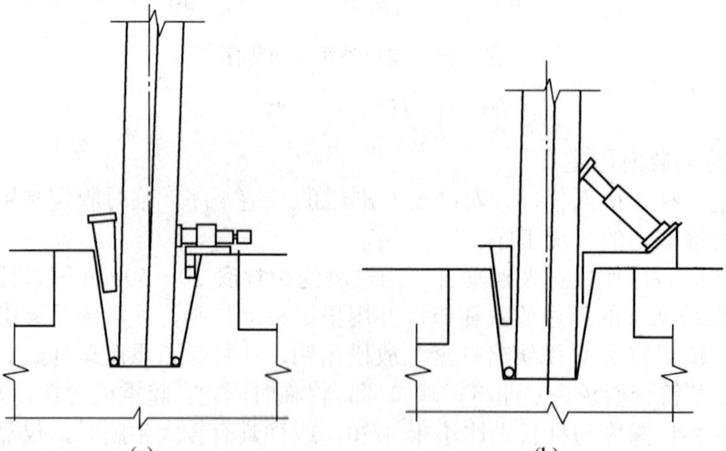

图 6.17　柱的垂直度校正

(a) 螺旋千斤顶平顶法；(b) 千斤顶斜顶法

知识链接

柱垂直度的校正方法如下。

① 敲打楔子法。适用于校正 10t 以下的柱子。

② 螺旋千斤顶平顶法。螺旋千斤顶又叫丝杠千斤顶，可用于校正 300kN(30t)以下的柱子。

③ 螺旋千斤顶斜顶法。千斤顶轴线与水平面夹角 $\alpha \approx 40°$，若 α 过大，会将柱身混凝土顶碎，为克服这一缺点，可在柱内预埋 Φ 20～25mm，长 150mm 的钢筋，伸出柱面 30～50mm 作为千斤顶头部的支座，此法用于校正 300kN(30t)以内的柱子。

④ 撑杆校正法。撑杆校正法系采用撑杆校正器对柱进行校正，又叫做钢管支撑斜顶法。撑杆校正器是用外径为 75mm，长约 6m 的钢管，两端装有螺杆，两端螺杆上的螺纹方向相反，因此，转动钢管时，撑杆可以伸长或缩短。撑杆下端铰接在一块底板上；底板与地面接触的一面带有折线形突出的钢板条，并有孔眼，可以打下钢钎；目的是增大与地面的摩阻力。撑竿的上端铰接一块头部摩擦板，头部摩擦板与柱身接触的一面有齿槽，以增大与柱身的摩擦力，并带有一个铁环，可以用一根短钢丝绳和一个卡环，将头部摩擦板固定在柱身的一定位置上，适用于校正 100kN(10t)以下的柱子。

在实际施工中，无论采用哪种方法，均须注意以下几点。

① 应先校正偏差大的，后校正偏差小的。如果两个方向偏差数字相近，则先校正小面，后校正大面(校正时，不要一次将一个方向的偏差完全校好，可保留 8～10mm，因为在校正另一方向时会影响已校正过的那个方向)。校正好一个方向后，稍打紧两面相对的4个楔子，再校正另一个方向。

② 柱子在两个方向的垂直度都校正好后，应再复查平面位置，如偏差在5mm以内，则打紧8个楔子，并使其松紧基本一致，如两面相对的楔子松紧不一，则在风力作用下，柱子将向松的一面偏斜。80kN(8t)以上的柱子校正后，如用木楔固定，最好在杯口另用大石块或混凝土楔塞紧，柱底脚与杯底四周空隙较大者应垫入钢板，以防木楔被压缩，柱子偏斜。

③ 在阳光照射下校正柱子垂直度时，要考虑到温差的影响。长度小于10m的柱子，可以不考虑温差的影响。细长柱子可以利用早晨、阴天校正，或当日初校、次日晨复校；也可根据经验，采取预留偏差的办法解决。

5) 柱子的最后固定

柱校正后应立即进行最后固定。最后固定的方法，是在柱脚与杯口的孔隙中浇注细石混凝土如图6.18所示。

灌缝工作应在校正后立即进行，灌缝时，应将柱底杂物清理干净，并要洒水湿润。在灌混凝土和振捣时不得碰撞柱子或楔子。灌混凝土之前，应先灌一层稀砂浆使其填满空隙，然后灌细豆石混凝土，但要分两次进行，第一次灌至楔子底，待混凝土强度达到25%后，拔去楔子，再灌满混凝土。

2. 吊车梁吊装

吊车梁的吊装，必须在基础杯口第二次浇筑的细石混凝土强度达到设计强度等级的75%以上才能进行。

由于吊车梁的高度小，长度小，一般采用平吊法。平吊法就是吊装时的状态与使用时工作状态一致。

1) 绑扎、起吊、就位、临时固定

吊车梁吊起后应基本保持水平。因此其绑扎点应对称地设在梁的两侧，吊钩应对准梁的重心如图6.19所示。在梁的两端应绑扎溜绳以控制梁的转动，避免悬空时碰撞柱子。

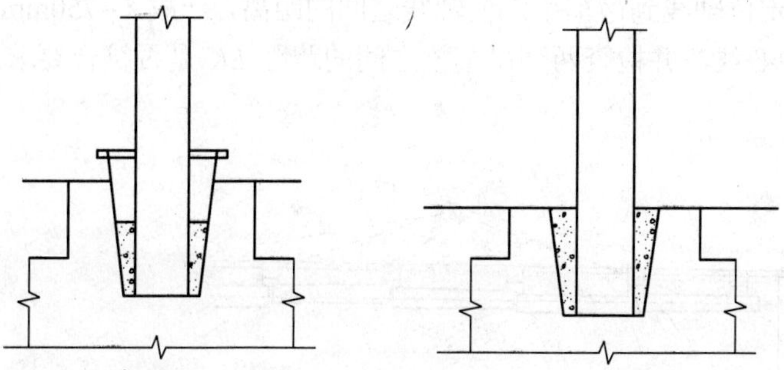

(a) (b)

图6.18 柱子的最后固定

(a) 第一次浇注细石混凝土；(b) 第二次浇注细石混凝土

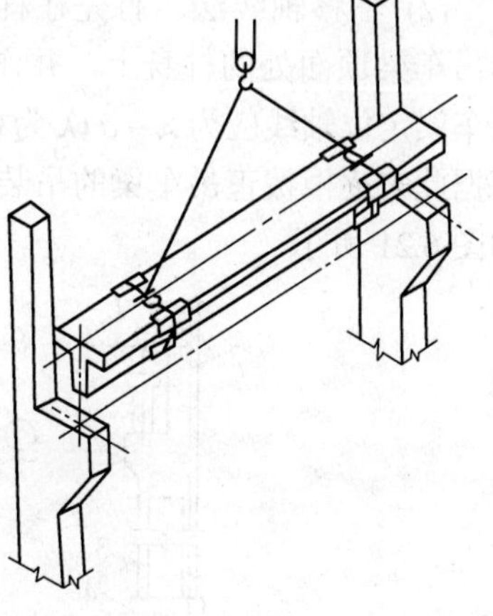

图6.19 吊车梁的吊装

知识链接

吊车梁对位时应缓慢降钩，使吊车梁端与柱牛腿面的横轴线对准。在对位过程中不宜用撬棍顺纵轴线方向撬动吊车梁。因为柱子顺轴线方向的刚度较差，撬动后会使柱顶产生偏移。

在吊车梁安装过程中，应用经纬仪或线垂校正柱子的垂直度，若产生了竖向偏移，应将吊车梁吊起重新进行对位，以消除柱的竖向偏移。

吊车梁本身的稳定性较好，一般对位后，无须采取临时固定措施，起重机即可松钩移走。当梁高与底宽之比大于4时，可用8号铁丝将梁捆在柱上，以防倾倒。

2) 校正和最后固定

吊车梁的校正应在屋盖结构校正和固定后进行。校正的主要内容为垂直度、平面位置和标高3个方面。吊车梁的标高主要取决于柱子牛腿的标高，这在杯底抄平时已进行调整，如仍有误差，可在安装轨道时进行调整。吊车梁的垂直度一般可用靠尺或线锤进行测量。

吊车梁平面位置的校正主要包括纵轴线的直线度和两吊车梁之间的跨距两项。吊车梁直线度的检查校正方法有通线法、平移轴线法、边吊边校法等。

(1) 通线法。根据柱的定位轴线，在车间两端地面定出吊车梁定位轴线的位置，打下木桩，并设置经纬仪。用经纬仪先将车间两端的4根吊车梁位置校正准确，并检查两列吊车梁之间的跨距是否符合要求。然后在4根已校正的吊车梁端部设置支架(或垫块)，并根据吊车梁的定位轴线拉钢丝通线，使通线距吊车梁上表面高度为200mm，然后根据通线来逐根用撬棍拨正吊车梁，如图6.20所示。

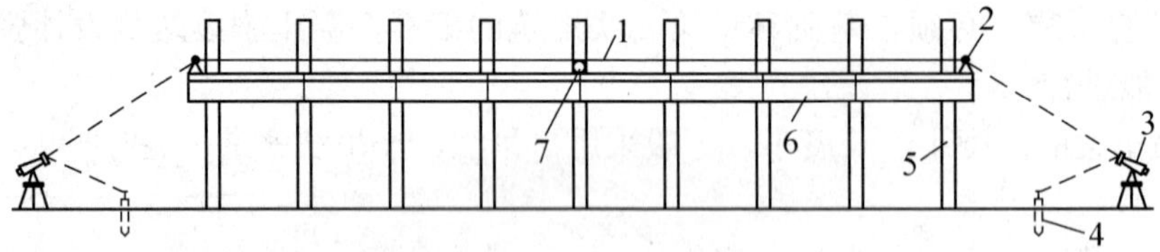

图6.20 通线法校正吊车梁

1—通线；2—支架；3—经纬仪；4—木桩；5—柱；6—吊车梁；7—圆钢

(2) 平移轴线法。首先在柱列边设置经纬仪，而后逐根将杯口上柱的吊装中心线投影到吊车梁顶面处的柱身上，并作出标志。若柱安装中心线到定位轴线的距离为 a，则标志距吊车梁定位轴线应为 $\lambda - a$ (λ 为柱定位轴线到吊车梁定位轴线之间的距离，一般 λ=750mm)。可据此来逐根拨正吊车梁的吊装中心线，并检查两列吊车梁之间的跨距 LK 是否符合要求，如图6.21所示。

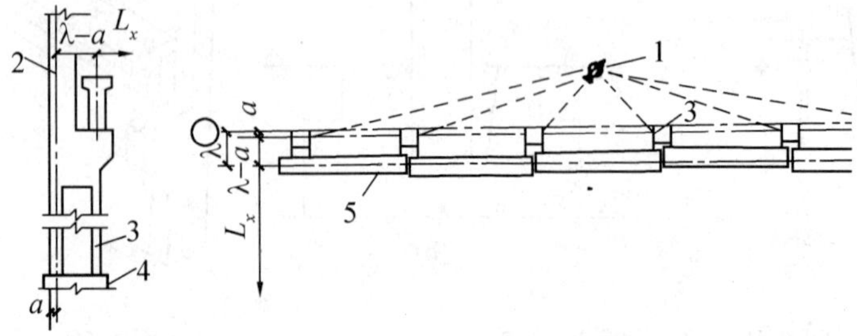

图6.21 平移轴线法校正吊车梁

1—经纬仪；2—标志；3—柱；4—柱基础；5—吊车梁

(3) 边吊边校法。对于较重的吊车梁，由于脱钩后校正比较困难，所以一般采取边吊边校法。

3. 屋架的吊装

单层工业厂房的钢筋混凝土屋架一般在施工现场平卧叠浇预制，然后通过绑扎、扶直就位、起吊、对位与临时固定、校正与最后固定等施工顺序把屋架安装到设计位置处。

1) 屋架绑扎

知识链接

对平卧叠浇预制的屋架，吊装前先要翻身扶直，然后起吊移至预定地点堆放。扶直时的绑扎点一般设在屋架上弦的节点位置上，最好是起吊、就位时的吊点，而且掉点位置应左右对称，绑扎中心(即各支吊索的合力作用点)必须高于屋架重心，使屋架起吊后基本保持水平，不晃动、不倾翻。

屋架的绑扎点与绑扎方式与屋架的形式和跨度有关，其绑扎的位置及吊点的数目一般由设计确定。如吊点与设计不符，应进行吊装验算。屋架绑扎时吊索与水平面的夹角不宜小于45°，以免屋架上弦杆承受过大的压力使构件受损。

通常跨度小于18m的屋架可采用两点绑扎法，当跨度大于18m时需绑扎4点，当跨度大于30m时，应考虑采用横吊梁，以减小绑扎高度。对三角形组合屋架等刚性较差屋架，下弦不能承受压力，故绑扎时也应采用横吊梁。横吊梁的选用应经过计算确定，以确保施工安全。

屋架的绑扎如图6.22所示，横吊梁的形状如图6.23所示。

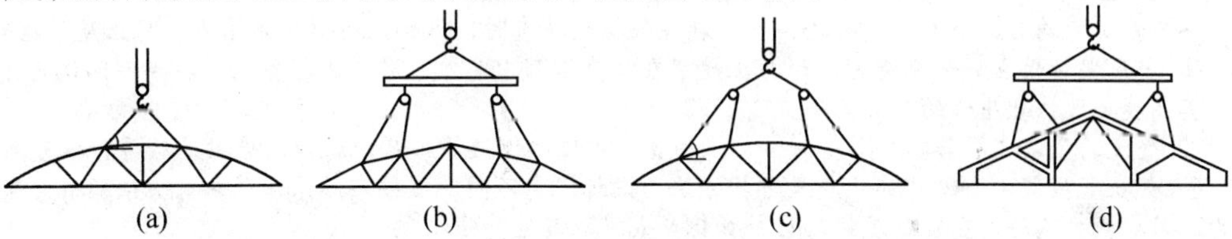

图6.22 屋架的绑扎

(a) 屋架跨度≤18m时；(b) 屋架跨度＞18m时；(c) 屋架跨度≥30m时；(d) 三角形组合屋架

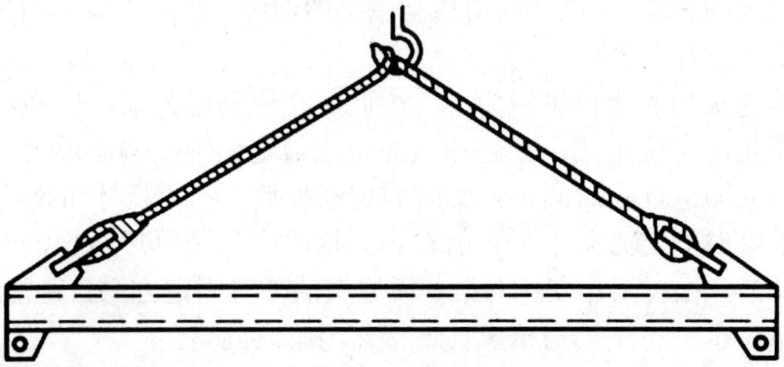

图6.23 横吊梁的形状

2) 屋架的扶直与就位

屋架扶直有正向扶直和反向扶直两种方法。

① 正向扶直。起重机位于屋架下弦一边，首先以吊钩对准屋架中心，收紧吊钩，然后略略起臂使屋架脱模，接着起重机升钩并起臂，使屋架以下弦为轴，缓缓转为直立状态，如图6.24(a)所示。

② 反向扶直。起重机位于屋架上弦一边，首先以吊钩对准屋架中心，收紧吊钩，接着起重机升钩并降臂，使屋架以下弦为轴缓缓转为直立状态，如图 6.24(b)所示。

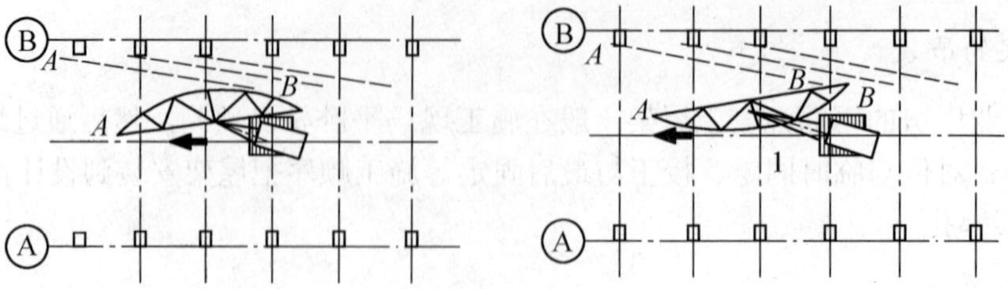

(a)　　　　(b)

图 6.24　屋架的扶直

(a) 正向扶直；(b) 反向扶直

正向扶直与反向扶直最主要的不同点，是在扶直过程中，一为升臂，一为降臂。升臂比降臂易于操作且较安全，故应尽可能采用正向扶直。

特别提示

屋架扶直时，应注意的问题如下。

① 扶直屋架时，起重机的吊钩应对准屋架中心，吊索应左右对称，吊索与水平面的夹角不小于 45°，为使各吊索受力均匀，吊索可用滑轮串通。在屋架接近扶直时，吊钩应对准下弦中点，防止屋架摆动。

② 当屋架数榀在一起叠浇时，为防止屋架在扶直过程中突然下滑造成损伤，应在屋架两端搭设枕木垛，其高度与被扶直屋架的底面齐平。

③ 叠浇的屋架之间若黏结严重时，应采用凿、撬棒、倒链等工具，进行消除黏结后再行扶直。

④ 如扶直屋架时采用的绑扎点或绑扎方法与设计规定不同，应按实际采用的绑扎方法验算屋架扶直应力，若承载力不足，在浇筑屋架时应补加钢筋或采取其他加强措施。

3) 屋架的吊升、对位与临时固定

屋架吊升是先将屋架吊离地面约 300mm，并将屋架转运至吊装位置下方，然后再起钩，将屋架提升超过柱顶约 300mm 时，利用屋架端头的溜绳，将屋架调整对准柱头，并缓缓降至柱头，用撬棍配合进行对位。

屋架对位应以建筑物的定位轴线为准。因此，在屋架吊装前，应当用经纬仪或其他工具在柱顶放出建筑物的定位轴线。如柱顶截面中线与定位轴线偏差过大时，可逐间调整纠正。屋架对位后，立即进行临时固定。临时固定稳妥后，起重机才可摘钩离去。

第一榀屋架的临时固定必须十分可靠，因为这时它只是单片结构，而且第二榀屋架的临时固定，还要以第一榀屋架作支撑。第一榀屋架的临时固定方法，通常是用 4 根缆风绳，从两边将屋架拉牢，也可将屋架与抗风柱连接作为临时固定。

第二榀屋架的临时固定，是用工具式支撑撑牢在第一榀屋架上，以后各榀屋架的临时固定，也都是用工具式支撑撑牢在前一榀屋架上。

4) 屋架的校正与最后固定

屋架的校正主要是垂直度的校正，所用工具是经纬仪。屋架垂直度的检查与校正方法是在屋架上弦安装 3 个卡尺，一个安装在屋架上弦中点附近，另两个安装在屋架两端。自屋架几何中线向外量出一定距离(一般可取 500mm)，在卡尺上作出标志，然后在距屋架中线同样距离(500mm)处设置经纬仪，观测 3 个卡尺上的标志是否在同一垂面上如图 6.25 所示。用经纬仪检查屋架竖向偏差，虽然减少了高空作业，但经纬仪设置比较麻烦，所以工地上仍广泛采用垂球检查屋架竖向偏差。

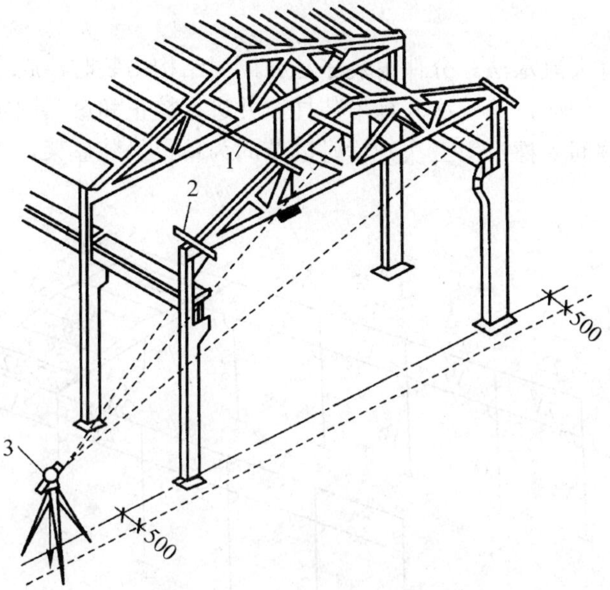

图 6.25 屋架的临时固定与校正图

1—工具式支撑；2—卡尺；3—经纬仪

屋架校正垂直后，立即用电焊固定。焊接时，先焊接屋架两端成对角线的两侧边，再焊另外两边，避免两端同侧施焊而影响屋架的垂直度。

4. 天窗架及屋面板的吊装

天窗架可以单独吊装，也可以在地面上先与屋架拼装成整体后同时吊装。后者虽然减少了高空作业，但对起重机的起重量及起重高度要求较高。目前钢筋混凝土天窗架采用单独吊装的方式较多。

天窗架单独吊装时，应待两侧屋面板安装后进行，其吊装过程与屋架基本相同，最后固定的方法是用电焊将天窗架底脚焊牢于屋架上弦的预埋件上。其校正可用工具式支撑进行。

屋面板一般有预埋吊环，用带钩的吊索构件吊环即可吊装。为充分利用起重机的起重能力，提高工效，可采用一钩多吊的方法。屋面板的吊装顺序应由两边檐口左右对称地逐块铺向屋脊，以免屋架受荷不均，屋面板对位后，应立即电焊固定。每块屋面板至少有3点与屋架或天窗架焊牢，必须保证焊缝的尺寸和质量。根据屋面板平面的尺寸大小，吊环的数目一般为4～6个。

6.2.3 结构安装方案

单层工业厂房结构吊装方案主要解决结构吊装方法，选择起重机，确定起重机的开行路线和平面布置等内容。应根据厂房结构形式，构件的尺寸、重量、安装高度，工程量和工期的要求来确定；同时应充分利用现有的起重设备。

1. 结构吊装方法

单层工业厂房的结构安装方法有分件安装法和综合安装法。

1) 分件吊装法

分件吊装法又称大流水法。分件吊装法是在厂房结构吊装时，起重机每开行一次仅吊装一种或两种构件。例如，第一次开行吊装柱，并进行校正和最后固定；第二次开行吊装吊车梁、连系梁及柱间支撑；第三次开行时以节间为单位吊装屋架，天窗架及屋面板等，如图 6.26 所示。

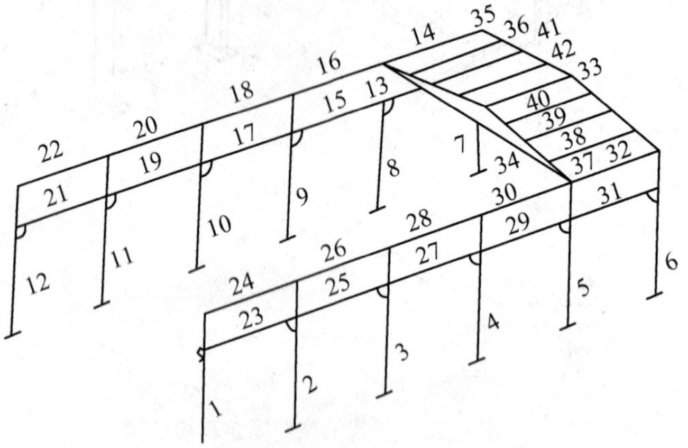

图 6.26　分件吊装时构件的安装顺序

1～12—柱；13～32—单数是吊车梁，双数是连系梁；33、34—屋架；35～42—屋面板

特别提示

分件吊装法的优点是操作程序基本相同，准备工作简单，构件吊装效率高且便于管理；可利用更换起重臂长度的方法分别满足各类构件的吊装。目前在单层工业厂房结构安装工程中应用广泛。缺点是起重及的开行路线长，不能为工作及早提供工作面。

综合吊装法的优点是起重机停机次数少，开行路线短；有利于大型设备先安装，后续工程可以跟紧。缺点是施工现场紧张，容易忙中出错，工作效率低，起重机械使用不经济。

2) 综合吊装法

综合吊装法是在厂房结构安装过程中，起重机一次开行，以节间为单位安装所有的结构构件。这种吊装方法具有起重机开行路线短，停机次数少的优点。但是由于综合吊装法要同时吊装各种类型的构件，起重机的性能不能充分发挥；索具更换频繁，影响生产率的提高；构件校正要配合构件吊装工作进行，校正时间短，给校正工作带来困难；构件的供应及平面布置也比较复杂。所以，在一般情况下，不宜采用这种吊装方法，只有在轻型车间(结构构件重量相差不大)结构吊装时，或采用移动困难的起重机(如桅杆式起重机)吊装时才采用综合吊装法。

2. 起重机的选择

起重机的选择包括起重机类型、型号、臂长及起重机数量的确定。是结构安装工程的重要问题，它关系到构件的吊装方法，起重机的开行路线和停机点、构件的平面布置等问题。

1) 起重机类型的选择

起重机的选择主要包括选择起重机的类型和型号。一般中小型厂房多选择履带式等自行式起重机；当厂房的高度和跨度较大时，可选择塔式起重机吊装屋盖结构；在缺乏自行式起重机或受到地形的限制，自行式起重机难以到达的地方，可选择桅杆式起重机。

2) 起重机型号及起重臂长度的选择

起重机类型确定之后，要根据构件的重量、尺寸和安装高度确定起重机型号，使所选起重机的 3 个工作参数即起重量、起重高度、起重半径满足结构吊装的要求。一台起重机一般都有几种不同长度的起重臂，在厂房结构吊装过程中，如各构件的起重量、起重高度相差较大时，可选用同一型号的起重机，以不同的臂长进行吊装，充分发挥起重机的性能。

3) 起重机的开行路线及停机位置

吊装屋架、屋面板等屋面构件时，起重机宜跨中开行；吊装柱子时，则视跨度大小、构件尺寸、质量及起重机性能，可沿跨中开行或跨边开行。

3. 构件的平面布置和吊装前的堆放

构件的平面布置与吊装方法、起重机性能、构件制作方法有关。在选定起重机型号，确定施工方案后，可根据施工现场实际情况制定。

构件的平面布置可分为预制阶段的构件平面布置和吊装阶段的构件平面布置，两者之间有密切关系，应同时考虑。

1) 预制阶段的构件平面布置

(1) 柱的布置。柱重量较大，搬动不易，故柱的现场预制位置即为吊装阶段的就位位置。按吊装阶段的排放要求进行布置有斜向布置和纵向布置两种方式。

(2) 屋架的布置。屋架一般安排在跨内平卧叠浇预制，每叠 3～4 榀。布置的方式有 3 种：正面斜向布置、正反斜向布置及正反纵向布置。应优先考虑采用斜向布置方式，因为它便于屋架的扶直排放，如图 6.27 所示。

(3) 吊车梁的布置。当吊车梁安排在现场预制时，可靠近柱基顺纵向轴线或略作倾斜布置，也可插在柱子的空挡中预制。如具有运输条件，也可另行在场外集中布置预制。

2) 吊装阶段构件的排放布置及运输堆放

由于柱在预制阶段已按吊装阶段的就位要求进行布置，当柱的混凝土强度达到设计要求等级后，即可先行吊装，以便空出场地布置其他构件，所以，吊装阶段的就位布置是指柱已吊装完毕后，屋架的扶直排放，吊车梁、屋面板的运输排放等。

(1) 屋架的扶直排放。屋架扶直后应立即吊放到预先设计好的地面位置

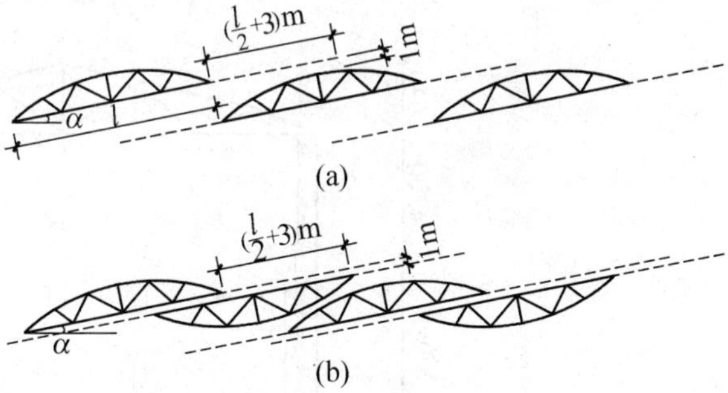

图 6.27　屋架预制时的布置形式

(a) 斜向布置；(b) 正反斜向布置；(c) 正反纵向布置

上，准备起吊。屋架按排放的位置不同，可分为同侧排放和异侧排放。同侧排放时，屋架的预制位置与排放位置均在起重机开行路线的同一边。异侧排放时，需将屋架由预制的一边转至起重机外行路线的另一边排放。

(2) 吊车梁、连系梁及屋面板的排放。单层工业厂房除了柱和屋架一般在施工现场制作外，其他构件如吊车梁、连系梁、屋面板等均在预制厂制作，然后运到现场按施工组织设计所规定的位置就位或集中堆放。梁式构件的叠放不宜超过 2 层；大型屋面板叠放，不宜超过 8 层。

吊车梁、连系梁的排放位置，一般在其吊装位置的柱列附近，跨内跨外均可。当条件许可时，也可不就位排放，而直接从运输车上吊至设计位置，称为“随吊随运”。屋面板的排放位置，要根据起重机吊装屋面板时所选用的起重半径确定，靠柱边堆放，跨内跨外均可。当在跨内排放时，应向后退 3～4 个节间开始排放，加在跨外排放，应问后退 1～2 个节间开始排放。

6.2.4 单层工业厂房结构吊装实例

某车间为单层、单跨 18m 的工业厂房，柱距 6m，共 13 个节间，厂房平面图、剖面图如图 6.28 所示，车间主要构件见表 6-1。

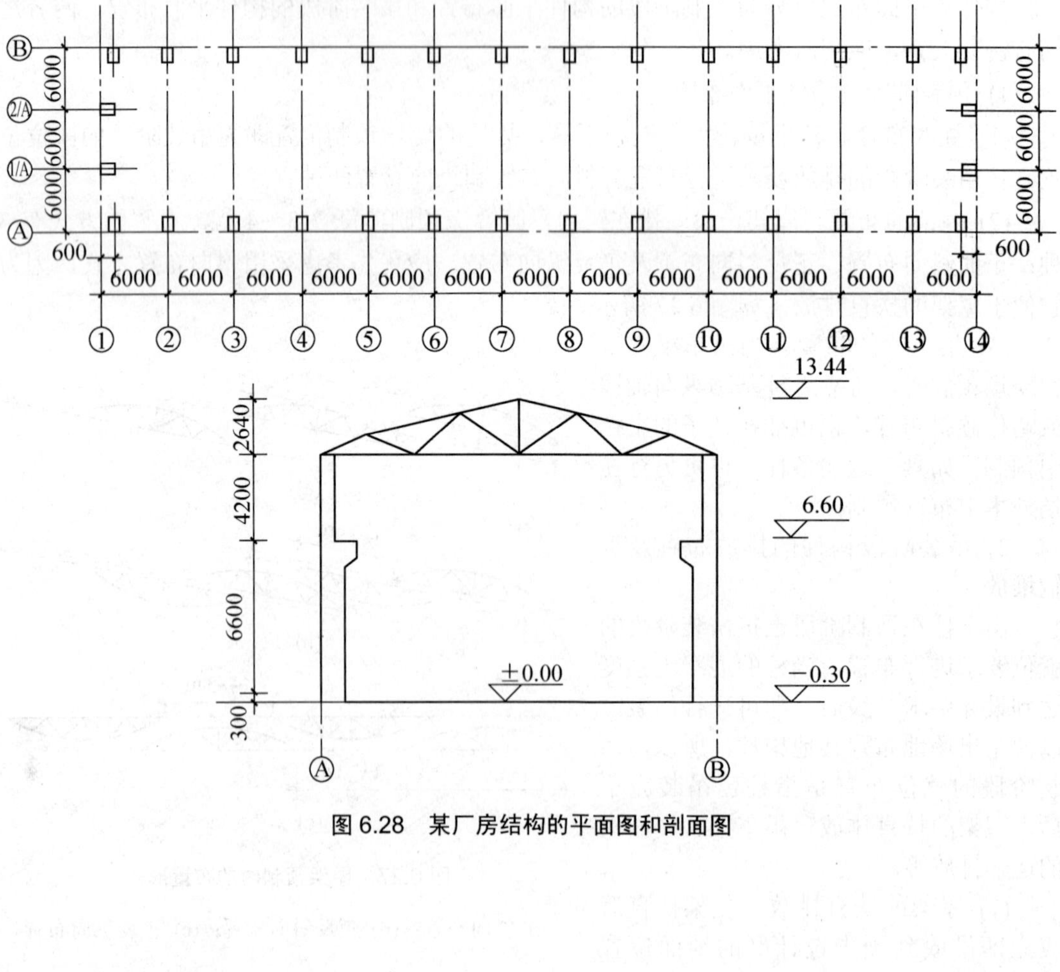

图 6.28 某厂房结构的平面图和剖面图

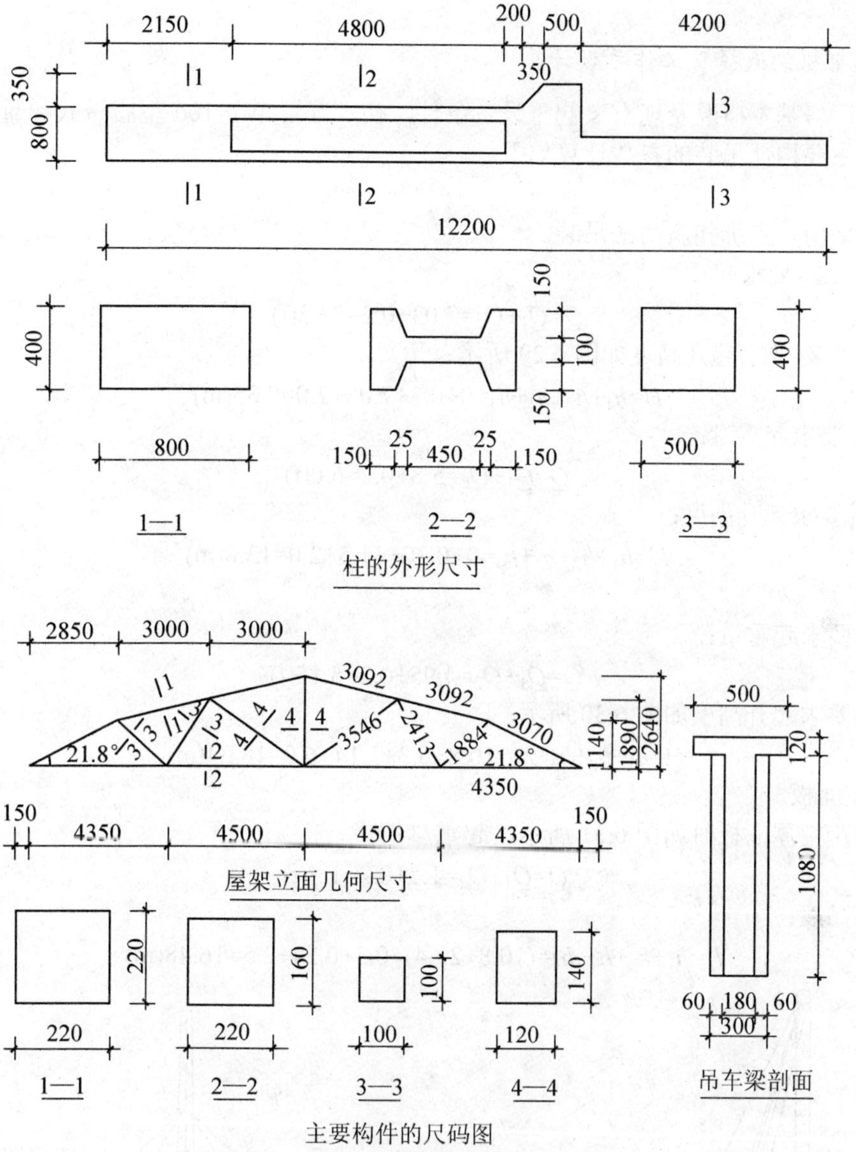

图 6.28 某厂房结构的平面图和剖面图(续)

表 6-1 车间主要构件

厂房轴线	构件名称及编号	构件数量	构件质量/t	构件长度/m	安装标高/m
(A).(B)(1).(14)	基础梁 JL	32	1.51	5.95	—
(A).(B)	连系梁 LL	26	1.75	5.95	+6.60
(A).(B)	柱 Z_1	4	7.03	12.20	−1.40
(A).(B)	柱 Z_2	24	7.03	12.20	−1.40
(A/1)(B/2)	柱 Z_3	4	5.8	13.89	−1.20
(1)~(14)	屋架 YWJ18 -1	14	4.95	17.70	+10.80
(A).(B)	吊车梁 DL-8Z	22	3.95	5.95	+6.60
(A).(B)	DL-8B	4	3.95	5.95	+6.60
	屋面板 YWB	156	1.30	5.97	+13.80
(A).(B)	天沟板 TGB	26	1.07	5.97	+11.40

1. 起重机的选择及工作参数计算

根据厂房基本概况及现有 s 起重设备条件，初步选用 W1-100 型履带式起重机进行结构吊装。主要构件吊装的参数计算如下。

1) 柱

柱子采用一点绑扎斜吊法吊装。

柱 Z_1、Z_2 要求起重量：

$$Q=Q_1+Q_2=7.03+0.2=7.23(\mathrm{t})$$

柱 Z_1、Z_2 要求起升高度如图 6.29 所示：

$$H=h_1+h_2+h_3+h_4=0+0.3+7.05+2.0=9.35(\mathrm{m})$$

柱 Z_3 要求起重量：

$$Q=Q_1+Q_2=5.8+0.2=6.0(\mathrm{t})$$

柱 Z_3 要求起升高度：

$$H=h_1+h_2+h_3+h_4=0+0.30+11.5+2.0=13.8(\mathrm{m})$$

2) 屋架

屋架要求起重量：

$$Q=Q_1+Q_2=4.95+0.2=5.15(\mathrm{t})$$

屋架要求起升高度如图 6.30 所示：

$$H=h_1+h_2+h_3+h_4=10.8+0.3+1.14+6.0=18.24(\mathrm{m})$$

3) 屋面板

吊装跨中屋面板时如图 6.31 所示，起重量：

$$Q=Q_1+Q_2=1.3+0.2=1.5(\mathrm{t})$$

起升高度：

$$H=h_1+h_2+h_3+h_4=(10.8+2.64)+0.3+0.24+2.5=16.48(\mathrm{m})$$

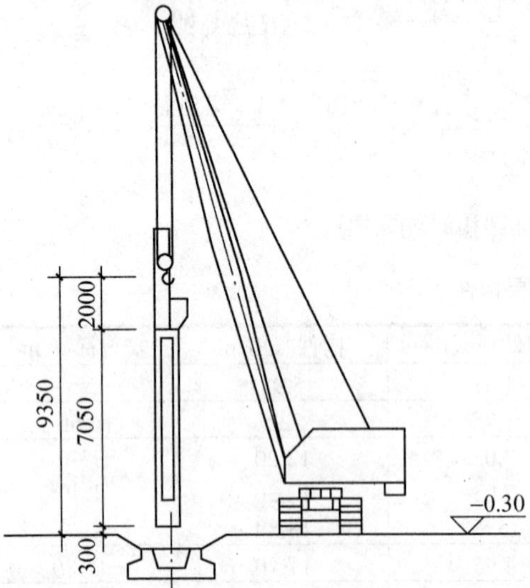

图 6.29　Z_1、Z_2 起重高度计算

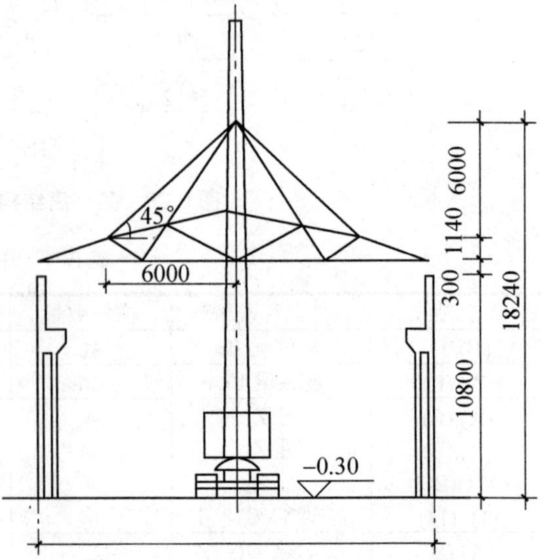

图 6.30　屋架起升高度计算简图

起重机吊装跨中屋面板时，起重钩需伸过已吊装好的屋架上弦中线 f=3m，且起重臂中

心线与已安装好的屋架中心线至少保持 1m 的水平距离，因此，起重机的最小起重臂长度及所需起重仰角α为：

$$\alpha = \arctan\sqrt[3]{\frac{h}{f+g}} = \arctan\sqrt[3]{\frac{10.8+2.64-1.7}{3+1}} = 55.07°$$

$$L = \frac{h}{\sin\alpha} + \frac{f+g}{\cos\alpha} = \frac{11.74}{\sin 55.07°} + \frac{3+1}{\cos 55.07°} = 21.34(\mathrm{m})$$

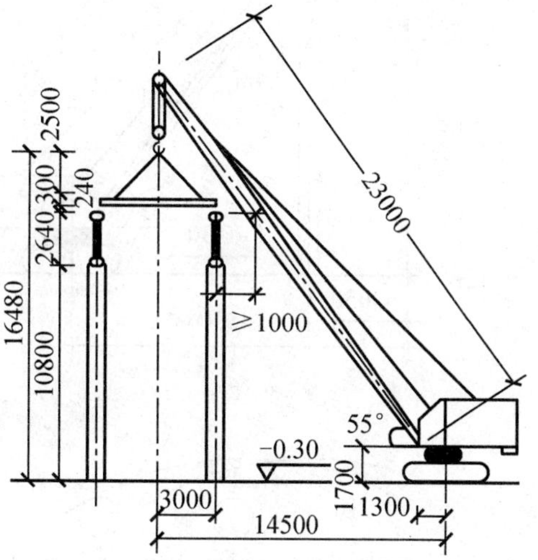

图 6.31　屋面板吊装工作参数计算简图

根据上述计算，选 W_1-100 型履带式起重机吊装屋面板，起重臂长 L 取 23m，起重仰角 α=55°，再对起重高度进行核算；假定起重杆顶端至吊钩的距离 d=3.5m，则实际的起重高度为：$H=L\sin55°+E-d=23\sin55°+1.7-3.5=17.04\mathrm{m}>16.48\mathrm{m}$，即 $d=23\sin55°+1.7-16.48=4.06\mathrm{m}$，满足要求。

此时起重机吊板的起重半径为：$R=F+L\cos\alpha=1.3+23\cos55°=14.5(\mathrm{m})$，所以选择 W1-100 型 23m 起重臂符合吊装跨中屋面板的要求，再用选取的 L=23m，α=55° 复核能否满足吊装跨边屋面板的要求。

再以选定的 23m 长起重臂及 α=55° 倾角用作图法来复核一下能否满足吊装最边缘一块屋面板的要求如图 6.32 所示。以最边缘一块屋面板的中心 C 为圆心，以 R=14.5m 为半径画弧，交起重机开行路线于 O_1 点，O_1 点即为起重机吊装边缘一块屋面板的停机位置。用比例尺量 CB=3.65m。过 O_1C 按比例作 2-2 剖面。从 2-2 剖面可以看出，所选起重臂及起重仰角可以满足吊装要求。

再用图解法如图 6.33 所示来复核一下能否满足吊装最边缘一块屋面板的要求。起重臂吊装(A)轴线最边缘一块屋面板时起重臂与(A)轴线的夹角 β，$\beta = \arcsin\dfrac{9.0-0.75}{14.49} = 34.7°$，则屋架在($A$)轴线处的端部 A 点与起重杆同屋架在平面图上的交点 B 之间的距离为(AB)：$0.75 + 3\tan\beta = 0.75 + 3\times\tan 34.7° = 2.83\mathrm{m}$，可得 CB 长度为：$f = 3/\cos\beta = 3/\cos 34.7° = 3.65\mathrm{m}$，由屋架的几何尺寸计算出 2-2 剖面屋架被截得的高度：$h_{屋}=2.83\times\tan21.8°=1.13\mathrm{m}$。

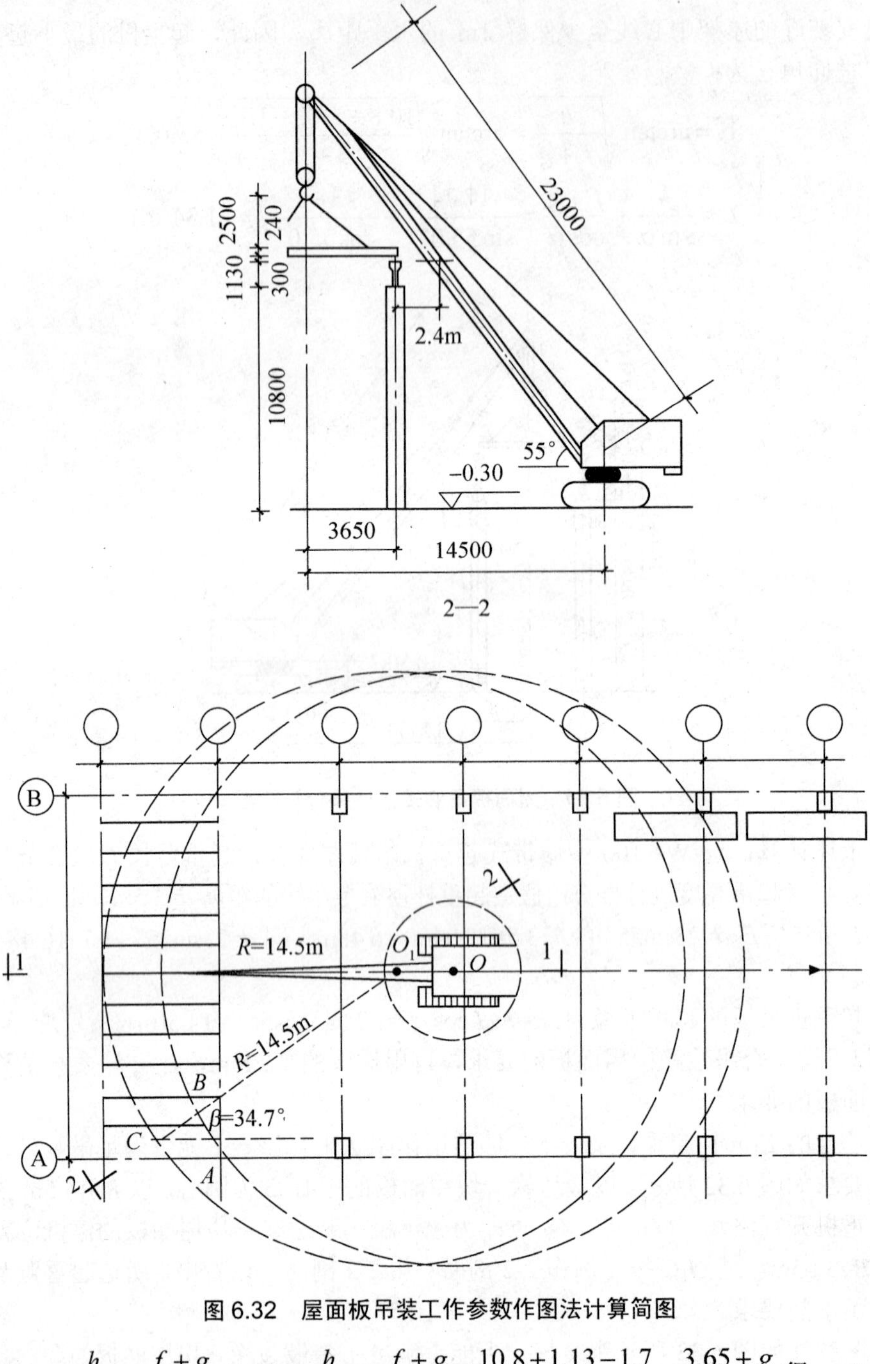

图 6.32　屋面板吊装工作参数作图法计算简图

根据 $L=\dfrac{h}{\sin\alpha}+\dfrac{f+g}{\cos\alpha}$，$23=\dfrac{h}{\sin\alpha}+\dfrac{f+g}{\cos\alpha}=\dfrac{10.8+1.13-1.7}{\sin 55^\circ}+\dfrac{3.65+g}{\cos 55^\circ}$ 得 g=2.4m。因为 g=2.4m＞1m，所以满足吊装最边缘一块屋面板的要求。

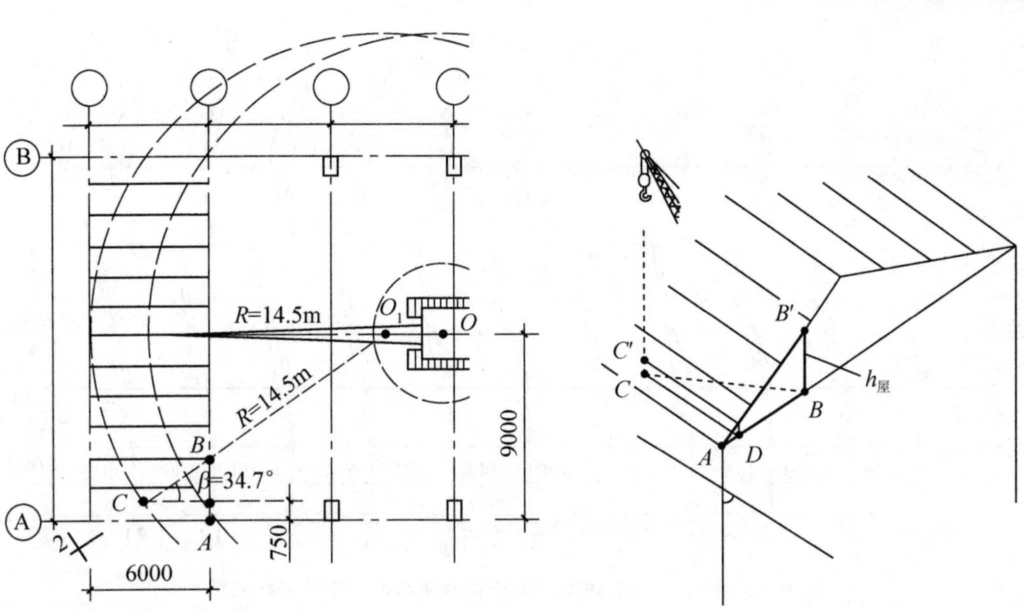

图 6.33 屋面板吊装工作参数图解法计算简图

根据以上各种吊装工作参数的计算，从 W_1-100 型 L=23m 履带式起重机性能曲线表并列表 6-2 可以看出，所选起重机可以满足所有构件的吊装要求。

表 6-2 车间主要构件吊装参数

构件名称	柱 Z_1、Z_2			柱 Z_3			屋架			屋面板		
吊装工作参数	Q /T	H /m	R /m	Q /T	H /m	R /m	Q /T	H /m	R /m	Q /T	H /m	R /m
计算所需工作参数	7.23	9.35	—	6.0	13.8	—	5.15	18.24	—	1.5	16.48	—
23m 起重臂工作参数	8	20.5	6.5	6.9	20.3	7.26	6.9	20.3	7.26	2.3	17.5	14.5

2. 现场预制构件的平面布置与起重机的开行路线

构件吊装采用分件吊装的方法。柱子、屋架现场预制，其他构件(如吊车梁、连系梁、屋面板)均在附近预制构件厂预制，吊装前运到现场排放吊装。

1) A 列柱预制

在场地平整及杯形基础浇筑后即可进行柱子预制。根据现场情况及起重半径 R，先确定起重机开行路线，吊装 A 列柱时，跨内、跨边开行，且起重机开行路线距 A 轴线的距离为 4.8m；然后以各杯口中心为圆心，以 R=6.5m 为半径画弧与开行线路相交，其交点即为吊装各柱的停机点，再以各停机点为圆心，以 R=6.5m 为半径画弧，该弧均通过各杯口中心，并在杯口附近的圆弧上定出一点作为柱脚中心，然后以柱脚中心为圆心，以柱脚至绑扎点的距离 7.05m 为半径作弧与以停机点为圆心，以 R=6.5m 为半径的圆弧相交，此交点即柱的绑扎点。根据圆弧上的两点(柱脚中心及绑扎点)作出柱子的中心线，并根据柱子尺寸确定出柱的预制位置，如图 6.34 所示。

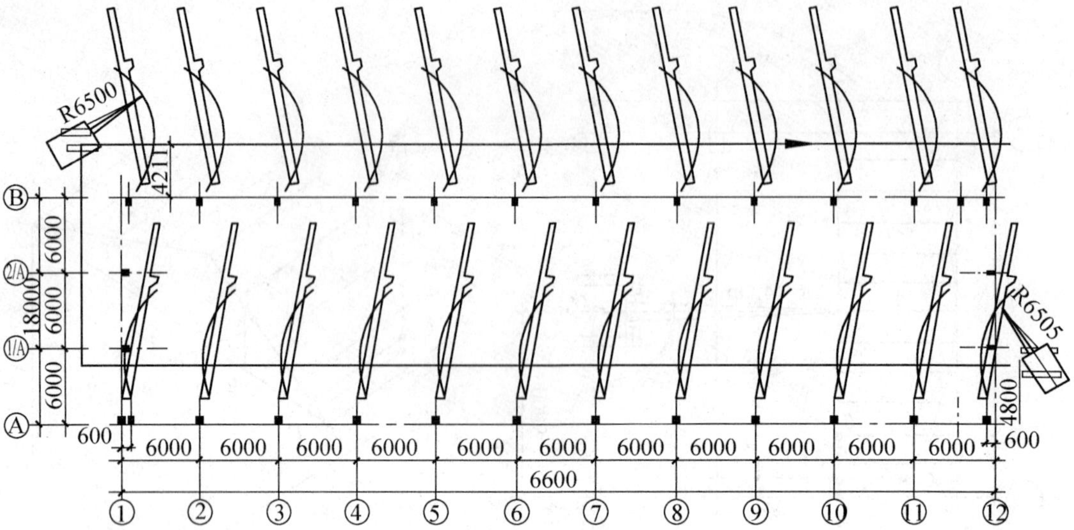

图 6.34　柱子预制阶段的平面布置及吊装时起重机开行路线

2) B 列柱预制

根据施工现场情况确定 B 列柱跨外预制，由 B 轴线与起重机的开行路线的距离为 4.2m，定出起重机吊装 B 列柱的开行路线，然后按上述同样的方法确定停机点及柱子的布置位置。

3) 抗风柱的预制

抗风柱在 1 轴及 14 轴外跨外布置，其预制位置不能影响起重机的开行。

4) 屋架的预制

屋架的预制安排在柱子吊装完后进行；屋架以 3～4 榀为一叠安排在跨内叠浇。在确定屋架的预制位置之前，先定出各屋架排放的位置，据此安排屋架的预制位置。屋架的预制位置及排放布置如图 6.35 所示。按图 6.35 的布置方案，起重机的开行路线及构件的安装顺序如下。

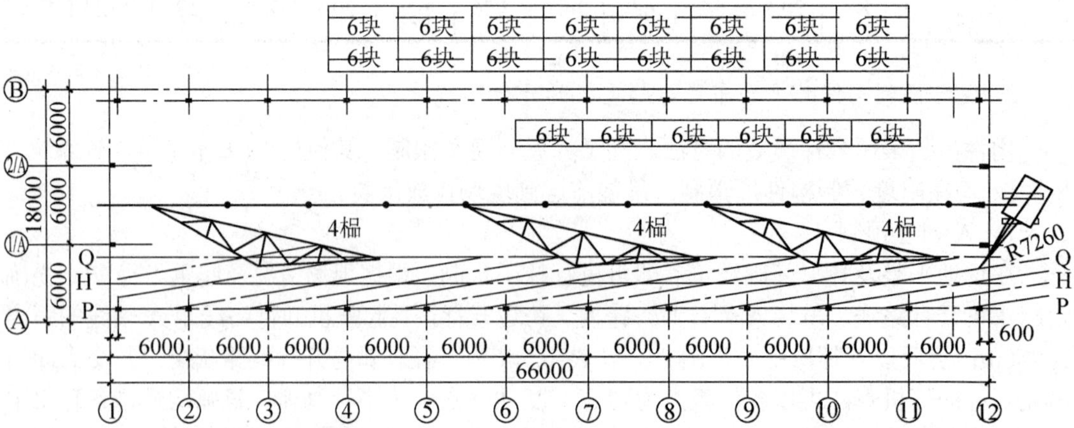

图 6.35　屋架预制阶段的平面布置及扶直、排放屋架的开行路线

第一，起重机自 A 轴跨内进场，按 14→1 顺序吊装 A 列柱；第二，转至 B 轴线跨外，按 1→14 的顺序吊装 B 列柱；第三，转至 A 轴线跨内，按 14→1 的顺序吊装 A 列柱的吊车梁、连系梁、柱间支撑；第四，转至 B 轴线跨内，按 14→1 的顺序吊装 B 列柱的吊车梁、

连系梁、柱间支撑；第五，转至跨中，按 14→1 的顺序扶直屋架，使屋架、屋面板排放就位后，吊装 1 轴线的两根抗风柱；第六，按 1→14 的顺序吊装屋架、屋面支撑、大型屋面板、天沟板等；最后，吊装 14 轴线的两根抗风柱后退场。

6.3 钢结构安装

钢结构是一门日益发展的学科，技术含量高，施工难度大，专业性强。同时，由于钢结构具有强度高、结构自重轻、抗震性能好、建设周期短等一系列优点而在建筑工程中得到广泛应用。

由于篇幅有限，本节主要介绍轻型钢结构的安装和钢网架结构的安装。

知识链接

钢结构安装准备工作如下。

1. 文件资料与技术准备

包括图纸会审与设计变更；施工组织设计；文件资料。

2. 施工机具及设备准备

1) 起重机械与设备

钢结构安装时，应先选择起重机。在起重机的类型确定之后，还需要进一步选择起重机的型号及起重臂的长度。所选起重机的 3 个工作参数起重量、起重高度、起重半径应满足结构吊装的要求。

2) 索具设备

包括卷扬机；千斤顶；地锚和其他像倒链、滑车及滑车组、钢丝绳、吊钩、卡环、吊索等设备。

3. 施工作业条件准备

(1) 编制好钢结构安装施工组织设计，经审批后贯彻执行。钢结构的安装程序，必须确保结构的稳定性和不导致永久性的变形。

(2) 经总包检查，安装支座或基础验收均合格。

(3) 安装前，应按照构件明细表核对进场的构件，查验质量证明书和设计更改文件；工厂预装的大型构件在现场组装时，应根据预组装的合格记录进行；构件交工所必需的技术资料以及大型构件预装排版图应齐备。

(4) 钢结构构件应按安装程序保证成套供应，现场堆放场地能满足现场拼装及顺序安装的需要。

(5) 构件在工地制孔、组装、焊接、铆接以及涂层等的质量要求均应符合有关规定。

(6) 检查构件在装卸、运输及堆放中有无损坏或变形。损坏和变形的构件应予矫正或重新加工。被碰损的防腐底漆应补涂，并再次检查办理验收合格。

(7) 对构件的外形几何尺寸、制孔、组装、焊接、摩擦面等进行检查并作出记录。

4. 基础准备

钢结构安装前应对建筑物的定位轴线、基础轴线和标高、地脚螺栓位置、规格等进行检查，并应进行基础检测和办理交接验收。当基础工程分批进行交接时，每次交接验收不应少于一个安装单元的柱基基础。

6.3.1 轻型钢结构的安装

轻型钢结构主要是用在不承受大载荷的承重建筑。采用轻型 H 型钢(焊接或轧制；变截面或等截面)做成门形钢架支撑，C 型、Z 型冷弯薄壁型钢作檩条和墙梁，压型钢板或轻质夹芯板作屋面、墙面围护结构，采用高强螺栓、普通螺栓及自攻螺丝等连接件和密封材料组装起来的低层和多层预制装配式钢结构房屋体系。

1. 轻型钢结构的优点

与传统的钢筋混凝土结构和普通钢结构相比，轻型钢结构建筑也具有如下优点：①自重轻，轻钢结构与混凝土结构比较，自重可以减少 70%～80%；②工业化程度高；③现场施工速度快、工期短；④综合经济效益优良；⑤结构抗震性能好，变形能力强；⑥有利于环保；⑦外形美观、现代感强烈；⑧有利于住宅建筑材料的改革和换代。

轻型钢结构通常有两种：一种是用薄钢板(厚 6mm 以下)冷轧的薄壁型钢组成的骨架结构；另一种是用断面较小的型钢(如角钢、钢筋、扁钢等)制作桁架，再组成骨架结构；还有混合使用两种方法组成的骨架结构。轻型钢结构建筑轻盈，便于工业化生产，施工组装快速、方便，特别适于要求快速建成和需要搬动的建筑，较多地用于学校、住宅、办公、旅馆、医院以及工厂和仓库等。但须做好防锈处理并加强养护，以提高耐久性。

2. 轻型钢结构的材料

1) H 型钢

热轧 H 型钢翼缘宽，侧向刚度大，抗弯能力强，比工字钢大 5%～10%，翼缘两表面相互平行，构造简单。

以热轧 H 型钢为主的钢结构，塑性和韧性良好，结构稳定性高，抗自然灾害能力强，特别适用于地震多发地带的建筑结构。与混凝土结构相比，可增加结构使用面积。与焊接 H 型钢相比，能明显地省工省料，残余应力低，外观和表面质量好。

2) 冷弯薄壁型钢

冷弯薄壁型钢是用薄钢板(厚度为 0.3～1mm，最厚为 1.6mm)在压型机上冷压而成的，具有轻质高强、便于加工、施工简便、速度快等特点，在大型工业厂房、食品加工车间、大型库房、飞机维修库等建筑中普遍使用。冷弯薄壁型钢一般有 C 型薄壁型钢和卷边 Z 型薄壁型钢两种。

3) 彩色涂层钢板

彩色涂层钢板是指由保护性和装饰性的有机涂料或薄膜连续涂覆于钢或铝带表面制成的预涂层冶金产品，简称彩板，也称有机涂层钢板。

彩色涂层钢板可分为冷轧基板彩色涂层钢板、热镀锌彩色涂层钢板、热镀铝锌彩色涂层钢板、电镀锌彩色涂层钢板及印花彩色涂层钢板、金属压花彩色涂层钢板等。

3. 轻型钢结构工程的施工

轻型钢结构工程的施工包括轻型钢结构构件的制作、安装和防护。

1) 轻型钢结构构件的制作

(1) 轻型钢结构构件制作的特点。轻钢结构一般在工厂制作，因为工厂具有较为恒定的工作环境，有刚度大、平整度高的钢平台，精度较高的工装夹具及高效能的设备，施工条件比现场优越，易于保证质量，提高效率。

轻型钢结构构件的加工可实现机械化、自动化，因而劳动生产率大大提高，而且因为钢结构在工厂加工基本不占施工现场的时间和空间，所以采用钢结构可大大缩短工期，提高施工效率。

(2) 轻型钢结构构件制作的流程。轻型钢结构构件制作的流程如图 6.36 所示。

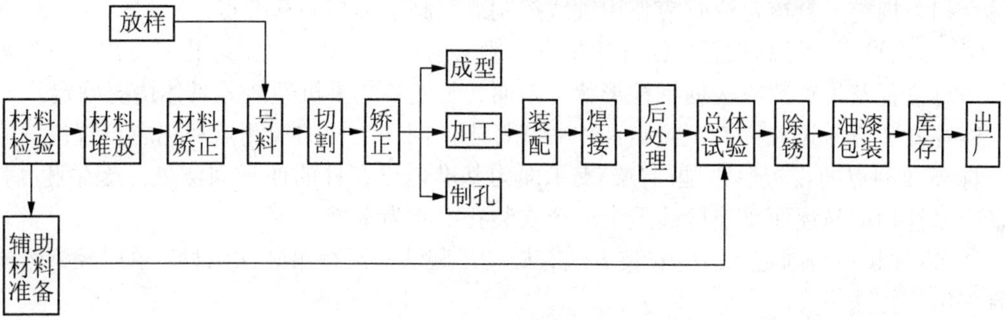

图 6.36　轻型钢结构构件制作的流程图

(3) 钢材的备料、矫正和放样。钢材的备料就是为后面的施工准备钢材材料。当备料规格不能完全满足轻型钢设计要求时，可选用代替钢材，选用代替钢材应符合下列要求：①代用钢材的化学成分和机械性能应与原设计的一致；②采用代用钢材时，应详细复核构件的强度、稳定性和刚度，注意因材料代用可能产生的偏心影响，同时，还应在可能范围内做到经济合理；③对于因钢材代用而引起构件间连接尺寸和施工图等的变动，均应予以修改。

钢材的矫正就是钢材从轧钢厂运到金属结构制造厂的过程中，常因长途运输、装卸等而产生较大的变形，给加工造成困难，影响制造的精度，因此加工前必须进行矫正，使之平直。

矫正时可使用钢板矫正辊床，如图 6.37 所示，也使用水平直弯机，如图 6.38 所示。

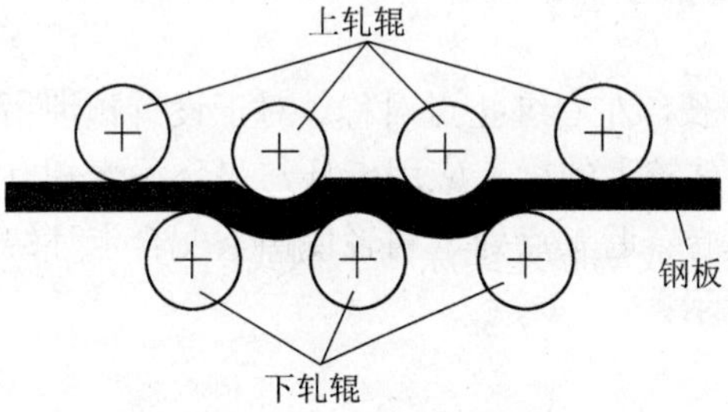

图 6.37　钢板矫正辊床

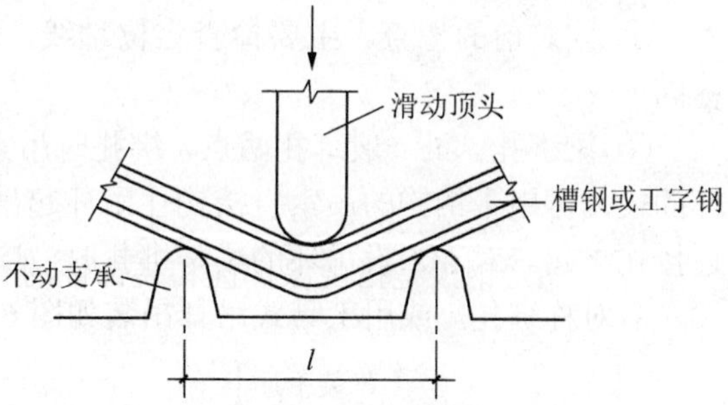

图 6.38　水平直弯机

构件的放样工作是按施工图上的图形和尺寸绘出的大样，并制作样板和样杆，以作为下料、弯制、刨铣和制孔等加工的依据。

构件的制作主要包括切割、制孔和连接 3 种方法。

2) 轻型钢结构的安装

轻型钢结构由于构件轻，安装十分方便，安装速度比其他结构快得多，且只要求有简易的起重设备。轻型钢结构安装前，应对构件的制作质量进行检查，构件的变形和缺陷超出容许偏差时，应进行矫正、修理。

(1) 钢柱安装。

① 柱基检验。构件安装前，必须取得基础验收的合格资料，安装前应根据基础验收资料复核各项数据，并标注在基础表面上，支承面、支座和地脚螺栓的位置和标高等的偏差应符合相关规定。复核定位时应使用轴线控制点和测量标高的基准点。

② 吊点设置与标高设置。钢柱的吊点一般采用焊接吊耳、吊索绑扎或专用吊具等。钢柱的吊点位置及吊点数应根据钢柱形状、断面、长度、起重机性能等具体情况确定。

钢柱安装前应设置标高观测点和中心线标志，同一工程的观测点和标志设置位置应一致。标高观测点的设置以牛腿(肩梁)支承面为基准，设在柱的便于观测处。无牛腿(肩梁)柱，应以柱顶端与屋面梁连接的最上一个安装孔中心为基准。

③ 钢柱起吊与固定。钢柱安装方法有旋转吊装法和滑行吊装法两种。单层轻钢结构钢柱宜采用旋转法吊升。

知识链接

钢柱对位时，一定要使柱子中心线对准基础顶面安装中心线，并使地脚螺栓对孔，注意钢柱垂直度，在基本达到要求后，方可落下就位。通常，钢柱吊离杯底 30~50mm。对位完成后，可用 8 只木楔或钢楔打紧帮或拧上四角地脚螺栓作临时固定。钢柱垂直度偏差宜控制在 20mm 以内。重型柱或细长柱除采用楔块临时固定外，必要时增设缆风绳拉锚。

钢柱临时固定后，应进行校正。柱的校正内容包括平面定位、标高及垂直度。柱标高、平面位置的校正已在基础杯底抄平、柱对位时完成。钢柱就位后，主要是校正钢柱的垂直度。

校正钢柱垂直度时，可用两台经纬仪在两个方向分别对准钢柱两个面上的中心标记，同时检查钢柱的垂直度。

钢柱校正后，应立即进行最后固定。

(2) 钢梁安装。

① 安装前的检查。主要检查定位轴线，复测梁的纵横轴线，调整安装位置处的水平标高。

② 梁绑扎。梁一般绑扎两点，绑扎时吊索应等长，左右绑扎点对称。对于设有预埋吊环的梁，可用带钢钩的吊索直接钩住吊环起吊，自重较大的梁，应用卡环与吊环吊索相互连接在一起。对于未设吊环的梁，绑扎时，应在梁端靠近支点处，用轻便吊索配合卡环绕梁左右对称绑扎，或用工具式吊耳吊装如图 6.39 所示。

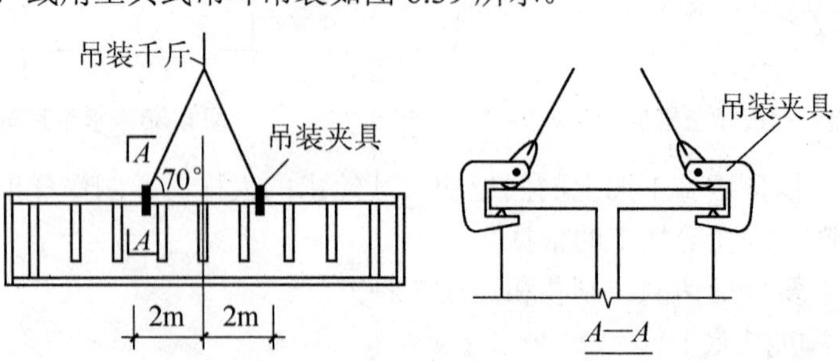

图 6.39　工具式吊耳吊装

绑扎时，梁的棱角边缘处应衬以麻袋片、汽车废轮胎块、半边钢管或短方木护角。同时，在梁一端需拴好溜绳(拉绳)，以防就位时左右摆动，碰撞柱子。

③ 梁起吊与就位。梁吊装须在柱子最后固定、柱间支撑安装后进行。

知识链接

在屋盖吊装前应安装梁，安装时一般采用与柱子吊装相同的起重机或桅杆式起重机，一般采用单机起吊，对24m到36m重型的梁，可采用双机抬吊的方法。

梁就为后应接近安装的位置，使梁重心对准安装中心，安装可由一端向另一端，或从中间向两端顺序进行。

当梁吊至设计位置离支座面20cm时，用人力扶正，使梁中心线与支承面中心线(或已安相邻梁中心线)对准，并使两端搁置长度相等，然后缓慢落下。如有偏差，稍吊起用撬杠引导正位，如支座不平，用斜铁片垫平。

当梁高度与宽度之比大于4时，或遇5级以上大风时，脱钩前，应用8号钢丝将梁捆于柱上临时固定，以防倾倒。

④ 梁垂直度及水平度控制。梁吊装前，应测量支承处的高度距柱底的高度。如有偏差，可用垫铁在基础平面上或支承面上予以调整。

特别提示

为防止垂直度、水平度超差，梁吊装前应认真检查其变形情况，发生扭曲等变形时应予以矫正，并采取刚性加固措施防止吊装再变形。吊装时应根据梁的长度，采用单机或双机进行吊装。

安装时应按梁的上翼缘平面事先划的中心线，进行水平移位、梁端间隙的调整，达到规定的标准要求后，再进行梁端部与柱的斜撑等连接。梁的各部位基本固定后应认真复测有关安装的尺寸，按要求达到质量标准后，再进行制动架的安装和紧固。

⑤ 梁定位与校正。梁的校正内容包括中心线、轴线间距(即跨距)、标高垂直度等。纵向位移在就位时已校正，故校正主要为横向位移。

高低方向校正主要是对梁的端部标高进行校正，可用起重机吊空、特殊工具抬空、油压千斤顶顶空，然后在梁底填设垫块。

梁的校正顺序是先校正标高，待屋盖系统安装完成后再校正和调整其他项目。重量较大的梁亦可边安装边校正。

⑥ 梁固定。校正完毕应立即将梁与柱上的埋设件焊接固定。

(3) 钢屋架安装。

① 钢屋架绑扎。当屋架跨度小于或等于18m时，采用两点绑扎，当跨度大于18m时需采用四点绑扎，当跨度大于30m时，应考虑采用横吊梁，以减小绑扎高度。

绑扎时，吊索与水平线的夹角不宜小于45°，以免屋架上弦承受压力过大。

② 钢屋架吊装。屋架吊装前，应用经纬仪或其他工具在柱顶放出建筑物的定位轴线。如柱顶截面中线与定位轴线偏差过大时，应调整纠正。

③ 钢屋架校正与固定。屋架经对位、临时固定后，主要校正屋架垂直度偏差。有关规范规定：屋架上弦(在跨中)对通过两支座中心垂直面的偏差不得大于$h/250$(h为屋架高度)。

特别提示

屋架吊升时，应先将屋架吊离地面约300mm，然后将屋架转至吊装位置下方，再将屋架提升超过柱顶约30mm，然后将屋架缓慢降至柱顶，进行对位。

屋架对位应以建筑物的定位轴线为准。屋架对位后，应将屋架扶直。

钢屋架扶直后应立即进行就位。按就位的位置不同，可分为同侧就位和异侧就位两种。按屋架就位的方式，可分为靠柱边斜向就位和靠柱边成组纵向就位。

屋架对位后，立即进行临时固定。临时固定稳妥后，起重机方可摘去吊钩。

(4) 檩条及墙架等构件安装。当安装完一个单元的钢柱、梁后，即可进行屋面檩条和墙架的安装。对于薄壁轻钢檩条，由于重量轻，安装时可用起重机械或人力吊升。

檩条和墙架安装比较简单，可直接用螺栓连接在檩条挡板或墙架托板上。檩条的安装允许误差应在5mm之内，弯曲允许偏差应为$L/750$(L为檩条跨度)，且不得大于20mm。墙架安装后应用拉杆螺栓调整平直度，顺序应由上向下逐根进行。

6.3.2 钢网架结构的安装

网架结构是由多根杆件按照一定的网格形式通过节点联结而成的空间结构，具有空间受力、重量轻、刚度大、抗震性能好等优点；可用作体育馆、影剧院、展览厅、候车厅、体育场看台雨篷、飞机库、双向大柱距车间等建筑的屋盖。缺点是汇交于节点上的杆件数量较多，制作安装较平面结构复杂，如图6.40所示。

1. 网架结构的优点

网架结构的优点是：①空间工作，传力途径简捷，是一种较好的大跨度、大柱网屋盖结构；②重量轻，经济指标好；③刚度大，抗震性能好；④施工安装简便；⑤杆件和节点便于定型化、商品化，可在工厂中成批生产，有利于提高生产效率；⑥网架的平面布置灵活，屋盖平整，有利于吊顶、安装管道和设备。

(a) (b)

图6.40 网架结构

2. 网架结构的分类

网架结构根据其组成可划分为4大类。

(1) 由平面桁架系组成的网架结构，它是由平面桁架发展和演变过来的。由于平面桁架系的数量和设置方位不同，这类网架又可分成两向正交正放网架、两向正交斜放网架、两向斜交斜放网架和三向网架，如图 6.41 所示。

(2) 由四角锥体组成的网架结构，它的基本单元是由 4 根弦杆、4 根斜杆构成的正四角锥体，由这些四角锥体排列组成网架时，还要用上弦杆或下弦杆把相邻的锥顶连接起来。根据锥体的组合方式和连接锥顶弦杆的方向不同，这类四角锥体组成的网架又可分为正放四角锥网架、正放抽空四角锥网架、斜放四角锥网架、棋盘形四角锥网架、星形四角锥网架和单向折线形网架(又称折板型网架)，如图 6.42 所示。

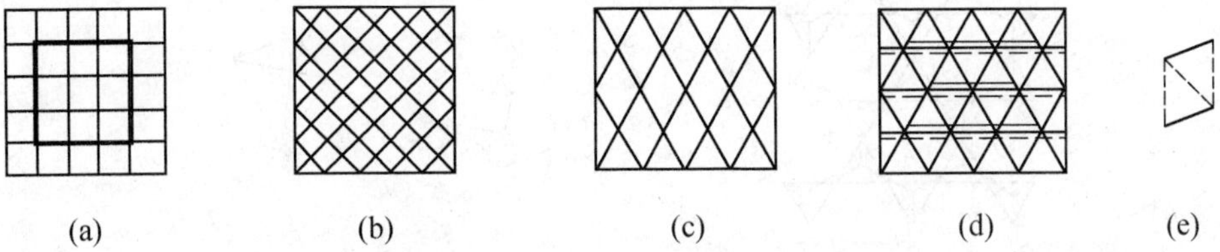

图 6.41　平面桁架系组成的网架

(a) 两向正交正放网架；(b) 两向正交斜放网架；(c) 两向斜交斜放网架；(d) 三向网架；(e) 网片

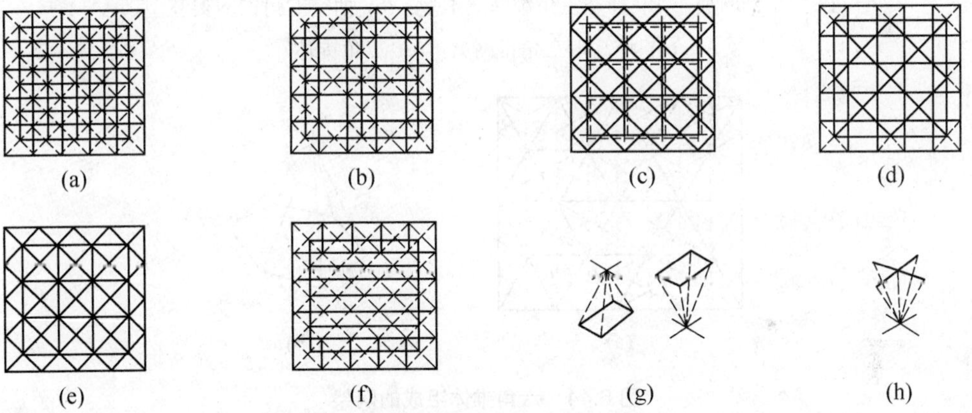

图 6.42　四角锥体组成的网架

(a) 正放四角锥网架；(b) 正放抽空四角锥网架；(c) 斜放四角锥网架；(d) 棋盘形四角锥网架；(e) 星形四角锥网架；(f) 单向折线形网架；(g) 四角锥体；(h) 星形单元体

(3) 由三角锥体组成的网架结构，它的基本单元是由 3 根弦杆、3 根斜杆所构成的正三角锥体，即四面体。三角锥体可以顺置，也可以倒置。根据三角锥体的组合方式和连接锥顶弦杆的方法不同，这类三角锥体组成的网架又可分为三角锥网架(由顺置的错格排列的三角锥体与三向互成 60° 的上弦杆系连接而成)、抽空三角锥网架Ⅰ型(由三角锥网架跳格式地抽去锥体的 3 根斜杆和相应的 6 根下弦杆而成)、抽空三角锥网架Ⅱ型(由三角锥网架采用另一种跳格方式，抽去锥体的 3 根斜杆和相应的 6 根下弦杆而成)和蜂窝形三角锥网架(由倒置的三角锥体两两相连而成)，如图 6.43 所示。

(4) 由六角锥体组成的网架结构，它的基本单元体是由 6 根弦杆、6 根斜杆构成的正六角锥体，即七面体，如图 6.44 所示。

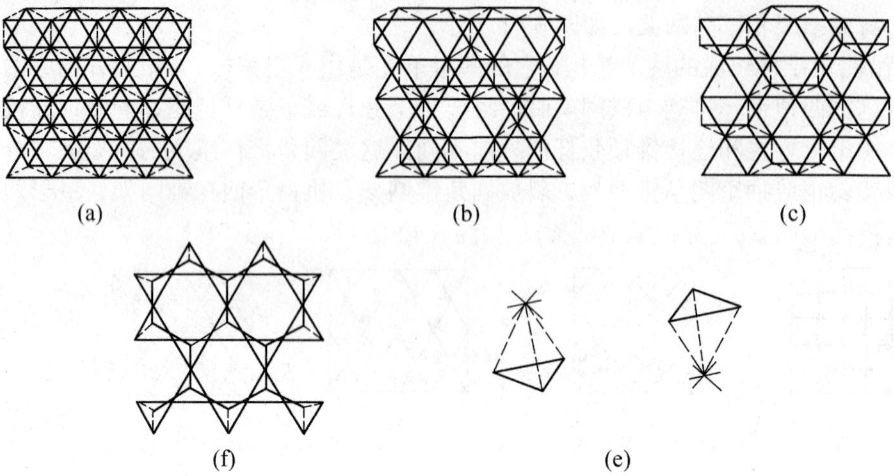

图 6.43　三角锥体组成的网架

(a) 三角锥网架；(b) 抽空三角锥网架Ⅰ型；(c) 抽空三角锥网架Ⅱ型；
(d) 蜂窝形三角锥网架；(e) 三角锥体

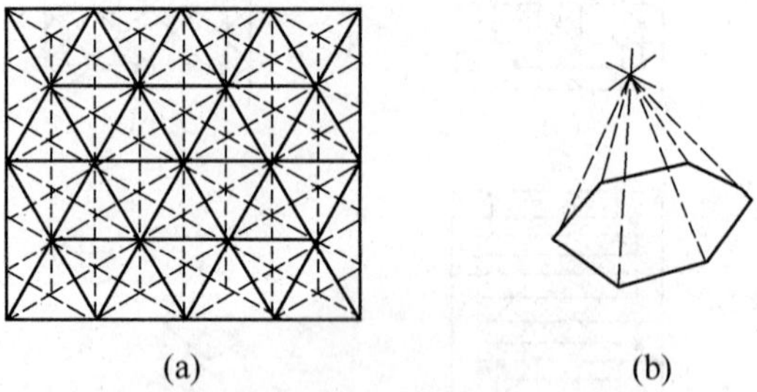

图 6.44　六角锥体组成的网架

(a) 六角锥网架；(b) 六角锥体

3. 网架结构的施工

网架的制造与安装分为 3 个阶段：制备杆件及节点→拼装成基本单元体→现场安装。杆件和节点的制备都在工厂中进行。基本单元体的拼装可在工厂或施工现场附近进行，单元体的大小视网格尺寸及运输条件而定，可以是一个网格，也可以是几个网格。网架的安装是网架结构施工中最重要的一项，方法有高空散装法、分条分块安装法、高空滑移法、移动支架安装法、整体吊装法、整体提升法和整体顶升法。

1) 钢网架吊装

钢网架吊装是指网架在地面总拼装后，采用单根或多根拔杆、一台或多台起重机进行吊装就位的施工方法。此方法不常搭设拼装架，高空作业少，易于保证接头焊接质量，但需要起重能力大的设备，吊装技术较复杂。

(1) 钢网架绑扎。网架绑扎前应确定网架绑扎点，网架绑扎点的位置和数量应满足以下要求：①网架绑扎点应与网架结构使用时的受力状况相接近；②吊点的最大反力不应大于起重设备的负荷能力，各起重设备的负荷宜接近。

绑扎的方法常用的有两种：①单机吊装绑扎，对于大跨度钢立体钢网架片多采用单机吊装，吊装时一般采用六点绑扎，并加设横吊梁，以降低起吊高度和对桁架网片产生较大的轴向压力，避免网架片出现较大的侧向弯曲；②双机抬吊绑扎，采用双机抬吊时，可采取在支座处两点起吊或四点起吊，另加两副辅助吊索。

(2) 钢网架吊装。钢网架吊装分为单机吊装和双机吊装，如图 6.45 所示。单机吊装较简单，当网架片在跨内斜向布置时，可采用 150kN 履带起重机或 400kN 轮胎式起重机垂直起吊，吊至比柱顶高 50cm 时，可将机身就地在空中旋转，然后落于柱头上就位。其施工方法可参照一般钢屋架的吊装。

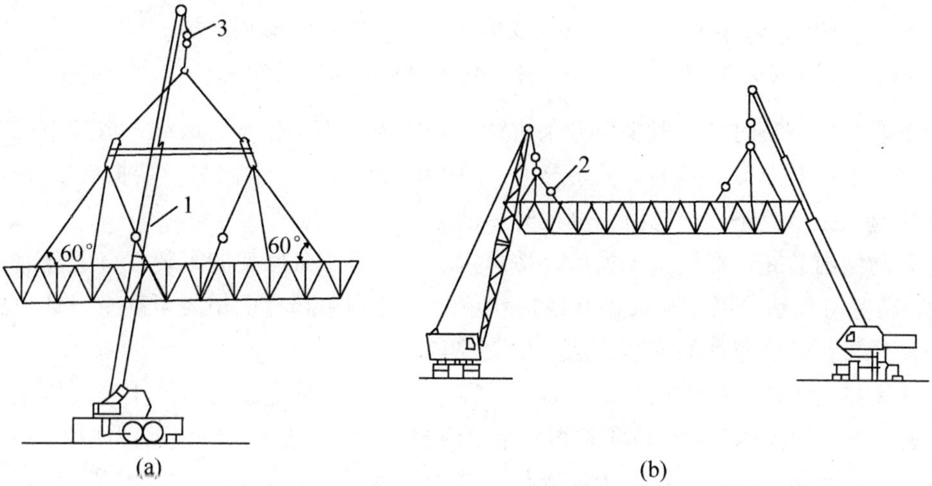

图 6.45 大跨度钢立体桁架、网架片的吊装

(a) 单机吊装法；(b) 双机抬吊法

1—大跨度钢立体桁架或网架片；2—吊索；3—30kN导链

(3) 网架空中移位。多机抬吊作业中，起重机变幅容易，网架空中移位并不困难，采用多根独脚拔杆进行整体吊升时，由于拔杆变幅很困难，网架在空中移位是利用拔杆两侧起重滑轮组中的水平力不等而推动网架移位的。

2) 钢网架安装

(1) 高空散装法。高空散装法是指运输到现场的运输单元体(平面桁架或锥体)或散件，用起重机械吊升到高空对位拼装成整体结构的方法，适用于螺栓球或高强螺栓连接节点的网架结构。它在拼装过程中始终有一部分网架悬挑着，当网架悬挑拼接成为一个稳定体系时，不需要设置任何支架来承受其自重和施工荷载。当跨度较大、拼接到一定悬挑长度后，设置单肢柱或支架，支撑悬挑部分，以减少或避免因自重和施工荷载而产生的挠度，如图 6.46 所示。

吊装分块(分件)用两台履带式或塔式起重机进行，拼装支架用钢制，可局部搭设做成活动式，亦可满堂红搭设。分块拼装后，在支架上分别用方木和千斤顶顶住网架中央竖杆下方进行标高调整，如图 6.46(c)所示，其他分块则随拼装随拧紧高强螺栓，与已拼好的分块连接即可。

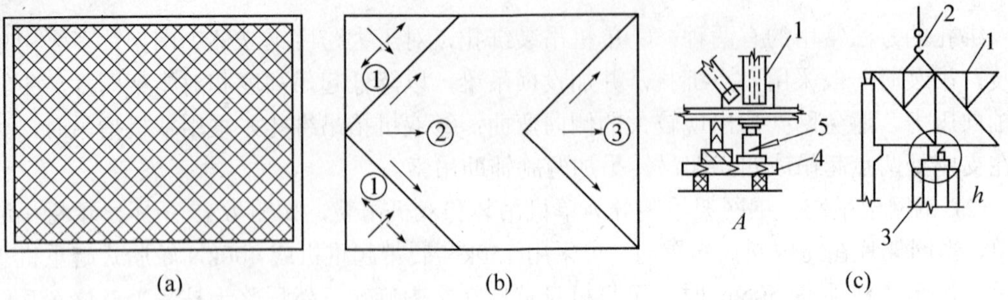

图 6.46　高空散装法安装网架

(a) 网架平面；(b) 网架安顺序；(c) 网架块体临时固定方法

1—第一榀网架块体；2—吊点；3—支架；4—枕木；5—液压千斤顶；①②③—安装顺序

当采取分件拼装时，一般采取分条进行，顺序为：支架抄平、放线→放置下弦节点垫板→按格依次组装下弦、腹杆、上弦支座(由中间向两端，一端向另一端扩展)→连接水平系杆→撤出下弦节点垫板→总拼精度校验→油漆。

每条网架组装完，经校验无误后，按总拼顺序进行下条网架的组装，直至全部完成。

(2) 高空滑移法。网架分成条状或块状单元，分别由起重机吊装至高空设计位置就位搁置，然后再拼装成整体的安装方法，如图 6.47 所示。

条状是指网架沿长跨方向分割为若干区段，每个区段的宽度可以是 1 个网格至 3 个网格，其长度则为短跨的跨度。块状是指网架沿纵横方向分割后的单元形状为矩形或正方形。每个单元的重量以现有起重机能力能胜任为准。

特点：首先是大部分焊接、拼装工作量在地面进行，有利于提高工程质量，并可省去大部分拼装支架；其次是由于分条(块)单元的重量与现场现有起重设备相适应，可利用现有起重设备吊装网架，有利于降低成本。此法易于在中小型网架中推广，但仍有一定的高空作业量。

(3) 分条分块安装法。分条分块法是高空散装的组合扩大。为适应起重机械的起重能力和减少高空拼装工作量，将屋盖划分为若干个单元，在地面拼装成条状或块状扩大组合单元体后，用起重机械或设在双肢柱顶的起重设备(钢带提升机、升板机等)，垂直吊升或提升到设计位置上，拼装成整体网架结构的安装方法。

条状单元是指沿网架长跨方向分割为若干区段，每个区段的宽度是 1～3 个网格。而其长度即为网架的短跨或 1/2 短跨。块状单元是指将网架沿纵横方向分割成矩形或正方形的单元。每个单元的重量以现有起重机能力能胜任为准。

(4) 移动支架安装法。移动支架安装法无固定的支撑脚手架。网架结构在可移动的支撑架上进行安装，对于已安装好的结构部分有必要设置若干固定的临时支撑以分散内力和控制变位，在结构安装完毕再搬去这些临时支撑。

施工方法特点：①移动支撑架的稳定性比固定支架差；②支撑脚手架的使用量少，节约了劳动力；③施工不需要大型起重机；④施工方法简单，施工费用较低。

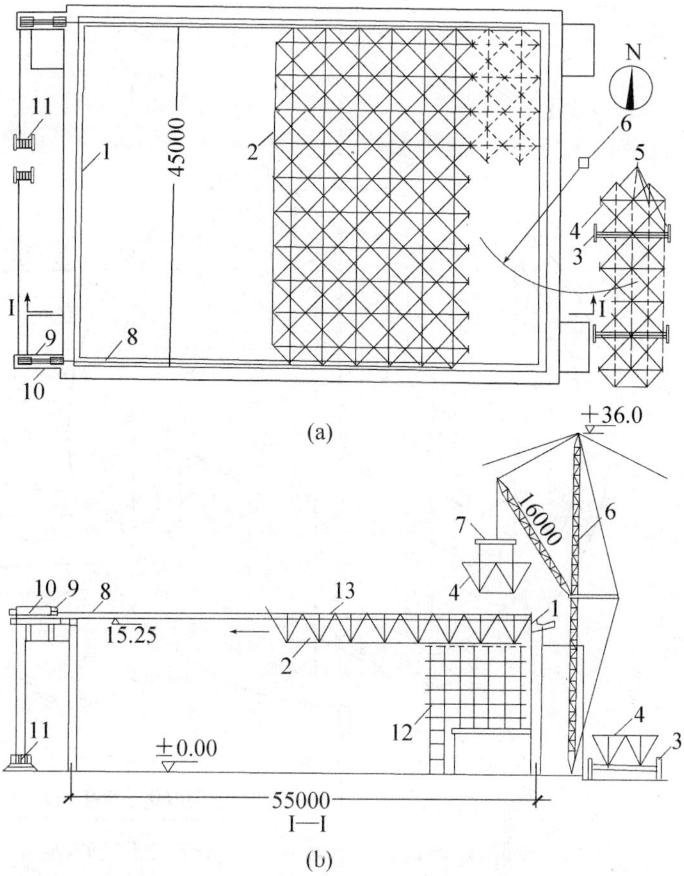

图 6.47 高空滑移法安装网架示意图

(a) 结构平面；(b) 结构立面

1—边梁；2—已拼网架单元；3—运输车轮；4—拼装单元；5—拼装架；6—拔杆；7—吊具；8—牵引索；9—滑轮组；10—滑轮组支架；11—卷扬机；12—拼装架；13—拼接缝

(5) 整体吊装法。网架整体吊装法，是指网架在地面总拼后采用单根或多根拔杆、一台或多台起重机进行吊装就位的施工方法，如图 6.48 和图 6.49 所示。

网架在地面总拼时可以就地与柱错位或在场外进行。当就地与柱错位总拼时，网架起升后在空中需要平移或转动 1.0～2.0m 左右再下降就位，由于柱是穿在网架的网格中的，因此凡与柱相连接的梁均应断开，即在网架吊装完成后再施工框架梁，而且建筑物在地面以上的结构必须待网架制作安装完成后才能进行，不能平行施工。因此，当场地许可时，可在场外地面总拼网架，然后用起重机抬吊至建筑物上就位，这时虽然解决了室内结构拖延工期的问题，但起重机必须负重行驶较长距离。

(6) 整体提升法。整体提升法是指在结构柱上安装提升设备提升网架，或在提升网架的同时进行柱子滑模的施工方法，此时网架可作为操作平台。整体提升法分为单提网架法和升梁抬网法。

(7) 整体顶升法。网架整体顶升法是把网架在设计位置的地面拼装成整体，然后用千斤顶将网架整体顶升到设计标高。网架整体顶升法可以利用原有结构柱作为顶升支架，也可另设专门的支架或枕木垛垫高。

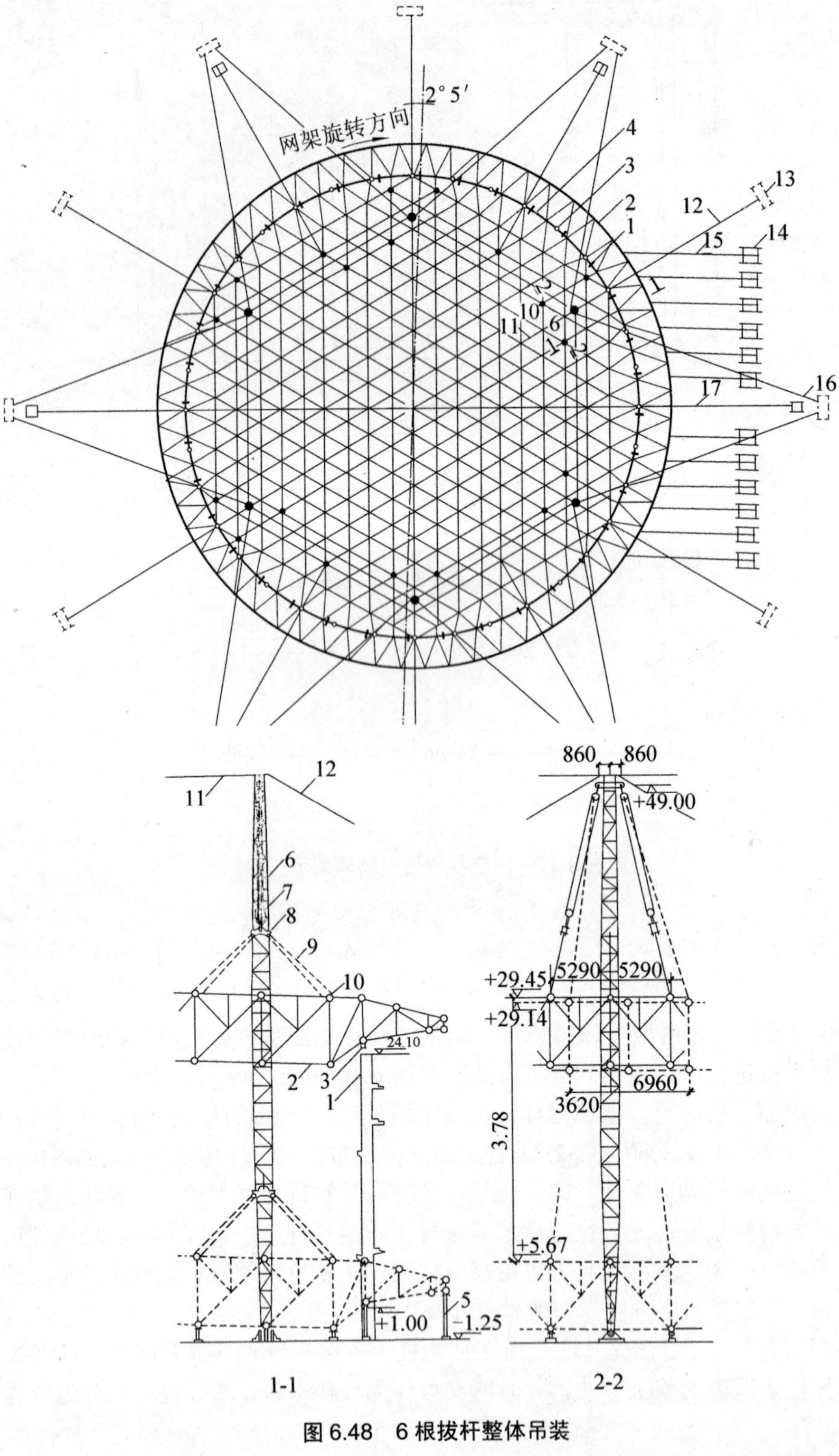

图 6.48　6 根拔杆整体吊装

1—柱；2—网架；3—摇摆支座；4—提升后再焊的杆件；5—拼装用小钢柱；6—独脚桅杆；7—滑轮组；8—铁扁担；9—吊索；10—吊点；11—平缆风绳；12—斜缆风绳；13—地锚；14—起重卷扬机；15—起重钢丝绳；16—校正用卷扬机；17—校正用钢丝绳

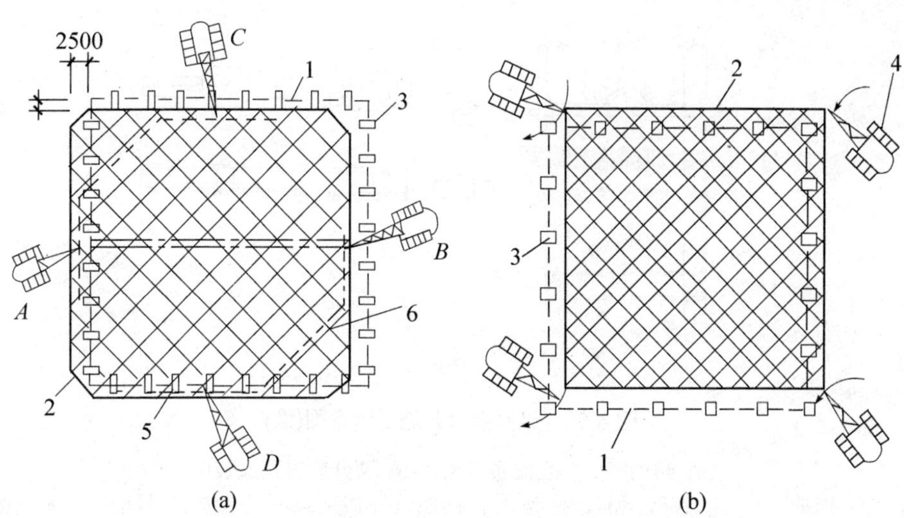

图 6.49 多台起重机整体吊装

(a) 四侧抬吊；(b) 两侧抬吊

1—网架安装位置；2—网架拼装位置；3—下柱；4—履带式起重机；5—吊点；6—串通吊索

网架整体顶升法的特点与整体提升法类似。首先，顶升法一般用液压千斤顶顶升，设备较小，当少支柱的大型网架采用顶升法施工时，可用专用的大型千斤顶。其次，除用专用支架外，顶升时网架支承情况与使用阶段基本一致。

顶升时，每一顶升循环工艺过程，如图 6.50 所示。顶升应做到同步，各顶升点的升差不得大于相邻两个顶升用的支承结构间距的 1/1000，且不大于 30mm，在一个支承结构上有两个或两个以上千斤顶时不大于 10mm。当发现网架偏移过大，可采用在千斤顶垫斜垫或有意造成反向升差逐步纠正。同时顶升过程中网架支座中心对柱基轴线的水平偏移值不得大于柱截面短边尺寸的 1/50 及柱高的 1/500，以免导致支承结构失稳。

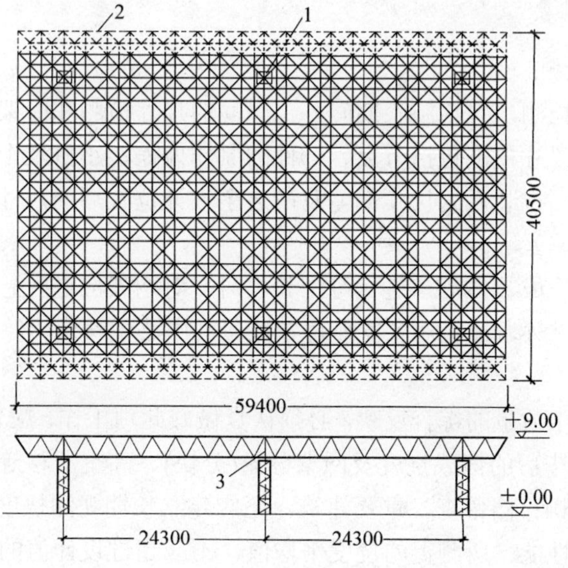

图 6.50 某网架顶升施工示意图

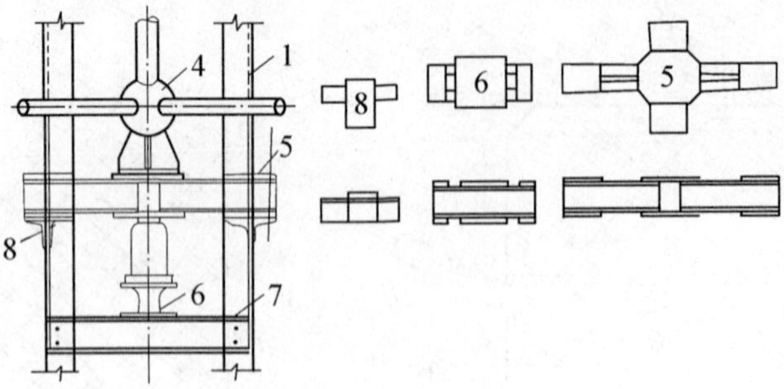

(b)

图 6.50　某网架顶升施工示意图(续)

(a) 结构平面及立面布置图；(b) 顶升装置及安装图

1—柱；2—网架；3—柱帽；4—球支座；5—十字梁；6—横梁；7—下缀板(16号槽钢)；8—上缀板

4. 网架结构的验收

1) 验收文件

开工前必须编制施工组织设计，作为竣工验收、工程质量评定的文件之一。施工组织设计中必须规定制作与安装的施工方法；保证质量和安全的技术措施；施工阶段网架及支承柱的验算、拼装支架及起重设备的验算等的计算书；施工设计图纸；劳动力、工具设备、材料需要量计划；工程日程进度计划；施工总平面图等。为验证施工验算正确性的试验报告，也应附在后面。

验收时必备的文件：网架施工图、竣工图、设计更改文件，所用钢材及其他材料的质量证明书和试验报告；网架的零部件产品合格证书和试验报告、网架制作拼装各工序的验收记录、焊工考试合格证明、焊缝质量和高强螺栓质量检验资料、总拼就位后几何尺寸偏差和挠度记录。

2) 几何尺寸的检测

网架几何尺寸的检测，包括施工期间各工序间的尺寸检测和网架安装完毕后竣工验收两部分。各工序间的尺寸检测包括节点、杆件的制作偏差、小拼及中拼单元尺寸偏差、网架定位放线偏差、地面拼装后的尺寸偏差及吊装至设计位置后的尺寸偏差、网架支座处柱或圈梁预埋件位置的偏差等。

网架在设计位置形成整体后，进行竣工验收时，对网架应进行总体几何尺寸的检测。除检查纵横向长度偏差外，还应对各支座位置测量其中心偏移值。

3) 挠度控制

挠度是设计和施工质量的综合反映，必须认真做好此项工作，应包括网架的自重挠度，屋面结构全部安装完毕后的恒载挠度及网架分条(分块)、高空滑移等施工时出现的挠度，分别将这些挠度值资料存档备查。重要建筑，还应建立长期观测挠度制度，以监测建筑物使用阶段网架的工作性能。所测得的挠度平均值，不应超过设计值的 15%。

6.3.3 钢结构吊装实例

1. 工程概况

国家大剧院主体建筑钢结构椭球体壳体(以下简称壳体)为一超大空间壳体，东西长约212m，南北约144m，高约46m。整个钢壳体由顶环梁、梁架构成骨架；梁架之间由连杆、斜撑连接。

顶环梁通长采用Φ1117.6–25.4THK钢管，中间矩形框采用矩形箱型梁。整个顶环梁长约60m，宽约38m。顶环梁半圆区内格栅呈放射状分布；矩形框内南北向搁栅采用60m钢板梁，东西向采用Φ194钢管，格栅呈网格状分布。整个顶环梁总重约700t。

梁架分为A类(短轴梁架)、B类(长轴梁架)；A类梁架采用60mm厚钢板制作，B类梁架采用上下翼缘不等的焊接H型钢。A类梁架共46榀，B类梁架共102榀。

斜撑及连杆均采用钢管；短轴梁架之间连杆节点采用铸钢节点连接，长轴梁架连杆采用钢套筒连接。

2. 吊装设备

主要施工机械选用及性能见表6-3。

表6-3 主要施工机械选用及性能

<table>
<tr><th rowspan="2">序号</th><th rowspan="2">设备名称</th><th rowspan="2">数量</th><th colspan="4">主要工作性能</th><th rowspan="2">工作内容</th><th rowspan="2">备注</th></tr>
<tr><th colspan="2">起重臂长</th><th>半径</th><th>起重量</th></tr>
<tr><td rowspan="2">1</td><td rowspan="2">CC2800 600t
履带式起重机</td><td rowspan="2">1</td><td>主臂：60m
付臂：84m</td><td>SFSL工况超起</td><td>102m</td><td>35t</td><td>第一作业区吊装。第二、三、四作业区上段梁架吊装</td><td>超起时配3001压铁</td></tr>
<tr><td>主臂：60m
付臂：84m</td><td>SW工况</td><td>62m</td><td>18t</td><td>M44oD塔吊安装、拆除</td><td>—</td></tr>
<tr><td>2</td><td>M440D 600t·m
塔式起重机</td><td>2</td><td colspan="2">55m</td><td>37.5m</td><td>2t</td><td>拆装QM18、SK560柱靴安装第二、三、四作业区下、中段梁架吊装</td><td>行走式</td></tr>
<tr><td>3</td><td>SK560 600t·m
塔式起重机</td><td>1</td><td colspan="2">50.8m</td><td>50m</td><td>11.36t</td><td>第五作业区吊装柱靴安装</td><td>需设一道附墙</td></tr>
<tr><td>4</td><td>50t履带式起重机</td><td>4</td><td colspan="2">28m</td><td>9m</td><td>12t</td><td>拆装600t主机下段梁架抬吊拼装梁架</td><td>—</td></tr>
<tr><td>5</td><td>QM18屋面吊</td><td>1</td><td colspan="2">35m</td><td>15m</td><td>15t</td><td>拆装SK560</td><td>12m塔身</td></tr>
</table>

3. 吊装准备

(1) 起重机要进行充分的保养，并且应具有技术质量监督局颁发的特种设备准用证。

(2) 吊装钢丝绳、卸扣必须具有质量合格证。

(3) 吊耳必须有材质合格证，吊耳和加固的焊接应可靠，并通过联合检查。

4. 施工

施工总体布置以壳体为中心，分三块区域进行施工平面安排，三块区域分布布置为：吊装区，位于壳体所在区域(即 202 区)；构件拼装区，分第一、第二、第三拼装区，分别位于吊装区南北两侧；施工主通道，位于吊装区和拼装区东西两侧，如图 6.51 所示。

整个壳体钢结构的构件平面分布情况如图 6.52 所示。考虑到设计要求及结构体型特点，吊装作业划分为 5 个区域，安排多台起重机分别进行综合吊装。5 个作业区域的具体划分如下。

第一作业区域顶环梁吊装；第二作业区域 E20 轴—W20 轴梁架节间吊装；第三作业区域 W21 轴—W61 轴梁架节间吊装；第四作业区域 E21 轴—E61 轴梁架节间吊装；第五作业区域 W62 轴—E62 轴梁架节间吊装。

壳体构件在工厂加工成运输单元，运至施工现场，在现场拼装成吊装单元进行吊装。

根据施工现场条件和吊装作业区划分，构件拼装区分布在壳体南北两边区域。具体安排：

第一拼装区：设在壳体北面 201 区，南北长度约 70m，东西向长度约 230m。第一拼装区划分为 1 号、2 号拼装场地。每块场地设置拼装平台；2 块场地各配置 50t 级履带式起重机一台承担拼装起重作业，合计 2 台。第一拼装区向 CC2800 与两台 M440D 塔吊提供构件吊装单元件。

第二拼装区：设在壳体南面 203 区东西两端，分为 3 号、4 号、5 号拼装场地。在 3 号、4 号场地各配置 50t 级履带式起重机一台，承担拼装起重作业，分别向位于东西两侧的 M440D 塔吊构件吊装单元件。5 号拼装场地，向 SK560 塔吊提供吊装单元。

构件根据工厂制作编号直接运送至相应拼装场地。拼装区域划分如图 6.51 所示。

东侧主通道宽度 25m，长度约 434m，西侧主通道宽 23m，长度约 440m。另有 10m 宽道路在靠近第二拼装区南端将两通道相连，在壳体东北处有±0.000 标高到−9.000 标高的坡道，便于运输车辆进入第一拼装区域，将运输道路与工地现场这个大门接通。主要通道和坡道的承载能力为 $10t/m^2$，路面为素混凝土。南面 203 区第二拼装区 5 号拼装场地处构件的运输将通过卡车通道进入。所有施工设备和构件运输车辆，均可通过主通道和坡道进入吊装区域和构件拼装区。

采用 CC2800(600t)履带式起重机(一台，接 60m 主臂 84m 副臂，后挂 300t 超起配重，停在壳体北面)，定点中心位置在土建坐标(0.000，+86.000)，跨外综合吊装，完成第一作业区域施工；然后向北退 8m，采用 SW 性能，安装 M440D 塔吊两台；再恢复使用 SFSL 性能，在原位进行梁架吊装；最后在壳体安装完成后拆除 M440D 塔式起重机，如图 6.53 所示。

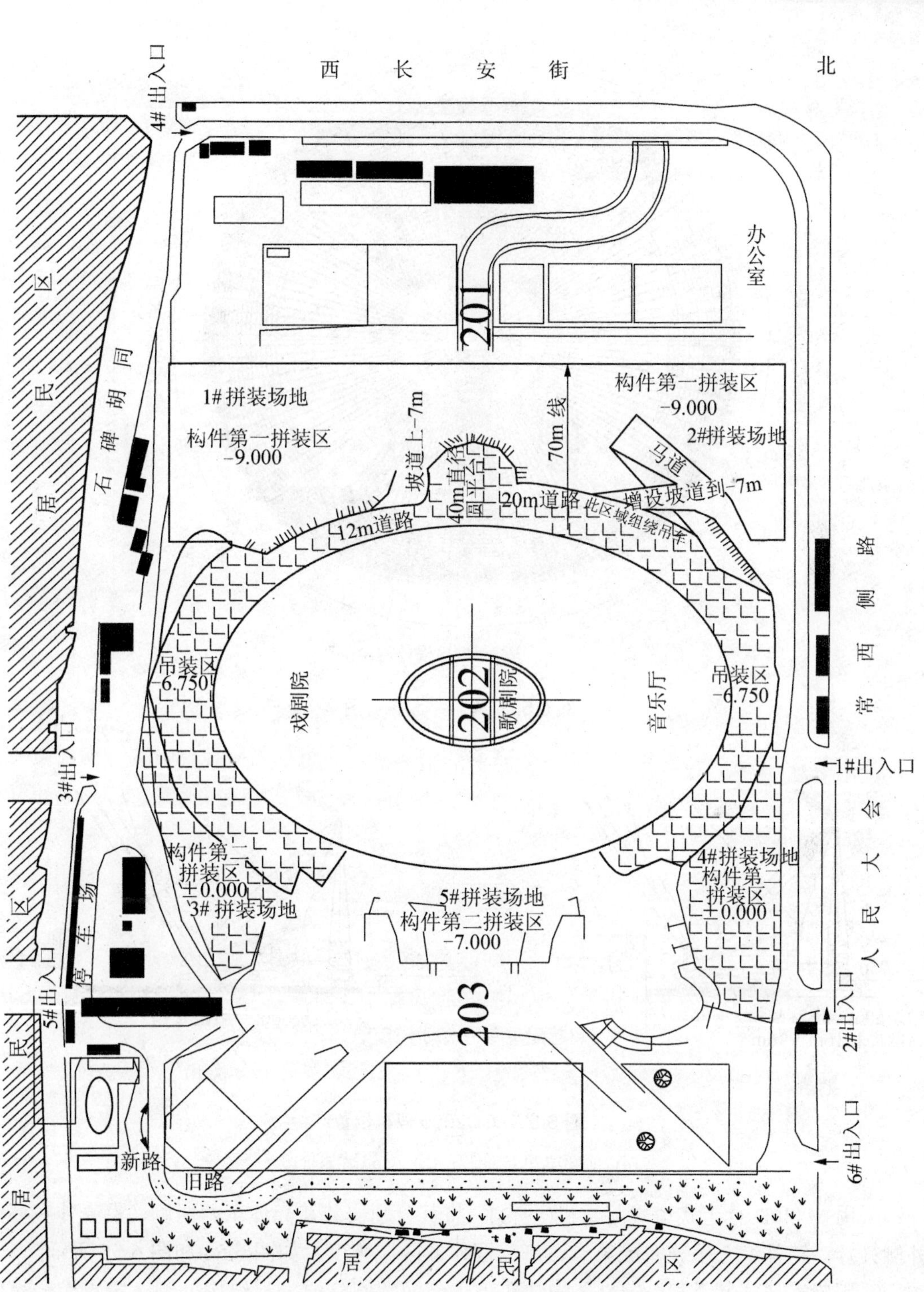

图 6.51 各施工区域划分及标高位置图

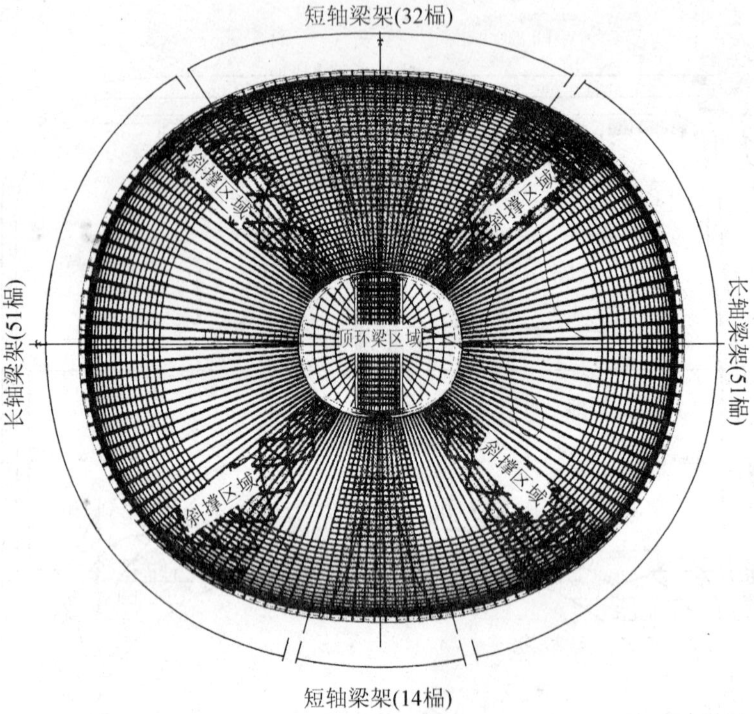

图 6.52　构件平面布置图

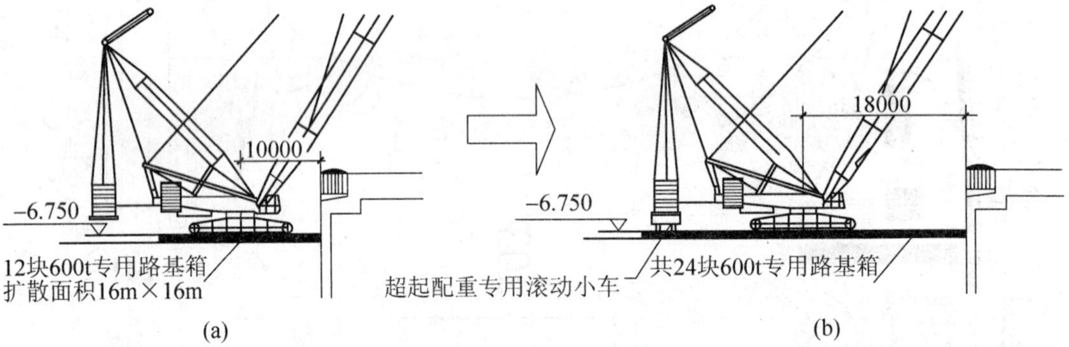

图 6.53　CC2800 停机位置

(a) 顶环梁吊装阶段；(b) 梁架吊装阶段

采用 M440D 行走式塔式起重机(两台)，将其分别安装在壳体东西两侧，沿壳体底环梁外侧开行，跨外综合吊装完成第二、三、四作业区域施工，如图 6.54 和图 6.55 所示。

采用附着塔式起重机(一台)，安装在壳体南面歌剧院混凝土结构外侧，定点综合吊装完成第五作业区域施工。

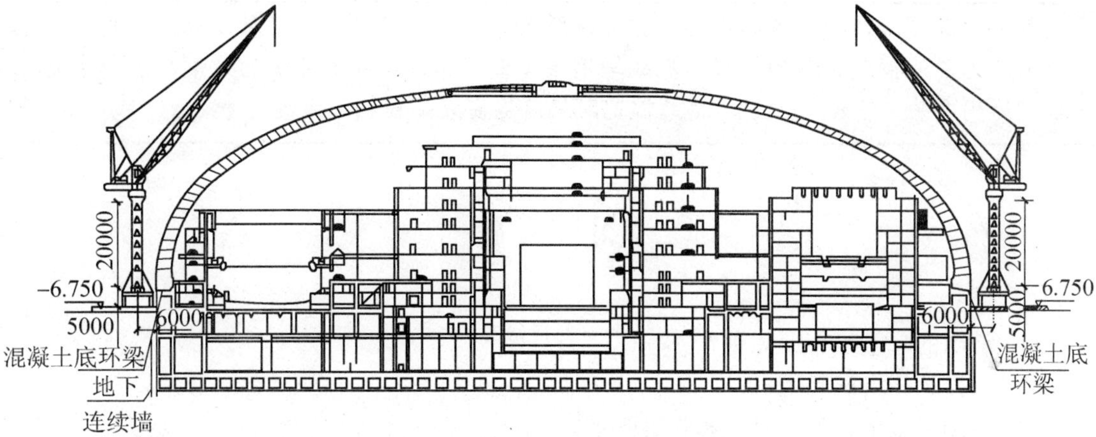

图 6.54　长轴安装剖面图

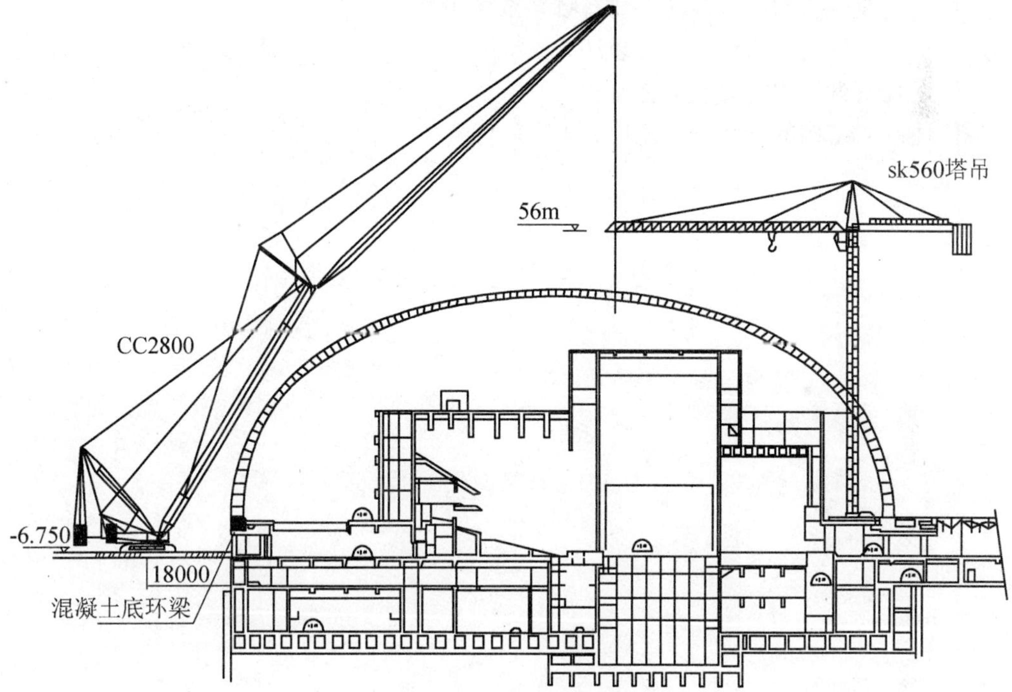

图 6.55　短轴安装剖面图

本 章 小 结

本章介绍了结构安装工程中常用的起重机械和索具，并详细地介绍了单层工业厂房结构安装工艺，包括柱的吊装方案还有吊车梁、屋架等构件的具体吊装方案，使学生初步具备了编写单层厂房结构安装方案的能力，另外也使学生熟悉了轻钢结构和网架结构的结构安装方案，掌握了其施工要点。

本章的教学目标是使学生能根据工程特点合理选择结构安装施工机械和索具，熟悉单层工业厂房结构安装的准备工作能按照工程的实际情况选择单层工业厂房构件的吊装工艺，能按照工程的实际情况编写单层工业厂房结构安装施工的方案，熟悉常见轻钢结构安装工程施工方案，熟悉常见网架结构安装工程施工方案。

习　题

1. 常用的起重机有哪几种？
2. 怎样选择塔式起重机？
3. 钢筋混凝土柱如何对位和临时固定？
4. 简述屋架的安装工艺。
5. 单层工业厂房构件吊装前主要有哪些准备工作？
6. 什么是分件吊装法和综合吊装法？
7. 简述轻型钢结构的安装工艺流程。
8. 简述网架结构的安装工艺流程。

第7章

防水工程

教学目标

掌握建筑工程的四大部位防水，即屋面防水、外墙防水、厨房卫生间防水、地下工程防水的常用材料及施工工艺和顺序，了解防水工程质量控制手段与措施和工程施工质量验收等内容。

教学要求

能力目标	知识要点	权重
了解建筑防水的分类，等级及设防原则，掌握各种防水材料的性能及适用范围	建筑行业相关知识、建筑材料、建筑结构基础	15%
掌握卷材防水屋面和涂膜防水屋面的施工工艺；了解其他防水屋面的施工工艺	建筑材料、建筑构造、建筑使用功能	25%
掌握防水混凝土结构的施工工艺，了解其他附加防水层施工	建筑材料、混凝土施工工艺	20%
掌握外墙及厨房、卫生间的防水施工工艺	建筑材料、建筑的使用功能。	20%
了解建筑防水工程冬雨期施工要求	建筑施工工艺要求和行业相关知识	10%
了解防水工程施工质量验收的标准与安全技术措施	建筑施工质量验收规范，建筑行业相关知识	10%

章节导读

在建筑工程中，建筑防水技术是一门综合性、应用性很强的工程技术科学，是建筑工程技术的重要组成部分，对提高建筑物使用功能和生产、生活质量，改善人居环境发挥重要作用。防水工程是一项系统工程，它涉及防水材料、防水工程设计、施工技术、建筑物的管理等各个方面。建筑防水工程的任务则是综合上述诸方面的因素，进行全方位评价，选择符合要求的高性能防水材料，进行可靠、耐久、合理、经济的防水工程设计，认真组织，精心施工，完善维修、保养管理制度，以满足建筑物及构筑物的防水耐用年限，实现防水工程的高质量及良好的综合效益。同时，防水工程施工是一项要求较高的专业技术，所以施工专业化是保证屋面防水工程质量的关键，如果施工操作不认真，技术不够，其后果必然导致防水工程的失败。

防水工程是一项系统工程，涉及建筑工程的多个层面；建筑防水工程的质量，涉及材料、设计、施工、验收、管理和维护等诸多方面的因素。如果建筑工程防水施工不好，建筑工程出现渗漏，不仅要花费大量的人力和物力，而且会给人们生产、生活带来诸多不便；比如屋面工程防水处理不好，会造成屋面渗漏；外墙防水处理不好，会造成雨水对建筑墙体的侵蚀；厨房卫生间防水处理不好，会造成地而渗漏或卫生洁具漏水；地下工程防水处理不好，会造成地下室潮湿，或者给地下结构造成事故；尤其在地下水丰富的地区，甚至会影响建筑功能和危及结构安全；由此可见，防水工程施工质量是至关重要的。

7.1 防水工程基本知识

防水工程是指为防止地表水(雨水)、地下水、滞水、毛细管水以及人为因素引起的水文地质改变而产生的水渗入建筑物、构筑物或蓄水工程向外渗漏以及建筑物内部相互渗水所采取的一系列建筑、结构和构造措施的总称。

引例

每年“3·15”一到这时候，各种商品质量问题就会特别引人关注。2011 年 1 月 24 日，中国消费者协会公布了2010年全国消协组织受理投诉情况分析。分析显示，在投诉问题的类别中，房屋建材类占 5.5%，主要涉及房屋墙体开裂、墙面渗漏、窗台和阳台渗漏等问题。

房屋渗漏给使用者带来了很大的麻烦，而建筑防水工程作为建筑工程项目中的一项重要内容，不可忽视。

特别提示

建筑物的等级及使用功能不同，对其进行的防水工程是不是也应该采用不同的防水材料和施工方法呢？

7.1.1 建筑防水的分类

建筑防水技术是一项综合技术性很强的系统工程，涉及防水设计的技巧，防水材料的选择，防水施工技术的高低，防水施工与使用过程中的管理等。只有做好各个环节，才能确保建筑防水工程的质量和耐用年限。房屋建筑构造中与防水密切相关的是建筑屋面、主体结构的墙、基础以及地面、门窗、楼梯、阳台与雨篷。

1. 按防水部位分类

(1) 屋面防水。
(2) 地下防水。
(3) 楼地面防水。

2. 按所采用的防水材料不同分类

材料防水是指依靠防水材料经过施工形成整体封闭防水层阻断水的通路，以达到防水的目的。

(1) 柔性防水，如卷材防水、涂膜防水。
(2) 刚性防水，如刚性材料防水、结构自防水。

3. 按防水构造做法不同分类

构造防水是采取正确与合理的结构构造形式阻断水的通路和防止水侵入室内。

(1) 结构自防水。它主要是指依靠建筑物构件材料自身的憎水性和密实性及其某些构造措施(坡度、埋置止水带等)，使结构构件起到防水作用。

(2) 防水层防水。它是在建筑构件的迎水面或背水面以及接缝处，附加防水材料做成防水层，以起到防水作用。

7.1.2 防水工程的等级及设防原则

1. 屋面防水等级及设防要求

《屋面工程质量验收规范》(GB 50207－2002)根据不同建筑类别，将屋面防水的设防要求分为 4 个等级，分别规定了不同的构造要求和选用材料，并提出分别选用高、中、低档防水材料复合使用，进行屋面防水一道或多道设防见表 7-1。

表 7-1 屋面防水等级和设防要求

项目	屋面防水等级			
	I	II	III	IV
建筑物类别	特别重要的民用建筑和对防水有特殊要求的工业建筑	重要的民用建筑，如博物馆、图书馆、医院、宾馆、影剧院；重要的工业建筑、仓库等	一般民用建筑，如住宅、办公楼、学校、旅馆；一般的工业建筑、仓库等	非永久性的建筑，如简易宿舍、简易车间等
防水层耐用年限	20 年	15 年	10 年	5 年
选用材料	应选用合成高分子防水卷材、高聚物改性沥青防水卷材、合成高分子防水涂料、细石防水混凝土、金属板等材料	应选用高聚物改性沥青防水卷材、合成高分子防水涂料、高聚物改性沥青防水涂料、细石防水混凝土、金属板等材料	应选用高聚物改性沥青防水卷材、合成高分子防水卷材、高聚物改性沥青防水涂料、合成高分子防水涂料、刚性防水层、平瓦、油毡瓦等材料	应选用高聚物改性沥青防水卷材、高聚物改性沥青防水涂料、沥青基防水涂料、波形瓦等材料

续表

项目	屋面防水等级			
	I	II	III	IV
设防要求	三道或三道以上防水设防	二道防水设防	一道防水设防	一道防水设防

2. 地下工程防水等级及设防要求

《地下工程防水技术规范》(GB 50108—2008)将地下工程防水等级分为4级见表7-2。地下工程长期受地下水位变化影响，处于水的包围当中，如果防水措施不当出现渗漏，不但修缮困难，影响工程正常使用，而且长期下去，会使主体结构产生腐蚀、地基下沉，危及安全，易造成重大经济损失。

表7-2　地下工程防水等级

防水等级	标准
1级	不允许漏水，结构表面无湿渍
2级	不允许漏水，结构表面可有少许湿渍 工业与民用建筑：湿渍总面积不大于总防水面积的1‰，单个湿渍面积不大于$0.1m^2$，任意100 m^2防水面积湿渍不超过1处 其他地下工程：湿渍总面积不大于总防水面积的6‰，单个湿渍面积不大于$0.2m^2$，任意100 m^2防水面积湿渍不超过4处
3级	有少量漏水点，不得有线流和漏泥沙 单个湿渍面积不大于$0.3m^2$，单个漏水点的漏水量不大于2.5L/d，任意$100m^2$防水面积漏水点不超过7处
4级	有漏水点，不得有线流和漏泥沙 整个工程平均漏水量不大于$2L/(m^2 \cdot d)$，任意$100m^2$防水面积的平均漏水量不大于$4L/(m^2 \cdot d)$

3. 防水工程的设防原则

1) 可靠性

防水方案的提出和确定主要包括设定防水部位、选择防水材料、确定细部构造和节点做法这3个方面。防水部位的特殊性要通过防水材料来适应，防水部位和防水材料，又要求细部构造、节点做法来落实和保证，同时还根据工程特点、地区自然条件绊，按照不向部位防水等级的设防要求，进行防水构造设计。设计时一定要考虑设计方案的适用性，防水材料的耐久性和合理性，操作工艺、技术可行性，以及节点的详细处理等，以保证防水材料在使用年限内不会发生渗漏。

2) 复合防水、多道设防

建筑防水工程设计最基本的要求就是绝对不漏水。为提高其可靠性，“规范”规定对于不同部位的防水等级和防水层耐用年限，有不同的构造要求和选材要求，并提出分别将高、中、低档防水材料复合使用进行多道设防。此外，在设计屋面防水时还应注意防排结合的问题，排水通畅了，对防水的压力就会减轻，因此，在条件允许的情况下，首先考虑以排水为主，辅以防水；其次再考虑结构的适应性(如坡屋面最适合南方地区，具有排水通畅、装饰效果好的特点)。对地下防水而言，应防排结合，以疏为辅，工程本身既要防水也要排水，同时对侵害地下工程的各种来水进行堵和截，使之不侵害或减少侵害程度。地下工程一般情况下都要采用结构自防水形式，结合柔性防水和密封，实行地下工程防水的综合治理。

3) 定级准确、经济合理

对于一个防水工程来讲，首先要准确地确定它的防水等级，其次根据相应的设防要求，结合工程结构、工程所处的环境和水文地质情况。在充分考虑建筑物的性质、重要程度、使用功能要求、确保防水层的合理使用年限的前提下，经过认真选择和优化，设计出一个定级准确、方案可靠、施工简便和经济合理的防水方案。

7.1.3 防水材料

建筑防水层的设置必须能够抵御大气、紫外线以及臭氧对它的老化作用和酸碱的侵蚀，承受各种外力的冲击。防水工程的材料选择和防水方案的选定，是非常关键的一项工作。根据建筑物的防水部位、类型、重要程度、使用功能、结构特点、耐久年限、气候条件和工程的具体情况等综合考虑，选择与之相匹配的防水材料，使建筑物不会出现渗漏水现象。

1. 防水卷材

防水卷材具有施工简便，施工温度范围广，一般可一遍成活等优点，但存在着有接缝、对异形部位(如突出部位)卷材铺贴难度大，成为渗漏的薄弱环节，所以它较适用于大面积基本平直的部位，如屋面、地下室地坪和墙面。防水卷材按材料的组成不同，分为沥青防水卷材、高聚物改性沥青防水卷材和合成高分子防水卷材 3 大类，如图 7.1 所示。

1) 沥青防水卷材

沥青防水卷材是用原纸、纤维织物、纤维毡等胎体材料浸涂沥青，表面撒布粉状、粒状或片状材料制成的可卷曲的片状防水材料。沥青防水卷材价格低廉，具有一定的防水性能，应用较为广泛。

2) 高聚物改性沥青防水卷材

该卷材使用的高聚物改性沥青，指在石油沥青中添加聚合物，通过高分子聚合物对沥青的改性作用，提高沥青软化点，增加低温柔性，增加弹性，使沥青具有可逆变形的能力；改善耐老化性和耐硬化性，使聚合物沥青具有良好的使用功能，即高温不流淌、低温不脆裂，刚性、机械强度、低温延伸性有所提高。

3) 合成高分子防水卷材

合成高分子防水卷材是以合成橡胶、合成树脂或它们两者的共混体系为基料，加入适量的化学助剂和填充料等，经过橡胶或塑料加工工艺制成的无胎加筋的或不加筋的弹性或塑性的卷材。

- 防水卷材
  - 沥青防水卷材
    - 纸胎沥青油毡
    - 玻璃布胎沥青油毡
    - 玻纤毡胎沥青油毡
    - 铝箔胎沥青油毡
    - 带孔油毡
  - 高聚物改性沥青防水卷材
    - 弹性体改性
      - SBS改性沥青防水卷材
      - 再生胶改性沥青防水卷材
      - 丁苯橡胶改性沥青防水卷材
    - 塑性体改性
      - APP改性沥青防水卷材
      - 自粘型改性沥青防水卷材
  - 合成高分子防水卷材
    - 橡胶系
      - 三元乙丙橡胶防水卷材
      - 丁基橡胶防水卷材
      - 再生橡胶防水卷材
    - 树脂系
      - 氯化聚乙烯防水卷材
      - 聚氯乙烯防水卷材
      - 聚乙烯防水卷材
      - 氯磺化聚乙烯防水卷材
      - 树脂-纤维复合防水卷材
    - 橡塑共混型
      - 氯化聚乙烯-橡胶共混防水卷材
      - 三元乙丙橡胶-聚乙烯共混防水卷材

图 7.1 防水卷材的分类和常用品种

防水卷材如图 7.2 所示。

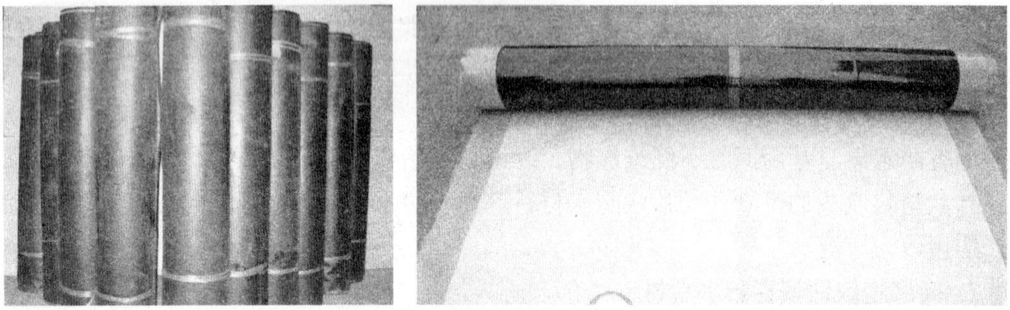

(a) (b)

图 7.2 防水卷材

2. 防水涂料

建筑防水涂料是一种稠状、匀质液体，涂刷在建筑物表面，经溶剂或水分的挥发，或两种组分间化学反应，形成一层致密的薄膜，使建筑物的表面与水隔绝，从而达到建筑物防水的作用。防水涂料不仅能在水平面，而且能在立面、阴阳角及各种复杂表面，形成无接缝的完整的防水膜。所以它适合用于各种形态复杂的部位，特别适用于管道较多的部位，如厕所、卫生间等。但由于涂料涂层较薄，若将弹性较差的涂料用于屋面，容易因温度变化而产生裂缝，从而导致屋面渗漏，所以必须谨慎选用。建筑防水涂料的种类与品种繁多，其分类和常用的品种，如图 7.3 所示。

- 防水涂料
  - 沥青防水涂料
    - 溶剂型—沥青涂料等
    - 水乳型
      - 石灰膏乳化沥青
      - 水性石棉沥青
      - 膨润土乳化沥青
  - 改性高聚物沥青防水涂料
    - 溶剂型
      - 氯丁橡胶乳化沥青
      - 再生橡胶沥青类
      - SBS 改性沥青防水涂料
    - 水乳型
      - 水乳型氯丁橡胶沥青
      - 水乳型再生橡胶沥青类
  - 合成高分子防水涂料
    - 合成树脂类
      - 单组分型（挥发型）
        - 聚合物乳液建筑防水涂料
        - 水乳型 PVC 防水涂料
      - 双组分型（反应型）— 环氧树脂类
    - 橡胶类
      - 单组分型
        - 溶剂型
          - 氯硫化聚乙烯橡胶类
          - 氯丁橡胶类
        - 水乳型
          - 氯丁胶乳
          - 丁苯胶乳
          - 硅橡胶防水涂料
        - 反应型—单组分聚氨酯类
      - 双组分型
        - 聚氨酯类（反应型）
        - 聚硫橡胶类
    - 有机无机复合类
      - 无机防水涂料
        - 水泥及防水涂料
        - 水泥基渗透结晶防水涂料
      - 有机防水涂料
        - 反应型
        - 水乳型
        - 聚合物水泥防水涂料

图 7.3　防水涂料的分类和常用品种

3. 接缝密封材料

接缝密封材料是与防水层配套使用的一类防水材料，主要用于防水工程嵌填各种变形缝、分格缝、墙板板缝，密封细部构造及卷材搭接缝等部位。接缝密封材料主要有改性沥青接缝材料和合成高分子接缝密封材料两种。

知识链接

防水市场活跃度最高的九大防水材料如下。

(1) 密封材料。巩固应用丙烯酸酯密封材料(中档)，大力提倡应用聚硫、硅酮、聚氨酯等高档密封材料，积极研究应用密封材料的专用底涂料，以提高密封材料的黏合力和耐水、耐久性。禁止使用塑料油膏、聚氯乙烯胶泥等密封材料。

(2) 防水保温材料。巩固应用挤塑型、模塑型聚苯板与砂浆外墙外保温系统，积极推广应用喷涂聚氨酯硬泡体防水保温材料，适当发展应用胶粉聚苯颗粒保温砂浆系统。限制使用膨胀蛭石及膨胀珍珠岩等吸水率高的保温材料。禁止使用松散材料保温层。

(3) 高聚物改性沥青防水卷材。巩固应用 SBS、APP 改性沥青防水卷材和自粘橡胶沥青防水卷材，大力发展湿铺法自黏改性沥青防水卷材，推广屋顶绿化做法及应用根阻卷材，积极应用玻纤胎沥青瓦，限制使用复合胎沥青防水卷材和纸胎油毡，禁止使用煤焦油砂面防水卷材。

(4) 合成高分子防水卷材。巩固应用聚氯乙烯和三元乙丙防水卷材，提倡一次成型聚乙烯丙纶(聚酯丙纶)防水卷材与聚合物水泥黏结系统，加快研究发展湿铺法自黏合成高分子防水卷材，限制使用氯化聚乙烯防水卷材，淘汰再生胶防水卷材。

(5) 灌浆材料。地基加固采用水泥基灌浆材料，结构补强采用水泥基加环氧灌浆材料，特别是低黏度潮湿固化环氧灌浆材料，防水堵漏采用超早强自流平灌浆水泥和聚氨酯、丙烯酸盐灌浆材料。针对不同工程情况推荐采用复合灌浆工艺。禁止使用丙凝等有毒有污染的灌浆材料。

(6) 防水涂料。巩固应用聚氨酯防水涂料、聚合物水泥防水涂料、水泥基防水涂料，提倡水泥基渗透结晶型防水材料 和有机硅防水涂料，开发应用喷涂聚脲聚氨酯防水涂料，研究应用高固含量水性沥青基防水涂料，推广应用路桥防水涂料等特种用途的防水涂料。禁止使用有污染的煤焦油类防水涂料。

(7) 防水剂。巩固应用通用型防水剂，提倡 M1500 水性渗透防水剂和永凝液(DPS)，推广应用有机硅防水剂和脂肪酸防水剂。限制使用氯离子含量高的防水剂，禁止使用碱骨料含量超标的粉状防水剂。

(8) 防水砂浆。积极应用聚合物水泥防水砂浆、提倡聚丙烯纤维(PP)和尼龙纤维及木纤维抗裂防水砂浆，研究应用沸石类硅质密实防水剂。大力推广应用商品砂浆(防水、保温、防腐、黏结、填缝自流平等专用砂浆)。

(9) 膨润土防水材料。积极应用天然防水材料——钠基膨润土防水材料，具体品种有膨润土遇水膨胀止水条、膨润土防水板和膨润土防水毯及膨润土粉状防水材料。

7.2 屋面防水工程

由于屋面防水工程是大面积的施工，使用温度范围差异较大，防水材料常直接暴露于大气之中，受大气侵蚀的影响较大。因此，屋面防水设计的安全度应比较大(仅次于地下室防水)。

引例

我国自 20 世纪 60 年代才开始研究屋顶花园和屋顶绿化技术。70 年代，我国第一个屋顶花园在广州东方宾馆屋顶建成。近 10 年来，屋顶花园在一些经济发达城市发展很快。随着我国城市化的加速，城市建成区中绿地面积不足的现象日益明显，建设屋顶花园，提高城市的绿化覆盖率，改善城市生态环境，已越来越受到重视。建筑屋面功能的多样化以及屋面构造层次的一体化，催生多功能的屋面材料以及防水材料。屋面施工方法也有新的进展。

7.2.1 卷材防水屋面

1. 基层处理

屋面的结构层为装配式混凝土板时，应采用细石混凝土灌缝；找平层表面应压实平整，排水坡度应符合设计要求；基层与突出屋面结构的转角处应做成半径不小于 50mm 的圆弧或钝角；铺设隔气层前，基层必须干净干燥；涂刷基层处理剂不得露底，待干燥后方可铺贴卷材。

2. 细部做法

在大面积铺贴卷材防水层前应先做好细部构造的防水处理，这些部位有檐口、天沟、雨水口、屋面与立墙交接处、变形缝等均应做成圆弧半径见表 7-3。

表 7-3　转角处圆弧半径

卷材种类	圆弧半径/mm
沥青防水卷材	100～150
高聚物改性沥青防水卷材	50
合成高分子防水卷材	20

3. 铺贴方法

卷材铺贴应采取“先高后低”、“先远后近”的施工顺序，即高低跨屋面，先铺高跨后铺低跨；等高大面积屋面，先铺离上料地点远的部位，后铺较近部位。这样可以避免已铺屋面因材料运输遭人员踩踏和破坏。卷材大面积铺设前，应先做好节点密封处理，附加层和屋面排水较集中部位的处理，分格缝的空铺条处理等，然后由屋面最低标高处向上施工。铺贴天沟，檐沟卷材时，宜顺天沟、檐沟方向铺贴，从水落口处向分水线方向铺贴，以减少搭接。

施工段的划分宜设在屋脊、天沟、变形缝等处卷材铺贴方向应根据屋面坡度和屋面是否受振动来确定。当屋面坡度小于 3%时，卷材宜平行于屋脊铺贴；屋面坡度在 3%～15%时，卷材可平行或垂直屋脊铺贴。

屋面坡度大于 15%或受振动时，沥青防水卷材应垂直屋脊铺贴；高聚物改性沥青防水卷材和合成高分子卷材可平行或垂直屋脊铺贴，但上下层卷材不得相互垂直铺贴。卷材铺贴应采用搭接法。各种卷材的搭接宽度应符合表 7-4 的要求。同时，相邻两幅卷材的接头还应相互错开 300mm 以上，以免接头处多层卷材相重叠而黏结不实。叠层铺贴，上下层两幅卷材的搭接缝也应错开 1/3 幅宽。当用聚酯胎改性沥青防水卷材点粘或空铺时，两头部分必须全粘 500mm 以上。高聚物改性沥青防水卷材与合成高分子防水卷材的搭接缝，宜用材性相容的密封材料封严。平行于屋脊的搭接缝，应顺水方向搭接；垂直于屋脊的搭接缝应顺年最大频率风向搭接。叠层铺设的各层卷材，在天沟与屋面的连接处，应采用叉接法搭接，搭接缝应错开；接缝宜留在屋面或天沟侧面，不宜留在沟底。铺贴卷材时，不得污染檐口的外侧和墙面。

表 7-4 卷材搭接宽度

铺贴方法 卷材种类		短边搭接		长边搭接	
		满黏法	空铺、点黏、条黏法	满黏法	空铺、点黏、条黏法
沥青防水卷材		100	150	70	100
高聚物改性沥青防水卷材		80	100	80	100
合成高分子防水卷材	胶黏剂	80	100	80	100
	单缝焊	60，有效焊接宽度不小于 25			
	双缝焊	80，有效焊接宽度 10×2+空腔宽			

4. 保护层

为延长防水卷材的使用年限，各类卷材防水层的表面均应做保护层。易积灰的屋面宜采用刚性保护层。当卷材本身无保护层时，可采用与卷材材性相容、黏结力强和耐风化的浅色涂料涂刷或黏贴铝箔等做保护层。沥青防水卷材的保护层应采用绿豆砂或选用带有云母粉、页岩保护层的 500 号石油沥青油毡作防水层的面层。架空隔热屋面和倒置式屋面的卷材防水层可不做保护层。

5. 施工过程

1) 沥青防水卷材施工

沥青防水卷材一般仅适用于屋面工程做Ⅲ级防水的“三毡四油一砂”，防水层或Ⅳ级防水“二毡三油一砂”防水层。

使用热玛蹄酯铺贴沥青防水卷材的工艺流程如下：清理基层→喷、涂基层处理剂(冷底子油)→细部构造(节点)附加层增强处理→定位弹基准线→铺贴卷材→收头处理、细部构造(节点)密封→检查、修整→做保护层。

在有保温层的屋面，当保温层和找平层干燥有困难时，宜采用排气屋面。在铺贴卷材防水层前，排气道应纵横贯通，不得堵塞；铺贴卷材时应避免玛蹄脂流入排气道。

2) 高聚物改性沥青防水卷材施工

根据高聚物改性沥青防水卷材的特性，其施工方法有热熔法、冷黏法和自黏法 3 种。目前，使用最多的是热熔法。

热熔法施工是采用火焰加热器熔化热熔型防水卷材底面的热熔胶进行黏结的施工方法。操作时，火焰喷嘴与卷材底面的距离适中，幅宽内加热应均匀，以卷材底面沥青熔融至光亮黑色为度，不得过分加热或烧穿卷材；卷材底面热熔后应立即滚铺，并进行排气、辊压黏结、刮封接口等工序。采用条黏法施工，每幅卷材两边的黏贴宽度不应小于 150mm。

冷黏法(冷施工)是采用胶黏剂或冷玛蹄脂进行卷材与基层、卷材与卷材的黏结，而不需要加热施工的方法。采用冷黏法施工，根据胶黏剂的性能，应控制胶黏剂涂刷与卷材铺贴的间隔时间。铺贴卷材时，应排除卷材下面的空气，并辊压黏贴牢固。搭接部位的接缝应满涂胶黏剂，辊压黏结牢固，溢出的胶黏剂随即刮平封口；也可采用热熔法接缝，接封口应用密封材料封严。

自黏法是采用带有自黏胶的防水卷材，不用热施工，也不需涂刷胶结材料而进行黏结的施工方法。采用自黏法施工，基层表面应均匀涂刷基层处理剂；铺贴卷材时，应将自黏胶底面隔离纸完全撕净；排除卷材下面的空气，并辊压黏结牢固。搭接部位宜采用热风焊枪加热，加热后随即黏贴牢固，并在接缝口用密封材料封严。铺贴立面大坡面卷材时，应加热后牢固黏贴。

3) 合成高分子防水卷材施工

合成高分子防水卷材的铺贴方法有冷黏法、自黏法和热风焊接法。目前国内采用最多的是冷黏法。合成高分子防水卷材黏结技术要求见表7-5。

表7-5 合成高分子防水卷材黏结技术要求

冷黏法	自黏法	热风焊接法
(1) 在找平层上均匀涂刷基层处理剂 (2) 在基层或基层卷材底面涂刷配套的胶黏剂 (3) 控制胶粘剂涂刷后的胶黏时间 (4) 粘合时不得用力拉伸卷材，避免卷材铺贴后处于受拉状态 (5) 滚压、排气、黏牢 (6) 清理干净卷材搭接处的搭接面，涂刷接缝专用配套胶粘剂，滚压、排气、黏牢	与高聚物改性沥青防水卷材的黏贴方法与要求相同	(1) 先将卷材清洗干净 (2) 卷材铺放平整顺直，搭接尺寸正确 (3) 控制热风加热温度和时间 (4) 滚压、排气、黏牢 (5) 先焊长边搭接缝，再焊短边搭接缝

(1) 工艺流程。清理基层→涂布基层处理剂→增设增强处理→卷材表面涂布胶结剂(晾胶)→基层表面布涂胶黏剂(晾胶)→铺设卷材→收头处理、压实密封→卷材接头黏接→压实→卷材末端收头及封边处理→淋(蓄)水试验→做保护层。

(2) 操作工艺。

① 基层清理。施工前将验收的合格的基层处理干净。

② 涂刷基层处理剂。将配置好的基层处理剂搅拌均匀，在大面积涂刷施工前，先用油漆刷蘸胶在阴阳角、水落口、管道及烟囱根部等复杂部位均匀的涂刷一遍，然后用长拖滚刷进行大面积涂刷施工，厚度应均匀一致，切勿反复来回涂刷，也不得漏刷露底。涂刷基层处理剂后，常温下干燥4h以上，手感不粘时，可进行下道工序的施工。

③ 特殊部位的增强处理。阴阳角、管根、水落口等部位必须先做附加层，可采用自黏性密封胶或聚氨酯涂膜，也可铺贴一层合成高分子防水卷材处理，应根据设计要求确定。

④ 卷材与基层表面涂胶。卷材表面涂胶，将卷材铺展在干净的基层上，用长把滚刷蘸胶滚涂均匀。应留出搭接部位不涂胶，边头部位空出100mm。涂刷胶黏剂厚度要均匀，不得有漏底或凝聚块类物质存在；卷材涂胶后10～20min静置干燥，当指触不粘手时，用原卷材筒将刷胶面向外卷起来，卷时要端头平整，卷劲一致，直径不得一头大，一头小，并要防止卷入砂粒和杂物，保持洁净。

⑤ 基层表面涂胶。已涂底胶干燥后，在其表面涂刷CX-404胶，用长把滚刷蘸胶，不得在一处反复涂刷，防止粘起底胶或形成凝聚块，细部位置可用毛刷均匀涂刷，静置晾干即可铺贴卷材。

⑥ 卷材铺贴。卷材及基层已涂的胶基本干燥后(手触不粘，一般20min左右)，即可进行铺贴卷材施工。卷材的层数、厚度应符合设计要求。卷材应平行屋脊从檐口处往上铺贴，双向流水坡度卷材搭接应顺流水方向，长边及端头的搭接宽度，如空铺、点黏、条黏时，均为100mm；满黏法均为80mm，且端头接茬要错开250mm。卷材应从流水坡度的下坡开

始，按卷材规格弹出基准线铺贴，并使卷材的长向与流水坡向垂直。注意卷材配制应减少阴阳角处的接头。铺贴平面与立面相连接的卷材，应由下向上进行，使卷材紧贴阴阳角。

铺展时对卷材不可拉得过紧，且不得有皱褶、空鼓等现象。每当铺完一卷卷材后，应立即用干净松软的长把滚刷从卷材的一端开始，朝卷材的横向顺序用力滚压一遍，以排除卷材黏结层间的空气。排除空气后，平面部位可用外包橡胶的长 300mm、重 30kg 的铁辊滚压，使卷材与基层黏结牢固，垂直部位用手持压辊滚压。

⑦ 卷材末端收头及封边嵌固。为了防止卷材末端剥落，造成渗水，卷材末端收头必须用聚氨酯嵌缝膏或其他密封材料封闭。当密封材料固化后，表面再涂刷一层聚氨酯防水涂料，然后压抹 107 胶水泥砂浆压缝封闭。

⑧ 卷材末端收头及封边处理。用丁基胶粘剂 A、B 两个组分，按 1∶1 的比例配合搅拌均匀，用油漆刷均匀涂刷在翻开的卷材接头的两个黏结面上，静置干燥 20min，即可从一端开始黏合，操作时用手从里向外一边压合，一边排除空气，并用手持小铁压辊压实，边缘用聚氨酯嵌缝膏封闭。

⑨ 防水层蓄水试验。卷材防水层施工后，经隐蔽工程验收，确认做法符合设计要求，应做蓄水试验，确认不渗漏水，方可施工防水层保护层。

⑩ 保护层施工。在卷材铺贴完毕，经隐检、蓄水试验，确认无渗漏的情况下，非上人屋面用长把滚刷均匀涂刷着色保护涂料；上人屋面根据设计要求做块材等刚性保护层。

特别提示

铺贴卷材防水层的基层应符合排水要求，平整洁净，无起砂、空鼓和松动现象，阴阳角处应呈圆弧形或钝角；防水层无积水现象。聚氨酯底胶、聚氨酯涂膜防水增补剂涂刷均匀，不得有漏刷和麻点等缺陷。卷材防水层铺贴和搭接、收头，应符合设计要求和屋面工程技术规范的规定，且应黏结牢固，无空裂、损伤、滑移、翘边、起泡、皱褶等缺陷。卷材保护层涂料附着应牢固，覆盖均匀，颜色一致，不得有漏底和脱皮缺陷；铺贴板块保护层应符合质量验评标准。对已铺好的卷材防水层，应及时采取保护措施，防止机具和施工作业损伤。

7.2.2 涂膜防水屋面

涂膜防水是在自身有一定防水能力的结构层表面涂刷一定厚度的防水涂料，经常温胶联固化后，形成一层具有一定坚韧性的防水涂膜的防水方法。根据防水基层的情况和适用部位，可将加固材料和缓冲材料铺设在防水层内，以达到提高涂膜防水效果、增强防水层强度和耐久性的目的。涂膜防水由于防水效果好，施工简单、方便，特别适合于表面形状复杂的结构防水施工，因而得到广泛应用。涂膜防水屋面结构如图 7.4 所示。

1. 基层处理

基层要求干燥，表面应平整如果凹凸不平，在做涂膜防水层时就容易出现耐久性降低和产生皱纹。合适的坡度，屋面上如果坡度过小，甚至出现倒坡，则会使屋排水不畅或长期积水，使涂膜长期浸泡在水中，一些水乳型的涂膜如长期泡水，使其可能出现“再乳化”现象，降低了防水层的功能。基层应压实平整，不得有酥松、起砂、起皮等现象。

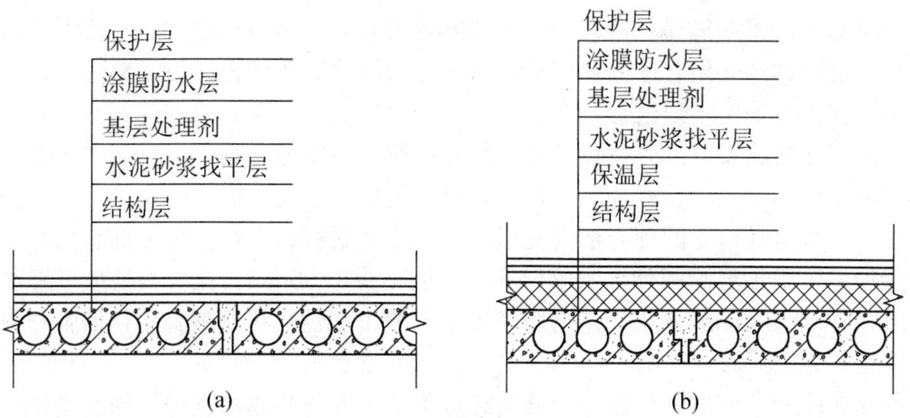

图 7.4 涂膜防水屋面构造

(a) 无保温层涂膜屋面；(b) 有保温层涂膜屋面

2. 施工方法及适用范围

(1) 抹压法。涂料用刮板刮平后，待其表面收水而尚未结膜时，再用铁抹子压实抹光，用于流平性差的沥青基厚质防水涂膜施工。

(2) 涂刷法。用棕刷、长柄刷、圆滚刷蘸防水涂料进行涂刷，用于涂刷立面防水层和节点部位细部处理。

(3) 涂刮法。用胶皮刮板涂布防水涂料，先将防水涂料倒在基层上，用刮板米来回涂刮，使其厚薄均匀，用于黏度较大的高聚物改性沥青防水涂料和合成高分子防水涂料在大面积上的施工。

(4) 机械喷涂法。将防水涂料倒入设备内，通过喷枪将防水涂料均匀喷出，用于黏度较小的高聚物改性沥青防水涂料和合成高分子防水涂料的大面积施工。

3. 施工程序

施下准备工作→板缝处理及基层施工→基层检查及处理→涂刷基层处理剂→节点和特殊部位附加增强处理→涂布防水涂料，铺贴胎体增强材料→防水层清理与检查整修→保护层施工。

4. 涂膜施工

涂膜防水的施工顺序必须按照“先高后低、先远后近、先檐口后屋脊、先细部节点后大面”的原则进行，涂布走向一般为顺屋脊走向。大面积屋面应分段进行施工，施工段划分一般按结构变形缝。

涂膜防水涂料根据其涂膜厚度分为薄质防水涂料和厚质防水涂料。涂膜总厚度在 3mm 以内的涂料为薄质防水涂料，涂膜总厚度在 3mm 以上的涂料为厚质防水涂料。薄质防水涂料和厚质防水涂料在其施工工艺上有一定差异。

1) 薄质防水涂料施工

薄质防水涂料一般有反应型、水乳型或溶剂型的高聚物改性沥青防水涂料和合成高分子防水涂料。薄质防水涂料的施工主要用刷涂法和刮涂法，结合层涂料可以用喷涂或滚涂法施工。

结合层涂料，又叫做基层处理剂。在涂料涂布前，先喷(刷)涂一道较稀的涂料，以增强涂料与基层的黏结。结合层涂料应喷涂或刷涂。刷涂时要用力，使涂料进入基层表面的毛细孔中，使之与基层牢固结合。

在大面积涂料涂布前，先按设计要求做好特殊部位附加增强层，首先在该部位涂刷一遍涂料，随即铺贴事先裁剪好的胎体增强材料，用软刷反复干刷、贴实，干燥后再涂刷一道防水涂料。水落管口处四周与檐沟交接处应先用密封材料密封，再加铺有两层胎体增强材料的附加层，附加层涂膜伸入水落口杯的深度不少于 50mm。在板端处应设置缓冲层，缓冲层用宽 200～300mm 的聚乙烯薄膜空铺在板缝上，然后再增铺有胎体增强材料的空铺附加层。

涂料涂布应分条或按顺序进行，分条时每条宽度应与胎体增强材料的宽度相一致，以免操作人员踩坏刚涂好的涂层。各道涂层之间的涂刷方向应互相垂直，以提高防水层的整体性和均匀性。涂层间的接茬，在每遍涂刷时应退茬 50～100mm，接茬时也应超过 50～100mm，避免在接茬处发生渗漏。

在涂料第二遍涂刷时，或第三遍涂刷前，即可加铺胎体增强材料。胎体增强材料的铺贴方向应视屋面坡度而定。新规范中规定，屋面坡度小于 15%时，可平行于屋脊铺设；屋面坡度大于 15%时，应垂直于屋脊铺设。其胎体长边搭接宽度不得小于 50mm，短边搭接宽度不得小于 70mm。若采用一层胎体增强材料时，上下层不得互相垂直铺设，搭接缝应错开，其间距不应小于幅度的 1/3。

胎体增强材料铺设后，应严格检查表面有无缺陷或搭接不良等现象，如有应及时修补完整，使它形成一个完整的防水层，然后才可在上面继续涂刷涂料。面层涂料应至少涂刷两遍以上，以增加涂膜的耐久性。如面层做粒料保护层，则可在涂刷最后一遍涂料时，随即撒铺覆盖粒料。

为了防止收头部位出现翘边现象，所有收头均应用密封材料封边，封边宽度不得小于 10mm。收头处有胎体增强材料时，应将其剪齐，如有凹槽则应将其嵌入槽内，用密封材料嵌严，不得有翘边、皱折和露白等现象。

2) 厚质防水涂料施工工艺

我国目前常用的厚质防水涂料有水性石棉油膏防水涂料、石灰膏乳化沥青防水涂料、膨润土乳化沥青防水涂料、焦油塑料油膏稀释涂料和聚氯乙烯胶泥等。厚质防水涂料一般采用抹涂法或刮涂法施工，主要以冷施工为主。

厚质防水涂料施工时，应将涂料充分搅拌均匀，清除杂质。涂布时，一般先将涂料直接倒在基层上，用胶皮刮板来回刮涂，使其厚薄均匀一致，不露底，表面平整，涂层内不产生气泡。涂层厚度控制一致，在 4～8mm 之间，分一至二遍刮涂。对流平性差的涂料刮平后，待表面收水尚未结膜时，用铁抹子压实抹光，可采取分条间隔的操作方法，分条宽度一般为 800～1000mm，以便抹压操作。

涂层间隔时间以涂层干燥并能上人操作为准，脚踩不粘脚、不下陷(或下陷能回弹)时即可进行上面一道涂层施工，常温下一般干燥时间不少于 12h。

每层涂料刮涂前，必须检查下涂层表面是否有气泡、皱折、凹坑、刮痕等弊病，如有应先修补完整，然后才能进行上涂层的施工。第一遍涂料的刮涂方向应与上一遍相互垂直。

当屋面坡度小于 15%时，胎体增强材料应平行屋脊方向铺设，屋面坡度大于 15%，则应垂直屋脊方向铺设，铺设时应从低处向上操作。

收头部位胎体增强材料应裁齐，防水层收头应压入凹槽内，并用密封材料嵌严，待墙面抹灰时用水泥砂浆压封严密。如无预留凹槽时，可待涂膜固化后，用压条将其固定在墙面上，用密封材料封严，再将金属或合成高分子卷材用压条钉压作盖板，盖板与立墙间用密封材料封固。

7.2.3 其他防水屋面

1. 刚性防水

刚性防水屋面实质上是一种刚性混凝土板块防水或由刚性板块与柔性接头材料复合防水，可适应变形的刚柔结合的防水屋面。它主要依靠混凝土自身的密实性或采用补偿收缩混凝土、预应力混凝土，并配合一定的构造措施来达到防水目的。

2. 密封防水

密封防水系指对建筑物或构筑物的接缝、节点等部位运用“加封”或“密封”材料进行水密和气密处理，起着密封、防水、防尘和隔声等功能。密封防水主要用于屋面构件与构件、各种防水材料的接缝及收头的密封防水处理和卷材防水屋面、涂膜防水屋面、刚性防水屋面及保温隔热屋面等配套密封防水处理。

3. 瓦材防水

瓦材是建筑物的传统屋面防水工程所采用的防水材料。它包括平瓦、油毡瓦、波形瓦和压型钢板等。

知识链接

基层处理剂：为了增强防水材料与基层之间的黏结力，在防水层施工前，预先涂刷在基层上的涂料。沥青卷材或改性沥青卷材可采用沥青冷底子油，合成高分子卷材一般采用配套的基层处理剂。防水涂料与基层的黏结强度高，基本上不需要基层处理剂。如需要增加涂膜防水层与基层的黏结能力，可采用防水涂料与相应的溶剂按厂家提供的比例调稀后作为基层处理剂使用。

应用案例 7—1

某高层公寓屋面防水施工

某公寓建筑平面呈蝴蝶形，为全现浇剪力墙结构，地下 1 层，地上 32 层。该工程屋面防水总面积 814.76m^2，分成 A、B、C、D、E5 个区，A 区 210.092m^2，B 区和 C 区各 83.15m^2，D 区和 E 区各 218.77m^2。屋面防水构造做法如图 7.5 所示。

1. 橡塑共混防水卷材施工

(1) 找坡层施工。采用炉渣找坡。施工时先按排水方向设置灰饼，间距 1.5～2m，而后开始从排水最高处向最低处找坡。在找坡过程中经常拉线检查排水坡度是否符合设计要求。

(2) 找平层施工。找坡层做完后立即做 1∶3 水泥砂浆找平层，压实抹光，并在女儿墙、突出屋面的构筑物等的阴角部位做成半径 100～150mm 的圆弧，便于卷材铺贴。找平层必须坚实平整，表面无起砂、空鼓、裂纹、疏松等缺陷。卷材铺贴前将找平层上散落的砂浆块等凸出物铲除干净，并将尘土杂物清扫干净。

找平层应干燥，简易的检查方法为：将 1m 见方的卷材覆盖在找平层上，3～4h 掀开检查，若覆盖处和找平层上均无水印即表明找平层的干燥程度已符合要求，可以进行卷材铺贴。

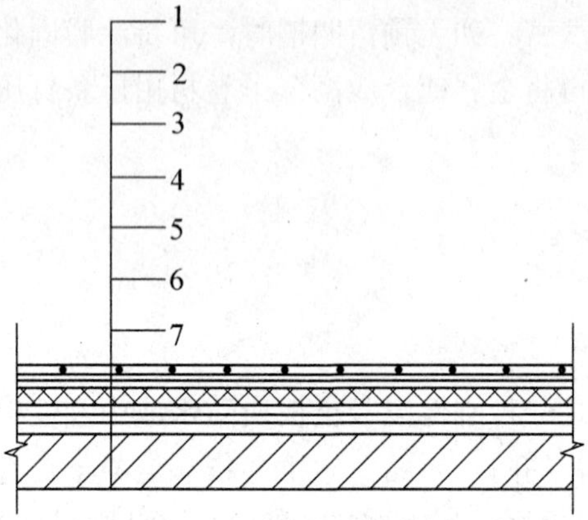

图 7.5　屋面防水构造做法

1—钢筋混凝土屋面板；2—炉渣找坡屋；3—20厚水泥砂浆找平层；4—橡塑共混防水卷材；5—欧文斯科宁塑保温板隔热层；6—20厚1∶3水泥砂浆找平层；7—40厚C30钢筋混凝土刚性防水层

(3) 卷材铺贴。卷材铺贴前在每个区中央弹 2 条互相垂直的控制线，其中 1 条垂直排水方向，另 1 条平行排水方向；然后以控制线为依据，根据卷材的搭接宽度，弹出每幅卷材的位置线。弹线时应确保卷材长向平行排水方向，根据弹好的位置线，沿天沟向屋脊方向，把全部卷材预铺在找平层上。预铺完成后，把卷材沿长边对折，在卷材和找平层上涂刷基层胶粘剂。涂刷要均匀，先涂刷卷材后涂刷找平层，用量约为 $0.4kg/m^2$。约 15min 后，待基层胶黏剂基本不粘手时，即可把卷材平整的黏合在找平层上，并用皮辊子沿横向滚压，以赶走卷材和找平层间的气泡。卷材搭接宽度为短边不小于 100mm，长边不小于 80mm，同时短边相邻搭接位里应错开至少 500mm。卷材搭接的允许误差为-10mm。卷材搭接处应涂刷接缝胶黏剂，以保证搭接严密不渗水。

(4) 泛水处收头处理。在女儿墙泛水部位，把卷材沿女儿墙往上卷，在高出找平层不小于 250mm 时把卷材切齐，并在最高处钉 25mm×30mm 的铝合金通长压条，而后从压条上阴角开始向下铺贴 1 层附加卷材。

(5) 卷材应铺贴过天沟，并把离天沟最近的分格缝盖住，最后在铝合金压条的上阴角打优质硅酮胶封闭。

(6) 排气孔构造处理。为防止由于找平层内的水汽无法排除而造成卷材起鼓现象，本工程设置了 9 个排气孔，A 区 3 个，B，C 区各 1 个，D，E 区各 2 个。排气孔采用直径 100mm 的焊接钢管，构造处理如图 7.6 所示。

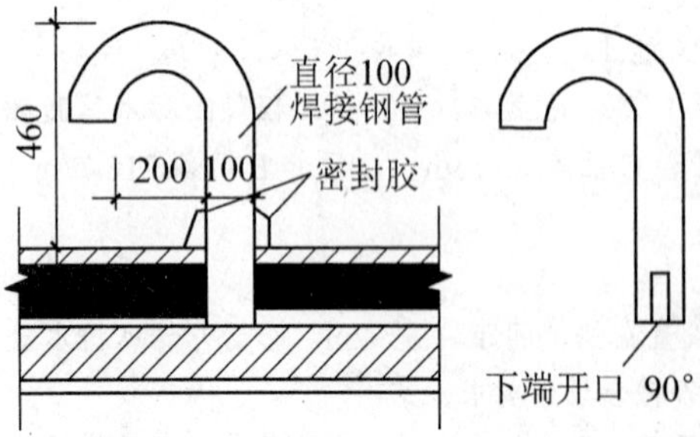

图 7.6　排气孔构造处理

2. 钢筋混凝土刚性防水层的施工

(1) 防水区格大小的确定。防水规范规定分格缝间防水区格最大不得超过 6m×6m，且不大于 $36m^2$；工程所在地的地方规定不超过 3m×3m，在满足规范和地方规定的基础上，结合以往工程经验，确定本工程防水区格不超过 2m×2m。

(2) 分格缝的留置。根据制定的施工方案在保温层与刚性防水层之间的砂浆找平层上弹出分格缝的位置线，将 2cm 宽的小木条用水泥砂浆固定在找平层上，用以留置分格缝，保证了分格缝的平直与宽度一致。

(3) 钢筋施工。在设计方案中，刚性防水层的钢筋采用 Φ5 冷拔钢丝。鉴于冷拔钢丝调直困难，经设计院同意，改用施工方便、与混凝土黏结更好的冷轧扭钢筋。由于该钢筋用于抵抗温度应力而非外荷载，为保证钢筋网位于刚性防水层的中层，在浇捣了一薄层混凝土后再安放钢筋网。

(4) 混凝土施工。混凝土的设计强度等级为 C30，在实际施工中采用 C35。混凝土的搅拌采用机械搅拌，保证搅拌均匀；振捣采用插入式振捣器，保证密实性；混凝土的抹光采用三阶段抹光，即收水前抹光、初凝前抹光和终凝前抹光。混凝土终凝后立即喷洒 YH-1 型养护液养护。

(5) 分格缝的灌缝和保护。分格缝采用改性石油沥青密封材料灌缝，分两次灌满。为保证灌缝材料的耐久性，在分格缝处贴 10cm 宽的保护油毡 1 道。

7.3 地下防水工程

地下工程是指全埋或半埋于地下或水下的构筑物，其特点是受地下水的影响。如果地下工程没有防水措施或防水措施不得当，那么地下水就会渗入结构内部，使混凝土腐蚀、钢筋生锈、地基下沉，甚至淹没构筑物，直接危及建筑物的安全。为了确保地下建筑物的正常使用，必须重视地下工程的防水。

地下工程防水原则应紧密结合工程地质、水文地质、区域地形、环境条件、埋置深度、地下水位高低、工程结构特点及修建方法、防水标准、工程用途和使用要求、技术经济指标、材料来源等综合考虑并在吸取国内外地下防水的经验基础上，坚持遵循“防、排、截、堵，以防以主、多道设防、刚柔结合、因地制宜、综合治理”的原则进行设计。

地下工程防水做法包括：结构自防水法(刚性防水)，利用结构本身的密实性，憎水性以及刚度，提高结构本身的抗渗性能；隔水法，利用不透水材料或弱透水材料，将地下水(包括无压水、承压水、毛细管水、潜水)与结构隔开，起到防水防潮作用；接缝防水法，指在地下工程设计时，合理地设置变形缝以防止混凝土结构开裂造成渗漏的重要措施；注浆止水法，在新开挖地下工程时对围岩进行防水处理，或对防水混凝土地下工程的堵漏修补；疏水法是引导地下水泄入排水系统内，使之不作用在衬砌结构上的一种防水方法。

7.3.1 防水混凝土结构施工

防水混凝土，又称抗渗混凝土，是以改进混凝土配合比、掺加外加剂或采用特种水泥等手段提高混凝土密实性、憎水性和抗渗性，使其满足抗渗等级大于或等于 P6(抗渗压力 0.6MPa)要求的不透水性混凝土。

1. 施工准备

1) 基坑排水和垫层施工

混凝土主体结构施工前，必须做好基础垫层混凝土，使之起到防水辅助防线的作用，同时保证主体结构施工的正常进行。一般做法是，在基坑开挖后，铺设 300～400mm 毛石作垫层，上铺粒径 25～40mm 的石子，厚约 50mm，经夯实或碾压，然后浇灌 C15 混凝土厚 100mm 作找平层。

2) 原材料的选择

水泥强度等级不低于 32.5MPa，水泥用量不得少于 300kg/m^3，当采用矿渣水泥时，须提高水泥的研磨细度，或者掺外加剂来减轻泌水现象等措施后，才可以使用。砂、石的要求与普通混凝土相同，但清洁度要充分保证，含泥量要严格控制。石子含泥量不大于1%，砂的含泥量不大于2%。

2. 施工操作

1) 模板施工

模板应平整，拼缝严密，并应有足够的刚度、强度，吸水性要小，支撑牢固，装拆方便，以钢模、木模为宜，不宜用螺栓或铁丝贯穿混凝土墙固定模板，以避免水沿缝隙渗入。固定模板时，严禁用铁丝穿过防水混凝土结构，以防在混凝土内部形成渗水通道。如必须用对拉螺栓来固定模板，则应在预埋套管或螺栓上至少加焊(必须满焊)一个直径为80～100mm的止水环。

2) 钢筋施工

钢筋相互间应绑扎牢固，以防浇捣时，因碰撞、振动使绑扣松散、钢筋移位，造成露筋。钢筋保护层厚度，应符合设计要求，不得有负误差。一般为，迎水面防水混凝土的钢筋保护层厚度，不得小于35mm，当直接处于侵蚀性介质中时，不应小于50mm。留设保护层，应以相同配合比的细石混凝土或水泥砂浆制成垫块，将钢筋垫起，严禁以钢筋垫钢筋，或将钢筋用铁钉、铅丝直接固定在模板上。

3) 防水混凝土搅拌

严格按选定的施工配合比，准确计算并称量每种用料。防水混凝土应采用机械搅拌，搅拌时间一般不少于2min，掺入引气型外加剂，则搅拌时间约为2～3min，掺入其他外加剂应根据相应的技术要求确定搅拌时间。

4) 防水混凝土运输

混凝土在运输过程中，应防止产生离析及坍落度和含气量的损失，同时要防止漏浆。拌好的混凝土要及时浇筑，常温下应在0.5h内运至现场，于初凝前浇筑完毕。运送距离远或气温较高时，可掺入缓凝型减水剂。浇筑前发生显著泌水离析现象时，应加入适量的原水灰比的水泥复拌均匀，方可浇筑。

5) 防水混凝土浇筑

浇筑前，应将模板内部清理干净，木模用水湿润模板。浇筑时，若入模自由高度超过1.5m，则必须用串筒、溜槽或溜管等辅助工具将混凝土送入，以防离析和造成石子滚落堆积，影响质量。在防水混凝土结构中有密集管群穿过处、预埋件或钢筋稠密处、浇筑混凝土有困难时，应采用相同抗渗等级的细石混凝土浇筑；预埋大管径的套管或面积较大的金属板时，应在其底部开设浇筑振捣孔，以利排气、浇筑和振捣。

6) 防水混凝土振捣

防水混凝土应采用混凝土振动器进行振捣。当用插入式混凝土振动器时，插点间距不宜大于振动棒作用半径的1.5倍，振动棒与模板的距离，不应大于其作用半径的0.5倍。振动棒插入下层混凝土内的深度应不小于50mm，施工时的振捣是保证混凝土密实性的关键，浇灌时，必须分层进行，按顺序振捣。采用插入式振捣器时，分层厚度不宜超过30cm；用平板振捣器时，分层厚度不宜超过20cm。一般应在下层混凝土初凝前接着浇灌上一层混凝土。通常分层浇灌的时间间隔不超过2h；气温在30℃以上时，不超过1h。防水混凝土浇灌高度一般不超过1.5m，否则应用串筒和溜槽，或侧壁开孔的办法浇捣。振捣时，不允许用人工振捣，必须采用机械振捣，做到不漏振、欠振，又不重振、多振。防水混凝土密实度要求较高，振捣时间宜为10～30s，以混凝土开始泛浆和不冒气泡为止。掺引气剂减水剂时应采用高频插入式振捣器振捣。振捣器的插入间距不得大于500mm，并贯入下层不小于50mm。这对保证防水混凝土的抗渗性和抗冻性更有利。

7) 防水混凝土养护

防水混凝土的养护比普通混凝土更为严格，必须充分重视，因为混凝土早期脱水或养护过程缺水，抗渗性将大幅度降低。特别是7d前的养护更为重要，养护期不少于14d，对火山灰硅酸盐水泥养护期不少于21d。浇水养护次数应能保持混凝土充分湿润，每天浇水3～4次或更多次数，并用湿草袋或薄膜覆盖混凝土的表面，应避免暴晒。冬季施工应有保暖、保温措施。当环境温度达10℃时可少浇水，因在此温度下养护抗渗性能最差。当养护温度从10℃提高到25℃时，混凝土抗渗压力从0.1MPa提高到1.5MPa以上。但养护温度过高也会使抗渗性能降低。当冬期采用蒸汽养护时最高温度不超过50℃，养护时间必须达到14d。

8) 拆模

防水混凝土不宜过早拆模。拆模过早，等于养护不良，也会导致开裂，降低防渗能力。拆模时防水混凝土的强度必须超过设计强度的70%，防水混凝土表面温度与周围气温之差不得超过15℃，以防混凝土表面出现裂缝。拆模后应及时回填，回填土应分层夯实，并严格按照施工规范的要求操作。

7.3.2 附加防水层施工

附加防水层有水泥砂浆防水层、卷材防水层、涂料防水层、金属防水层等，它适用于需增强其防水能力、受侵蚀性介质作用或受振动作用的地下工程。

1. *水泥砂浆防水层*

水泥砂浆防水层是一种刚性防水层，它主要依靠砂浆本身的憎水性和砂浆的密实性来达到防水的目的。根据防水砂浆材料成分不同，通常可分为普通防水砂浆(也称刚性多层抹面防水)、外加剂防水砂浆和聚合物防水砂浆3种。

1) 施工要求

当需要在地下水位以下施工时，地下水位应下降到工程施工部位以下，并保持到施工完毕。施工时温度应控制在5℃以上，40℃以下，否则要采取保温、降温措施。抹面层出现渗漏水现象，应找准渗漏水部位，做好堵漏工作后，再进行抹面交叉施工。

2) 基层处理

基层处理一般包括清理(将基层油污、残渣清除干净，光滑表面斩毛)，浇水(基层浇水湿润)和补平(将基层凹处补平)等工序，使基层表面达到清洁、平整、潮湿和坚实粗糙，以保证砂浆防水层与基层黏结牢固，不产生空鼓和透水现象。

3) 防水砂浆施工

防水层的施工顺序，一般是先顶板，再墙面，后地面。当工程量较大需分段施工时，应由里向外按上述顺序进行。第一层(素灰层，厚2mm，水灰比为0.3～0.4)先将混凝土基层浇水湿润后，抹一层1mm厚素灰，用铁抹子往返抹压5～6遍，使素灰填实混凝土基层表面的空隙，以增加防水层与基层的黏结力，随即再抹 1mm 厚的素灰均匀找平，并用毛刷横向轻轻刷一遍，以便打乱毛细孔通路，并有利于和第一层结合，在其初凝期间做第一层。第二层(水泥砂浆层，厚 4～5mm，灰砂比为 1∶2.5，水灰比 0.6～0.65)在初凝的素灰层上轻轻抹压，使砂粒能压入素灰层(但注意不能压穿素灰层)，以便两层间结合牢固，在水泥砂浆层初凝前，用扫帚将砂浆层表面扫成横向条纹，待其终凝并具有一定强度后(一般隔一夜)做第三层。第三层(素灰层，厚 2mm)操作方法与第一层相同。如果水泥砂浆层在硬化过程中析出游离的氢氧化钙形成白色薄膜时，需刷洗干净，以免影响黏结。第四层(水泥砂浆层，厚 4～5mm)按照第一层方法抹水泥砂浆。在水泥砂浆硬化过程中，用铁抹子分次抹压 5～6 遍，以增加密实性，最后再压光。第五层(水泥浆层，厚 1mm，水灰比为 0.55～0.6)当防水层在迎水面时，则需在第四层水泥砂浆抹压两遍后，用毛刷均匀涂刷水泥浆一遍，随第四层一并压光。

2. 卷材防水层

地下工程卷材防水是用沥青胶将几层油毡粘贴在结构基层表面上而成。这种防水层的主要优点是，防水性能较好，具有一定的韧性和延伸性，能适应结构的振动和微小变形，不至于产生破坏，导致渗水现象，并能抗酸、碱、盐溶液的侵蚀。

1) 施工要求

为便于施工并保证施工质量，施工期间地下水位应降低到垫层以下不少于 300mm 处。卷材防水层铺贴前，所有穿过防水层的管道、预埋件均应施工完毕，并做了防水处理。防水层铺贴后，严禁在防水层上打眼开洞，以免引起水的渗漏。铺贴卷材的温度应不低于 5℃，最好在 10～25℃时进行。

2) 基层处理

基层必须牢固，无松动现象。基层表面应平整，其平整度为：用 2m 长直尺检查，基层与直尺间的最大空隙不应超过 5mm。基层表面应清洁干净，基层表面的阴阳角处，均应做成圆弧形或钝角。对沥青类卷材圆弧半径应大于 150mm。

3) 施工方法

(1) 外防外贴法。将卷材直接黏贴在立墙的结构混凝土外侧，并与混凝土底板下面的卷材防水层相连接，以形成整体封闭的防水层。

(2) 外防内贴法。将卷材直接粘贴在永久性保护墙(也称模板墙)上，并与垫层混凝土上的防水层相连接，形成整体的卷材防水层。在防水层上做保护层后，再浇筑结构混凝土。

知识链接

地下工程是指工业与民用建筑地下工程、防护工程、市政隧道、山岭及水底隧道、洞库、地下铁道等建筑物和构筑物。地下工程防水是对地下工程进行防水设计、防水施工和维护管理等各项技术工作。地下工程防水设防的范围，除了人们通常理解的地表以下的建筑物和构筑物以外，还包括如山岭隧道等在地面以上的构筑物。地下工程由于结构复杂，施工方法特殊，受地表水、地下水、毛细管水等的渗透和侵蚀作用，以及由于人为因素引起的附近水文地质改变的影响，其防水设防、防水施工、维护管理的难度和要求更高，必须通过工程规划、建筑结构设计、材料选择、施工工艺等全面系统地做好地下工程的防排水，使地下工程能合理正常地使用，充分发挥其经济效益和社会效益。

应用案例 7—2

某地下室刚柔结合防水施工

某工程框支一剪力墙结构，筏板基础。建筑平面呈L形，地下2层，地上11～18层，地下室面积8198m^2，基底标高－9.52m，场区内地下水位埋2m，地下水源丰富。基础施工阶段采用66口大口管井降水，以保证基槽土质干燥。该工程防水等级为Ⅱ级，防水设计为刚柔结合的防水体系：筏板和外墙采用混凝土结构自防水，混凝土抗渗等级S12；柔性防水为4mm+4mm聚酯的SBS改性沥青防水卷材。地下室部分由A～H共8幢组成，整个地下室被沉降缝划分为3部分，沉降缝处结构为双墙体系。外墙部位均按防水要求设计为刚性和柔性结合的防水体系，穿双墙的洞口用橡胶止水带封口，避免了因沉降不均而产生的柔性防水拉裂问题。后浇带和施工缝处的防水处理采用钢板止水带和BW止水条。

1. 刚性防水施工

1) 防水混凝土施工

(1) 配合比确定。底板和地下室外墙采用C40S12混凝土，后浇带(底板、外墙)在地下结构封顶后1个月用C45S12混凝土浇筑。混凝土中掺加水泥用量8%的UEA膨胀剂；石子采用5～40mm的碎石；砂采用细度模数大于2.6的中砂；掺加TK-3高效缓凝减水剂，并掺入水泥重量20%左右的粉煤灰；采用低坍落度混凝土，混凝土坍落度现场实测值控制在(14cm±2cm)。

(2) 控制温度和收缩裂缝的措施。事前计算混凝土的水化热，为有效控制做好准备；加强混凝土浇筑后温度监控，混凝土内外温差不大于25℃；降温速度不大于1.5～2℃/d。

(3) 浇筑工艺。底板混凝土采用“斜面分层、自然流淌、连续推进、一次到底”的施工方法。

分层厚度为0.4～0.5m，按1.5～6的坡度斜向推进。振捣时下层混凝土振捣垂直于浇筑方向自下而上，上层混凝土振捣自上而下，严格控制振捣的间距和时间。采用第二次振捣工艺，减少面层混凝土的收缩量。墙体混凝土严格控制分层浇筑厚度在0.5m，按照一次浇筑墙体长度不大于30m的原则来划分流水段，竖向施工缝两侧各设1道钢板止水带。后浇带浇筑前应清除垃圾、水泥薄膜，剔除表面松动的砂石、软弱的混凝土层及浮浆，凿毛，用水冲洗并充分湿润不少于24h。后浇带在底板、墙位置处的混凝土要分层振捣，每层浇筑厚度不应大于0.5m，混凝土要细致捣实，使新旧混凝土紧密结合。

2) 刚性防水细部构造

地下室外墙的模板螺栓采用止水螺栓。外墙顶模筋中间焊80mm×80mm×5mm止水钢板。各种穿墙管、预埋件、预留孔等位置要求准确。部分结构变形和伸缩较小的金属穿墙管，采用主管直接预埋的形式，并在预埋前主管加焊一圈止水环。变形和伸缩较大或以后有更换要求的穿墙管，采用套管式防水法，预埋套管加止水环。双墙沉降缝门洞防水做法采用埋入式橡胶止水带，止水带宽330mm，底板导墙施工缝沿建筑一周加200mm宽的钢板止水带，底板和外墙后浇带两侧各加一条200mm宽止水带。地下室外墙水平施工缝留设在梁底标高上30mm处，下次浇筑时剔除25mm的浮浆，并在墙截面中间用钢钉固定放置BW止水条，无梁处的施工缝设置在板底标高以上30mm处，防水做法同有梁处的施工缝。

2. SBS防水卷材施工

1) 施工程序

基层检查清扫、修理→涂刷基层处理剂→铺贴附加层SBS→黏底层SBS→黏面层SBS→清理、检查、修理→验收→保护层。

2) 防水层施工

(1) 施工要点。施工前将基层清理干净，涂刷基层处理剂，涂刷时要均匀一致。基层处理剂干燥后，按设计要求对特殊部位做防水附加层，如阴阳角、施工缝等部位铺贴宽300mm卷材附加层，以增强防水抗裂性，防水施工时要求密实不空鼓。底层SBS卷材与面层SBS卷材均采用全黏贴热熔法施工，即用喷灯烘烤卷材底面与基层，喷灯嘴距卷材面500mm左右，当烘烤到卷材表面熔化时，将卷材向前缓慢滚动与基层黏贴。黏贴前先将卷材试铺，裁剪度量好尺寸后从两头往中间对卷起，先烘烤一端后再烘烤另一端。用铁抹子或铲刀将接缝边封好，再用喷灯均匀细致地烘烤密封1遍。底板卷材长向沿南北向铺设，立面卷材端部与墙体交接处用沥青玛蹄脂封口。

(2) 卷材搭接要求。地下室卷材长边搭接缝宽 100mm，短边搭接缝宽 150mm；同一层相邻 2 幅卷材铺贴时，短边搭接边应错开 1500mm 以上；上下 2 层卷材禁止垂直铺贴，且搭接缝应错开 1/3 幅宽；地下室墙面铺贴双层卷材接长时，应用插接法接缝，上层卷材接缝位置盖过下层>150mm。

(3) 关键部位的卷材施工方法。

① 双墙部位。防水一面采用外防外贴法施工，另一面采用外防内贴法，根据施工总体安排，G、H 幢结构滞后施工，待先施工的部分首层外墙施工完毕即可安排外墙防水施工，先砌筑保护砖墙，再做另一面防水。保护砖墙按 6m 间隔设置 20mm 宽伸缩缝 1 道，缝内采用沥青麻丝或沥青砂填塞密实。

② 后浇带。根据设计要求，后浇带处增加 1 层卷材加强层。为满足回填的要求，外墙后浇带处设置预制混凝土板与外墙结构连接。防水做在预制混凝土板外侧。

③ 地下室外墙管根密集处防水做法。卷材铺到距预埋管根部 50mm 的地方，保证该部位周边的卷材与混凝土墙面贴紧无空鼓、翘边，再在管根之间和管根周围向外延伸 150mm 的范围内满涂 2mm 厚聚氨酯，管根到伸出管根 250mm 长度的管壁上也满涂 2mm 厚聚氨酯。

④ 集水坑。集水坑转角部位较多，所有折角处应设置 300mm 宽附加卷材层。

⑤ 双墙洞口处橡胶止水带和防水卷材相交部位的处理。卷材铺到橡胶止水带外边缘 20mm 处，卷材边缘到橡胶止水带的范围内用聚氨酯密封膏进行密封。

3) 保护层施工

防水卷材验收合格后，在底板浇筑 50mm 厚 C20 细石混凝土保护层，施工过程中做好成品保护工作，防止破坏防水层；在外墙处抹 30mm 厚水泥砂浆保护层。立面搭接虚铺部分用油毡做好保护，上面用石灰砂浆砌 2 皮保护砖墙。

7.4 外墙及厨卫防水

知识链接

墙面渗漏会对墙面装潢形成不良影响。墙面渗漏后，水分渗入到墙体基层中，溶解其中的可溶性盐、碱等物资，这些被溶解的物资会随着水分的迁徙而分散到外表，水分蒸发后就留在外表，关于有色彩的黑色涂层或其余饰面资料，这些残留的物资会发作不规矩的“白斑”或不平均的净化，个别被称为“泛碱”、“外表起霜”，也是一种较为罕见的饰面毛病。

7.4.1 外墙防水施工

外墙渗漏水不但影响了建筑物的使用寿命和安全，而且直接影响了室内的装饰效果，造成涂料起皮、壁纸变色、室内物质发霉等危害，必须引起重视。

1. 外墙防水一般规定

(1) 突出墙面的腰线、檐板、窗台上部均应做成不小于 3%的向外排水坡，下部应做滴水，与墙面交角处应做成直径 100mm 的圆角。

(2) 空心砌块外墙门窗洞周边 200mm 内的砌体应用实心砌块砌筑或用 C20 细石混凝土填实。

(3) 阳台、露台等地面应做防水处理，标高应不低于同楼层地面标高 20mm，坡向排水口的坡度应大于 3%。

(4) 阳台栏杆与外墙体交接处应用聚合物水泥砂浆做好填嵌处理。

(5) 外墙体变形缝必须做防水处理如图 7.7 所示。

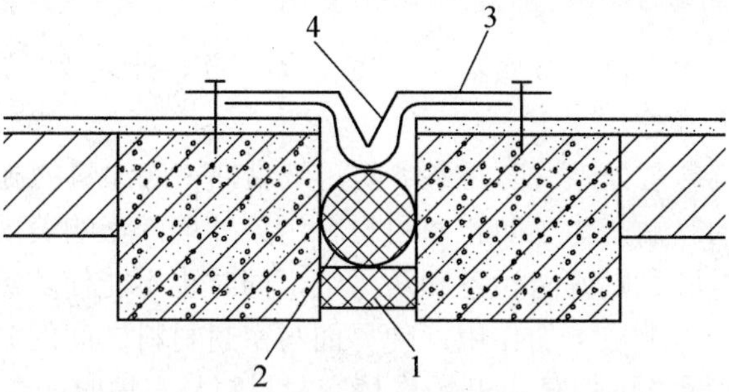

图 7.7 外墙变形缝处理

1—聚苯泡沫背衬材料；2—高弹性防水球(经塑料油膏浸渍的海绵或聚氨酯密封材料)；
3—高分子卷材或高分子涂膜条(用胎体增强材料涂布高分子涂料)；4—防腐蚀金属板

(6) 混凝土外墙找平层抹灰前，对混凝土外观质量应详细检查，如有裂缝、蜂窝、孔洞等缺陷时，应视情节轻重先行补强，密封处理后方可抹灰。

(7) 外墙凡穿过防水层的管道、预留孔、预埋件两端连接处，均应采用柔性密封处理，或用聚合物水泥砂浆封严。

2. 外墙防水构造

外墙防水构造包括找平层、防水层和饰面层。外墙防水层应符合下列规定：外墙防水层必须留设分格缝，分格缝间距纵横不应大于 3m；且在外墙体不同材料交接处还宜增设分格缝。分格缝缝宽宜为 10mm，缝深宜为 5～10mm，并应嵌填密封材料。密封材料宜选择高弹塑性、高黏结力和耐老化的材料。防水砂浆抗渗等级不应低于 P6 或耐风雨压力不小于 588Pa。防水砂浆的抗压强度不应低于 M20，与基层的剪切黏结力不宜小于 1MPa。墙面为饰面材料或亲水性涂料时，防水层不宜采用表面憎水性材料。外墙防水层可直接设在墙体基层上，也可设在抗压强度大于 M10 的找平层上；直接设在墙体上时，砖墙缝及墙上的孔洞，必须先行堵塞。

3. 外墙防水施工

建筑物外墙防水工程的施工，一般可分为外墙墙面涂刷保护性防水涂料防水施工和外墙拼接缝密封防水施工两类。

1) 外墙面涂刷保护性防水涂料

(1) 清理基层。施工前，应将基面的浮灰、污垢、苔斑、尘土等杂物清扫干净。遇有孔、洞和裂缝须用水泥砂浆填实或用密封膏嵌实封严。待基层彻底干燥后，才能喷刷施工。

(2) 配制涂料。将涂料和水按照 1∶(10～15)(质量比)的比例称量后盛于容器中，充分搅拌均匀后即可喷涂施工。

(3) 喷刷施工。将配制稀释后的涂料用喷雾器(或滚刷、油漆刷)直接喷涂(或涂刷)在干燥的墙面或其他需要防水的基面上。先从施工面的最下端开始，沿水平方向从左至右或从右至左(视风向而定)运行喷刷工具，随即形成横向施工涂层，这样逐渐喷刷至最上端，完成第一次涂布。也可先喷刷最下端一段，再沿水平方向由上而下地分段进行喷刷，逐渐涂布至最下端一段与之相衔接。每一施工基面应连续重复喷刷两遍。

2) 外墙拼接缝密封防水

外墙密封防水施工的部位有金属幕墙、PC 幕墙、各种外装板、玻璃周边接缝、金属制隔扇、压顶木和混凝土墙等。

工艺流程为：外墙基层处理→防污条、防污纸黏贴→底涂料的施工→嵌填密封材料。

防污条、防污纸的黏贴是为了防止密封材料污染外墙，影响美观。外墙对美观程度要求高，因此，在施工时应黏贴好防污条和防污纸，同时也不能使防污条上的黏胶浸入到密封膏中去。底涂料起着承上启下的作用，使界面与密封材料之间的黏结强度提高。确定底涂料已经干燥，但未超过 24h 时便可开始嵌填密封材料。充填时，金属幕墙、PC 幕墙、各种外装板、混凝土墙应从纵横缝交叉处开始，施工时，枪嘴应从接缝底部开始，在外力作用下先让接缝材料充满枪嘴部位的接缝，逐步向后退，每次退的时候都不能让枪嘴露出在密封材料外面，以免气泡混入其中，玻璃周边接缝从角部开始，分两步施工：第一步使界面和玻璃周边相黏结，此次施工时，密封材料厚度要薄，且均匀一致；第二步将玻璃与界面之间的接缝密封。

7.4.2 厨卫防水施工

住宅和公共建筑中穿过楼地面或墙体的上下水管道，供热、燃气管道一般都集中明敷在厨房间和卫生间，而厨房和卫生间内也是容易积水的地方，如果处理不当，就会发生引例中出现的情况。在这种房间中，如仍用卷材作防水层，则很难取得成功。因为卷材在细部构造处需要剪口，形成大量搭接缝，很难封闭严密和黏结牢固，防水层难以连成整体，比较容易发生渗漏事故。所以厨卫防水应用柔性涂膜防水层和刚性防水砂浆防水层，或两者复合的防水层。

1. 厨卫防水一般规定

(1) 厨房、卫生间一般采取迎水面防水。地面防水层设在结构找坡的找平层上面并延伸至四周墙面边角，至少需高出地面 150mm 以上。

(2) 地面及墙面找平层应采用 1∶2.5～1∶3 水泥砂浆，水泥砂浆中宜掺外加剂，或地面找坡、找平采用 C20 细石混凝土一次压实、抹平、抹光。

(3) 地面防水层宜采用涂膜防水材料，根据工程性质及使用标准选用高、中、低档防水材料，其基本遍数、用量及适用范围见表 7-6。

表 7-6 涂膜防水基本遍数、用量及适用范围

防水涂料等级	三遍涂膜及厚度 1.5mm 厚	一布四涂及厚度 1.8mm 厚	二布六涂及厚度 2.0mm 厚	适用范围
高档	1.2～1.5kg/m²	1.5～1.8kg/m²	1.8～2.0kg/m²	如聚氨酯防水涂料等；用于旅馆等公共建筑

续表

防水涂料等级	三遍涂膜及厚度 1.5mm 厚	一布四涂及厚度 1.8mm 厚	二布六涂及厚度 2.0mm 厚	适用范围
中档	1.2～1.5kg/m²	1.5～2.0kg/m²	2.0～2.5kg/m²	如氯丁胶乳沥青防水涂料等用于较高级住宅工程
低档	1.8～2.0kg/m²	2.0～2.2kg/m²	2.2～2.5kg/m²	如 SBS 橡胶改性沥青防水涂料用于一般住宅工程

卫生间采用涂膜防水如图 7.8 所示，一般应将防水层布置在结构层与地面面层之间，以便使防水层受到保护。厨房、卫生间地间构造如图 7.9 所示。

图 7.8　卫生间涂膜防水层的一般构造

(a) 卫生间水泥基防水涂料防水；(b) 卫生间涂膜防水

1—面层；2—聚合物水泥砂浆；3—找平层；4—结构层

1—面层；2—黏结层(含找平层)；3—涂膜防水层；4—找平层；5—结构层

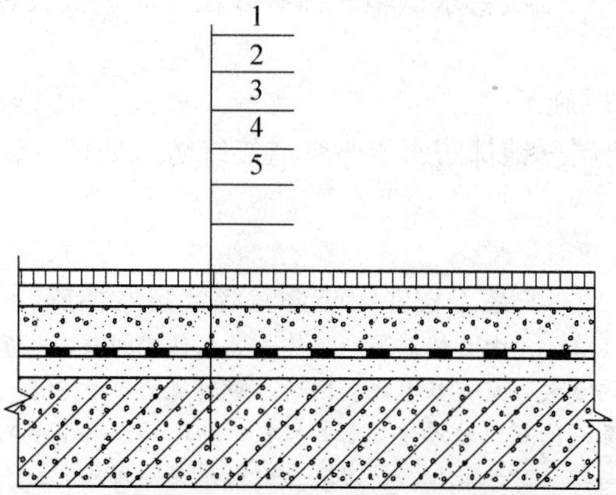

图 7.9　厨房、卫生间地面构造

1—地面面层；2—防水层；3—水泥砂浆找平层；4—找坡层；5—结构层

(4) 厕、浴、厨房间的地面标高，应低于门外地面标高不少于 20mm。

(5) 厕、浴、厨房间的墙裙可贴瓷砖，高度不低于 1500mm；上部可做涂膜防水层，或满贴瓷砖。

2. 防水层要求

(1) 地面防水层原则做在楼地面面层以下，四周向上泛起（或卷起）部分应高出地面250mm。

(2) 小管须做套管，高出地面20mm。管根防水用建筑密封膏进行密封处理。

(3) 下水管为直管，管根处高出地面。根据管位设置处理，一般高出地面10～20mm。

3. 厨房、卫生间地面防水施工要求

(1) 结构层。卫生间地面结构层宜采用整体现浇钢筋混凝土板或预制整块开间钢筋混凝土板。如设计采用预制空心板时，则板缝应用防水砂浆堵严，表面20mm深处宜嵌填沥青基密封材料；也可在板缝嵌填防水砂浆并抹平表面后，附加涂膜防水层，即铺贴100mm宽玻璃纤维布一层，涂刷二道沥青基涂膜防水层，其厚度不小于2mm，如图7.9所示。

(2) 找坡层。地而坡度应严格按照设计要求施工，做到坡度准确，排水通畅。找坡层厚度小于30mm时，可用水泥混合砂浆；厚度大于30mm时，宜用1∶6水泥炉渣材料。

(3) 找平层。要求采用1∶2.5～1∶3水泥砂浆，找平前清理基层并浇水湿润，但不得有积水，找平时边扫水泥浆边抹水泥砂浆，做到压实、找平、抹光，水泥砂浆宜掺防水剂，以形成一道防水层。

(4) 防水层。由于厕浴、厨房间管道多，工作面小，基层结构复杂，故一般采用涂膜防水材料较为适宜。

(5) 面层。地面装饰层按设计要求施工，一般常采用1∶2水泥砂浆、陶瓷锦砖和防滑地砖等。墙面防水层一般需做到高1.8m，然后抹水泥砂浆或贴面砖装饰层。

4. 厨房、卫生间地面防水施工程序

(1) 地面涂膜防水层施工

清理基层→涂刷基层处理剂→涂刷附加层防水涂料→涂刮第一遍涂料→涂刮第二遍涂料→涂刮第三遍涂料→第一次蓄水试验→稀撒砂粒→质量验收→保护层施工→第二次蓄水试验。

(2) 地面刚性防水层施工

基层处理→铺抹垫层→铺抹防水层→管道接缝防水处理→铺抹砂浆保护层。

应用案例7—3

某工程外墙防渗漏综合技术措施

某工程总建筑面积35113m²，由2栋高层和3栋小高层住宅组成，框剪结构。由于该建筑物地处亚热带，每年雨季时间长，降雨量大，尤其在台风登陆时，瞬时风力可达30m/s以上，雨水在风压作用下，很容易进入室内，住宅外墙渗漏问题比较严重。本工程针时外墙雨水渗漏的可能途径，从设计和施工两方面分析原因，遵循刚性防水与柔性防水相结合，混凝土自防水与附加防水相结合，薄弱部位加强设防，多道设防、层层设防的原则，对整个工程外墙采取了一整套综合防渗漏措施。

1. 设计时选用合适的材料是外墙防渗漏的前提

该工程外填充墙原设计为黏土空心砖，考虑到砌块上墙后的开孔为水平方向，易形成渗水通道，防水性能较薄弱。经与设计院协商，将材料改为黏土多孔砖，开孔方向为上下，减少了可能的渗漏途径。

2. 施工中采取针对性的措施是外墙防渗漏的关键

1) 确保混凝土质量

严格控制商品混凝土质量，尤其是水灰比不能过大，避免造成混凝土在振捣中产生大量气泡。提高混凝土振捣质量，避免产生蜂窝、孔洞、烂根现象。

2) 施工缝

在外墙模板根部设置清扫口，浇筑混凝土前再用空压机清扫1次，并由专业石工对施工缝处混凝土进行凿毛处理，不仅要除去表面残浆、浮石和其他杂质，更要求做到已浇筑混凝土完全出现新茬，使接茬部位混凝土结合紧密。在施工地坪前，对墙根处进行预处理，将松动的石子凿除，沿墙根剔凿成八字角凹槽，用1∶2水泥砂浆(添加防水剂)填塞密实，处理完毕后才能进行地坪施工。

3) 砌体缝隙

由于墙体材料的不同，填充墙与结构墙间会产生收缩裂缝，砌块间和砌块自身也存在缝隙，这都是出现渗漏的途径，因此在外墙抹灰前先做勾缝处理，将砌块间砂浆不饱满的缝隙填补密实，随后在砖墙外抹1层6mm的水泥砂浆，然后满挂钢丝网，钢丝网与混凝土墙体搭接20cm，最后在钢丝网外再进行水泥砂浆抹灰。

4) 面砖灰缝

马赛克(陶瓷锦砖)镶贴和勾缝材料通常用水泥浆，但在面砖上墙过程中水泥浆易挤入砖缝内，并且很快达到初凝，难以清理干净，与勾缝时的水泥浆不能紧密结合，一段时间以后，灰缝的水泥浆易空鼓和开裂，使雨水乘虚而入。为此，采用灌砂法施工，面砖镶贴仍然采用水泥浆，但勾缝材料改为水泥砂浆，即将纸皮砖反转放置在地上，将细砂填充在马赛克的缝隙内，然后在砖背面满刮水泥浆，待纸皮撕下后，用铁刷和特制的钩子将缝隙内细砂全部清理干净，最后再用1∶2水泥砂浆勾缝，使砖缝砂浆开裂的情况大大减少。

5) 面砖镶贴节点

凸窗挑板、腰线、檐口、压顶雨篷等凸出外墙面的水平构件必须做好坡度和滴水线，以免造成倒坡和积水。

6) 孔洞填嵌

外墙上数量最多的洞口是螺杆洞和外架套管洞，为保证孔洞填嵌密实，首先将螺杆洞口剔凿成5cm×5cm、深1cm的喇叭口，再将端部塑料管剔凿掉，用细石混凝土将洞口塞密实后，表面用1∶2水泥砂浆抹8cm×8cm的找平层，待水泥砂浆干透后，再涂刷1∶1黑豹防水水泥浆1mm厚。如果螺杆已取不出，则必须先剔凿凹槽，再在根部切断螺杆钢筋，处理方法同上。对外架套管洞也采用同样的处理方法，但石子的粒径不应过小。

7) 铝合金窗

除按正常的施工工艺安装窗框、塞缝外，还要在窗框防水砂浆塞缝，室外一侧涂非焦油型聚氨酯防水涂料2mm厚，加纤维布1层，待外墙抹灰、面砖收口后，再在窗框四周嵌填密封膏，嵌填密封膏要保证厚度、宽度。

8) 窗侧板防水

结构设计在凸窗边有窗侧板，厚度仅6cm，配筋小，且处于迎风面，混凝土表面即使有轻微的质量缺陷，都可能成为渗漏的途径，因此在开始抹灰前对全部窗侧板进行了检查和处理，对蜂窝麻面的部位，将松散不牢的石子剔凿掉，表面凿毛，用水冲洗干净，然后用1∶2防水水泥砂浆抹平，最后用1∶1黑豹防水水泥浆刮涂2遍达1mm厚。

9) 其他

穿墙管道防水，防止抹灰空鼓，面砖镶贴牢固，空调洞下、阳台门下防水坎等技术措施，也是施工中必须采取的。

7.5 冬季和雨期施工

7.5.1 防水工程的冬季施工

冬季施工是指工程在低温季(日平均气温低于 5℃或最低气温低于气 3℃)修建，需要采取防冻保暖措施。

1. 冬期施工要求

1) 找平层冬期施工

掺防冻外加剂，掺入量一般为水泥用量的 2%～5%。砂浆的强度等级不得小于 M5。找平层抹平压光后，白天应覆盖黑色塑料布进行养护，晚上再加盖帘子等进行保温养护。

2) 屋面保温层冬期施工

用沥青胶结的整体保温层和板状保温层应在气温不低于-10℃时施工；用水泥、石灰或乳化沥青胶结的整体保温层和板状保温层应在气温不低于 5℃时施工。如气温低于上述要求，应采取保温防冻措施。大雪和 5 级以上大风不得施工。

3) 卷材防水冬期施工

(1) 沥青防水卷材不宜在负温下施工，如必须在负温下施工时，将卷材移入温度高于 15℃的室内或暖棚中进行解冻保温，时间应不少于 48h，以保证开卷温度高于 10℃以上。在温室内按所需长度下料，并反卷成卷，保温运到现场，随用随取，以防因低温脆硬折裂。用水泥砂浆作保护层时，应用掺防冻外加剂的水泥砂浆，表面应抹平压光，并要设置表面分格缝，砂浆保护层完工后，白大应覆盖黑色塑料布养护，晚间再加盖草帘子等进行保温养护。

(2) 高聚物改性沥青卷材的低温柔性好，一般适宜于在-10℃左右的气温环境下，采用热熔法进行施工作业，其防水工程质量也可以达到常温施工的质量要求。

(3) 合成高分子防水卷材可在较低气温条件下进行施工。

4) 涂膜防水冬期施工

选择成膜温度较低的溶剂型防水涂料，大部分均可在 0℃以下施工，可以适量掺入催干剂，促使涂料快速干燥。在冬季施工期间，涂料中切不可随意掺入稀释剂。一般情况下，不可对涂料进行加热处理。

5) 刚性防水层冬期施工

(1) 冬期施工材料要求。

① 水泥：宜优先选用硅酸盐水泥或普通硅酸盐水泥；水泥强度等级不应低于 32.5 级；掺外加剂混凝土或砂浆选用水泥时，应注意外加剂和水泥的适应性。

② 集料：集料必须清洁，不得含有冰、雪等冻结物及易冻裂的矿物质；集料中不应含有有机物质以防止其溶解和水化后延缓混凝土的水化时间，影响混凝土质量。掺含钾、钠离子防冻剂的混凝土中，集料中不应混有活性氧化硅，以免混凝土在硬化过程中生成的苛性碱与活性氧化硅作用时，使混凝土发生碱集料反应，导致体积膨胀及破坏。

③ 水：当使用溶解冰作拌和水时，应过滤井清除杂物，冬季施工用水加温后，不得生成有碍混凝土水化作用的杂质。

④ 外加剂：冬期浇筑的防水层细石混凝土，宜使用无氯盐类防冻剂。对抗冻性要求较高的屋面防水层，宜使用引气减水剂；防水砂浆中可掺入早强剂、防冻剂等外加剂。

(2) 防水层施工。

① 蓄热法：对拌和水和集料适当加热，用热的拌和物浇筑，浇筑完成后用塑料薄膜覆盖，上盖保温材料，防止水分和热量散失，利用原材料中预加的热量和水泥放出的水化热，使混凝土缓慢冷却，于温度降至0℃前达到允许受冻临界强度。

② 掺外加剂法：原材料适当加热，使混凝土浇筑完毕时的温度不低于5℃，拌和物中掺入防冻剂等外加剂，混凝土浇筑后用塑料薄膜覆盖或适当保温，避免脱水和防止霜、雪袭击。终凝前混凝土本身温度可降至 0℃以下，然后在负温中硬化，于温度降至冰点前达到允许受冻临界强度。

③ 暖棚法：建筑物上面搭设暖棚，人工加热使棚内保持正温，或封闭工程的外围结构，设热源使室内为正温，原材料是否加热视气温情况而定，混凝土的浇筑和养护均在棚(室)内进行，养护工艺简单，与常温施工无异，劳动条件较好，施工质量可靠。

④ 综合法：原材料加热；掺适量防冻剂；用高效保温材料覆盖。

7.5.2 防水工程的雨期施工

雨期施工以防雨、防台风、防汛为依据，做好各项准备工作。雨期不能进行建筑物室外防水施工，室内防水施工应适当延长防水材料养护和干燥时间。

知识链接

混凝土外加剂

在拌制混凝土过程中掺入用以改善混凝土性能的物质，掺量一般不大于水泥质量的5%。

按主要功能它分为4类如下。

(1) 改善混凝土拌合物和易性能的外加剂，包括各种减水剂、引气剂和泵送剂等。

(2) 调节混凝土凝结时间、硬化性能的外加剂，包括缓凝剂、早强剂和速凝剂等。

(3) 改善混凝土耐久性的外加剂，包括引气剂、防水剂和阻锈剂等。

(4) 改善混凝土其他性能的外加剂，包括加气剂、膨胀剂、防冻剂、着色剂、防水剂和泵送剂等。

本 章 小 结

本章内容包括建筑防水的分类，防水工程的等级，防水材料，屋面防水工程，地下防水工程，外墙及厨卫防水等内容。建筑防水按采用防水材料和施工方法不同分为柔性防水和刚性防水，柔性防水是采用柔性材料，主要包括各种防水卷材和防水涂料，经施工将其铺贴或涂布在防水工程的迎水面上，达到防水的目的；刚性防水采用的材料主要是普通细石混凝土、补偿收缩混凝土和块体刚性材料等，依靠混凝土自身的密实性并配合一定的构造措施达到防水的目的。各种防水工程质量的好坏，除与各种防水材料的质量有关外，主要取决于各构造层次的施工质量，因此要严格按照相关的施工操作规程和规范的规定进行施工，严格把好质量关。

建筑防水工程的质量应在施工过程中进行控制，每一道工序经检查合格之后方可进行下一道工序的施工，这样才能达到工程的各部位不漏水、不积水的要求。防水工程的质量检验包括材料的质量检验和防水施工的质量检验。

屋面防水工程存在高空、高温、有毒和易燃等不安全因素，在施工中要特别注意安全防护，以防止火灾、中毒、烫伤、坠落等事故的发生。

习　　题

1. 对卷材施工的搭接要求是什么？
2. 什么叫做外防内贴？它的施工顺序是怎样的？
3. 屋面防水层的施工顺序是怎样的？
4. 怎样确定油毡的铺贴方向？
5. 屋面卷材防水工程的质量检验项目有哪些?如何进行检查？
6. 屋面变形缝如何做防水处理？
7. 卫生间防水有哪些特点？

第8章

装饰工程

教学目标

掌握一般抹灰、装饰抹灰的施工工艺；掌握一般抹灰、装饰抹灰的施工要点与施工质量验收标准及检测方法；掌握饰面工程、地面工程、吊顶工程、隔墙工程涂料与刷浆工程、门窗工程的施工工艺、施工要点与施工质量验收标准及检测方法。

教学要求

能 力 目 标	知 识 要 点	权重
掌握抹灰施工工艺	抹灰施工	25%
掌握饰面板、饰面砖施工工艺	饰面板施工	20%
熟悉整体面层、板块面层、木竹面层施工等的施工工艺	地面工程施工	10%
熟悉建筑涂料、油漆涂料等的施工工艺	涂饰工程施工	10%
熟悉裱糊工程施工工艺	裱糊工程施工	10%
熟悉吊顶顶棚施工工艺	吊顶施工	5%
熟悉隔墙施工工艺	轻钢龙骨纸面石膏板隔墙工程	5%
熟悉木门窗、钢门窗、铝合金门窗等的施工工艺	门窗工程施工	10%
熟悉冬季、雨季施工	冬季、雨季施工	5%

引例

某学院教学楼工程总建筑面积为 34058.11m²。本工程分为 A、B、C 3 区。其中 C 区南北向部分为 5 层，局部 4 层，东西向为 4 层，局部 2 层。建筑高度为 23.90m，设计标高±0.000 相当于绝对标高 118.90m，本工程为 3 类建筑，设计使用年限为 50 年。现承建的为 C 区工程。

装饰特点：外墙勒脚为 30mm 厚浅灰色花岗岩板，散水 1000mm 宽，20mm 厚浅灰色毛面花岗岩板铺面。室外台阶采用 50mm 厚浅灰色毛面花岗岩及花岗岩板条石铺面。外墙立面为浅灰色毛面花岗岩板铺面及灰白色真石漆涂饰。

思考：各个部位如何施工？

建筑装饰工程是采用适当的材料和正确的构造，以科学的施工工艺方法，为保护建筑主体结构，满足人们的视觉要求和使用功能，从而对建筑物和主体结构的内外表面进行的装饰和修饰，并对建筑及其室内环境进行艺术加工和处理。其主要作用是：保护结构体，延长使用寿命；美化建筑，增强艺术效果；优化环境，创造使用条件。建筑装饰工程是建筑施工的重要组成部分，主要包括抹灰、饰面、地面、涂料、被糊、吊顶和门窗等工程。

装饰工程施工的主要特点是项目繁多，工程量大，工期长，用工量大，造价高，装饰材料和施工技术更新快，施工管理复杂。

装饰工程施工前，必须组织材料进场，并对其进行检查、加工和配制；必须做好机械设备和施工工具的准备；必须做好图纸审查、制定施工顺序与施工方法、进行材料试验和试配工作、组织结构工程验收和工序交接检查、进行技术交底等有关技术准备工作；必须进行预埋件、预留洞的埋设和基层的处理等。

8.1 抹灰工程

8.1.1 抹灰工程概述

抹灰是将各种砂浆、装饰性石屑浆、石子浆涂抹在建筑物的墙面、顶棚、地面等表面上，除了保护建筑物外，还可以作为饰面层起到装饰作用。

抹灰工程按照抹灰施工的部位分为室外抹灰和室内抹灰。通常室内各部位的抹灰称为内抹灰，如内墙、楼地面、天棚抹灰等；室外各部位的抹灰称为外抹灰，如外墙面、雨篷和檐口抹灰等。

抹灰工程按使用材料和装饰效果分为一般抹灰和装饰抹灰。一般抹灰适用于石灰砂浆、水泥砂浆、混合砂浆、聚合物水泥砂浆、膨胀珍珠岩水泥砂浆、麻刀灰、纸筋灰、石膏灰等抹灰工程。装饰抹灰的底层和中层与一般抹灰做法基本相同，其面层主要有水刷石、干粘石、斩假石、拉毛灰、喷涂、滚涂、弹涂、假面砖和仿石等。

8.1.2 一般抹灰

抹灰一般分 3 层，即底层、中层和面层(或罩)，如图 8.1 所示。底层主要起与基层黏结的作用，要求砂浆有较好的保水性，其稠度较中层和面层大，砂浆的组成材料要根据基层的种类不同而选用相应的配合比。底层砂浆的强度不能高于基层强度，以免抹灰砂浆在凝结过程中产生较强的收缩应力，破坏强度较低的基层，从而产生空鼓、裂缝、脱落质量问题；中层起找平的作用，砂浆的种类基本与底层相同，只是稠度稍小，中层抹灰较厚时应分层，每层厚度应控制在5～9mm；面层起装饰作用，要求涂抹光滑、洁净，因此要求用细砂，或用麻刀、纸筋灰浆。各层砂浆的强度要求应为底层＞中层＞面层，并不得将水泥砂浆抹在石灰砂浆或混合砂浆上，也不得把罩面石膏灰抹在水泥砂浆层上。

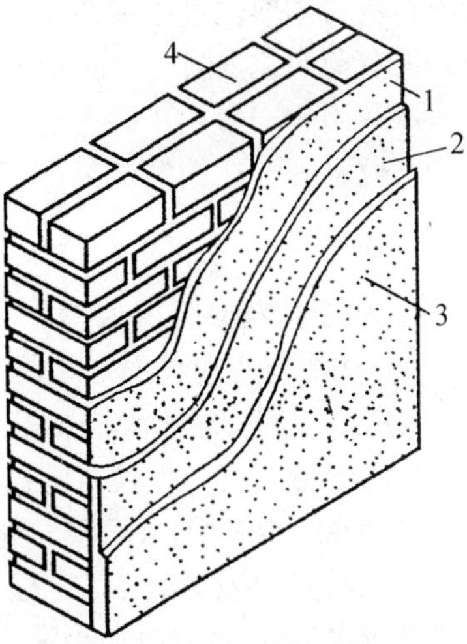

图 8.1 抹灰层的组成

1—底层；2—中层；3—面层；4—基层

抹灰层的平均总厚度不得大于下列规定值。

(1) 顶棚。板条、空心砖、现浇混凝：15mm，预制混凝土：18mm，金属网：20mm。

(2) 内墙。普通抹灰：18～20mm，高级抹灰：25mm。

(3) 外墙。20mm，勒脚及突出墙面部分：25mm。

特别提示

控制抹灰层平均总厚度的目的，主要是为了防止抹灰脱落。因此，当抹灰厚度≥35mm时，应采取加强措施。

1. 质量要求

一般抹灰按质量要求分为普通抹灰和高级抹灰2个等级。

普通抹灰为一道底层和一道面层或一道底层、一道中层和一道面层，要求表面光滑、洁净、接搓平整，分格缝应清晰。

高级抹灰由一道底层、数层中层和一道面层组成，要求表面光滑、洁净，颜色均匀无抹纹，分格缝和灰线应清晰美观。

抹灰层与基层之间及各抹灰层之间必须黏结牢固，抹灰层应无脱层、空鼓，面层应无裂缝。

知识链接

涂抹水泥砂浆每遍厚度宜为5～7mm；涂抹石灰砂浆和水泥混合砂浆每遍厚度宜为7～9mm。面层抹灰经赶平压实的厚度，麻刀石灰不得大于3mm；纸筋石灰、石膏灰不得大于2mm。

2. 材料准备

抹灰前准备材料时，石灰膏应用块状生石灰淋制，使用未经熟化的生石灰或过火石灰，会发生爆灰和开裂等质量问题。因此石灰浆应在储灰池中常温熟化不少于15d，罩面用的磨细石灰粉的熟化期不应少于 3d。在熟化期间，石灰浆表面应保留一层水，以使其与空气隔开而避免炭化，同时应防止冻结和污染。生石灰不宜长期存放，保质期不宜超过一个月。

抹灰用砂一般用中砂，也可采用粗砂与中砂混合掺用，但对有抗渗性要求的砂浆，要求以颗粒坚硬洁净的细砂为好。抹灰用纸筋麻刀应坚韧、干燥、不含杂质。

3. 基层处理

1) 墙面抹灰的基层处理

(1) 抹灰前应对砖石、混凝土及木基层表面进行处理，清除灰尘、污垢、油渍和碱膜等，并洒水湿润。对于表面凹凸明显的部位，应事先剔平或用 1∶3 水泥砂浆补平，对于平整光滑的混凝土表面拆模时随即进行凿毛处理，或用铁抹子满刮水灰比为 0.37～0.4(内掺水重 3%～5%的 108 胶)水泥浆一遍，或用混凝土界面处理剂处理。

(2) 抹灰前应检查门、窗框位置是否正确，与墙连接是否牢固。连接处的缝隙应用水泥砂浆或水泥混合砂浆(加少量麻刀)分层嵌塞密实。

(3) 凡室内管道穿越的墙洞和楼板洞，凿剔墙后安装的管道，墙面的脚手孔洞均应用 1∶3 水泥砂浆填嵌密实。

(4) 不同基层材料相接处应铺钉金属网并绷紧牢固，金属网与各结构的搭接宽度从相接处起每边不少于 100mm，以防灰层因基层温度变化产生裂缝。

(5) 抹灰工程施工前，对室内墙面、柱面和门洞的阳角，宜用 1∶2 水泥砂浆做护角，其高度不低于 2m，每侧宽度不少于 50mm。对外墙窗台、窗楣、雨篷、阳台、压顶和突出腰线等，上面应做成流水坡度，下面应做滴水线或滴水槽，滴水槽的深度和宽度均不应小于 10mm，要求整齐一致。

2) 顶棚抹灰的基层处理

预制混凝土楼板顶棚在抹灰前应检查其板缝大小，若板缝较大，应用细石混凝土灌实；板缝较小，可用 1∶0.3∶3 的水泥石灰混合砂浆勾实，否则抹灰后将顺缝产生裂缝。预制混凝土板或钢模现浇混凝土顶棚拆模后，构件表面较为光滑、平整，并常黏附一层隔离剂。当隔离剂为滑石粉或其他粉状物时，应先用钢丝刷刷除，再用清水冲干净，当隔离剂为油脂类时，先用浓度为 10%的火碱溶液洗刷干净，再用清水冲洗干净。

板条顶棚(单层板条)抹灰前，应检查板条缝是否合适，一般要求间隙为 7～10mm。

特别提示

为了有效地控制墙面抹灰层的厚度与垂直度，使抹灰面平整，抹灰层涂抹前应设置标筋，作为底层、中层抹灰的依据。

4. 设置标筋(又称冲筋)

设置标筋时，用托线板检查墙面的平整垂直程度，以确定抹灰厚度(最薄处不宜小于 7mm)，再在墙两边上角离阴角边100～200mm处按抹灰厚度用砂浆做一个四方形(边长约 50mm)标准块，称为“灰饼”。然后根据这两个灰饼，用托线板或线锤吊挂垂直，做墙面下角的两个灰饼(高低位置一般在踢脚线上口)，随后以上角和下角左右两灰饼面为准拉线，每隔1.2～1.5m上下加做若干灰饼，如图8.2所示。待灰饼稍干后在上下灰饼之间用砂浆抹上一条宽100mm左右的垂直灰埂，即为“标筋”，作为抹底层及中层厚度控制和赶平的标准。

顶棚抹灰一般不做灰饼和标筋，而是在靠近顶棚四周的墙面上弹一条水平线以控制抹灰层厚度，并作为抹灰找平的依据。

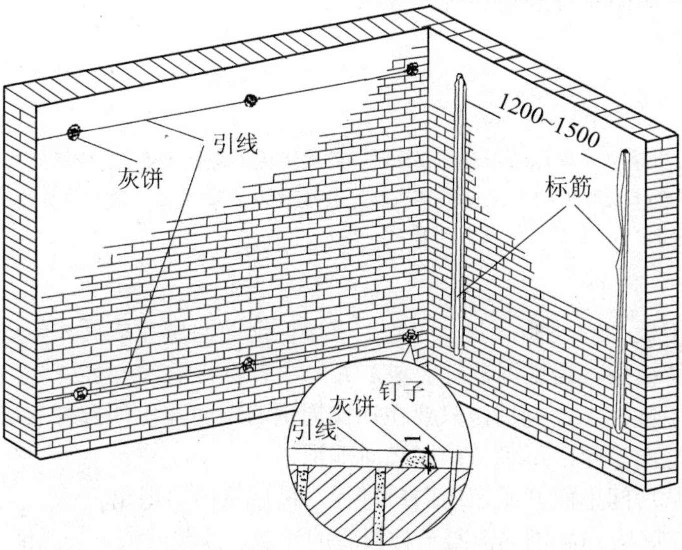

图 8.2 灰饼和标筋的位置示意图

5. 一般抹灰的施工要点

1) 墙面抹灰

待标筋砂浆有七至八成干后，就可以进行底层砂浆抹灰。

底层抹灰时，可用托灰板盛砂浆，用力将砂浆推抹到墙面上，一般应从上而下进行，在两标筋之间的墙面砂浆抹满后，即用长刮尺两头靠着标筋，从下而上进行刮灰，使抹上的底层灰与标筋面相平，再用木抹来回抹压，去高补低，最后再用铁抹压平一遍。

中层砂浆抹灰应待水泥砂浆(或水泥混合砂浆)底层凝结后或石灰砂浆底层灰七、八成干后，方可进行。

中层砂浆抹灰时，应先在底层灰上洒水，待其收水后，即可将中层砂浆抹上去，一般应从上而下，自左向右涂抹，不用再做标志及标筋，整个墙面抹满后，用木抹来回搓抹，去高补低，再用铁抹压抹一遍，使抹灰层平整、厚度一致。

面层灰应待中层灰凝固后才能进行。先在中层灰上洒水湿润，将面层砂浆(或灰浆)均匀地抹上去，一般应从上而下，自左向右涂抹整个墙面，抹满后，即用铁抹分遍压抹，使面层灰平整、光滑，厚度一致。

两墙面相交的阴角、阳角抹灰一般按下述步骤进行。

(1) 用阴角方尺检查阴角的直角度；用线锤检查阴角或阳角的垂直度。根据直角度及垂直度的误差，确定抹灰层厚度。阴、阳角处洒水湿润。

(2) 将底层抹于阴角处，用阴角器压住抹灰层并上下搓动，使阴角的抹灰基本上达到直角。如靠近阴角处有已结硬的标筋，则木阴角器应沿着标筋上下搓动，基本搓平后，再用阴角抹子上下抹压，使阴角线垂直。

(3) 将底层灰抹于阳角处，用木阳角器压住抹灰层并上下搓动，使阳角处抹灰基本上达到直角，再用阳角抹子上下抹压，使阳角线垂直。

(4) 在阴角、阳角处底层灰凝结后，洒水湿润，将面层灰抹于阴角、阳角处，分别用阴角抹、阳角抹上下抹压，使中层灰达到平整光滑。阴、阳角找方与墙面抹灰同时进行，即墙面摸底灰时，阴阳角抹底层找方。

特别提示

冬期施工，抹灰砂浆应采取保温措施。涂抹时，砂浆温度不得低于5℃。砂浆抹灰硬化初期不得受冻。气温低于5℃时，室外抹灰所用的砂浆应掺防冻剂，其掺量由试验确定。涂料面层的墙面抹灰砂浆中，不得掺入含氯盐的防冻剂，以免引起涂层表面反碱、咬色。

2) 顶棚抹灰

钢筋混凝土楼板平的顶棚抹灰，应待上层楼板地面面层完成后才能进行。板条、金属网顶棚抹灰，应待板条、金属网装订完成，并经检查合格后，方可进行。

顶棚抹灰不用做标志、标筋，只要在顶棚周围的墙面弹出顶棚抹灰层的面层标高线，此标高线必须从地面量起，不可从顶棚底向下量。

顶棚抹灰宜从房间里面开始，向门口进行，最后从门口退出。

抹底层灰之前，应扫尽钢筋混凝土楼板底的浮灰、砂浆残渣，去除油污及隔离剂剩料，并喷水湿润楼板底。

在钢筋混凝土楼板底抹底层灰，铁抹抹压方向应与模板纹路或预制板拼缝相垂直；在板条、金属网顶棚上抹底层灰，铁抹抹压方向应与板条长度方向相垂直，在板条缝处要用力压抹，使底层灰压入板条缝或网眼内，形成转脚以使结合牢固。底层灰要抹得平整。

抹中层灰时，铁抹抹压方向宜与底层灰抹压方向相垂直。顶棚高级抹灰，应加钉长350～450mm的麻束，间距为400mm，并交错布置，分遍按放射状梳理抹进中层灰内，所以中层灰应抹得平整、光洁。

抹面层灰时，铁抹抹压方向宜平行于房间进光方向。面层灰应抹得平整、光滑，不见抹印。

顶棚抹灰应待前一层灰凝结后才能抹上后一层灰，不可紧接进行。顶棚面积较小时，整个顶棚抹上灰后再进行压平、压光；顶棚面积较大时，可分段分块进行抹灰、压平、压光，但接合处必须理顺；底层灰全部抹压后，才能抹中层灰，中层灰全部抹压后，才能抹面层灰。

6. 罩面压光

室内常用的面层材料(麻刀石灰、纸筋石灰、石膏灰等)应分层涂抹，每遍厚度为1～2mm。经赶平压实后，面层总厚度对于麻刀石灰不得大于3mm，对于纸筋石灰、石膏灰不得大于2mm。罩面时应待底子灰五六成干后进行。

特别提示

如底子灰过干应先浇水湿润，分纵横两遍涂抹，最后用钢抹子压光，不得留抹纹。

室外抹灰常用水泥砂浆罩面。由于面积较大，为了不显接槎，防止抹灰层收缩开裂，一般应设有分格缝，留槎位置应留在分格缝处。由于大面积抹灰罩面抹纹不易压光，在阳光照射下极易显露而影响墙面美观，故水泥砂浆罩面宜用木抹子抹成毛面。为防止色泽不匀，应用同一品种与规格的原材料，由专人配料，采用统一的配合比，底层浇水要均匀，干燥程度基本一致。

一般抹灰质量的允许偏差应符合表 8-1 中的规定。

表 8-1　一般抹灰质量的允许偏差

项次	项目	允许偏差/mm		检验方法
		普通抹灰	高级抹灰	
1	立面垂直度	4	3	用2m垂直检测尺检查
2	表面平整度	4	3	用2m靠尺和塞尺检查
3	阴、阳角方正	4	3	用直角检测尺检查
4	分格条(缝)直线度	4	3	拉5m线，不足5m拉通线，用钢直尺检查
5	墙裙、勒脚上口直线度	4	3	拉5m线，不足5m拉通线，用钢直尺检查

注：(1) 普通抹灰，本表第3项阴角方正可不检查。

(2) 顶棚抹灰，本表第2项表面平整度可不检查，但应顺平。

8.1.3　装饰抹灰

装饰抹灰与一般抹灰的区别在于两者具有不同的装饰面层，装饰抹灰是采用装饰性强的材料，或用不同的处理方法以及加入各种颜料，使建筑物具备某种特定的色调和光泽。

装饰抹灰底层和中层的做法与一般抹灰要求相同，面层根据材料及施工方法的不同而具有不同的形式。

1. 水刷石

水刷石是将水泥石子浆罩面中尚未干硬的水泥用水冲刷掉，使各色石子外露形成的表面。水刷石是石粒类材料饰面的传统做法，这种饰面耐久性强，具有良好的装饰效果，造价较低。

水刷石多用于室外墙面的装饰抹灰。对于高层建筑大面积水刷石，为加强底层与混凝土基体的黏结，防止空鼓、开裂，墙面要加钢筋做拉结网。施工时，先用 12mm 厚的 1∶3 水泥砂浆打底找平，待底层砂浆终凝后，在其上按设计的分格弹线安装分格木条，用水泥浆在两侧黏结固定，以防大片面层收缩开裂，然后将底层浇水润湿后刮水泥浆(水灰比 0.37～0.40)一道，以增加面层与底层的黏结，随即抹上稠度 5～7cm、厚 8～12mm 的水泥石子浆(水泥∶石子=1∶1.50～1∶1.25)面层，拍平压实，使石子密实且分布均匀。当水泥石子浆开始凝固时(大致是以手指按上去无指痕，用刷子刷石子，石子不掉下为准)，用刷子从上而下蘸水刷掉石子间表层水泥浆，使石子露出灰浆面 1～2mm 为度。刷洗时间要严格掌握，刷洗过早或过度，则石子颗粒露出灰浆面过多，容易脱落；刷洗过晚，则灰浆洗不净，石子不显露，饰面浑浊不清晰，影响美观。

特别提示

水刷石的外观质量应满足石粒清晰、分布均匀、紧密平整、色泽一致，不得掉石粒和接搓痕迹等。

2. 干黏石

干黏石是将干石子直接黏在砂浆层上的一种装饰抹灰做法。装饰效果与水刷石差不多，但润湿作业量小，节约原材料，又能明显提高工效。

干黏石主要用于外墙面的装饰抹灰，施工时在已经硬化的底层水泥砂浆层上按设计要求弹线分格，根据弹线镶嵌分格木条。将底层浇水润湿后，抹上一层 6mm 厚 1∶2.5～1∶2 的水泥砂浆层，随即紧跟着再抹一层 2mm 厚的 1∶0.5 水泥石灰膏浆黏结层，同时将配有不同颜色或同色的粒径为 4～6mm 的石子甩黏拍平压实。拍时不得把砂浆拍出来，以免影响美观，要使石子嵌入深度不小于石子粒径的 1/2，待有一定强度后洒水养护。

上述为手工甩石子，也可用喷枪将石子均匀有力地喷射在黏结层上，用铁抹子轻轻压一遍，使表面搓平。

特别提示

干黏石的质量要求是石粒黏结牢固、分布均匀、不掉石粒、不露浆、不漏黏、颜色一致。

3. 斩假石

斩假石又称为剁斧石，是在水泥砂浆基层上涂抹水泥石子浆，待硬化后，用剁斧、齿斧及各种凿子等工具剁出有规律的石纹，使其类似天然花岗石、玄武石、青条石的表面形态。

斩假石是仿制天然石料的一种饰面，可用不同的骨料或掺入不同的颜料。施工时先用 1∶2.8～1∶2 水泥砂浆打底，待 24h 后浇水养护，硬化后在表面洒水湿润，刮素水泥浆一道，随即用 1∶1.25 水泥石子浆(内掺 30%石屑)罩面，厚为 10mm；抹完后要注意防止日晒或冰冻，并养护 2～3d(强度达 60%～70%)即可试剁，如石子颗粒不发生脱落便可正式斩假加工；加工时用剁斧将面层斩毛，剁的方向要一致，剁纹深浅要均匀，一般二遍成活，分格缝周边、墙角、柱子的棱角周边留 15～20mm 不剁，即可做出类似用石料砌成的装饰面。

4. 拉毛灰和洒毛灰

拉毛灰是将底层用水湿透，抹上 1∶(0.05～0.3)∶(0.5～1)水泥石灰罩面砂浆，随即用硬棕刷或铁抹子进行拉毛。棕刷拉毛时，用刷蘸砂浆往墙上连续垂直拍拉，拉出毛头。用铁抹子拉毛时，则不蘸砂浆，只用抹子黏结在墙面随即抽回，要做到拉得快慢一致、均匀整齐、色泽一致、不露底，在一个平面上要一次成活，避免中断留槎。

洒毛灰(又称为撒云片)是用茅草小帚蘸 1∶1 水泥砂浆或 1∶1∶4 水泥石灰砂浆，由上往下洒在湿润的底层上，洒出的云朵必须错乱多变、大小相称、空隙均匀，形成大小不一而有规律的毛面。也可在未干的底层上刷上颜色，再不均匀地洒上罩面灰，并用抹子轻轻压平，使其部分露出带色的底子灰，使洒出的云朵具有浮动感。

5. 喷涂饰面

喷涂饰面工艺是用挤压式灰浆泵或喷斗将聚合物水泥砂浆经喷枪均匀喷涂在墙面底层上。这种砂浆由于掺入聚合物乳液而具有良好的和易性及抗冻性，能提高装饰面层的表面强度与黏结强度。根据涂料的稠度和喷射压力的大小，以质感区分，可喷成砂浆饱满、呈波纹状的波面喷涂和表面布满点状颗粒的粒状喷涂。底层为厚10～13mm的1∶3水泥砂浆，喷涂前必须喷或刷一道胶水溶液(108胶∶水=1∶3)，使基层吸水率趋近于一致，并确保与喷涂层黏结牢固。喷涂层厚3～4mm，粒状喷涂应连续三遍完成；波面喷涂必须连续操作，喷至全部泛出水泥浆但又不至流淌为好。在大面喷涂后，按分格位置用铁皮刮子沿靠尺刮出分格缝。喷涂层凝固后再喷罩一层有机硅疏水剂。

特别提示

质量要求表面平整，颜色一致，花纹均匀，不显接槎。

6. 滚涂饰面

滚涂饰面是将2～3mm厚带色的聚合物水泥砂浆均匀地涂抹在底层上，用平面或刻有花纹的橡胶、泡沫塑料滚子在罩面层上直上直下施滚涂拉，并一次成活滚出所需花纹。

滚涂饰面的底、中层抹灰与一般抹灰相同。中层一般用1∶3水泥砂浆，表面搓平实，然后根据图纸要求，将尺寸均匀划分以确定分格条位置，弹线后贴分格条。

抹灰面干燥后，喷涂机硅溶液一遍。滚涂操作有干滚和湿滚两种。干滚法是滚子不蘸水，滚子上下来回后再向下滚一遍，实现表面均匀拉毛即可，滚出的花纹较粗，但工效高；湿滚法为滚子蘸水上墙，并保持整个表面水量一致，滚出的花纹较细，但比较费工。

7. 弹涂饰面

弹涂饰面是用电动弹力器分几遍将不同色彩的聚合物水泥色浆弹到墙面上，形成1～3mm左右的圆状色点。由于色浆一般由2～3种颜色组成，不同色点在墙面上相互交错、相互衬托，犹如水刷石、干黏石，也可做成单色光面、细麻面、小拉毛拍平等多种形式。这种工艺可在墙面上做底灰，再作弹涂饰面，也可直接弹涂在基层平整的混凝土板、加气板、石膏板、水泥石棉板等板材上。

弹涂饰面是在1∶3水泥砂浆打底的底层砂浆面上，洒水润湿，待干至六七成时进行弹涂。先喷刷底色浆一道，弹分格线，贴分格条，弹头道色点，待稍干后即弹两道色点，最后进行个别修弹，再喷射树脂罩面层。

8. 假面砖

假面砖又称为仿面砖，适用于装饰外墙面，远看像贴面砖，近看才是彩色砂浆抹灰层上的分格。假面砖抹灰层由底层灰、中层灰、面层灰组成。底层灰宜用1∶3水泥砂浆，中层灰宜用1∶1水泥砂浆，面层灰宜用5∶1∶9水泥石灰砂浆(水泥∶石灰膏∶细砂)，按色彩需要掺入适量矿物颜料，成为彩色砂浆。面层灰厚3～4mm。待中层灰凝固后，洒水湿润，抹上面层彩色砂浆，要压实抹平。待面层灰收水后，用铁梳或顺着靠尺由上而下划出竖向纹，纹深约1mm，竖向纹划完后，再按假面砖尺寸，弹出水平线，将靠尺靠在水平线上，用铁刨或铁勾顺着靠尺划出横向沟，沟深约 3～4mm。全部划好纹、沟后，清扫假面砖表面。

9. 仿石

仿石适用于装饰外墙。仿石抹灰层由底层灰、结合层及面层灰组成。底层灰用 12mm 厚的 1∶3 水泥砂浆，结合层用水泥浆(内掺水重 3%～5%的 108 胶)，面层用 10mm 厚的 1∶0.5∶4 水泥石灰砂浆。

装饰抹灰质量的允许偏差应符合表 8-2 中的规定。

表 8-2　装饰抹灰质量的允许偏差

项次	项目	允许偏差/mm				检验方法
		水刷石	斩假石	干黏石	假面砖	
1	立面垂直度	5	4	5	5	用2m垂直检测尺检查
2	表面平整度	3	3	5	4	用2m靠尺和楔形塞尺检查
3	阴、阳角方正	3	3	4	4	用直角检测尺检查
4	分格条(缝)直线度	3	3	3	3	拉5m线，不足5m拉通线，用钢直尺检查
5	墙裙、勒脚上口直线度	3	3	—	—	拉5m线，不足5m拉通线，用钢直尺检查

知识链接

墙面抹灰后，过一段时间往往在门窗框与墙面交接处，木基层与砖石、混凝土基层相交处，基层平整偏差较大的部位，以及墙裙、踢脚板上口等处出现空鼓、裂缝情况。

原因分析如下。

(1) 基层清理不干净或处理不当；墙面浇水不透，抹灰后砂浆中的水分很快被基层(或底灰)吸收，影响黏结力。

(2) 配制砂浆和原材料质量不好，使用不当。

(3) 基层偏差较大，一次抹灰层过厚，干缩率较大。

(4) 门窗框两边塞灰不严，墙体预埋木砖距离过大或木砖松动，经开关振动，在门窗框处产生空鼓、裂缝。

引例小结

抹灰工程

(1) 工艺流程如下。

门窗框四周堵缝→墙面清理→浇水润湿墙面→吊垂直套方、抹灰饼冲筋→基层处理→抹底层砂浆→抹罩面灰→养护。

(2) 混凝土基层及陶粒墙面要提前均匀涂刷界面剂。

(3) 外墙抹灰时要及时收听天气预报，雨天不得进行抹灰，防止抹灰层终凝前受雨淋而损坏。

(4) 在檐口、窗台等突出墙面等部位，上面要做流水坡度，下面要做成滴水槽、流水坡度及滴水槽距外表面不小于 40mm，滴水槽采用镶嵌铝合金槽。

(5) 抹灰前、基层表面灰尘、污垢和油渍等要清除干净，检查其平整度，并应浇水湿润墙面，水泥砂浆底灰抹完后浇水养生 3～4d，待具有一定强度后抹面层，面层混合砂浆抹完 12h 后均匀喷水养生，养生时间不少于 7d，以保证墙面湿润为准。

(6) 管道穿过墙体、楼板处要沿管道和套管周围抹灰，抹灰层不得直接接触管道，以保证管道自由伸缩。

(7) 抹灰砂浆随拌随用，严格控制所拌砂浆在初凝前用完。

(8) 墙面罩面抹灰前各管线盒必须按相应标高固定好。

8.2 饰面工程

饰面工程是指将块料面层镶贴(或安装)在墙柱表面以形成装饰层。块料面层的种类基本上可分为饰面砖和饰面板两大类。

8.2.1 饰面砖镶贴

1. 施工准备

饰面砖的基层处理和找平层砂浆的涂抹方法与装饰抹灰基本相同。

饰面砖在镶贴前，应根据设计对釉面砖和外墙面砖进行选择，要求挑选规格一致、形状平整方正、不缺棱掉角、不开裂和脱釉、无凹凸扭曲、颜色均匀的面砖及各种配件。按标准尺寸检查饰面砖，分出符合标准尺寸和大于或小于标准尺寸 3 种规格的饰面砖，同一类尺寸应用于同一层间或同一面墙上，以做到接缝均匀一致。陶瓷锦砖应根据设计要求选择好色彩和图案，统一编号，便于镶贴时依号施工。

釉面砖和外墙面砖镶贴前应先清扫干净，然后置于清水中浸泡。釉面砖浸泡到不冒气泡为止，一般约为 2～3h。外墙面砖则需隔夜浸泡、取出晾干，以饰面砖表面有潮湿感，手按无水迹为准。

饰面砖镶贴前应进行预排，根据大样图及墙面尺寸进行横竖向排砖，以保证面砖缝隙均匀，符合设计图纸要求。

特别提示

大墙面、通天柱子和垛子要排整砖，以及在同一墙面上的横竖排列，均不得有一行以上的非整砖。非整砖行应排在次要部位，如窗间墙或阴角处等，但也要注意一致和对称。如遇有凸出的卡件，应用整砖套割吻合，不得用非整砖随意拼凑镶贴。

2. 室内釉面砖镶贴

1) 墙面镶贴方法

釉面砖的排列方法有“对缝排列”和“错缝排列”两种。

(1) 在清理干净的找平层上，依照室内标准水平线，校核地面标高和分格线。

(2) 以所弹地平线为依据，设置支撑釉面砖的地面木托板，加木托板的目的是为防止釉面砖因自重向下滑移，木托板表面应加工平整，其高度为非整砖的调节尺寸。整砖的镶贴就从木托板开始自下而上进行。每行的镶贴宜从阳角开始，把非整砖留在阴角。

(3) 调制糊状的水泥浆，其配合比为水泥∶砂=1∶2，另掺水泥重量 3%～4%的 108 胶；

掺时先将 108 胶用两倍的水稀释，然后加在搅拌均匀的水泥砂浆中，继续搅拌至混合为止。也可按水泥：108 胶水：水=100：5：26 的比例配制纯水泥浆进行镶贴镶贴时，用铲刀将水泥砂浆或水泥浆均匀涂抹在釉面砖背面(水泥砂浆厚 6～10mm，水泥浆厚 2～3mm 为宜)，四周刮成斜面，按线就位后，用手轻压，然后用橡皮锤或小铲把轻轻敲击，使其与中层贴紧，确保釉面砖四周砂浆饱满，并用靠尺找平。镶贴釉面砖宜先沿底尺横向贴一行，再沿垂直线竖向贴几行，然后自下向上从第二横行开始，在已贴的釉面砖口间拉上准线(用细铁丝)，横向各行釉面砖依准线镶贴。

镶贴墙面时，应先贴大面，后贴阴阳角、凹槽等难度较大、耗工较多的部位。

2) 顶棚镶贴方法

镶贴前，应把墙上的水平线翻到墙顶交接处(四边均弹水平线)，校核顶棚方正情况，阴阳角应找直，并按水平线将顶棚找平。如果墙与顶棚均贴釉面砖，则房间要求规方，阴阳角都须方正，墙与顶棚成 90° 直角，排砖时，非整砖应留在同一方向，使墙顶砖缝交圈。镶贴时应先贴标志块，间距一般为 1.2m，其他操作与墙面镶贴相同。

3. 外墙釉面砖镶贴

外墙釉面砖镶贴由底层灰、中层灰、结合层及面层组成。

外墙釉面砖的镶贴形式由设计而定。釉面砖的接缝宜采用离缝，缝宽不大于 10mm；釉面砖一般应对缝排列，不宜采用错缝排列。

(1) 外墙面贴轴面砖应从上而下分段，每段内应自下而上镶贴。

(2) 在整个墙面两头各弹一条垂直线作为竖行标准，如墙面较长，在墙面中间部位再增弹几条垂直线，垂直线之间的距离(包括接缝宽)应为釉面砖宽的整倍数，墙面两头垂直线应距墙阳角(或阴角)一块釉面砖的宽度。

(3) 在各分段分界处各弹一条水平线，作为贴釉面砖横行标准。各水平线的距离应为釉面砖高度(包括接缝)的整倍数。

(4) 清理底层灰面，并浇水湿润，刷一道素水泥浆，紧接着抹上水泥石灰砂浆，随即将釉面砖对准位置镶贴上去，用橡胶锤轻敲，使其贴实平整。

(5) 每个分段中宜先沿水平线贴横向一行砖，再沿垂直线贴竖向几行砖，自下向上从第二横行开始，应在垂直线处已贴的釉面砖上口间拉上准线，横向各行釉面砖依准线镶贴。

(6) 阳角处正面的釉面砖应盖住侧面的釉面砖的端边，即将接缝留在侧面，或在阳角处留成方口，以后用水泥砂浆勾缝。阴角处应使釉面砖的接缝正对阴角线。

(7) 镶贴完一段后，即把釉面砖的表面擦洗干净，用水泥细砂浆勾缝，待其干硬后，再擦洗一遍釉面砖面。

(8) 墙面上如有突出的预埋件时，应根据具体尺寸用整砖裁割后贴上去，不得用碎块砖拼贴。

(9) 同一墙面应用同一品种、同一色彩、同一批号的釉面砖，并注意花纹倒顺。

4. 外墙锦砖(马赛克)镶贴

外墙贴锦砖可采用陶瓷锦砖或玻璃锦砖。锦砖镶贴由底层灰、中层灰、结合层及面层等组成。

(1) 外墙镶贴锦砖应自上而下进行分段，每段内从下而上镶贴。

(2) 底层灰凝固后，清理墙面使其干净。按砖联排列位置，在墙面上弹出砖联分格线。根据图案形式，在各分格内写上砖联编号，相应的在砖联纸背上也写上砖联编号，以便对号镶贴。

(3) 清理各砖联的黏贴面(即锦砖背面)，按编号顺序预排就位。

(4) 在底层灰面上洒水湿润，刷上水泥浆一道(中层灰)，接着涂抹纸筋石灰膏水泥混合灰结合层，紧跟着将砖联对准位置镶贴上去并用木垫板压住，再用橡胶锤全面轻轻敲打一遍，使砖联贴实平整。砖联可预先放在木垫板上，连同木垫板一齐贴上去，敲打木垫板即可。砖联平整后即取下木垫板。

(5) 待结合层的混合灰能粘住砖联后，即洒水湿润砖联的背纸，轻轻将其揭掉。要将背纸撕揭干净，不留残纸。

(6) 在混合灰初凝前，修整各锦砖间的接缝，如接缝不正、宽窄不一，应予拨正。如有锦砖掉粒，应予补贴。

(7) 在混合灰终凝后，用同色水泥擦缝(略洒些水)。白色为主的锦砖应用白水泥擦缝；深色为主的锦砖应用普通水泥擦缝。

(8) 擦缝水泥干硬后，用清水擦洗锦砖面。

(9) 非整砖联处，应根据所镶贴的尺寸，预先将砖联裁割，去掉不需要的部分(连同背纸)，再镶贴上去，不可将锦砖块从背纸上剥下来，一块一块地贴上去。

(10) 如结合层所用的混合灰中未掺入108胶，应在砖联的黏贴面随贴随刷一道混凝土界面处理剂，以增强砖联与结合层的黏结力。

(11) 每个分段内的锦砖宜连续贴完。

(12) 墙及柱的阳角处，不宜将一面锦砖边凸出去盖住另一面锦砖接缝，而应各自贴到阳角线处，缺口处用水泥细砂浆勾缝。

5. 饰面砖粘贴工程质量控制与检验

(1) 饰面砖的品种、规格、图案、颜色和性能、黏贴的手法、勾缝材料等应符合设计要求及现行的标准及规范、黏贴牢固。

(2) 阴阳角处搭接方式等应符合设计要求。

(3) 墙面突出物周围的饰面砖应整砖套割吻合，边缘整齐，墙裙、贴脸突出墙面的厚度应一致。

(4) 接缝平直、光滑，填嵌应连续、密实，宽度和深度一致。

(5) 饰面砖允许偏差和检验方法应符合表 8-3 中的规定。

表 8-3　饰面砖允许偏差与检验方法

项目	允许偏差/mm		检验方法
	外墙面砖	内墙面砖	
立面垂直度	3	2	用 2m 垂直检测尺检查
表面平整度	4	3	用 2m 靠尺和塞尺检查
阴阳角方正	3	3	用 2m 直角检测尺检查
接缝直线度	3	2	拉 5m 线，不足 5m 拉通线，用钢直尺检查
接缝高低差	1	0.5	用钢直尺和塞尺检查
接缝宽度	1	1	用钢直尺检查

8.2.2 饰面板镶贴

1. 石材面板安装工艺

石材面板根据规格大小不同，安装方法主要有黏贴法、挂贴法和干挂法。

1) 黏贴法安装施工工艺

(1) 基层处理。清除墙、柱基体上的灰尘、污垢，保证基体的平整、粗糙和湿润。

(2) 抹底灰。用 1∶3 的水泥砂浆在基体上抹 12mm 厚的底灰，刮平、划毛。

(3) 弹线定位。按照设计图样和实际粘贴的部位，以及饰面板的规格及接缝宽度，在底灰上弹出水平线和垂直线。

(4) 黏贴饰面板。饰面板黏贴前用水浸泡，取出晾干。饰面板粘贴之前，底灰上刷一道素水泥砂浆。饰面砖粘贴时必须按弹线和标志进行，墙面的阴阳角、转角处均必须拉垂直线，并进行兜方。黏贴第一层面砖时，应以房间内最低的地漏处或水平线为准，并在砖的下口用直尺托底。黏贴时在饰面背面抹上 3mm 厚的素水泥砂浆，贴上后用木槌或橡胶锤敲击，使之黏牢。

(5) 嵌缝。待整个墙面粘贴完毕，接缝处应用与饰面砖颜色相同的石膏浆或水泥浆进行嵌缝。勾缝材料硬化后，用盐酸溶液刷洗后，再用清水冲洗干净。

知识链接

石材饰面板要求棱角方正、表面平整、石质细密、光泽度好，不得有裂纹、色斑、风化等隐伤。使用前应检验大理石、花岗岩的放射性指标。

2) 挂贴法安装施工工艺

安装前墙面应先抄平，进行预排。按设计要求在饰面板的四周侧面钻好绑扎铅丝的圆孔，以便将板材与基体表面的钢筋骨架绑扎固定。饰面板的安装自下而上进行，每层板由中间或一端开始。饰面板用铜丝或不锈钢丝绑扎在钢筋网片上，板材的平整度、垂直度和接缝宽度用木楔调整。板材就位后，上下角的四角用石膏临时固定，确保板面平整，然后用 1∶2 的水泥砂浆分层灌缝，每层厚度为 200mm。下层终凝后再灌上层，到离板材水平接缝以下 10mm 为止，安装好上一行板材后再继续灌缝，依次逐行往上操作。安装好的板材接缝处用与板材接近的水泥色浆嵌缝，使缝隙密实干净，颜色一致。挂贴法安装施工如图 8.3 所示。

3) 干挂法安装施工工艺

剔除突出基体表面影响扣件安装的部分，在饰面板上打孔，然后用不锈钢连接器与埋在混凝土墙体内的膨胀螺栓连接。干挂板材应保证板材的水平度与垂直度满足有关规定，水平方向的相邻板材之间用不锈钢销钉固定，将板材固定在上下连接件上并用环氧树脂胶密封。安装无误后，清扫拼接缝，填入橡胶条，然后用硅胶涂封。干挂法工艺构造如图 8.4 所示。

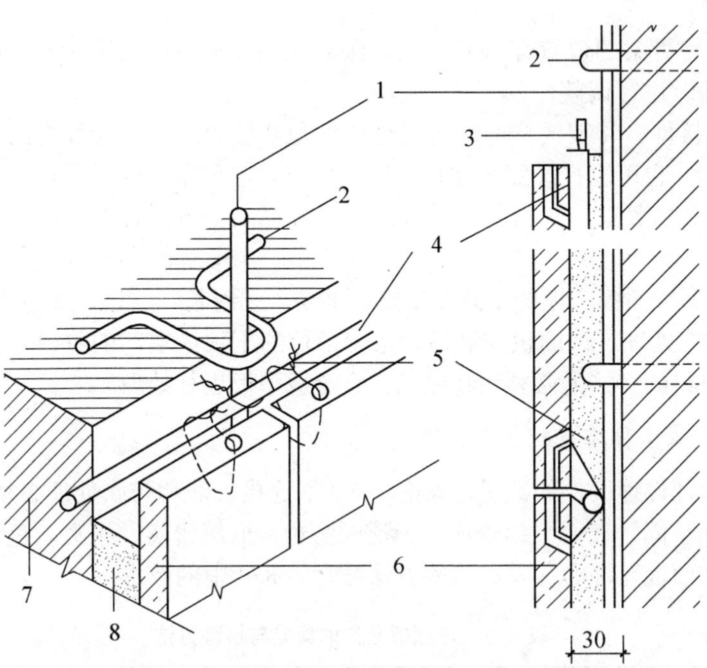

图 8.3　挂贴法工艺构造示意图

1—立筋；2—铁环；3—定位木楔；4—横筋；5—铜丝；6—石材板；7—墙体；8—水泥砂浆

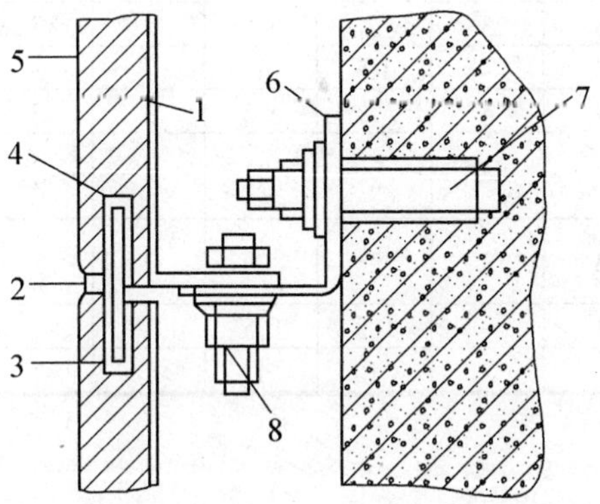

图 8.4　干挂法工艺构造示意图

1—玻璃布增强层；2—嵌缝剂；3—钢针；4—长孔(充填环氧树脂胶)；5—石材板；
6—安装角钢；7—膨胀螺栓；8—紧固螺栓

2. 金属金饰面板安装工艺

知识链接

金属面板应表面平整、光滑，无裂纹、划痕、凹凸和皱折，边缘、表面应整齐，色泽一致，涂层厚度均匀。

金属饰面板常用的固定方法有两大类型：一种是将板条用螺栓拧到型钢或木骨架上；另一种是将饰面板卡在特制的龙骨上。施工工艺包括以下几个方面。

(1) 放线。将骨架的位置弹到基层上，保证骨架施工的正确性。放线最好一次完成，如有差错，可随时进行调整。

(2) 安装连接件。骨架的横竖杆通过连接件与基层固定，连接件与结构之间可以与结构的预埋件焊接，也可以打设膨胀螺栓。连接件应固定牢靠，位置准确，不易锈蚀。

(3) 安装骨架。骨架应先进行防腐处理，横杆标高一致，骨架表面平整，安装位置准确，结合牢靠。

(4) 安装金属饰面板。板的安装要牢固、平整、无翘起、卷边。板缝用橡胶条嵌缝。

(5) 收口构造处理。饰面板安装后对水平部位的压顶，端部的收口，伸缩缝、沉降缝以及两种不同材料的交接处必须用特制的铝合金成型板进行处理。

3. 饰面板安装工程质量控制与检验

安装用的预埋件连接件的数量、规格、位置、连接方法和防腐处理必须符合设计要求，饰面板安装必须牢固，表面平整洁净，无泛碱污染，嵌缝密实、平直、色泽一致，宽度深度符合要求。饰面板允许的偏差和检验方法符合表 8-4 中的要求。

表 8-4 饰面板允许的偏差与检验方法

项目	允许偏差/mm							检验方法
	石材			瓷板	木材	塑料	金属	
	光面	剁斧石	蘑菇石					
立面垂直度	2	3	3	2	1.5	2	2	用 2m 垂直检测尺检查
表面平整度	2	3	-	1.5	1	3	3	用 2m 靠尺和塞尺检查
阴阳角方正	2	4	4	2	1.5	3	3	用 2m 直角检测尺检查
接缝直线度	2	4	4	2	1	1	1	拉 5m 线，不足 5m 拉通线，用钢直尺检查
墙裙、勒脚上口直线度	2	3	3	2	2	2	2	拉 5m 线，不足 5m 拉通线，用钢直尺检查
接缝高低差	0.5	3	-	0.5	0.5	1	1	用钢直尺和塞尺检查
接缝宽度	1	2	2	1	1	1	1	用钢直尺检查

知识链接

饰面砖粘贴空鼓、脱落、缝隙不均的主要原因如下。

(1) 黏结层与基层底灰黏贴不密实，局部灰不饱满，不密实，经过长期室内外气候变化及长期潮湿的侵蚀，会导致饰面砖受损、破坏和脱落。

(2) 饰面砖黏贴层的自重较大，在砖面灰与基层之间的黏贴层过厚或墙面未浇水湿润，砂浆稠度过稀时，易产生空鼓和脱落。

(3) 墙面基层清理不干净，易产生黏贴隔层，墙面湿润不够，致使砂浆过早脱水而收缩干裂，产生黏贴不牢、空鼓和脱落的问题。

(4) 在混凝土墙面贴砖，基层没有清理干净，未做素水泥浆的拉毛处理或拉毛强度未达到就贴砖，另外砂浆配合比不准确，稠度控制不好或沙子含泥量过高，砂浆黏贴易产生不同程度的干缩，造成空鼓和脱落。

(5) 饰面砖缝不均，黏贴前没有选砖，造成大小不一的规格在同一墙面上；砂浆配比稠度过稀，流动性大，在初凝期间移动且未调整，造成缝隙不均。

(6) 排砖不当，影响美观。

8.3 楼地面工程

8.3.1 楼地面的组成与分类

1. 楼地面的组成

楼地面是房屋建筑底层地坪与楼层地坪的总称，主要由面层、垫层和基层构成。

2. 楼地面的分类

按照《建筑工程施工质量验收统一标准》(GB 50300—2001)的规定，楼地面可分为以下几种。

(1) 整体面层包括水泥混凝土面层、水泥砂浆面层、水磨石面层、水泥钢(铁)屑面层、防油渗面层、不发火(防爆)面层。

(2) 板块面层包括砖面层、大理石面层和花岗石面层、预制板块面层、料石面层、塑料板面层、活动地板面层、地毯面层。

(3) 木竹面层包括实木地板面层、实木复合地板面层、中密度(强化)复合地板面层和竹地板面层等。

8.3.2 楼地面施工

1. 基层施工

(1) 抄平弹线，统一标高。检测各个房间的地坪标高，并将同一水平标高线弹在各房间四壁上，离地面 500mm 处。

(2) 楼面的基层是楼板，应做好楼板板缝灌浆、堵塞工作和板面清理工作。

(3) 地面下的填土应采用素土分层夯实。土块的粒径不得大于 50mm，每层虚铺厚度用机械压实应不大于 300mm，用人工夯实应不大于 200mm，每层夯实后的干密度应符合设计要求。回填土的含水率应按照最佳含水率进行控制，太干的土要洒水湿润，太湿的土应晾干后使用，遇有橡皮土必须挖除更换，或将其表面挖松 100～150mm，掺入适量的生石灰(其粒径小于 5mm，每平方米约掺 6～10kg)然后再夯实。

地面下的基土经夯实后的表面应平整，用 2m 靠尺检查，要求其土表面凹凸不大于 15mm，标高应符合设计要求，其偏差应控制在(−50mm，0)之间。

特别提示

· 用碎石、卵石或碎砖等进行地基表面处理时，直径应为 40～60mm，并应将其铺成一层，采用机械压进适当湿润的土中，其深度应不小于 400mm，在不能使用机械压实的部位可采用夯打的方法压实。

2. 垫层施工

1) 刚性施工

刚性垫层指用水泥混凝土、水泥碎砖混凝土、水泥炉渣混凝土和水泥石灰炉渣混凝土等各种低强度等级混凝土做的垫层。

混凝土垫层的厚度一般为60～100mm。混凝土强度等级不宜低于C10，粗骨料粒径应不超过50mm，也不得超过垫层厚度的2/3，混凝土配合比按普通混凝土配合比设计进行试配。其施工工艺为如下。

(1) 清理基层，检测弹线。

(2) 浇筑混凝土垫层前，基层应洒水湿润。

(3) 浇筑大面积混凝土垫层时，应纵横每6～10m设中间水平桩，以控制厚度。

(4) 大面积浇筑宜采用分仓浇筑的方法，要根据变形缝位置、不同材料面层的连接部位或设备基础位置情况进行分仓，分仓距离一般为3～4m。

2) 柔性垫层

柔性垫层包括用土、砂、石、炉渣等散状材料经压实的垫层。砂垫层厚度不小于60mm，应适当浇水并用平板振动器振实；砂石垫层的厚度不小于100mm，要求粗细颗粒混合摊铺均匀，浇水使砂石表面湿润，碾压或夯实不少于三遍至不松动为止。

特别提示

根据需要可在垫层上做水泥砂浆、混凝土、沥青砂浆或沥青混凝土找平层。

3. 整体面层

1) 水泥砂浆面层

水泥砂浆地面构造简单，坚固耐磨，防潮防水，造价低廉，是目前使用最普遍的一种低档地面。但是水泥砂浆地面导热系数大，吸水性差，容易返潮，易起灰，不易清洁。

施工工艺如下。

(1) 基层处理。先将基层上的灰尘扫掉，用钢丝刷刷净、剔掉灰浆皮和灰渣层，用10%的火碱水溶液刷掉基层上的油污，并用清水及时将碱液冲净。

(2) 找标高、弹线。根据墙上的+50cm水平线，往下量测出面层标高，并弹在墙上。

(3) 洒水湿润。用喷壶将地面基层均匀洒水一遍。

(4) 抹灰饼和标筋(或称冲筋)。根据房间内四周墙上弹的面层标高水平线，确定面层抹灰厚度(应不小于20mm)，然后拉水平线开始抹灰饼(5cm×5cm)，横竖间距为1.5～2m，灰饼上平面即为地面面层标高。

(5) 搅拌砂浆。水泥砂浆的体积比不宜低于1∶2.5(水泥∶砂)，其稠度应不大于35mm，强度等级应不小于M15。为了控制加水量，应使用搅拌机搅拌，必须搅拌均匀使颜色一致。

(6) 刷水泥浆结合层。在铺设水泥砂浆之前，应涂刷水泥浆一层，其水灰比为0.4～0.5(涂刷之前要将抹灰饼的余灰清扫干净再洒水湿润)，涂刷面积不要过大，随刷随铺面层砂浆。

(7) 铺水泥砂浆面层。涂刷水泥浆之后紧跟着铺水泥砂浆，在灰饼(或标筋)之间将砂浆铺均匀，然后用木刮杠按灰饼(或标筋)高度刮平。铺砂浆时如果灰饼(或标筋)已硬化，木刮杠刮平后，同时将利用过的灰饼(或标筋)敲掉，并用砂浆填平。

(8) 用木抹子搓平。木刮杠刮平后，立即用木抹子搓平，从内向外退着操作，并随时用2m靠尺检查其平整度。

(9) 用铁抹子压第一遍。木抹子抹平后，立即用铁抹子压第一遍，直到出浆为止，如果砂浆过稀表面有沁水现象，可均匀撒一遍干水泥和砂(1∶1)的拌合料(砂子要过 3mm 筛)，再用木抹子用力抹压，使干拌料与砂浆紧密结合为一体，吸水后用铁抹子压平。如对于有分格要求的地面，在面层上弹分格线，用劈缝溜子开缝，再用溜子将分缝内压至平、直、光，上述操作均在水泥砂浆初凝之前完成。

(10) 第二遍压光。面层砂浆初凝后，用铁抹子压第二遍，边抹压边把坑凹处填平，要求不漏压，表面压平、压光。有分格的地面压过后，应用溜子溜压，做到缝边光直，缝隙清晰，缝内光滑、顺直。

(11) 第三遍压光。在水泥砂浆终凝前进行第三遍压光，铁抹子抹上去不再有抹纹时，用铁抹子把第二遍抹压时留下的全部抹纹压平、压实、压光(必须在终凝前完成)。

(12) 养护。地面压光完工后 24h，铺锯末或其他材料覆盖洒水养护，保持湿润，养护时间不少于 7d，当抗压强度达到 5Mpa 时才能上人。

2) 细石混凝土面层

细石混凝土面层可以克服水泥砂浆面层干缩较大的弱点。与水泥砂浆面层相比，这种面层强度高，干缩小，耐久性更好，但厚度较大，一般为 30～40mm。混凝土强度不低于 C20，所用粗骨料要求级配适当，粒径不大于 15mm，且不大于面层厚度的 2/3，用中砂或粗砂配制。

细石混凝土面层施工的基层处理与水泥砂浆面层施工相同。

铺细石混凝土时，应由里向门口方向进行铺设，按标志筋厚度刮平拍实后，铺细石混凝土时，应由里向门口方向进行铺设，按标志筋厚度刮平拍实后，稍待收水，即用钢抹子预压一遍，待进一步收水，即用铁滚筒交叉滚压 3～5 遍或用表面振动器振捣密实，直到表面泛浆为止，然后进行抹平压光。细石混凝土面层与水泥砂浆面层基本相同，必须在水泥初凝前完成抹平工作，终凝前完成压光工作，要求表面色泽一致，光滑无抹子痕迹。

特别提示

钢筋混凝土现浇楼板或强度等级不低于 C15 的混凝土垫层兼面层时，可用随捣随抹的方法施工，在混凝土楼地面浇捣完毕，表面略有吸水后即进行抹平压光。混凝土面层的压光和养护时间和方法与水泥砂浆面层同。

3) 现制水磨石面层

水磨石地面表面光洁，不易起灰，易返潮。常用作公共建筑的大厅、走廊、楼梯的地面。

施工工艺如下。

(1) 基层处理。将混凝土基层上的杂物清净，不得有油污、浮土。用钢签子和钢丝刷将沾在基层上的水泥浆皮铲净。

(2) 找标高弹水平线。根据墙面上的+50cm 标高线，往下量测出磨石面层的标高，弹在四周墙上，并考虑其他房间和通道面层的标高要一致。

(3) 抹找平层砂浆。根据墙上弹出的水平线，留出面层厚度约 10～15mm 厚，抹 1∶3 水泥砂浆找平层，为了保证找平层的平整度，先抹灰饼(纵横向间距 1.5m 左右)。灰饼砂浆硬结后，以灰饼高度为标准，抹宽度为8～10cm的纵横标筋。在基层上洒水湿润，刷一道水灰比为0.4～0.5的水泥浆，面积不得过大，随刷浆随铺抹1∶3找平层砂浆，并用2m长刮杠以标筋为标准进行刮平，再用木抹子搓平。

(4) 养护。抹好找平层砂浆后养护24h，待抗压强度达到1.2MPa，进行下一道工序施工。

(5) 弹分格线。根据设计要求的分格尺寸，在房间中部弹十字线，计算好周边的镶边宽度后，以十字线为准可弹分格线。如果设计有图案要求，应按设计要求弹出清晰的线条。

(6) 镶分格条。用小铁抹子抹稠水泥浆将分格条固定住(分格条安在分格线上)，抹成30°“8”字形，高度应低于分格条条顶3mm，分格条应平直(上平必须一致)、牢固、接头严密，不得有缝隙，作为铺设面层的标志。另外，在黏贴分格条时，在分格条十字交叉接头处，为了使拌和料填塞饱满，在距交点40～50mm内不抹水泥浆。当分格条采用铜条时，应预先在两端头下部1/3处打眼，穿入22号铁丝，锚固于下口八字角水泥浆内。镶条后12h开始浇水养护(一般洒水养护3～4d)，在此期间房间应封闭，禁止各工序进行。

(7) 拌制水磨石拌合料(或称石碴浆)。拌和料的体积比宜采用1∶2.5～1∶1.5(水泥∶石粒)要求配合比准确，拌和均匀。

使用彩色水磨石拌和料，除彩色石粒外，还加入耐光耐碱的矿物颜料，其掺入量为水泥重量的3%～6%。普通水泥与颜料配合比、彩色石子与普通石子配合比，在施工前都需经实验室实验后确定。同一彩色水磨石面层应使用同厂、同批颜料。在拌制前应根据整个地面所需的用量，将水泥和所需颜料一次统一配好、配足。配料时，不仅要用铁铲拌合，还要用筛子筛匀后，用包装袋装起来存放在干燥的室内，避免受潮。彩色石粒与普通石粒拌合均匀后，集中储存待用。

各种拌和料在使用前加水拌和均匀，稠度约为6cm。

(8) 涂刷水泥浆结合层。先用清水将找平层洒水湿润，涂刷与面层颜色相同的水泥浆结合层，其水灰比宜为0.4～0.5，要刷均匀，也可在水泥浆内掺加胶粘剂，要随刷随铺拌和料，刷的面积不得过大，防止浆层风干导致面层空鼓。

(9) 铺设水磨石拌和料。水磨石拌和料的面层厚度，除有特殊要求外，宜为12～18mm，并应按石料粒径确定。铺设时，将搅拌均匀的拌合料先铺抹分格条边，后铺入分格条方框中间，用铁抹子由中间向边角推进，在分格条两边及交角处特别注意压实抹平，随抹随用直尺进行平度检查。如局部地面铺设过高时，应用铁抹子将其挖去一部分，再将周围的水泥石子浆拍挤抹平(不得用刮杠刮平)。

特别提示

深颜色的掺矿物颜料多，强度增长慢，影响机磨效果，因此，几种颜色的水磨石拌和料不可同时铺抹，要先铺抹深色的，后铺抹浅色的；前一种凝固后，再铺后一种。

(10) 滚压、抹平。用滚筒液压前，先用铁抹子或木抹子在分格条两边宽约10cm范围内轻轻拍实(避免将分格条挤移位)。滚压时用力要均匀(要随时清掉粘在滚筒上的石碴)，应从横竖两个方向轮换进行，达到表面平整密实、出浆石粒均匀为止。待石粒浆稍收水后，再用铁抹子将浆抹平、压实，如发现石粒不均匀之处，应补石粒浆再用铁抹子拍平、压实。24h后浇水养护。

(11) 试磨。大面积施工宜用机械磨石机研磨，小面积、边角处可使用小型手提式磨机研磨，局部无法使用机械研磨时，可用手工研磨。

(12) 粗磨。第一遍60～90号粗金刚石磨，使磨石机机头在地面上走横“8”字形，边磨边加水(如磨石面层养护时间太长，可加细砂，加快机磨速度)，随时清扫水泥浆，并用靠尺检查平整度，直至表面磨平、磨匀，分格条和石粒全部露出(边角处用人工磨成同样效果)，用水清洗晾干，然后用较浓的水泥浆(如掺有颜料的面层，应用同样掺有颜料配合比的水泥浆)擦一遍，特别是面层的洞眼小，孔隙要填实抹平，脱落的石粒应补齐，浇水养护2～3d。

(13) 细磨。第二遍用90～120号金刚石磨，要求磨至表面光滑为止，然后用清水冲净，满擦第二遍水泥浆，仍注意小孔隙要细致擦严密，然后养护2～3d。

(14) 磨光。第三遍用200号细金刚石磨，磨至表面石子显露均匀，无缺石粒现象，平整、光滑，无孔隙为度。

(15) 草酸擦洗。使用时，先用水加草酸混合成约10%浓度的溶液，用扫帚蘸后洒在地面上，再用油石轻轻磨一遍；磨出水泥及石粒本色，再用水冲洗软布擦干。此项操作必须在各工种完工后才能进行，经酸洗后的面层不得再受污染。

(16) 打蜡上光。将蜡包在薄布内，在面层上薄薄涂一层，待干后用钉有帆布或麻布的木块代替油石，装在磨石机上研磨，用同样的方法再打第二遍蜡，直到光滑、洁亮为止。

4. 板块面层

板块面层的表面质量应符合以下规定：表面洁净，图案清晰，色泽一致，接缝均匀，周边顺直，板块无裂纹、掉角等现象。

大理石(花岗石)地面铺贴施工工艺如下。

1) 施工准备

(1) 以施工大样图和加工单为依据，了解各部位尺寸和做法，弄清洞口、边角等部位之间的关系。

(2) 基层处理。将地面垫层上的杂物清净，用钢丝刷刷掉黏结在垫层上的砂浆，并清扫干净。

2) 试拼

在正式铺设前，对每一房间的板块，应按图案、颜色、纹理试拼，将非整块板对称排放在房门靠墙部位，试拼后按两个方向编号排列，然后按编号码放整齐。

3) 弹线

为了检查和控制板块的位置，在房间内拉十字控制线，弹在混凝土垫层上，并引至墙面底部，然后按墙面+50cm标高线找出面层标高，在墙上弹出水平标高线，弹水平线时要注意室内与楼道面层标高要一致。

4) 试排

在房间内的两个相互垂直的方向铺两条干砂，其宽度大于板块宽度，厚度不小于3cm，结合施工大样图及房间实际尺寸，把板块排好，以便检查板块之间的缝隙，核对板块与墙面、柱、洞口等部位的相对位置。

5) 刷水泥素浆及铺砂浆结合层

试铺后将干砂和板块移开，清扫干净，用喷壶洒水湿润，刷一层素水泥浆(水灰比为

0.4～0.5，刷的面积不要过大，随铺砂浆随刷)。根据板面水平线确定结合层砂浆厚度，拉十字控制线，开始铺结合层干硬性水泥砂浆(一般为 1∶3～1∶2 的干硬性水泥砂浆，干硬程度以手捏成团，落地即散为宜)，厚度控制在放板块时宜高出面层水平线 3～4mm。铺好后用大杠刮平，再用抹子拍实找平(铺摊面积不得过大)。

6) 铺砌板块

板块应先用水浸湿，待擦干或表面晾干后方可铺设。根据房间拉的十字控制线，纵横各铺一行，作为大面积铺砌标筋用。依据试拼时的编号、图案及试排时的缝隙(当设计无规定时缝隙宽度应不大于 1mm)，在十字控制线交点开始铺砌。先试铺，然后正式镶铺，先在水泥砂浆结合层上满浇一层水灰比为 0.5 的素水泥浆(用浆壶浇均匀)，再铺板块，安放时四角同时往下落，用橡皮锤或木槌轻击木垫板，根据水平线用铁水平尺找平，铺完第一块，向两侧和后退方向顺序铺砌。铺完纵、横行之后有了标准，可分段分区依次铺砌，一般房间按先里后外进行，逐步退至门口，便于成品保护，但必须注意与楼道相呼应，也可从门口处往里铺砌，板块与墙角、镶边和靠墙处应紧密砌合，不得有空隙。

7) 灌缝、擦缝

在板块铺砌后 1～2d 进行灌浆擦缝。根据大理石(或花岗石)颜色，选择相同颜色矿物颜料和水泥(或白水泥)拌合均匀，调成 1∶1 稀水泥浆，用浆壶徐徐灌入板块之间的缝隙中，并用长把刮板把流出的水泥浆刮向缝隙内，至基本灌满为止。灌浆 1～2h 后，用棉纱团蘸原稀水泥浆擦缝与板面擦平，同时将板面上水泥浆擦净，使大理石(或花岗石)面层的表面洁净、平整、坚实，工序完成后，用面层加以覆盖。养护时间应不小于 7d。

8) 打蜡

当水泥砂浆结合层抗压强度达到 1.2MPa 时，方可进行打蜡，使面层光滑、洁亮。

5. 木板面层

木板面层所用的条材或块材应用不易腐朽、不易变形开裂，经过干燥处理的木材，做成顶定面刨平，侧面带有企口或无企口。

1) 空铺木地板

空铺木地板由木格栅、剪刀撑、垫木和企口板等组成。木格栅架置在垫木上，格栅上面铺设企口板，企口板与木格栅相互垂直。空铺木地板一般采用松木或杉木，其宽度不大于 120mm，厚度为 20～30mm，拼缝可加工成企口或错口，直接铺钉在木龙骨上，并保证接头相互错开。木地板铺完后，经过一段时间木板变形稳定后，再进行刨光、清扫和刷地板漆。

空铺木地板的施工流程：弹线→找出地面设计标高→地垅墙砌筑→固定垫木→安装木格栅→固定剪刀撑→钉固毛地板→钉固面板。

2) 实铺木地板

实铺木地板的木格栅直接卧在垫层或楼面板上。木格栅的截面一般为梯形，宽面在下面，截面尺寸及间距(一般为 400mm)应符合设计要求。企口板与木格栅相互垂直，并钉固在木格栅上。为了防潮、防腐，木地板面层底面和木格栅都应均匀涂刷两道焦油沥青。

实铺木地板的施工流程：设埋件，做防潮层，弹线，设木垫块和木格栅，填保温、隔声材料，钉毛板，做地面，刨平、刨光，油漆、打蜡。

在首层地面或钢筋混凝土楼板上埋设镀锌铅丝用来将木格栅固定在楼板上，预埋件的中距为800mm，可满刷一层冷底子油或热沥青一道，防止潮气侵蚀面层木地板，以防止木格栅变形或腐蚀。

从四墙上的500mm线下方找出地面面层的标高控制线，作为垫木和木格栅的安装高度基准。在格栅与格栅之间的空隙内可填充一些轻质、保温、隔声材料，如干焦碴、炉渣或珍珠岩等，其厚度不得高出木格栅的上表面。实铺木地板一般都采取钉固法固定面板，它又分为单层板铺钉和双层板铺钉。双层板铺钉包括毛板铺钉和面板铺钉。

单层条形木地板面层钉接前，顶面先刨平，侧面加工好企口，板宽应不大于120mm。钉时条形木板要顺进门方向垂直地钉在木格栅上。接缝应留在木格栅的中心部位，并要间隔错开，板与板之间个别地方的空隙应不大于1mm。钉子的长度应为板厚的2～2.5倍，要从板的侧面斜向钉入，面板与格栅相交处至少要钉一枚钉子，不准漏钉。面板钉到最后一块，无法从板侧斜向着钉时，可将钉帽砸扁后明钉钉牢，但要用冲头将顶帽冲入板内3～5mm。面板铺钉完毕应立即清扫干净并进行刨光。刨光时要先按垂直木纹方向粗刨，后按顺木纹方向细刨，然后磨光。对刨、磨的要求是去掉的面层厚度应不超过1.5mm，刨、磨完毕后面层应无刨痕、磨迹。最后进行油漆和打蜡。

特别提示

空铺木地面应通风良好，通风口设在地垄墙及外墙上，使空气保持对流，可以有效地防止木地板因受潮湿而腐朽。另外，木格栅、垫木和沿缘木等也都要做防腐处理。

8.3.3 质量要求

地面要求如下。

(1) 具有足够的坚固性。要求地面在外力作用下不易被磨损、破坏，且表面平整、光洁和不起灰。

(2) 保温性能要好。地面材料的导热系数要小，以便冬季在上面接触时不至感觉到寒冷。

(3) 具有一定的弹性。有弹性的地面可以减少噪声，另外行走时不会感到过硬。

(4) 对于有水作用的房间要求地面能防潮湿、不透水。

(5) 对于有火源的房间要求地面防火、耐燃。

(6) 对有酸、碱腐蚀的房间，地面应具有防腐蚀的能力。

知识链接

地面与楼面工程通病

(1) 地面起砂现象。地面表面粗糙，颜色发白，不坚实。走动后，表面先有松散的水泥灰，用手摸时像干水泥面。随着走动次数的增多，砂粒逐渐松动或有成片水泥硬壳剥落，露出松散的水泥和沙子。

(2) 地面空鼓现象。地面空鼓多出现于面层与垫层之间，或垫层与基层之间，用小锤敲击有空鼓声。使用一段时间后，容易开裂。严重时大片剥落，破坏地面使用功能。

引例小结

地面工程

本工程楼地面工程：教室等使用功能房间为8～10mm厚中档地砖地面，门厅等通道为8～10mm厚玻化砖，卫生间为8～10mm厚中档防滑地砖地面。

1) 施工工艺

工艺流程：基层处理→找标高、弹线→抹找平层砂浆→弹铺砖控制线→铺砖→勾缝、擦缝→养护→踢脚板安装。

(1) 基层处理。将混凝土基层上的杂物清理掉，并用錾子剔掉砂浆落地灰，用钢丝刷刷净浮浆层。如基层有油污时，应用10%火碱水刷净，并用清水及时将其上的碱液冲净。

(2) 找标高、弹线。根据墙上的+50cm水平标高线，往下量测出面层标高，并弹在墙上。

(3) 抹找平层及结合层砂浆。找平层为20mm厚1∶3水泥砂浆，结合层为20mm厚1∶4干硬性水泥砂浆。

① 洒水湿润。在清理好的基层上，用喷壶将地面基层均匀洒水一遍。

② 抹灰饼和标筋。从已弹好的面层水平线下量至找平层上皮的标高(面层标高减去砖厚及黏结层的厚度)，抹灰饼间距1.5m，灰饼上平就是水泥砂浆找平层的标高，然后从房间一侧开始抹标筋(又称为冲筋)。有地漏的房间，应由四周向地漏方向放射形抹标筋，并找好坡度。抹灰饼和标筋应使用干硬性砂浆，厚度为4cm。

③ 装档(即在标筋间装铺水泥砂浆)。清净抹标筋的剩余浆渣，涂刷一遍水泥浆(水灰比为0.4～0.5)黏结层，要随涂刷随铺砂浆，然后根据标筋的标高，用小平锹或木抹子将已拌和的水泥砂浆(配合比为1∶4～1∶3)铺装在标筋之间，用木抹子摊平、拍实，小木杠刮平，再用木抹子搓平，使其铺设的砂浆与标筋找平，并用大木杠横竖检查其平整度，同时检查其标高和泛水坡度是否正确，24h后浇水养护。

(4) 弹铺砖控制线。当找平层砂浆抗压强度达到1.2MPa时，开始上人弹砖的控制线。预先根据设计要求和砖板块规格尺寸，确定板块铺砌的缝隙宽度，当设计无规定时，紧密铺贴缝隙宽度不宜大于1mm，虚缝铺贴缝隙宽度宜为5～10mm。

在房间分中，从纵、横两个方向排尺寸，当尺寸不足整砖倍数时，将非整砖用于边角处，横向平行于门口的第一排应为整砖，将非整砖排在靠墙位置，纵向(垂直门口)应在房间内分中，非整砖对称排放在两墙边处。根据已确定的砖数和缝宽，在地面上弹纵、横控制线(每隔4块砖弹一根控制线)。

(5) 铺砖。为了找好位置和标高，应从门口开始，纵向先铺2～3行砖，以此为标筋拉纵横水平标高线，铺时应从里向外退着操作，人不得踏在刚铺好的砖面上，每块砖应跟线，操作程序有以下几步。

① 铺砌前将砖板块放入半截水桶中浸水湿润，晾干后表面无明水时，方可使用。

② 找平层上洒水湿润，均匀涂刷素水泥浆(水灰比为0.4～0.5)，涂刷面积不要过大，铺多少刷多少。

③ 结合层组合材料拌和。使用20mm厚水泥砂浆结合层，配合比为1∶4(水泥∶砂)干硬性砂浆。亦应随拌随用，初凝前用完，防止影响黏接质量。

④ 铺砌时，砖的背面朝上抹黏结砂浆，铺砌到已刷好的水泥浆找平层上，砖上楞略高出水平标高线，找正、找直、找方后，砖上面垫木板，用橡皮锤拍实，顺序从内退着往外铺砌，做到加砖砂浆饱满、相接紧密、坚实，与地漏相接处，用砂轮锯将砖加工成与地漏相吻合。铺地砖时最好一次铺一间，大面积施工时，应采取分段、分部位铺砌。

⑤ 拨缝、修整。铺完2～3行，应随时拉线检查缝格的平直度，如超出规定应立即修整，将缝拨直，并用橡皮锤拍实。此项工作应在结合层凝结之前完成。

(6) 勾缝擦缝。面层铺贴应在24h内进行擦缝、勾缝工作，并应采用同品种、同标号、同颜色的水泥。

① 勾缝。用1∶1水泥细砂浆勾缝，缝内深度宜为砖厚的1/3，要求缝内砂浆密实、平整、光滑。随勾随将剩余水泥砂浆清走、擦净。

② 擦缝。如设计要求不留缝隙或缝隙很小时，则要求接缝平直，在铺实修整好的砖面层上用浆壶往缝内浇水泥浆，然后用干水泥撒在缝上，再用棉纱团擦揉，将缝隙擦满，最后将面层上的水泥浆擦干净。

(7) 养护。铺完砖24h后，洒水养护，时间应不少于7d。

(8) 镶贴踢脚板。踢脚板用砖，一般采用与地面块材同品种、同规格、同颜色的材料，踢脚板的立缝应与地面缝对齐，铺设时应在房间墙面两端头阴角处各镶贴一块砖，出墙厚度和高度应符合设计要求，以此砖上楞为标准挂线，开始铺贴，砖背面朝上抹黏结砂浆(配合比为1∶2水泥砂浆)，使砂浆粘满整块砖为宜，及时黏贴在墙上，砖上楞要跟线并立即拍实，随之将挤出的砂浆刮掉，将面层清擦干净(在黏贴前，砖块材要浸水晾干，墙面刷水湿润)。

8.4 涂料、裱糊工程

8.4.1 涂料工程

涂料工程包括涂料涂饰和油漆涂饰。涂料涂饰是将胶体的溶液涂在物体表面，油漆涂饰是将油质液体涂刷在木材、金属构件的表面上，使之与基层黏接，形成一层完整坚韧的薄膜，达到装饰、美观、免受外界侵蚀的目的。

1. 涂料涂饰的施工

1) 基层处理

基层处理的工作内容包括基层清理和基层修补。

(1) 混凝土及抹灰面的基层处理。为保证涂膜能与基层牢固黏结在一起，基层表面必须干燥、洁净、坚实，无酥松、脱皮、起壳、粉化等现象，基层表面的泥土、灰尘、污垢、黏附的砂浆等应清扫干净，酥松的表面应予铲除。为保证基层表面平整，缺棱掉角处应用1∶3 水泥砂浆(或聚合物水泥砂浆)修补，表面的麻面、缝隙及凹陷处应用腻子填补修平。混凝土或抹灰面基层应干燥，当涂刷溶剂型涂料时，含水率不得大于8%，当涂刷乳液型涂料时，含水率不得大于10%。

(2) 木材与金属基层的处理。为保证涂抹与基层黏接牢固，木材表面的灰尘、污垢和金属表面的油渍、鳞皮、锈斑、焊渣、毛刺等必须清除干净。木料表面的裂缝等在清理和修整后应用石膏腻子填补密实、刮平收净，用砂纸磨光以使表面平整。木材基层缺陷处理好后表面上应作打底子处理，使基层表面具有均匀吸收涂料的性能，以保证面层的色泽均匀一致。金属表面应刷防锈漆，涂料施涂前被涂物件的表面必须干燥，以免水分蒸发造成涂膜起泡，一般木材含水率不得大于12%，金属表面不得有湿气。

2) 刮腻子与磨平

涂膜对光线的反射比较均匀，在一般情况下不易觉察基层表面是否有细小的凹凸不平和砂眼，在涂刷涂料后由于光影作用都将显现出来，影响美观。因此，基层必须刮腻子数遍予以找平，并在每遍所刮腻子干燥后用砂纸打磨，保证基层表面平整光滑。需要刮腻子的遍数，视涂饰工程的质量等级、基层表面的平整度和所用的涂料品种而定。

3) 涂料施涂

涂料在施涂前及施涂过程中，必须充分搅拌均匀。用于同一表面的涂料，应注意保证颜色一致。涂料黏度应调整合适，使其在施涂时不流坠、不显刷纹。如需稀释，应用该种涂料所规定的稀释剂稀释。涂料的施涂遍数应根据涂料工程的质量等级而定。施涂溶剂型涂料时，后一遍涂料必须在前一遍涂料干燥后进行；施涂乳液性和水溶性涂料时后一遍涂料必须在前一遍涂料表干后进行。每一遍涂料不宜施涂过厚，应施涂均匀，各层必须结合牢固。

涂料的施涂方法有刷涂、滚涂、喷涂、刮涂和弹涂等。

(1) 刷涂。它是用油漆刷、排笔等将涂料刷涂在物体表面上的一种施工方法。

(2) 滚涂(或称辐涂)。它是利用滚筒(或称辊筒、涂料辊)蘸取涂料并将其涂布到物体表面上的一种施工方法。

(3) 喷涂。它是利用压力或压缩空气将涂料涂布于物体表面的一种施工方法。

(4) 刮涂。它是利用刮板将涂料厚浆均匀地批刮于饰涂面上，形成厚度为 1～2mm 的厚涂层，常用于地面厚层涂料的施涂。

(5) 弹涂。它是利用弹涂器通过转动的弹棒将涂料以圆点形状弹到被涂面上的一种施工方法。若分数次弹涂，每次用不同颜色的涂料，被涂面由不同色点的涂料装饰，相互衬托，可使饰面增加装饰效果。

2. 油漆涂料的施工

1) 基层处理

木基层的含水率不得大于 12%；木材表面应平整，无尘土、油污等影响涂饰施工质量的污染物，施工前应用砂纸磨平。钉眼应用腻子填平，打磨光滑；木制品表面的缝隙、毛刺、掀岔及脂囊应进行处理，然后用腻子刮平、打光。较大的脂囊和节疤应剔除后用木纹相同的木料修补；木料表面的树脂、单宁、色素等应清除干净。

2) 润粉

润粉是指在木质材料面的涂饰工艺中，采用填孔料以填平管孔并封闭基层和适当着色，同时可起到避免后续涂膜塌陷及节省涂料的作用。填孔料分为水性填孔料和油性填孔料两种。

3) 着色

为了更好地突出木材表面的美丽花纹，常采用基层着色工艺。

4) 打磨

油漆涂饰的打磨操作，包括对基层的打磨、层间打磨及面层的打磨。打磨的方式又分为干磨与湿磨。打磨必须在基层或漆膜干实后进行。水性腻子或不宜浸水的基层不能采用湿磨，但含铅的油漆涂料必须湿磨。漆膜坚硬不平或软硬相差较大时，需选用锋利的磨料打磨。干磨是指使用木砂纸、铁砂布、浮石等进行的一般研磨操作。湿磨则是为了防止漆膜打磨时受热变软而使漆尘粘附于磨粒间影响打磨效率与质量，故将砂纸(或浮石)蘸水或润滑剂进行研磨。

5) 配料

配料在油漆涂饰施工中是一项重要的基本技术，它直接影响到涂施、漆膜质量和耐久性。此外，根据油漆涂料的应用特点，油漆技工常需对油漆的黏度(稠度)、品种性能等进行必要的调配，最基本的事项和做法包括施工稠度的控制、油性漆的调配(油性漆易沉淀，使用时需加入清油等)、硝基漆韧性的调配(掺加适量增韧剂等)、醇酸漆油度的调配(面漆与底漆的调配等)、元光色漆的调配(普通油基漆掺加适度颜料使漆膜平坦、光泽柔，且遮盖力强)等。

6) 涂刷面层

(1) 涂刷涂料时，应做到横平竖直、纵横交错、均匀一致。在涂刷顺序上应先上后下，先内后外，先浅色后深色，按木纹方向理平、理直。

(2) 涂刷混色涂料，一般不少于4遍；涂刷清漆时，一般不少于5遍。

(3) 涂刷清漆时，在操作上应注意色调均匀，拼色一致，表面不可显露刷纹。

引例小结

涂料工程

本工程室内墙面、天棚为乳胶漆，室外为真石漆涂饰。

1) 墙面、天棚乳胶漆工程

工艺流程如下。

基层处理→修补腻子→刮腻子→施涂第一遍乳液薄涂料→施涂第二遍乳液薄涂料→施涂第三遍乳液薄涂料。

(1) 基层处理。首先将墙面等基层上起皮、松动及鼓包等清除凿平，将残留在基层表面上的灰尘、污垢、溅沫和砂浆流痕等杂物清除扫净。

(2) 修补腻子。用水石膏将墙面等基层上磕碰的坑凹、缝隙等处分遍找平，干燥后用1号砂纸将凸出处磨平，并将浮尘等扫净。

(3) 刮腻子。刮腻子的遍数可由基层或墙面的平整度来决定，一般情况为3遍，腻子的配合比为重量比分为两种：一是适用于室内的腻子，其配合比为：聚酯酸乙烯乳液(即白乳胶)∶滑石粉或大白粉∶2%羧甲基纤维素溶液=1∶5∶3.5；二是适用于外墙、厨房、厕所、浴室的腻子，其配合比为：聚酯酸乙烯乳液∶水泥∶水=1∶5∶1。注意不要用错。具体操作方法为：第一遍用胶皮刮板横向满刮，一刮板紧接着一刮板，接头不得留槎，每刮一刮板最后收头时，要注意收的要干净利落。干燥后用1号砂纸磨，将浮腻子及斑迹磨平磨光，再将墙面清扫干净。第二遍用胶皮刮板竖向满刮，所用材料和方法同第一遍腻子，干燥后用1号砂纸磨平并清扫干净。第三遍用胶皮刮板找补腻子，用钢片刮板满刮腻子，半墙面等基层刮平刮光，干燥后用细砂纸磨平磨光，注意不要漏磨或将腻子磨穿。

(4) 施涂第一遍乳液薄涂料。施涂顺序是先刷顶板后刷墙面，刷墙面时应先上后下。先将墙面清扫干净，再用布将墙面粉尘擦净。乳液薄涂料一般用排笔涂刷，使用新排笔时，注意将活动的排笔毛理掉。乳液薄涂料使用前应搅拌均匀，适当加水稀释，防止头遍涂料施涂不开。干燥后复补腻子，待复补腻子干燥攘和砂纸磨光，并清扫干净。

(5) 施涂第二遍乳液薄涂料。操作要求同第一遍，使用前要充分搅拌，如果不是很稠，不宜加水或尽量少加水，以防露底。漆膜干燥后，用细砂纸将墙面小疙瘩和排笔毛打磨掉，磨光滑后清扫干净。

(6) 施涂第三遍乳液薄涂料。操作要求同第二遍乳液薄涂料。由于乳胶漆膜干燥较快，应连续迅速操作，涂刷时从一头开始，逐渐涂刷向另一头，要注意上下顺刷互相衔接，后一排笔紧接前一排笔，避免干燥后再处理接头。

2) 外墙真石漆涂刷施工工艺

(1) 基层清理。对基层表面进行作业前的验收，表面须洁净坚固，对混凝土表面浮浆等进行清理，对砂浆基层，要仔细检查是否存在空鼓及裂缝现象；基层要求含水率在10%以下，如无条件测试可用手感进行估测。潮气太大不能施工，必须待干燥后方可施工；对墙面的阴阳角、窗洞口的收口部位特别是阴阳角检查完成后要进行交接验收；将进行作业的所有门窗等采用塑料布以及其他方式进行防护，避免污染。

(2) 嵌缝。对混凝土墙面出现裂缝，应先在裂缝部位刷一遍掺胶水泥浆，然后使用黏接石膏刮抹。

(3) 刮防水腻子找平。对混凝土墙面刮防水腻子找平，要求与基层黏接牢固，无分层空鼓现象，待干燥后用砂纸打磨，手感无杂质后进行下一道工序。

(4) 封底漆。在干净的基层上，先喷涂(或滚涂)一遍封底漆，增加与基层的结合力，防止浮碱。

(5) 涂刷第一遍：将桶内涂料用筛网进行过滤后喷涂第一遍，从上至下均匀地进行。

(6) 防水腻子修补打磨。第一遍涂料完成后，再对墙面进行一次细致的防水腻子修补工作，主要是针对阴阳角和局部的坑凹部位，然后再用300~400目砂纸上下左右均匀打磨，手感效果良好即可。

(7) 第二遍涂抹。喷涂同第一遍。

(8) 第三遍涂抹。检查第二遍喷涂，及时修改和处理墙面所出现的缺陷，进行第三遍喷涂。

(9) 检查验收。对完成后的墙面涂料进行彻底的检查，重点检查阴阳角及门窗洞口，无误后报验收。

(10) 清理。将楼层内所有的涂料及防护采用的材料及时清理出现场，并将遗漏的涂料进行清理，做好现场文明施工。

8.4.2 裱糊工程

裱糊工程，是将普通壁纸、塑料壁纸、玻璃纤维布用胶黏剂裱糊在内墙面上的一种装饰工程。壁纸和墙布图案花纹丰富、耐用、美观、施工方便，裱糊饰面得到广泛应用。

裱糊的基层可以是清水平整的混凝土面、抹灰面、石膏板面、纤维水泥加压板面等。但基层必须光滑、平整，可用批刮腻子、砂纸磨平等方法，无鼓包、凹坑、毛糙等现象。裱糊的基层表面要求颜色一致，阴阳角先做成小圆弧角。对易透底的壁纸等材，在基层表面先刷一遍乳胶漆，使颜色一致。

1. 作业条件

(1) 混凝土和墙面抹灰已完成，且经过干燥，含水率不高于8%；木制品不得大于12%。

(2) 水电及设备、顶墙上预留预埋件已安装完。

(3) 门窗油漆已喷涂完成。

(4) 有水磨石地面的房间，出光、打蜡已完成，并将面层磨石保护好。

(5) 墙面清扫干净，如有凸凹不平、缺棱掉角或局部面层损坏者，应提前修补好并进行干燥，预制混凝土表面提前刮石膏腻子找平。

(6) 事先将凸出墙面的设备部件等卸下收存好，待壁纸粘贴完后再将其部件重新装好复原。

(7) 如基层色差大，设计选用的又是易透底的薄型壁纸，黏贴前应先进行基层处理，使其颜色一致。

(8) 对湿度较大的房间和经常潮湿的墙体表面，如需做裱糊时，应采用有防水性能的壁纸和胶黏剂等材料。

特别提示

冬期施工应是在采暖条件下进行，施工环境温度应不低于15°。

2. 裱糊工程施工

1) 基层处理

裱糊前应将基层表面的污垢、尘土、灰砂清除干净；泛碱部位用醋酸清洗；麻面、蜂窝满刮腻子抹平、磨光；石膏板基层的接缝处和不同材料基层相接处应糊条盖缝。待表面干燥后，涂刷108胶，目的是克服基层吸水快，引起胶粘剂脱水，影响粘接效果。

2) 弹垂直线

为了使壁纸黏贴的花纹、图案、线条纵横相连贯，在底胶干后，根据房间的大小、门窗的位置、壁纸的宽度和花纹图案的完整性进行弹线，从墙的阳角开始，以壁纸宽度弹垂直线，作为裱糊时的操作准线。

3) 裁纸

根据墙面尺寸及壁纸类型、图案、规格尺寸，规划分割裁纸。裁纸应纸幅垂直，花纹、图案纵横连贯一致，裁边平直整齐，无纸毛、飞刺。

4) 浸水和刷胶

塑料壁纸遇水膨胀，干后自行收缩，裁好的壁纸应放入水槽中浸泡 3～5min，取出后抖掉明水，静置 10min，使纸充分吸湿伸胀，然后在墙面和纸背面同时刷胶进行裱糊。

胶黏剂要求涂刷均匀，不漏刷。在基层表面涂刷胶粘剂应比壁纸宽 20～30mm，涂刷一段裱糊一张，不应涂刷过厚。

5) 裱糊壁纸

以阴角处事先弹好的垂直线作为裱糊第一幅壁纸的基准，裱糊第二幅壁纸时，先上后下对称裱糊，对缝要严密，不显接槎，花纹图案的对缝必须端正吻合。拼缝对齐后，再用刮板由上往下抹平，挤出的多余胶黏剂，用湿棉丝及时擦干净，不得有气泡和斑污，上下边多出的壁纸用刀切削整齐。每次裱糊 2～3 幅后，吊线检查垂直度。裁纸的一边可在阴角处搭接，搭缝宽 5～10mm，要压实，无张嘴现象。阳角处只能包角压实，不能对接和搭接。裱糊到电灯开关、插座等处应剪口做标志，壁纸与挂镜线、贴脸板和踢脚板等部位的连接也应吻合，不得有缝隙，使接缝严密美观。

知识链接

(1) 为避免损坏、污染，裱糊壁纸应尽量放在施工作业的最后一道工序，尤其应放在塑料踢脚板铺贴之后。

(2) 裱糊壁纸是空气相对湿度不应过高，一般应低于 85%，湿度不应剧烈变化。

(3) 在潮湿季节裱糊好的壁纸工程竣工后，应在白天打开门窗，加强通风，夜晚关闭门窗，防止潮湿气体侵蚀。

(4) 基层抹灰层宜具有一定吸水性。混合砂浆和纸筋灰罩面的基层较适合裱糊壁纸。若用石膏则罩面效果更佳。水泥砂浆抹光基层的裱糊效果较差。

8.5 吊顶、隔墙、门窗工程

8.5.1 吊顶工程

吊顶又称为天棚、顶棚、天花板、平顶，是室内装修工程的重要组成部分，是安装照明、暖卫、通风、防火、报警等设备的隐蔽层，同时具有保温、隔热、隔声和吸声的作用。其形式有直接式和悬吊式。

直接式吊顶按施工方法和装饰材料的不同，可分为直接刷(喷)浆式顶棚、直接抹灰式顶棚、直接粘贴式顶棚(用胶黏剂黏贴装饰面层)。

悬吊式吊顶按结构形式不同，可分为活动式装配吊顶、隐蔽式装配吊顶、金属装饰板吊顶、开敞式吊顶和整体式吊顶(灰板条吊顶)等。

悬吊式吊顶由支承、基层和面层 3 个部分组成。

1. 支撑

支撑由吊杆和主龙骨组成。吊杆又称为吊筋，是连接楼板与龙骨的承重结构，它的形式与选用和楼板的形式、龙骨的形式与材料、吊顶的质量有关。

龙骨是吊顶承上启下的构件，与吊顶连接，并为面层罩面板提供安装节点。

1) 木龙骨吊顶的支撑

木龙骨吊顶的主龙骨又称为大龙骨或主梁，传统木质吊顶的主龙骨多采用 50mm×70mm～60mm×100mm 方木或薄壁槽钢、L60×6mm～L70×7mm 角钢制作。龙骨间距按设计设置，如设计无要求，一般按 1m 设置。主龙骨一般用Φ8～10 的吊顶螺栓或 8 号镀锌钢丝与屋顶或楼板连接。木吊杆和木龙骨必须进行防腐和防火处理。

2) 金属龙骨吊顶的支撑

轻钢龙骨与铝合金龙骨吊顶的主龙骨截面尺寸取决于荷载大小，其间距尺寸应考虑次龙骨的跨度及施工条件，一般采用 1～1.5m。其截面形状较多，主要有 U 形、T 形、C 形、L 形等。主龙骨与屋顶结构楼板结构多通过吊杆连接，吊顶与主龙骨用特制的吊杆或套件连接。金属吊杆和龙骨应进行防锈处理。

2. 基层

基层由用木材、型钢或其他轻金属材料制成的次龙骨组成。吊顶面层所用材料不同，其基层部分的布置方式和次龙骨的间距大小也不一样，但一般应不超过 600mm。

吊顶的基层要结合灯具位置、风扇或空调透风位置等进行布置，留好预留洞穴及吊挂设施等，同时应配合管道、线路等安装工程施工。

3. 面层

木龙骨吊顶，其面层多用人造板(如胶合板、纤维板、木丝板、刨花板)面层或板条(金属网)抹灰面层。轻钢龙骨、铝合金龙骨吊顶，其面板多用装饰吸声板(纸面石膏板、钙塑泡沫板、纤维板、矿棉板、玻璃丝面板等)制作。

普通不上人的吊顶一般用木龙骨、型钢或轻钢龙骨，上人顶棚的龙骨，因承载要求高，要用型钢或大断面木龙骨，然后在龙骨做人行通道。在吊顶上安装管道以及大型设备的龙骨要加强。饰面层分为湿抹灰面层和饰面板面层两大类，由于吊顶龙骨较高，湿抹灰施工不便，而且施工速度慢，在实际工程当中利用各种饰面板面层的较多，既便于施工，又便于管道安装和检修。

施工时，在结构基层上，按设计要求弹线，确定龙骨及吊顶的位置。在墙面和柱面上，按吊顶高度要求弹出标高线，然后在吊顶位置将龙骨与结构连接固定。在吊点位置处用射枪固定一枚带孔的钢钉，用铅丝将钢钉与龙骨固定；在吊点位置处预埋膨胀螺栓，用吊杆连接固定；在吊点位置预留吊钩或埋件，将吊杆一段直接与预留吊钩固定或预埋件连接，另一端连接固定龙骨。将大龙骨与吊杆固定后，按照标高线调整大龙骨的标高，使其在同一水平面上，用钢钉把铝角条钉在四周的墙面上。对于跨度较小的平顶，饰面板采用搁置式，在龙骨上逐块铺设；当跨度较大时，将铝合金条板按设计要求用射钉固定于龙骨上。铝合金吊顶龙骨必须牢固，并应互相交错拉牵。吊顶的水平面拱度要均匀、平整，T 形骨纵横要平直，四周铝角应水平。

知识链接

(1) 吊顶罩面板安装后，应采取保护措施，防止损伤和污染，防止撞击，吊顶内的各种管道(水、暖、电)需经过测试合格后方可安装，严禁漏水。

(2) 吊顶工程安装后，应禁止任何工种在其上面进行操作，防止吊顶龙骨及罩面板受到挤压变形和损坏。

8.5.2 隔墙工程

轻钢龙骨纸面石膏板隔墙具有施工速度快、成本低、劳动强度小、装饰美观及防火、隔声性能好等特点。

轻钢龙骨纸面石膏板隔墙施工工序如下。

1. 弹线

根据设计要求确定隔墙的位置、隔墙门窗的位置，包括地面位置、墙面位置、高度位置及隔墙的宽度，并在地面和墙面上弹出隔墙的宽度线和中心线，按所需龙骨的长度尺寸，对龙骨进行划线配料，按先配长料、后配短料的原则进行。量好尺寸后，用粉饼或记号笔在龙骨上画出切截位置线。

2. 固定沿地沿顶龙骨

沿地沿顶龙骨固定前，将固定点与竖向龙骨位置错开，用膨胀螺栓和打木楔钉、铁钉与结构固定，或直接与结构预埋件连接。

3. 骨架连接

按设计要求和石膏板尺寸，进行骨架分格设置，然后将预选切裁好的竖向龙骨装入沿地、沿顶龙骨内，校正其垂直度后，将竖向龙骨与沿地、沿顶龙骨固定起来，固定方法是用点焊将两者焊牢，或者用连接件与自攻螺钉固定。

4. 石膏板固定

固定石膏板用平头自攻螺钉，其规格通常有 M4×25 和 M5×25 两种，螺钉间距 200mm 左右。安装时，将石膏板竖向放置，贴在龙骨上用电钻同时把板材与龙骨一起打孔，在拧上自攻螺丝。螺钉要沉入板材平面 2～3mm。

5. 饰面

待嵌缝腻子完全干燥后，即可在石膏板隔墙表面裱糊墙纸、织物或进行涂料施工。

8.5.3 门窗工程

门窗按材料分为木门窗、钢门窗和铝合金门窗等。

1. 木门窗

木门窗多数在木材加工厂内制作。施工现场一般以安装木门窗框及门窗扇为主要施工内容。木门窗的安装方法有立口法和塞口法两种。

特别提示

建筑工业化施工门窗安装都采取塞口法，即在主体结构工程施工时，预留出门、窗洞口，进行装饰工程施工时在预留洞口内根据设计要求安装门窗。

木门窗安装(塞口法)过程如下。

(1) 安装门窗框前先检查门窗洞口的尺寸，洞口的垂直度、平整度误差太大或预埋件有问题应及时予以解决。

(2) 弹线。找基准安装门窗框前，在预留门窗洞口的墙面上应先弹出安装基准线。从内墙500mm线往上找出窗框下皮的安装标高，并拉出水平通线，确保该排窗框安装完毕后处于同一水平面；以水平通线为基准再统一量取进深线，以保证一排窗框处于同一立面；安装时再用线坠吊垂直，有效地保证安装精度要求。

(3) 门窗框就位后，应留出门窗框走头(门窗框上下坎两端伸出口外部分)的缺口，经调整后用木楔临时固定。砖墙有预埋木砖的用钉子固定门窗框；混凝土墙与预埋铁件焊接，每边固定点应不少于两处，其间距不大于1.2m。门窗框一面需镶贴脸板时，门窗框需凸出墙面，凸出的部分应等于抹灰的厚度。严寒地区门窗框与外墙间的空隙应填塞保温材料，然后再用砂浆封缝。

(4) 木门窗扇的安装。安装木门窗扇前应认真检查门窗扇的型号、规格、质量是否符合设计要求。测量门窗框的高低、宽窄尺寸，然后在相应的扇边上画出高低、宽窄的位置线。双扇门要打叠(自由门除外)，先在中间缝处画出中线，再画出边线，要保证梃宽一致，上下冒头要画线刨直。画好高低、宽窄线后，用粗刨，再用细刨刨至光滑、平整，使其满足设计尺寸的要求。将扇在框中就位试装合格后，按扇高的1/10～1/8，在框上按合页大小画线，并剔出合页槽。槽深要与合页厚度相适应，槽底要平整。

2. 钢门窗

钢门窗安装过程如下。

(1) 弹线。以墙面500mm水平基准线为准，按门窗安装的标高、尺寸和开启方向，在墙体预留洞口的四周弹出门窗的落位线。若工程为多层或高层建筑，则应以顶层门窗的落位线为主，用线坠从顶层分出门窗线垂吊下来，每层按此垂线弹好引线，并弹好垂线。

(2) 立钢门窗、校正。将钢门窗平稳地塞入预留洞口并摆正，用木楔在门窗框四角和框梃的端部临时固定，然后用水平尺并拉对角线将门窗框校正、找直。待同一墙面所有预留洞口的门窗安装后，再拉出水平通线，校正水平位置，上下层窗框用线坠吊线找垂直，保证钢门窗安装后左右都处于同一水平面和同一垂直面，且门窗框垂直。

(3) 固定门窗框。钢门窗框贴近墙体的面在规定的位置都焊接有开脚扁铁，安装时已插入墙体预留孔洞中，此时向孔洞内灌1∶3的水泥砂浆或细石混凝土，并要灌塞密实，待其凝固后进行浇水养护，经过一段时间，洞内砂浆或混凝土具有一定强度后，再用1∶2的水泥砂浆嵌实门窗框四周的缝隙。

(4) 安装窗扇。嵌缝砂浆经过3d的硬化后，取出木楔，填补水泥砂浆，然后借助于合页安装配套的窗扇。

3. 铝合金门窗安装

铝合金门窗安装过程如下。

(1) 弹线。铝合金门窗框一般是后塞口方法安装。在结构施工期间，应根据设计将洞口尺寸留出。门窗框加工的尺寸应比洞口尺寸稍小，门窗框与结构间的间隙根据不同的饰面材料而定。抹灰面一般为20mm；大理石、花岗石等板材，厚度一般为50mm。以饰面层与门窗框边缘正好吻合为准，不可让饰面层盖住门窗框。

(2) 固定门窗。按弹线确定的位置将门窗框就位，先用木楔临时固定，待检查立面垂直、左右间隙、上下位置等符合要求后，用射钉将铝合金门窗框上的铁脚与结构固定。

(3) 填缝。铝合金门窗安装固定后，应按设计要求及时处理窗框与墙体缝隙。当设计未规定具体堵塞材料时，应用矿棉或玻璃棉毡分层填塞缝隙，外表面留5～8mm深槽口，槽内填嵌缝油膏或在门窗两侧进行防腐处理后填1∶2水泥砂浆。

(4) 安装门窗扇。门窗扇的安装需在土建施工基本完成后进行，框装上扇后应保证框扇的立面在同一平面内，窗扇就位准确，启闭灵活。安装平开窗的窗扇前应先固定窗，然后再将窗扇与窗铰固定在一起；对于推拉式门窗扇，应先装室内侧门窗扇，后装室外侧门窗扇；固定扇应装在室外侧，并固定牢固，确保使用安全。

引例小结

门窗工程

(1) 本工程进行门窗工程施工时采取场外制作，场内安装的方式。施工时需按图纸设计门窗表提出加工计划，同时要由厂家专业技术人员进行审核，无误后方可加工生产、安装。门窗安装本着先上后下穿插于装修工程的原则，项目部组织好配合协调工作。

(2) 本工程进行门窗工程施工时首先要进行施工图二次设计，设计必须现场测量，核验无误后方可加工安装。进入现场门窗必须提供构件合格证明，并且第二次复试合格后方可安装。

(3) 安装流程如下。

弹线找规矩→门窗洞口处理→安装连接件的检查→门窗外观检查→按图示要求运到安装地点→门窗安装→门窗四周嵌塞缝→安装五金配件→清理→安装门窗玻璃及密封条→质量检验。

(4) 门窗安装严格执行施工工艺、操作规程。施工时应做到以下方面。

① 按图示尺寸先弹好门窗位置线，并根据50cm水平线，确定安装标高；

② 检查好门窗留置的洞口尺寸及标高是否符合设计要求，有问题及时改正，洞口尺寸要比门窗框尺寸大3cm，否则要先剔凿处理。

③ 门窗安装采用后塞口法施工，安装的位置、开启方向必须符合设计要求。

④ 安装门窗框，要按步就位找好垂直度及标高，用木楔临时固定，检查正侧面垂直及对角线，合格后将铁脚与结构牢固固定。

⑤ 门窗框与墙体的缝隙按图纸设计要求嵌缝；外墙窗户框四周与抹灰层间预留5mm深、5mm宽凹槽，注入密封胶，防止因抹灰开裂而透气、进水。

⑥ 门窗安装必须牢固、横平竖直、高低一致，同一立面的窗在水平与垂直方向的位置要整齐一致，框与墙体缝隙填嵌饱满并用水泥砂浆抹压密实，表面平整光滑、无裂缝。

⑦ 门窗扇要开启灵活、无裂痕、阻滞及反弹现象，五金配件要齐全，门窗位置正确，关闭后密封条要处于压缩状态。

⑧ 门套安装后，加钉护角，以防推车碰损门套。

⑨ 加强门窗的成品保护，防污染、防电焊火花损伤面层。

8.6 冬季、雨季施工

8.6.1 冬季施工

装饰工程应尽量在冬季施工前完成，或推迟到第二年春天进行。如必须在冬季施工，应按冬期施工的有关规定组织施工。

1. 一般抹灰的冬季施工

一般抹灰冬季常用施工方法有两种方法，即热作法和冷作法。

1) 热作法施工

热作法施工是利用房屋的永久热源或临时热源来提高和保持操作环境的温度，使装饰工程在正常温度条件下进行。热作法一般用于室内抹灰。室内抹灰应在屋面已做好的情况下进行。

抹灰前应将门、窗封闭，对抹灰砌体提前进行加热，使墙面温度保持在 5℃以上，以便湿润墙面不致结冰，使砂浆与墙面粘接牢固。冻结砌体应提前进行人工解冻，待解冻下沉完毕，砌体强度达到设计强度的20%后方可抹灰。抹灰砂浆应在正温的室内或暖棚内制作，用热水搅拌，抹灰时砂浆的上墙温度不低于 10℃。抹灰结束后，至少 7d 内保持+5℃的室温进行养护。在此期间，应随时检查抹灰层的湿度，当干燥过快时，应洒水湿润，以防产生裂纹，影响与基层的黏结，防止脱落。

2) 冷作法施工

冷作法施工是低温条件下在砂浆中掺入一定量的防冻剂(氯化钠、氯化钙、亚硝酸钠等)，在不采取采暖保温措施的情况下进行抹灰作业。冷作法施工适用于房屋装饰要求不高、小面积的外饰面工程。

冷作法抹灰前应对抹灰墙面进行清扫，墙面应保持干净，不得有浮土和冰霜，表面不洒水湿润；抗冻剂宜优先选用单掺氯化钠的方法，其次可用同时掺氯化钠和氯化钙的复盐方法或掺亚硝酸钠。其掺入量与室外气温有关。

防冻剂应由专人配制和使用，配制时可先配制 20%浓度的标准溶液，然后根据气温再配制成使用溶液。

掺氯盐的抹灰严禁用于高压电源的部位，在做涂料墙面的抹灰砂浆中，不得掺入氯盐防冻剂。氯盐砂浆应在正温下拌制使用，拌制时，先将水泥和砂干拌均匀，然后加入氯盐水溶液拌和，水泥可用硅酸盐水泥或矿渣硅酸盐水泥，严禁使用高铝水泥。砂浆应随拌随用，不允许停放。

特别提示

当气温低于−25℃时，不得用冷作法进行抹灰施工。

2. 其他装饰工程的冬季施工

冬季进行刷浆、油漆、裱糊、饰面工程，应采用热作法施工。应尽量利用永久性的采暖设施。室内温度应在5℃以上，并保持均衡，不发生突然变化，否则不能保证工程质量。

室外刷浆应保持施工均衡，粉浆类料宜采用热水配制，随用随配随用，料浆使用温度宜保持在15℃左右。冬季气温低，油漆会发粘不易涂刷，涂刷后漆膜不易干燥。为了便于施工，可在油漆中加一定量的催干剂，保证在24h内干燥。裱糊工程施工时，混凝土或抹灰基层含水率不应大于8%。在施工中当室内温度高于20℃，且相对湿度大于80%时，应开窗换气，防止壁纸皱褶起泡。玻璃工程在冬季施工时，应将玻璃、镶嵌用合成橡胶等材料运到有采暖设备的室内，操作地点环境温度不应低于5℃。外墙铝合金、塑料框、大扇玻璃不宜在冬季安装。

8.6.2 雨季施工

在雨季节施工，应合理安排施工项目，晴天做外檐装饰，雨天做内部装饰，要防止室外潮湿空气流入，保持室内干燥环境。雨季施工应注意如下事项。

1. 保持室内良好的通风

阴雨天时不仅空气潮湿，而且气压低，因此施工中要将所有的门窗都打开，以保持室内良好的通风，这样有助于室内的墙面、地面及木材等尽快干燥。

2. 刮腻子时要延长干透时间

涂刷墙面前先要刮批腻子，一般需要1～3遍，其间正常的干透时间为1～2d。但在阴雨天刮批腻子时，应用干布将墙面水汽擦拭干净，以尽可能保持墙面干燥。同时还应根据天气的实际情况，尽可能延长腻子干透的时间，一般以2～3d为宜。

3. 下雨天时切勿刷漆

对于木制品，无论是刷清漆或做混油时刷硝基漆，切记不要在下雨天时刷。因为木制品表面在雨天时会凝聚一层水汽。这时如果刷漆，水汽便会包裹在漆膜里，使木制品表面浑浊不清。如雨天刷硝基漆，会导致色泽不均匀，而刷油漆，则会出现返白的现象。如果需要赶工期，可以在漆中加入一定量的化白粉。化白粉可以吸收空气中的潮气，并加快干燥速度，但也会对工程质量带来一定的负面影响。另外，雨季对于墙面刷乳胶漆的影响不太大，但也要注意适当延长第一遍刷完后进行墙体干燥的时间。一般来讲，正常间隔为2h左右，雨天可根据天气状况再延长。

4. 铺地砖时不要让水泥受潮

遇到阴雨天进行地面铺砖时，最好在水泥表面覆盖好塑料布，同时尽量令其远离水源，以防止受潮或浸湿后结成块状。但抹好的水泥还是会受到空气潮湿的影响，令凝固速度减慢。所以铺贴完地砖后，不能马上在上面踩踏，应设置跳板以方便通行。

5. 下雨天尽量别铺木地板

无论是铺实木地板还是复合地板，都尽量不要在下雨天进行铺装。因为雨天地面会受潮，特别是一楼，还会出现返潮现象。此时水分蒸发得慢，胶干得也慢，这样很容易变形或出现空鼓现象。但在空气湿度不是很大的阴天里，还是可以铺装木地板的，但注意要铺装得紧凑些，不然天一晴，水分被蒸发干净后，会导致木地板收缩，造成地板间缝隙过大。

本章小结

本章主要介绍了抹灰工程、饰面工程、地面工程、涂料、裱糊工程、吊顶、隔墙工程和门窗工程等施工工艺。在学习中，重点了解各种建筑装饰材料的特点、质量要求和适用条件；熟悉其构造做法和主要施工工艺、操作要点以及工程质量验收标准，掌握冬季、雨季施工特点和施工措施。本章列举了综合案例，学生可以通过对案例的学习，能够了解到装饰工程施工工艺复杂，提供材料品种繁多，各施工工种班组多，要求现场施工管理人员必须熟悉施工图纸，针对施工合同要求，同时考虑自身的资源及气候等自然条件，认真、合理地做好施工组织计划。针对工程特点，还必须在具体施工工艺上做好技术准备。从技术角度出发，施工质量能否达到相关的设计要求和有关规范标准要求，必须有相应的质量检查制度。

习　题

1. 简述抹灰工程的组成和作用。
2. 简述抹灰层的平均总厚度的规定。
3. 简述空铺木地板的施工流程。
4. 简述钢门窗的安装施工流程。
5. 简述冬期常用的施工方法。
6. 简述雨季施工应注意的事项。

参 考 文 献

[1] 建筑施工手册编写组．建筑施工手册[M]．4版．北京：中国建筑工业出版社，2003.
[2] 姚谨英．建筑施工技术[M]．3版．北京：中国建筑工业出版社，2007.
[3] 邓寿昌，李晓目．土木工程施工[M]．北京：北京大学出版社，2006.
[4] 程绪楷．建筑施工技术[M]．北京：化学工业出版社，2005.
[5] 钟汉华，李念国．建筑工程施工技术[M]．北京：北京大学出版社，2009.
[6] 危道军．建筑施工技术[M]．北京：人民交通出版社，2007.
[7]《实用建筑施工手册》编写组．实用建筑施工手册[M]．2版．北京：中国建筑工业出版社，2005.

北京大学出版社高职高专土建系列规划教材

序号	书名	书号	编著者	定价	出版时间	印次	配套情况	
			基 础 课 程					
1	工程建设法律与制度	978-7-301-14158-8	唐茂华	26.00	2012.7	6	ppt/pdf	
2	建设工程法规	978-7-301-16731-1	高玉兰	30.00	2012.4	9	ppt/pdf/答案	★
3	建筑工程法规实务	978-7-301-19321-1	杨陈慧等	43.00	2012.1	2	ppt/pdf	★
4	建筑法规	978-7-301-19371-6	董伟等	39.00	2012.4	2	ppt/pdf	★
5	AutoCAD 建筑制图教程	978-7-301-14468-8	郭　慧	32.00	2012.4	12	ppt/pdf/素材	★
6	AutoCAD 建筑绘图教程	978-7-301-19234-4	唐英敏等	41.00	2011.7	2	ppt/pdf	★
7	建筑 CAD 项目教程（2010 版）	978-7-301-20979-0	郭　慧	37.00	2012.7	1	pdf/素材	
8	建筑工程专业英语	978-7-301-15376-5	吴承霞	20.00	2012.4	6	ppt/pdf	★
9	建筑工程制图与识图	978-7-301-15443-4	白丽红	25.00	2012.4	7	ppt/pdf/答案	★
10	建筑制图习题集	978-7-301-15404-5	白丽红	25.00	2012.4	6	pdf	
11	建筑制图	978-7-301-15405-2	高丽荣	21.00	2012.4	6	ppt/pdf	★
12	建筑制图习题集	978-7-301-15586-8	高丽荣	21.00	2012.4	5	pdf	
13	建筑工程制图	978-7-301-12337-9	肖明和	36.00	2011.7	3	ppt/pdf/答案	
14	建筑制图与识图	978-7-301-18806-4	曹雪梅等	24.00	2012.2	3	ppt/pdf	★
15	建筑制图与识图习题册	978-7-301-18652-7	曹雪梅等	30.00	2012.4	3	pdf	★
16	建筑构造与识图	978-7-301-14465-7	郑贵超等	45.00	2012.4	10	ppt/pdf	★
17	建筑制图与识图	978-7-301-20070-4	李元玲	28.00	2012.2	1	ppt/pdf	★
18	建筑制图与识图习题集	978-7-301-20425-2	李元玲	24.00	2012.3	1	ppt/pdf	★
19	建筑工程应用文写作	978-7-301-18962-7	赵立等	40.00	2012.6	2	ppt/pdf	★
20	建筑工程专业英语	978-7-301-20003-2	韩薇等	24.00	2012.1	1	ppt/ pdf	★
21	建设工程法规	978-7-301-20912-7	王先恕	32.00	2012.7	1	ppt/ pdf	
			施 工 类					
22	建筑工程测量	978-7-301-16727-4	赵景利	30.00	2012.4	6	ppt/pdf /答案	★
23	建筑工程测量	978-7-301-15542-4	张敬伟	30.00	2012.4	8	ppt/pdf /答案	★
24	建筑工程测量	978-7-301-19992-3	潘益民	38.00	2012.2	1	ppt/ pdf	★
25	建筑工程测量实验与实习指导	978-7-301-15548-6	张敬伟	20.00	2012.4	7	pdf/答案	
26	建筑工程测量	978-7-301-13578-5	王金玲等	26.00	2011.8	3	pdf	
27	建筑工程测量实训	978-7-301-19329-7	杨凤华	27.00	2012.4	2	pdf	★
28	建筑工程测量（含实验指导手册）	978-7-301-19364-8	石　东等	43.00	2012.6	2	ppt/pdf	★
29	建筑施工技术	978-7-301-12336-2	朱永祥等	38.00	2012.4	7	ppt/pdf	
30	建筑施工技术	978-7-301-16726-7	叶　雯等	44.00	2012.7	4	ppt/pdf /素材	★
31	建筑施工技术	978-7-301-19499-7	董伟等	42.00	2011.9	2	ppt/pdf	★
32	建筑施工技术	978-7-301-19997-8	苏小梅	38.00	2012.1	1	ppt/pdf	★
33	建筑工程施工技术	978-7-301-14464-0	钟汉华等	35.00	2012.1	6	ppt/pdf	★
34	基础工程施工	978-7-301-20917-2	董伟等	35.00	2012.7	1	ppt/pdf	★
35	建筑施工技术实训	978-7-301-14477-0	周晓龙	21.00	2012.4	5	pdf	★
36	房屋建筑构造	978-7-301-19883-4	李少红	26.00	2012.1	1	ppt/pdf	★
37	建筑力学	978-7-301-13584-6	石立安	35.00	2012.2	6	ppt/pdf	★
38	土木工程实用力学	978-7-301-15598-1	马景善	30.00	2012.1	3	pdf/ppt	★
39	土木工程力学	978-7-301-16864-6	吴明军	38.00	2011.11	2	ppt/pdf	★
40	PKPM 软件的应用	978-7-301-15215-7	王　娜	27.00	2012.4	4	pdf	★
41	工程地质与土力学	978-7-301-20723-9	杨仲元	40.00	2012.6	1	ppt/pdf	★
42	建筑结构	978-7-301-17086-1	徐锡权	62.00	2011.8	2	ppt/pdf /答案	★
43	建筑结构	978-7-301-19171-2	唐春平等	41.00	2012.6	2	ppt/pdf	
44	建筑力学与结构	978-7-301-15658-2	吴承霞	40.00	2012.4	9	ppt/pdf	★
45	建筑材料	978-7-301-13576-1	林祖宏	35.00	2012.6	9	ppt/pdf	★
46	建筑材料与检测	978-7-301-16728-1	梅　杨等	26.00	2012.4	7	ppt/pdf	★
47	建筑材料检测试验指导	978-7-301-16729-8	王美芬等	18.00	2012.4	4	pdf	
48	建筑材料与检测	978-7-301-19261-0	王　辉	35.00	2012.6	2	ppt/pdf	★
49	建筑材料与检测试验指导	978-7-301-20045-8	王　辉	20.00	2012.1	1	ppt/pdf	★
50	建设工程监理概论(第 2 版)	978-7-301-20854-0	徐锡权等	43.00	2012.7	1	ppt/pdf /答案	
51	建设工程监理	978-7-301-15017-7	斯　庆	26.00	2012.7	5	ppt/pdf /答案	★
52	建设工程监理概论	978-7-301-15518-9	曾庆军等	24.00	2012.1	4	ppt/pdf	
53	工程建设监理案例分析教程	978-7-301-18984-9	刘志麟等	38.00	2011.7	1	ppt/pdf	★
54	地基与基础	978-7-301-14471-8	肖明和	39.00	2012.4	7	ppt/pdf	★
55	地基与基础	978-7-301-16130-2	孙平平等	26.00	2012.1	2	ppt/pdf	

序号	书名	书号	编著者	定价	出版时间	印次	配套情况	
56	建筑工程质量事故分析	978-7-301-16905-6	郑文新	25.00	2012.1	3	ppt/pdf	★
57	建筑工程施工组织设计	978-7-301-18512-4	李源清	26.00	2012.4	3	ppt/pdf	★
58	建筑工程施工组织实训	978-7-301-18961-0	李源清	40.00	2012.1	2	pdf	★
59	建筑施工组织项目式教程	978-7-301-19901-5	杨红玉	44.00	2012.1	1	ppt/pdf	
60	生态建筑材料	978-7-301-19588-2	陈剑峰等	38.00	2011.10	1	ppt/pdf	
61	钢筋混凝土工程施工与组织	978-7-301-19587-1	高　雁	32.00	2012.5	1	ppt / pdf	
	工程管理类							
62	建筑工程经济	978-7-301-15449-6	杨庆丰等	24.00	2012.7	10	ppt/pdf	★
63	建筑工程经济	978-7-301-20855-7	赵小娥等	32.00	2012.8	1	ppt/pdf	
64	施工企业会计	978-7-301-15614-8	辛艳红等	26.00	2012.2	4	ppt/pdf	★
65	建筑工程项目管理	978-7-301-12335-5	范红岩等	30.00	2012. 4	9	ppt/pdf	★
66	建设工程项目管理	978-7-301-16730-4	王　辉	32.00	2012.4	3	ppt/pdf	★
67	建设工程项目管理	978-7-301-19335-8	冯松山等	38.00	2011.8	1	pdf	
68	建设工程招投标与合同管理	978-7-301-13581-5	宋春岩等	30.00	2012.4	11	ppt/pdf/答案/试题/教案	★
69	工程项目招投标与合同管理	978-7-301-15549-3	李洪军等	30.00	2012.2	5	ppt	★
70	工程项目招投标与合同管理	978-7-301-16732-8	杨庆丰	28.00	2012.4	5	ppt	★
71	建筑工程商务标编制实训	978-7-301-20804-5	钟振宇	35.00	2012.7	1	ppt	★
72	工程招投标与合同管理实务	978-7-301-19035-7	杨甲奇等	48.00	2011.8	2	pdf	★
73	工程招投标与合同管理实务	978-7-301-19290-0	郑文新等	43.00	2012.4	2	pdf	★
74	建设工程招投标与合同管理实务	978-7-301-20404-7	杨云会等	42.00	2012.4	1	ppt/pdf	
75	建筑施工组织与管理	978-7-301-15359-8	翟丽旻等	32.00	2012.7	8	ppt/pdf	★
76	建筑工程安全管理	978-7-301-19455-3	宋　健等	36.00	2011.9	1	ppt/pdf	
77	建筑工程质量与安全管理	978-7-301-16070-1	周连起	35.00	2012.1	3	pdf	
78	工程造价控制	978-7-301-14466-4	斯　庆	26.00	2012.4	7	ppt/pdf	★
79	工程造价管理	978-7-301-20655-3	徐锡权等	33.00	2012.7	1	ppt/pdf	
80	工程造价控制与管理	978-7-301-19366-2	胡新萍等	30.00	2012.1	1	ppt/pdf	★
81	建筑工程造价管理	978-7-301-20360-6	柴　琦等	27.00	2012.3	1	ppt/pdf	
82	建筑工程造价管理	978-7-301-15517-2	李茂英等	24.00	2012.1	4	pdf	
82	建筑工程计量与计价	978-7-301-15406-9	肖明和等	39.00	2012.4	9	ppt/pdf	★
84	建筑工程计量与计价实训	978-7-301-15516-5	肖明和等	20.00	2012.2	5	pdf	
85	建筑工程计量与计价——透过案例学造价	978-7-301-16071-8	张　强	50.00	2012.7	4	ppt/pdf	★
86	安装工程计量与计价	978-7-301-15652-0	冯　钢等	38.00	2012.2	6	ppt/pdf	★
87	安装工程计量与计价实训	978-7-301-19336-5	景巧玲等	36.00	2012.7	2	pdf/素材	★
88	建筑与装饰装修工程工程量清单	978-7-301-17331-2	翟丽旻等	25.00	2011.5	2	pdf	
89	建筑工程清单编制	978-7-301-19387-7	叶晓容	24.00	2011.8	1	ppt/pdf	★
90	建设项目评估	978-7-301-20068-1	高志云等	32.00	2012.1	1	ppt/pdf	★
91	钢筋工程清单编制	978-7-301-20114-5	贾莲英	36.00	2012.2	1	ppt / pdf	
92	混凝土工程清单编制	978-7-301-20384-2	顾　娟	28.00	2012.5	1	ppt / pdf	
93	建筑装饰工程预算	978-7-301-20567-9	范菊雨	38.00	2012.5	1	pdf/ppt	★
94	建设工程安全监理	978-7-301-20802-1	沈万岳	28.00	2012.7	1	pdf/ppt	
	建筑装饰类							
95	中外建筑史	978-7-301-15606-3	袁新华	30.00	2012.2	6	ppt/pdf	★
96	建筑室内空间历程	978-7-301-19338-9	张伟孝	53.00	2011.8	1	pdf	★
97	室内设计基础	978-7-301-15613-1	李书青	32.00	2011.1	2	pdf	
98	建筑装饰构造	978-7-301-15687-2	赵志文等	27.00	2012.4	4	ppt/pdf	★
99	建筑装饰材料	978-7-301-15136-5	高军林	25.00	2012.4	3	ppt/pdf	
100	建筑装饰施工技术	978-7-301-15439-7	王　军等	30.00	2012.1	4	ppt/pdf	★
101	装饰材料与施工	978-7-301-15677-3	宋志春等	30.00	2010.8	2	ppt/pdf	★
102	设计构成	978-7-301-15504-2	戴碧锋	30.00	2009.7	1	pdf	
103	基础色彩	978-7-301-16072-5	张　军	42.00	2011.9	2	pdf	★

序号	书名	书号	编著者	定价	出版时间	印次	配套情况	
104	建筑素描表现与创意	978-7-301-15541-7	于修国	25.00	2011.1	2	pdf	★
105	3ds Max 室内设计表现方法	978-7-301-17762-4	徐海军	32.00	2010.9	1	pdf	
106	3ds Max2011 室内设计案例教程(第 2 版)	978-7-301-15693-3	伍福军等	39.00	2011.9	1	ppt/pdf	
107	Photoshop 效果图后期制作	978-7-301-16073-2	脱忠伟等	52.00	2011.1	1	素材/pdf	★
108	建筑表现技法	978-7-301-19216-0	张　峰	32.00	2011.7	1	ppt/pdf	
109	建筑速写	978-7-301-20441-2	张　峰	30.00	2012.4	1	pdf	★
110	建筑装饰设计	978-7-301-20022-3	杨丽君	36.00	2012.2	1	ppt	
111	装饰施工读图与识图	978-7-301-19991-6	杨丽君	33.00	2012.5	1	ppt	
112	建筑装饰 CAD 项目教程	978-7-301-20950-9	郭　慧	32.00	2012.7	1	ppt/素材	
	房地产与物业类							
113	房地产开发与经营	978-7-301-14467-1	张建中等	30.00	2012.7	5	ppt/pdf	★
114	房地产估价	978-7-301-15817-3	黄　晔等	30.00	2011.8	3	ppt/pdf	★
115	房地产估价理论与实务	978-7-301-19327-3	褚菁晶	35.00	2011.8	1	ppt/pdf	★
116	物业管理理论与实务	978-7-301-19354-9	裴艳慧	52.00	2011.9	1	pdf	★
	市政路桥类							
117	市政工程计量与计价（第 2 版）	978-7-301-20564-8	郭良娟等	42.00	2012.7	1	Pdf/ppt	
118	市政桥梁工程	978-7-301-16688-8	刘　江等	42.00	2010.7	1	ppt/pdf	
119	路基路面工程	978-7-301-19299-3	偶昌宝等	34.00	2011.8	1	ppt/pdf/素材	
120	道路工程技术	978-7-301-19363-1	刘　雨等	33.00	2011.12	1	ppt/pdf	
121	建筑给水排水工程	978-7-301-20047-6	叶巧云	38.00	2012.2	1	ppt/pdf	
122	市政工程测量（含技能训练手册)	978-7-301-20474-0	刘宗波等	41.00	2012.5	1	ppt/pdf	
	建筑设备类							
123	建筑设备基础知识与识图	978-7-301-16716-8	靳慧征	34.00	2012.4	7	ppt/pdf	★
124	建筑设备识图与施工工艺	978-7-301-19377-8	周业梅	38.00	2011.8	1	ppt/pdf	★
125	建筑施工机械	978-7-301-19365-5	吴志强	30.00	2011.10	1	pdf/ppt	★

请登录 www.pup6.cn 免费下载本系列教材的电子书(PDF 版)、电子课件和相关教学资源。
欢迎免费索取样书，并欢迎到北京大学出版社来出版您的大作，可在 www.pup6.cn 在线申请样书和进行选题登记，也可下载相关表格填写后发到我们的邮箱，我们将及时与您取得联系并做好全方位的服务。
联系方式：010-62750667，yangxinglu@126.com，linzhangbo@126.com，欢迎来电来信咨询。